“十四五”职业教育国家规划教材

办公自动化案例教程

主审　彭铁光

主编　贺　鑫　彭卫华　李胜华

教·学
资　源

航 空 工 业 出 版

北　京

内 容 提 要

本书采用项目教学方式，以任务为驱动详细地介绍了办公自动化的基础知识与应用。全书共 12 个项目，项目一介绍了办公自动化基础知识；项目二至项目六介绍了使用 Word 2016 制作常用文档和精美文档，创建和美化表格，编排长文档，实现邮件合并，以及审阅文档的方法和技巧；项目七至项目十介绍了使用 Excel 2016 制作常用电子表格，计算表格数据，管理和分析表格数据，查看、保护和打印表格的方法和技巧；项目十一介绍了使用 PowerPoint 2016 制作精美演示文稿的方法和技巧；项目十二介绍了移动办公与 OA 系统的相关知识。

本书可作为职业院校及计算机教育培训机构的专用教材。

图书在版编目（CIP）数据

办公自动化案例教程 / 贺鑫，彭卫华，李胜华主编. -- 北京 : 航空工业出版社，2023.8（2025.4 重印）
ISBN 978-7-5165-3406-9

Ⅰ. ①办… Ⅱ. ①贺… ②彭… ③李… Ⅲ. ①办公自动化－应用软件－教材 Ⅳ. ①TP317.1

中国国家版本馆 CIP 数据核字(2023)第 117501 号

办公自动化案例教程
Bangong Zidonghua Anli Jiaocheng

航空工业出版社出版发行
（北京市朝阳区京顺路 5 号曙光大厦 C 座四层 100028）

发行部电话：010-85672666 010-85672683 读者服务热线：010-85672635

北京同文印刷有限责任公司印刷 全国各地新华书店经售
2023 年 8 月第 1 版 2025 年 4 月第 3 次印刷
开本：787×1092 1/16 字数：450 千字
印张：20 定价：49.90 元

Preface 前言

随着计算机科学和信息技术的飞速发展，以及计算机教育的普及，许多企业对员工的办公文档处理能力提出了更高的要求。办公自动化技能已成为当代学生的必备技能。

基于此，我们走访了众多职业院校，与广大教师探讨当前教育面临的问题和机遇，然后组织多位具有丰富教学经验的一线教师编写了本书，旨在打造具有特色的、体现信息化技术发展要求的办公自动化教材。

本书特色

一、三位一体，协同育人

党的二十大报告指出："育人的根本在于立德。"本书有机融入党的二十大精神，积极贯彻"价值塑造、能力培养、知识传授"三位一体的育人理念，尽可能选取既对应相关知识点，又能够体现职业素养并与实际应用紧密相关的案例，同时在正文中安排了"拓展阅读"栏目，将能够体现国家发展、传统文化、创新意识和工匠精神等的内容潜移默化地融入技能教育，以培养具有正确价值观的高素质人才。

二、校企合作，案例实用

本书邀请相关企业专家参与和指导编写，书中所选取的案例都与实际应用紧密相关，可以使学生更好地理解和认识所学知识，做到即学即练、学以致用。此外，还可以锻炼学生的工作思维和实践技能，帮助学生将来更快地适应企业岗位。

三、全新形态，全新理念

本书以"理论够用、突出实践"为原则，采用以任务为驱动的项目教学方式，将每个项目分为多个任务，每个任务均包含"情景引入""作品（成果）展示""制作（实施）思路""任务实施"4 个部分。

- **情景引入：**为任务设计一个与实际应用和任务案例相关的模拟情景，从而提高任务的实用性、目的性和趣味性。
- **作品（成果）展示：**展示本任务将要实现的案例效果或实施后得到的成果。
- **制作（实施）思路：**简单讲述完成本任务的大致思路，让学生在制作案例或实施前做到心中有数。
- **任务实施：**通过精心设计的案例，让学生练习相关软件（如 Word、Excel、PowerPoint 等）的常用功能和应用技巧。学生可根据书中讲解，自己动手完成相关案例。

每个项目的最后一个任务之后均安排了高效办公技巧，帮助学生快速提高办公效率。项目最后还安排了“项目总结”和“课后实训”，方便学生及时对所学知识和技能进行总结和考核，从而不断提高自身的综合素质。

此外，各项目首页均安排了“项目描述”和“学习目标”，能够让学生在学习本项目内容前做到有的放矢。同时，在各项目中还安排了“提示”“知识库”栏目，适时提醒学生在学习过程中需要注意的问题，或拓宽学生知识面。

四、数字资源，丰富多彩

本书为相关案例配备了微课视频，学生可借助手机或其他移动设备扫描二维码随时随地观看视频，从而提高学习质量。此外，本书还提供了素材与实例、优质课件、教案等配套教学资源，读者可以登录文旌综合教育平台“文旌课堂”（www.wenjingketang.com）查看和下载。如果读者在学习过程中有什么疑问，也可登录该网站寻求帮助。

本书创作团队

本书由彭铁光担任主审，贺鑫、彭卫华、李胜华担任主编，吴家强、谭园园、易胜兰、陈立、谢芳、余庆、蔡丽娟、范晓峰、杨云霞、吴永挺、梅雨林、刘会珍、罗雅丽担任副主编。在本书编写过程中，编者参考了大量文献资料，这些资料大部分已获授权，但由于部分资料来自网络，我们未能确认出处，也暂时无法联系到原作者。对此，我们深表歉意，并欢迎原作者随时与我们联系。另外，本书中所选案例大都为企业真实案例，但为了避免引起不必要的误会，部分人物及企业使用了化名。

由于编者水平有限，书中存在的不妥之处，恳请各位读者批评指正。

目录

项目一　办公自动化基础

项目二　使用 Word 制作常用文档

项目三　使用 Word 制作精美文档

项目四 使用 Word 创建和美化表格

项目五 使用 Word 编排长文档

项目六 使用 Word 的高级功能

项目七 使用 Excel 制作常用电子表格

项目八 使用 Excel 计算表格数据

项目九　使用 Excel 管理和分析表格数据

项目十　使用 Excel 查看、保护和打印表格

项目十一 使用 PowerPoint 制作精美演示文稿

项目十二 移动办公与 OA 系统

参考文献

项目一　办公自动化基础

项目描述

信息技术的飞速发展改变了人们的办公方式。如今，熟练地使用现代化办公软硬件设备，借助网络查阅信息，已成为办公人员必须具备的能力。在本项目中，读者可通过了解办公自动化及其常用的硬件与软件，学习办公自动化的基础知识。

学习目标

【知识目标】

- 了解办公自动化的基础知识。
- 了解办公自动化常用的硬件。
- 了解办公自动化常用的软件。

【能力目标】

- 能够安装、设置办公自动化常用硬件。
- 能够灵活使用办公自动化常用软件。

【素质目标】

- 增强探究意识，自觉培养学习、实践能力。
- 多动手，勤思考，提升工作能力和职业素养。

任务一　了解办公自动化

情景引入

俗话说“万丈高楼平地起”，在学习办公自动化的相关技能前，有必要了解办公自动化的概念和功能，以及实现办公自动化所需的条件。

办公自动化（office automation, OA）是将现代化办公和计算机网络功能结合起来的一种办公方式，是以计算机为中心，采用一系列现代化的办公设备和先进的网络技术，广泛、全面、迅速地收集、整理、加工、存储和使用信息，使企业内部人员方便快捷地共享信息，高效地协同工作的一种办公模式。

实现办公自动化的目的是尽可能充分利用现代技术资源与信息资源，提高生产效率、工作效率和工作质量，辅助决策，以达到既定目标。

假设你是一名刚入职的文职员工，现在公司组织了关于未来工作的员工入职讨论会，请你全面了解一下办公自动化的内容。

成果展示

本任务通过网络搜集办公自动化相关资料的结果如图 1-1 所示。

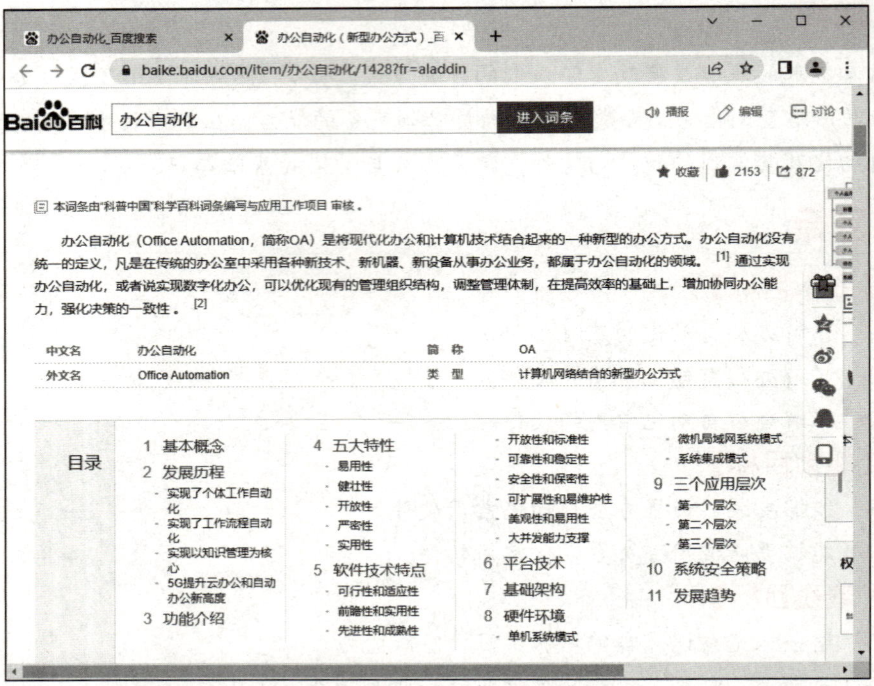

图 1-1　办公自动化相关资料

实施思路

通过网络、书籍或询问等方式搜集相关资料，了解办公自动化相关知识，然后对它们进行归纳总结。

任务实施

一、搜集办公自动化相关资料

步骤 1▶ 使用电脑打开任意浏览器，在其中打开百度主页，在搜索栏中输入“办公自动化”，然后按“Enter”键，打开搜索结果页，如图 1-2 所示。

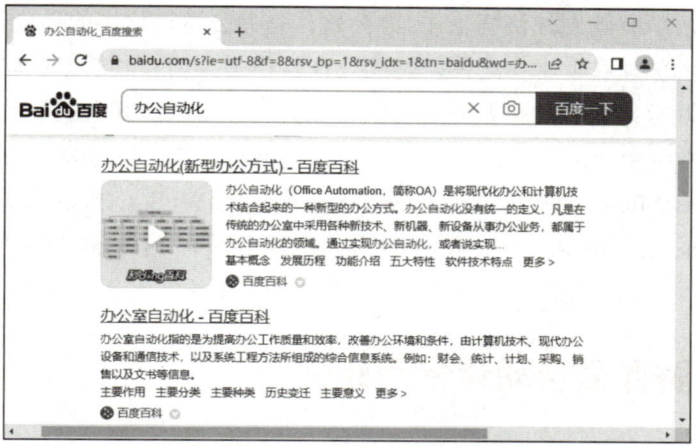

图 1-2　使用百度搜索资料

步骤 2▶ 单击“办公自动化（新型办公方式）-百度百科”链接，打开详情页，如图 1-1 所示。向下拖动该页面窗口右侧的滚动条即可查看办公自动化的详细资料。

步骤 3▶ 使用同样的方法浏览其他页面，或更换搜索关键词（也可以购买相关书籍或询问有经验的同事），继续搜集更全面的办公自动化资料。

二、分析实现办公自动化所需条件

实现办公自动化离不开办公人员、硬件环境和软件环境。

（1）办公人员。办公人员包括管理决策人员、办公室工作人员、专业技术人员等。不同的办公人员在实现办公系统自动化的过程中扮演着不同的角色，他们都需要掌握计算机的基本操作和维护技术，并能熟练地使用 Office 软件、打印机和复印机等常用办公设备，以及使用网络和进行移动办公等。

（2）硬件环境。硬件环境即基础设施，主要包括以下 3 种。

① 微型计算机。微型计算机是办公自动化的核心设备。在科学技术飞速发展的今天，微型计算机在各个行业都得到了广泛应用。因此，在办公自动化中，微型计算机是必不可少的工具，它的使用直接关系到企业的经营效率和效益。

② 计算机网络。计算机网络技术的发展与普及，使得企业能够轻松组建局域网并连接到互联网，从而进行本地、远程资料传输，极大地提高了工作效率，节省了运营成本。

③ 常用办公设备。要实现办公自动化还需要打印机、扫描仪、复印机、传真机、影印一体机、投影仪等常用办公设备。例如，打印文件时需要使用打印机，复印文件时需要使用复印机等。

（3）软件环境。办公自动化软件环境是指以操作系统为核心，辅以办公、绘图、辅助设计、病毒防护等应用软件组合而成的软件体系。其中，操作系统是计算机的核心软件，用于控制计算机的所有软硬件协同工作；办公软件是办公自动化中的基础软件，用于文档、表格、演示文稿的创建和编辑；绘图及辅助设计软件是办公领域的专业软件，用于图形、图像的绘制和处理等；病毒防护软件是确保计算机和网络系统安全运行的重要软件。

目前，个人电脑中使用较广泛的操作系统有 Windows 7、Windows 10 和 Windows 11；知名的办公软件有 Microsoft 公司的 Office、金山公司的 WPS Office；常用的绘图及辅助设计软件有 Adobe 公司的 Photoshop、美图公司的美图秀秀、Autodesk 公司的 3ds Max 和 AutoCAD；主流的电脑安全软件有 360 杀毒、360 安全卫士、卡巴斯基等。

任务二　了解办公自动化常用硬件

情景引入

经过员工入职讨论会之后，你了解到实现办公自动化过程中会用到一些功能强大的硬件（见表 1-1），请你继续深入了解相关知识，并动手安装、设置打印机。

表 1-1　办公自动化常用硬件

硬件名称	硬件类型	说　明
打印机	针式打印机、喷墨打印机和激光打印机	打印机是办公自动化中比较重要的输出设备，其主要作用是将用电脑编辑的文字、表格和图片等信息打印到纸上，以方便用户查看
扫描仪	平板式扫描仪、滚筒式扫描仪、便携式扫描仪等	扫描仪是一种输入设备，它可以将图片、照片、胶片，以及文稿资料等书面材料扫描后输入到电脑中并以图片文件格式保存起来
复印机	静电复印机和数码复印机	复印技术是将纸或其他媒介上的内容转印到另外一个媒介上的技术。由于人们在日常办公中经常需要复印资料，复印机已经成为现代办公中不可缺少的一种设备
传真机	热敏纸传真机和普通纸传真机	传真机是通信设备，能够把记录在纸上的文字、图表和照片等静止的图像转换成电信号，经传输线路传递到接收方，接收方能够获得与发送原稿相似的记录图像
多功能一体机	激光型产品和喷墨型产品	多功能一体机就是集打印、复印、扫描和传真等功能于一身的机器。多功能一体机的优点是节省成本和物理空间，能实现多种功能，缺点是容易出现故障且维修困难，有时会因为局部故障而影响整体使用

表 1-1（续）

硬件名称	硬件类型	说　明
投影仪	LCD 投影仪和 DLP 投影仪	投影仪是通过数字光处理技术或者 LCD 液晶成像技术将图像或视频投射或反射到幕布上的设备，它可以通过不同的信号源（如计算机、手机、DVD、DV）接入相应的图像和视频信号并实现播放
移动存储设备	U 盘、移动硬盘及各种存储卡	U 盘是 USB 闪存盘的简称，是一种常见的移动存储设备。它的特点是体积小巧、存储容量大、价格便宜。目前常见 U 盘的容量为 4 GB、8 GB、16 GB、32 GB、64 GB。移动硬盘是以普通硬盘为存储介质的存储产品。与 U 盘相比，它的存储容量更大、存储速度更快，但价格相对昂贵一些。存储卡有 SD 卡、Micro SD（TF）卡等。Micro SD 卡由 SD 卡发展而来，性能和传统的 SD 卡并无大的区别，只是体积更小。SD 卡常用于 DV、数码相机等设备，Micro SD 卡常用于手机或数码相机等设备

成果展示

本任务主要安装并设置打印机，使其能够正常工作，如图 1-3 所示。

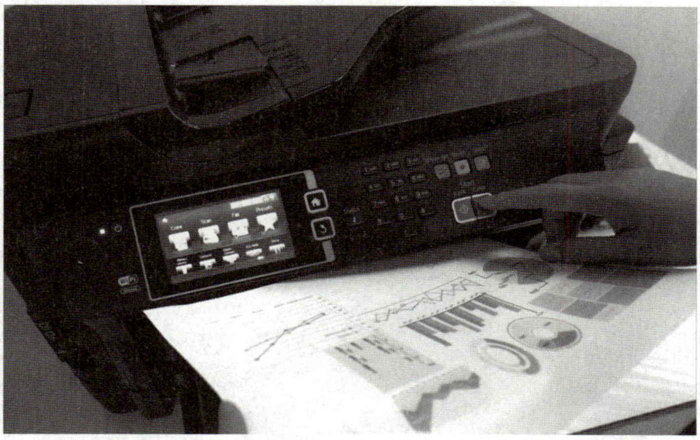

图 1-3　打印文件

实施思路

通过各种途径学习办公自动化常用硬件的相关知识，并尝试动手安装和设置打印机。

任务实施

一、安装打印机

扫一扫
打印机的安装与设置

下面以惠普（HP）LaserJet CP1025 彩色激光打印机为例进行操作。

步骤 1▶ 准备好打印机和电源线等，先将打印机的背面朝向自己，然后把电源线的一端插入打印机的电源插口（见图 1-4），另一端插入电源插座。

步骤 2▶ 将硒鼓正确装入打印机，如图 1-5 所示。

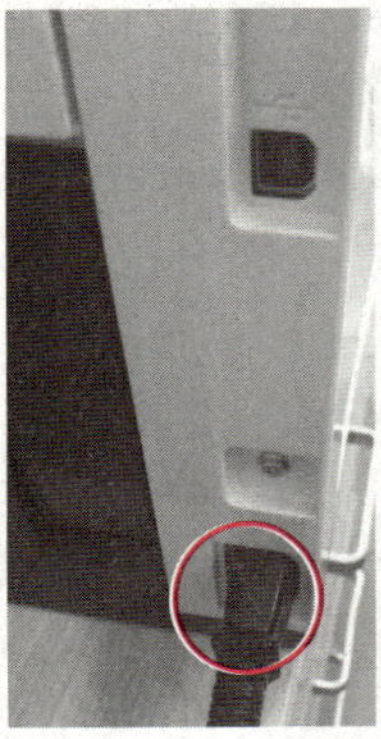

图 1-4　将电源线插入打印机

图 1-5　装入硒鼓

步骤 3▶ 连接数据线。现在打印机大都采用 USB 数据线，方头一端用于连接打印机，扁平 USB 接口一端用于连接电脑主机，如图 1-6 所示。连接完成后，若打印机处于开启状态，电脑显示器的右下角就会出现“发现新硬件……”的提示，说明打印机已经和电脑连接好了，数据线没有问题。

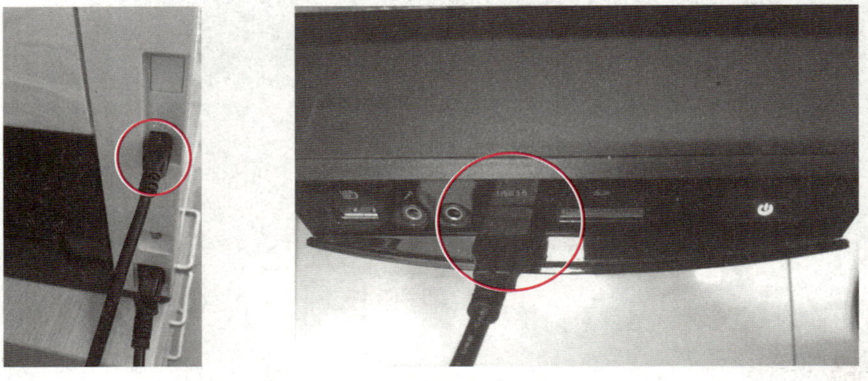

图 1-6　将数据线两端分别连接到打印机和电脑主机

步骤 4▶ 安装驱动程序。取出随机附带的驱动安装盘，放入电脑光驱中。双击 CD

驱动器，打开驱动程序安装文件夹，找到“setup.exe”可执行文件，如图 1-7 所示。

步骤 5▶ 双击“setup.exe”可执行文件，进入安装向导界面，单击“安装”按钮（见图 1-8），然后根据提示进行安装即可。

图 1-7　找到驱动程序可执行文件

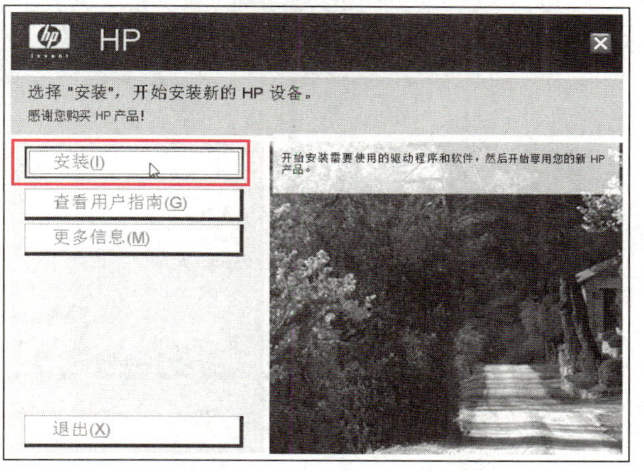

图 1-8　单击“安装”按钮

步骤 6▶ 在驱动程序安装完成界面中选中“打印测试页”复选框（见图 1-9），然后单击“下一步”按钮，打印测试页。

步骤 7▶ 通过电脑控制面板打开“设备和打印机”窗口，右击新安装的打印机图标，在弹出的快捷菜单中选择“设置为默认打印机”选项（见图 1-10），可将该打印机设置为默认打印机。

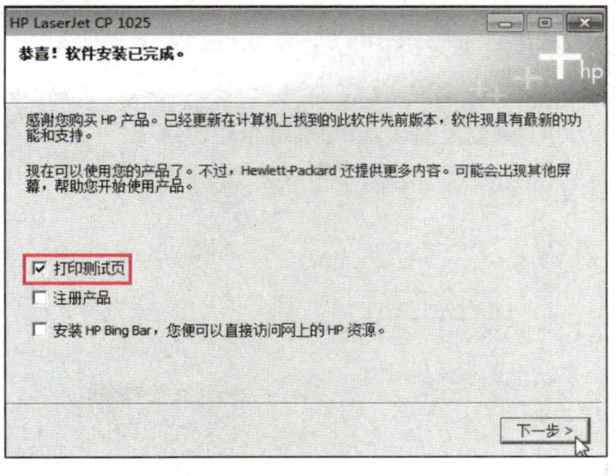

图 1-9　选中“打印测试页”复选框

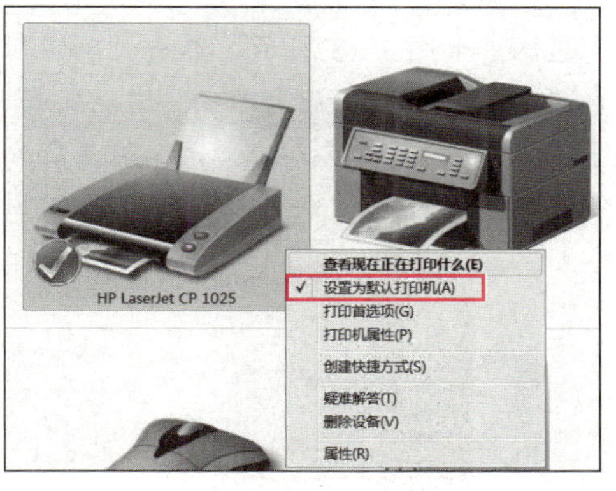

图 1-10　选择“设置为默认打印机”选项

步骤 8▶ 若在图 1-10 右键快捷菜单中选择“属性”选项，可在打开的对话框中对打印机进行打印参数设置，如图 1-11 所示。至此，完成打印机的安装及基本设置。

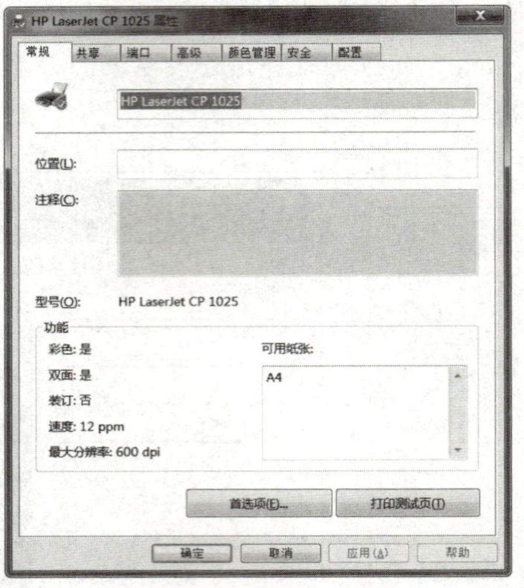

图 1-11　打印机属性对话框

二、设置共享打印机

如果局域网中某台电脑安装了打印机，并在该电脑中将打印机设置成了共享状态，则局域网中的其他电脑都可以添加并使用该打印机。

步骤 1▶ 在“开始”菜单中选择“控制面板”选项，打开“控制面板”窗口，然后单击“硬件和声音”项目下的“查看设备和打印机”链接，打开“设备和打印机”窗口，右击要设置为共享的打印机，在弹出的快捷菜单中选择“打印机属性”选项，如图 1-12 所示。

步骤 2▶ 在打开的打印机属性对话框的“共享”选项卡中选中“共享这台打印机”复选框，如图 1-13 所示。单击“确定”按钮，即可将该打印机设置为共享状态。

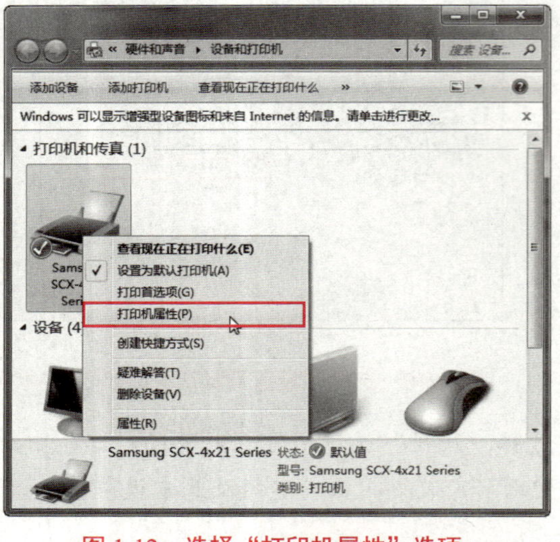

图 1-12　选择“打印机属性”选项

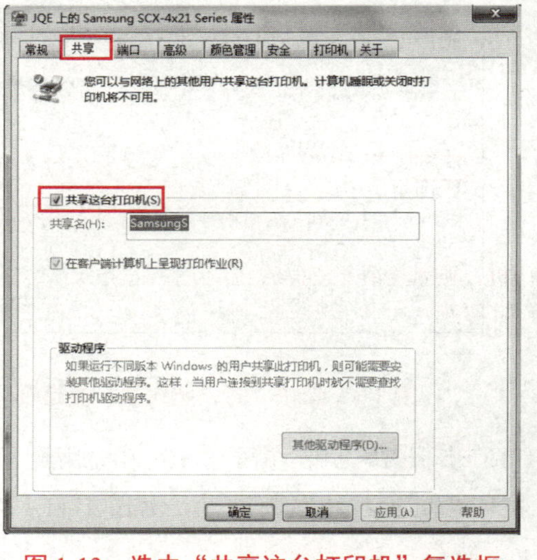

图 1-13　选中“共享这台打印机”复选框

三、添加和使用网络打印机

将打印机设置为共享状态后，就可以在其他电脑中将该打印机安装为网络打印机，然后使用它来打印了。

步骤 1▶ 在要安装网络打印机的电脑中打开“设备和打印机”窗口，单击工具栏中的“添加打印机”按钮（见图 1-14），打开“添加打印机”对话框，单击“添加网络、无线或 Bluetooth 打印机”选项，如图 1-15 所示。

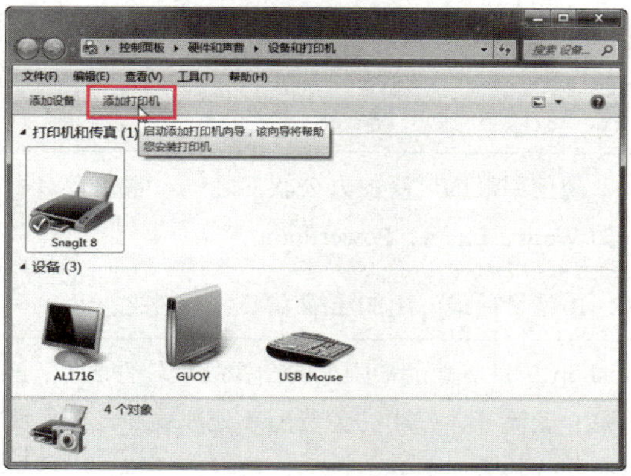

图 1-14　单击“添加打印机”按钮

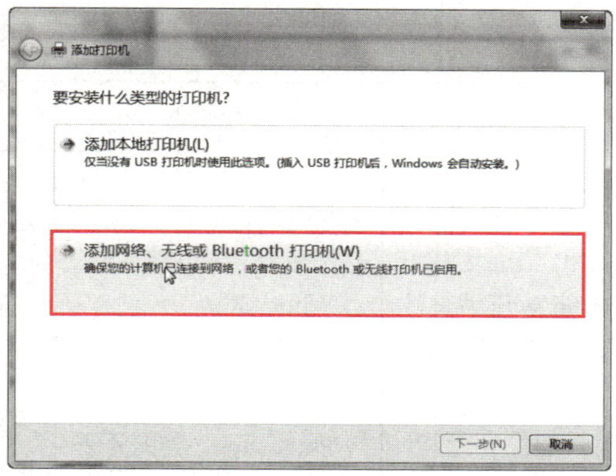

图 1-15　选择要添加的打印机类型

步骤 2▶ 系统开始在网络中搜索可用的打印机，并在“打印机名称”列表中显示搜索到的打印机，选择要添加的打印机，单击“下一步”按钮，如图 1-16 所示。

步骤 3▶ 稍等片刻，即可将所选打印机添加到电脑中，单击“下一步”按钮，在“设备和打印机”窗口中可看到添加的网络打印机，如图 1-17 所示。

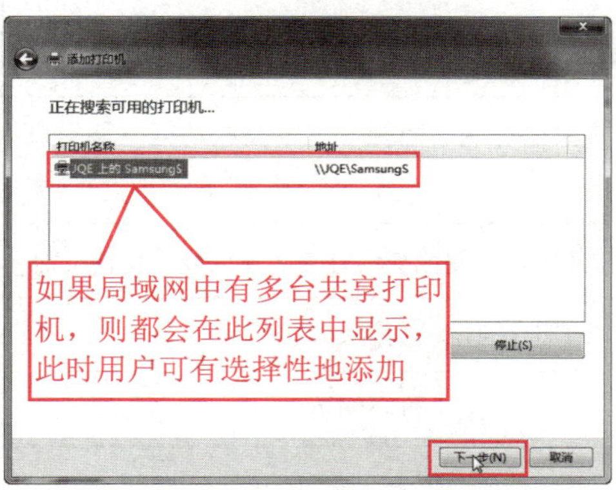

图 1-16　选择打印机

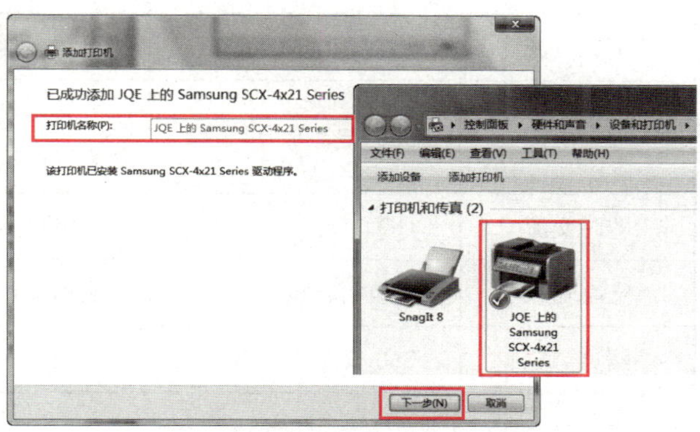

图 1-17　成功添加网络打印机

步骤 4▶ 要使用网络打印机打印文档或图片等，只需在相关应用程序中打开打印界面，然后在“打印机”下拉列表中选择添加的网络打印机，再进行相应的设置并打印即可。

任务三　了解办公自动化常用软件

情景引入

配置好硬件环境之后，你正式开始工作，这时你发现想要实现办公自动化还需要安装许多软件，有经验的同事发给你一份常用办公软件的推荐表（见表 1-2），请你安装自己需要的软件，学习它们的使用方法，并使用美图秀秀处理图像。

表 1-2　常用办公软件推荐表

软件用途	推荐软件	说　明
文字处理	Office	Office 是使用最为广泛的办公软件之一，它包含多个组件，如 Word、Excel、PowerPoint 等
压缩/解压缩文件	WinRAR	WinRAR 是目前最好用的压缩/解压缩软件之一
图像处理	Photoshop、美图秀秀	Photoshop 是目前功能最强大的图像处理软件之一；美图秀秀是一款流行、好用的免费图片处理软件，操作简单，具有图片特效、美容、饰品、边框、场景、拼图等众多功能
图像浏览	ACDSee	使用 ACDSee 可以方便地查看、管理电脑中的图像文件
多媒体播放	暴风影音、PotPlayer	可用于播放本地视频，以及在线观看电影或电视剧等
查杀病毒	360 杀毒、卡巴斯基	只要电脑上网，就有可能感染病毒，为避免遭受病毒侵害，安装一款杀毒软件是必须的
下载资源	迅雷、IDM	下载工具可以提高下载文件的速度，而且支持断点续传
安全防护	360 安全卫士	安装网络防火墙等能够阻挡一些未授权访问、恶意软件和网络攻击
即时交流	QQ、Skype	利用此类软件可以方便地与远方的朋友或商业伙伴交流
文字输入	搜狗拼音输入法	利用它可以基于拼音快速输入汉字等
网页浏览	360 安全浏览器	利用它可以快速安全地访问网页

成果展示

本任务制作的图像效果如图 1-18 所示。最终效果参见本书配套素材“素材与实例”/“项目一”/“任务三”中“艺术效果”和“装饰图像”文件夹中的文件。

图 1-18　图像效果

实施思路

首先在美图秀秀中打开图像，然后为图像添加滤镜、装饰，最后保存图像。

任务实施

一、为图像添加艺术效果

“徒步旅行.jpg”图像添加艺术滤镜前后的对比效果如图 1-19 所示。

扫一扫
用美图秀秀处理图像

图 1-19　“徒步旅行.jpg”图像添加艺术滤镜前后的对比效果

步骤 1▶ 启动美图秀秀，在其主操作界面上方单击“打开”按钮，在打开的“打开图片”对话框中选择本书配套素材“素材与实例”/“项目一”/“任务三”/“艺术效果”/“徒步旅行.jpg”文件，然后单击“打开”按钮，如图 1-20 所示。

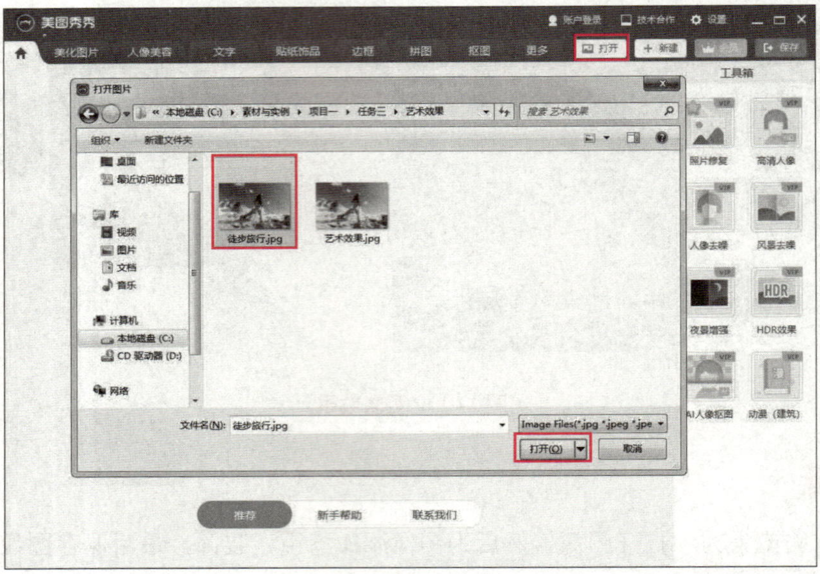

图 1-20　打开素材“徒步旅行.jpg”

步骤 2▶　切换到“美化图片”选项卡，然后在“特效滤镜”设置区中单击“电影感”类别中的“褪色胶片”图标，为图像应用该特效滤镜，如图 1-21 所示。最后单击“保存”按钮，保存图像。

图 1-21　为图像应用特效滤镜

二、装饰图像

“女孩.jpg”图像装饰前后的对比效果如图 1-22 所示。

图 1-22　“女孩.jpg”图像装饰前后的对比效果

步骤 1▶ 启动美图秀秀，打开本书配套素材“素材与实例”/“项目一”/“任务三”/“装饰图像”/“女孩.jpg”文件。

步骤 2▶ 切换到“文字”选项卡，在左侧选择“文字贴纸”选项，在右侧出现的“文字贴纸”列表中选择“心情”类，单击“我的天使”图标，即可为图像添加该文字贴纸，在图像窗口中调整文字贴纸的位置，并拖动其调整框的控制点，调整其大小和角度，如图 1-23 所示。

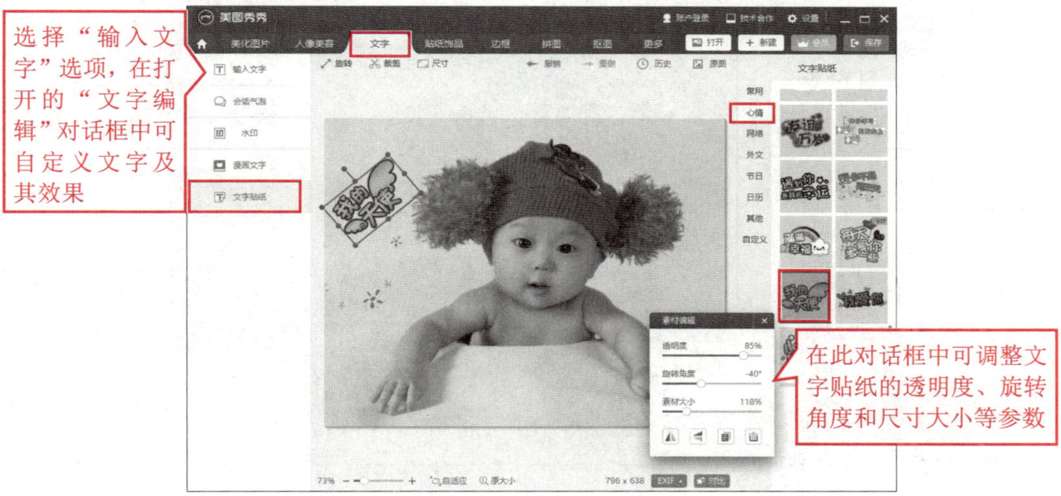

图 1-23　为“女孩.jpg”图像添加文字贴纸

步骤 3▶ 切换到“边框”选项卡，在左侧选择“撕边边框”选项，如图 1-24 所示。

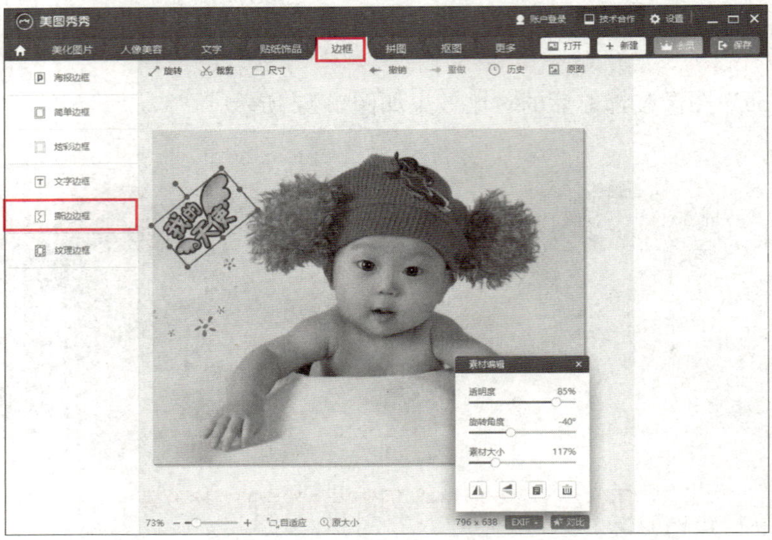

图 1-24　选择“撕边边框”选项

步骤 4▶ 打开“边框”操作界面的“撕边”选项卡，在右侧“撕边边框”列表中选择一种边框类型，如图 1-25 所示。最后单击“应用当前效果”按钮，并保存图像。

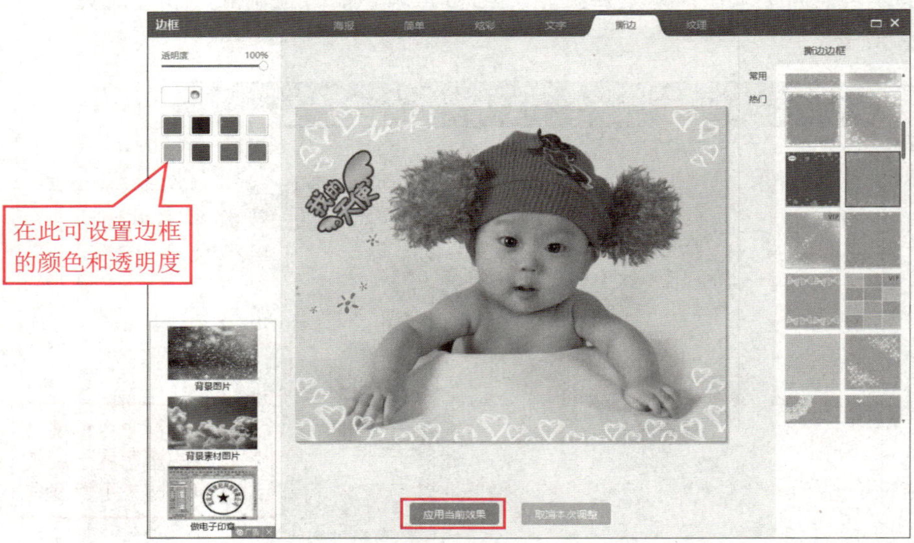

图 1-25　为“女孩.jpg”图像添加边框

高效办公技巧

一、激光打印机常见故障及排除

1. 卡纸

卡纸故障在打印机工作过程中比较常见。出现卡纸现象时，可以采用手动方式解决，双手轻轻拽着被卡住的纸张，顺着走纸的方向，缓慢地将卡纸从打印机中取出来。在取出的过程中，应尽量关闭打印机电源。

卡纸故障的原因一般是托盘安装位不正，取纸辊磨损导致压力不够，或打印纸有问题（如质量不好、厚薄不均及受潮等）。

2. 无法打印

（1）检查打印机的电源是否正常。

（2）检查打印机是否报警，如红灯亮或面板上有错误提示。

（3）检查电脑中是否已安装好打印机的驱动程序。

（4）检查电脑中打印机的状态是否处于暂停打印或脱机工作状态，并观察电脑系统是否有错误提示。

（5）检查打印机的数据线是否正常。

（6）如果电脑中连接有多台打印机，检查是否选择了正确的打印机。

（7）如果以上方法均无效，可能是打印机内部电路有所损坏。

3. 内部温度过高

如果打印机开机时间过长，而且打印工作量过大或散热情况不好，会使输出通道内的温度过高。当打印机温度过高时，甚至会出现纸张进入机内，打印件却出不来的情况，而电脑却显示打印完毕。这是由于打印机内温度过高，当纸张向外传送时，纸的前端被高温烫软，无法向前运动。

出现这种情况时，应立即停止打印并关闭打印机，然后打开打印机的所有外盖，将打印机放在通风条件良好的地方，让打印机充分散热后再工作。

4. 打印机送纸器内有纸，但不能正常送纸

此故障大多是因送纸器内的纸张异常引起的，如纸张卷曲、有褶皱或破损等。因此，平时使用打印机时应保持纸张平直。对于卷曲的纸张，在打印前要将其平整好，或将纸取出并处理后再重新放入。

二、软件安装注意事项

安装软件虽然简单，但需要注意的事项却很多，稍不注意，我们的电脑就会变得卡顿

或不稳定。很多系统问题，如蓝屏、死机、启动速度慢等大都是由软件引起的，很多电脑病毒也是因软件而引入。软件安装过程中的注意事项有以下几点。

（1）注意安装路径。软件默认的安装路径在 C 盘，而 C 盘是系统盘，软件安装在 C 盘会使 C 盘的空间不断变小，从而导致系统运行速度变慢。另外，如果软件安装在 C 盘，在重新安装系统时，很多软件就得重新安装。所以，建议专门用一个磁盘分区存放软件的安装文件，并将不同的软件放在不同的文件夹中，不仅方便管理，还可以避免冲突。

（2）在安装使用频率不是很高的软件时，建议不要将其设置为开机自动启动（见图 1-26），否则会影响系统启动速度。

（3）注意插件和流氓软件。有些软件会捆绑一些流氓软件或没用的广告插件，所以安装软件的时候必须看清楚每一个界面，对于一些不必要的选项应将其取消，以免拖慢系统运行速度。例如，常用的 QQ 软件在安装时若选中"安装 QQ 游戏 免费获取专属礼包"等复选框（见图 1-27），则在安装 QQ 软件的同时也会安装这些附属软件或插件（通常没必要安装）。

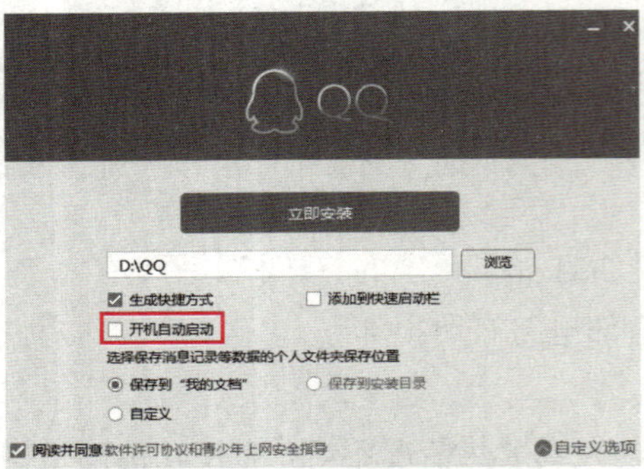

图 1-26 QQ 安装初始界面

图 1-27 QQ 安装完成界面

（4）同类软件（如 360 杀毒、金山毒霸、腾讯电脑管家等），选择安装一款即可，否则可能有害无益。原因是同类软件之间很可能发生冲突从而造成系统运行不正常。

项目总结

本项目主要介绍了办公自动化的基础知识和常用软硬件。学完本项目后，读者应重点掌握以下知识。

（1）办公自动化的基础知识及常用软硬件。

（2）安装并设置打印机的方法。

（3）使用美图秀秀处理图片的方法。

课后实训

（1）多功能一体机和数码复合机中一般都带有专门的身份证双面复印功能，练习使用该功能复印个人身份证。

（2）利用美图秀秀处理图像，效果如图 1-28 所示。最终效果参见本书配套素材“素材与实例”/“项目一”/“课后实训”/“1（效果）.jpg”图像。

图 1-28　图像处理前后效果对比

【操作提示】

① 打开本书配套素材“素材与实例”/“项目一”/“课后实训”/“1.jpg”图像。

② 将图像右侧与图像不符的部分裁剪掉。

③ 对图像进行自动美化。

④ 为图像添加一个海报边框。

项目二　使用 Word 制作常用文档

项目描述

在本项目中，读者可通过制作行政文档、周年庆典邀请函、毕业论文封面和满意度调查问卷，学习设置文档页面、输入文本并编排文档的方法。

学习目标

【知识目标】

- 了解文档页面包含的内容，如纸张大小、页边距和文档网格等。
- 熟悉编辑文本、设置文档格式的操作。
- 了解 Word 边框和底纹的作用。

【能力目标】

- 能够根据文档内容设置文档页面。
- 能够在文档中输入文本、插入符号。
- 能够编辑文本并设置文档的字符格式和段落格式。
- 能够根据需要为段落设置边框和底纹，以及为文档设置页面边框。

【素质目标】

- 自觉树立自主学习、协作学习、探究学习意识，提高解决生活、学习和工作中的实际问题的能力。
- 增强遵守规则的意识，养成按规矩行事的习惯。

任务一　制作行政文档

情景引入

假设你是公司的秘书，现在领导就撤销工程技术部一事做出决定。请你使用 Word 2016 将该决定制作成一份正式文件。

作品展示

本任务制作的行政文档效果如图 2-1 所示。最终效果参见本书配套素材“素材与实例”/“项目二”/“任务一”/“行政文档”文档。

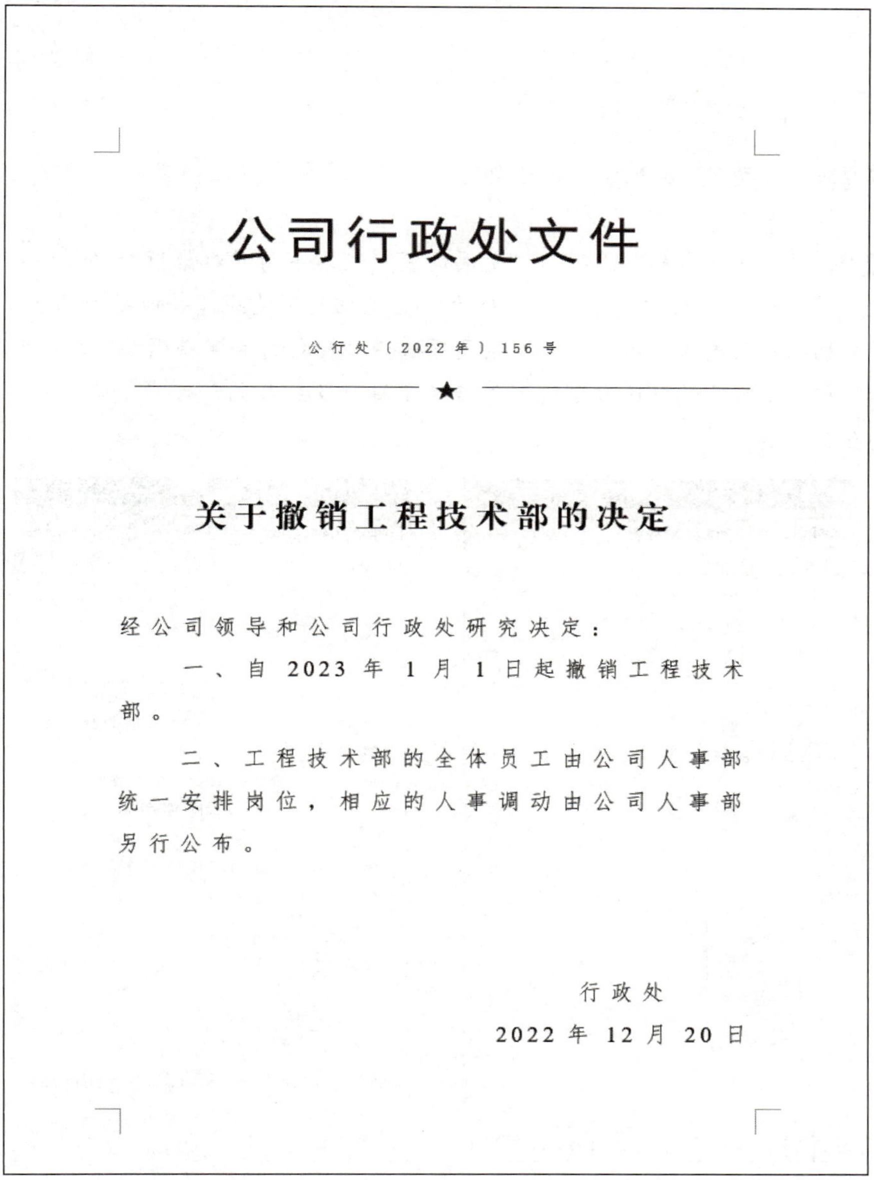

公司行政处文件

公行处〔2022 年〕156 号

★

关于撤销工程技术部的决定

经公司领导和公司行政处研究决定：

一、自 2023 年 1 月 1 日起撤销工程技术部。

二、工程技术部的全体员工由公司人事部统一安排岗位，相应的人事调动由公司人事部另行公布。

行政处

2022 年 12 月 20 日

图 2-1　行政文档效果

制作思路

首先新建空白文档，然后设置文档页面并输入文本，最后对文档进行编排，如设置字符格式和段落格式。

扫一扫

制作行政文档

任务实施

一、设置文档页面并输入文本

步骤 1▶ 启动 Word 2016，首先新建一个空白文档，然后将其以“行政文档”为名保存。

步骤 2▶ 单击“布局”选项卡“页面设置”组右下角的对话框启动器按钮，打开“页面设置”对话框，在“页边距”选项卡设置文档的页边距，并保持默认的纸张方向，然后在“文档网格”选项卡的“网格”设置区选中“指定行和字符网格”单选钮，接着在“字符数”和“行数”设置区分别设置每行的字符数及每页的行数，最后单击“确定”按钮，如图 2-2 所示。

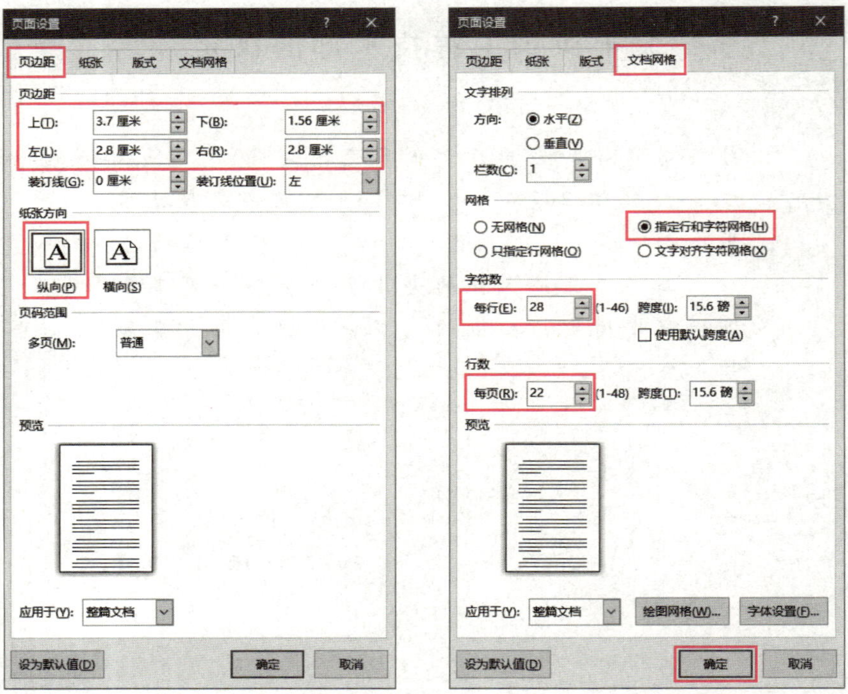

图 2-2　设置文档的页边距、每行的字符数及每页的行数

步骤 3▶ 在文档中输入文件标题、文件号和文件内容等文本，在需要开始新段落的位置按“Enter”键，效果如图 2-3 所示。

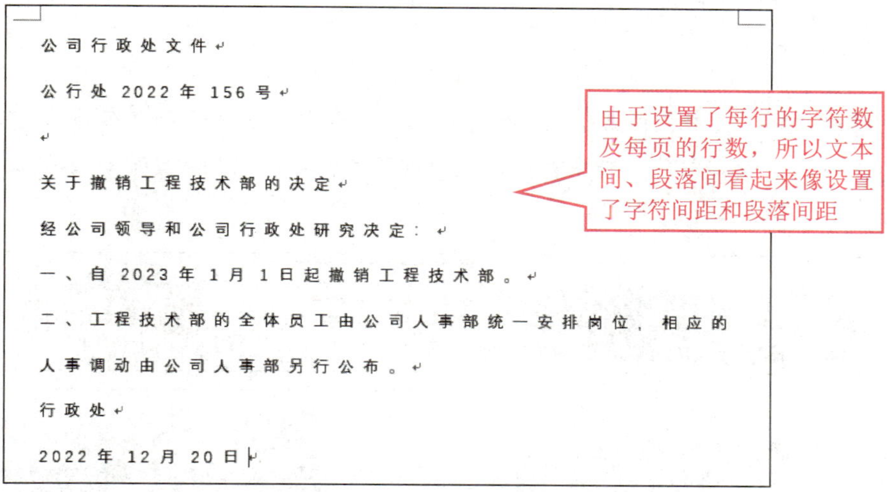
公司行政处文件
公行处 2022 年 156 号

关于撤销工程技术部的决定
经公司领导和公司行政处研究决定：
一、自 2023 年 1 月 1 日起撤销工程技术部。
二、工程技术部的全体员工由公司人事部统一安排岗位，相应的人事调动由公司人事部另行公布。
行政处
2022 年 12 月 20 日

图 2-3　输入行政文档内容

步骤 4▶　将插入点置于文件号“2022 年”文本左侧，单击“插入”选项卡“符号”组中的“符号”按钮，在展开的列表中选择“其他符号”选项，打开“符号”对话框并显示“符号”选项卡。保持“字体”列表中为默认的“(普通文本)”选项，然后在“子集”列表中选择“CJK 符号和标点”选项，在符号列表框中选择“左龟壳形括号”符号，最后单击“插入”按钮或双击所选符号，将其插入指定位置，如图 2-4 所示。

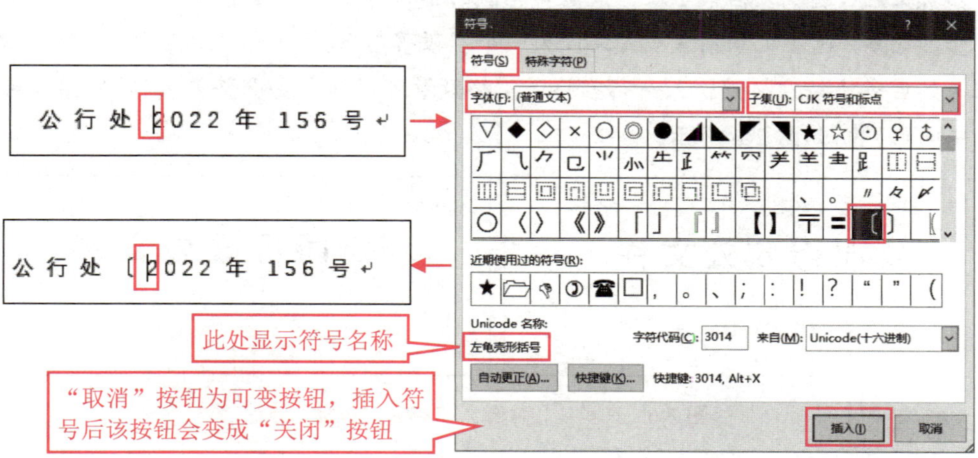

图 2-4　插入“左龟壳形括号”符号

步骤 5▶　保持“符号”对话框的打开状态，将插入点置于文件号“2022 年”文本右侧，然后在符号列表框中选择“右龟壳形括号”符号，接着单击“插入”按钮将所选符号插入指定位置，最后单击“关闭”按钮关闭对话框。

二、编排文档

步骤 1▶ 选中文档第 1 段，然后依次在“开始”选项卡和“布局”选项卡设置其格式为黑体、小初、红色、居中对齐，段前间距和段后间距均为 1 行，参数及效果如图 2-5 所示。

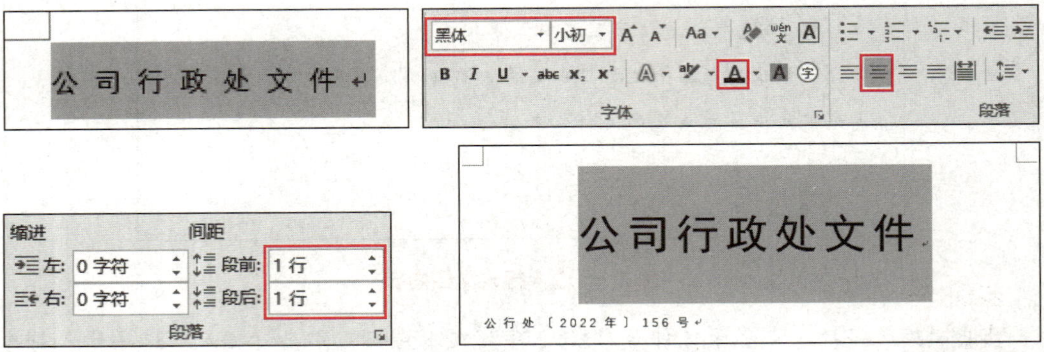

图 2-5 设置第 1 段的格式及设置效果

> **提示** 设置段前间距和段后间距时，可在“布局”选项卡的“段落”组中快速设置，而无须打开“段落”对话框进行设置。

步骤 2▶ 选中文档第 2 段，设置其格式为仿宋、红色、居中对齐。

步骤 3▶ 选中文档第 3 段（该段为一个空段落），设置其格式为黑体、三号、红色、加粗，然后多次按空格键输入一行空格（空格数量可根据需要调整），最后将插入点置于该行中间位置，如图 2-6 所示。

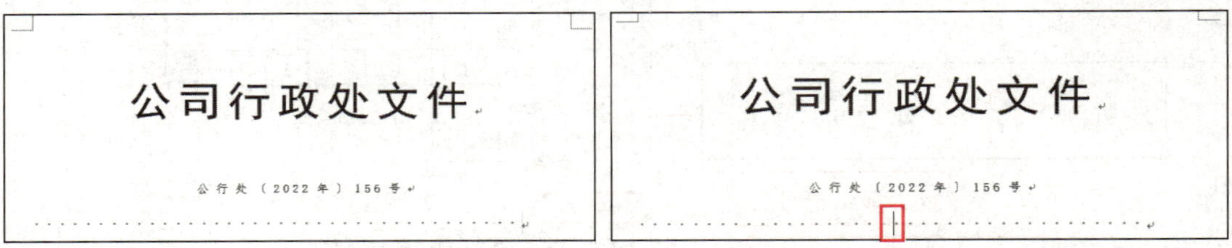

图 2-6 在第 3 段中输入空格并定位插入点

步骤 4▶ 打开“符号”对话框，在“符号”选项卡中保持“字体”列表中的默认选项，然后在“子集”列表中选择“其他符号”选项，在符号列表框中选择“实心星”符号，接着单击“插入”按钮将所选符号插入指定位置，最后关闭对话框，如图 2-7 所示。

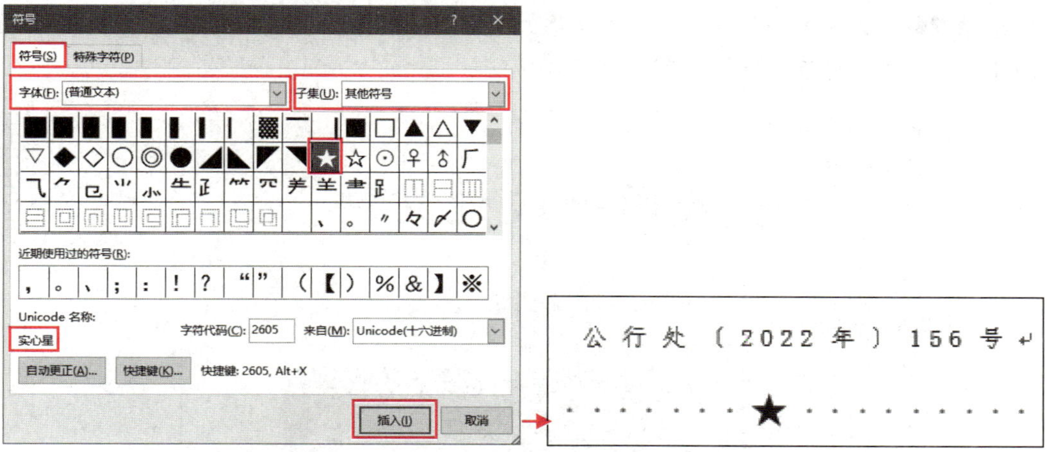

图 2-7　插入“实心星”符号

步骤 5▶　配合“Ctrl”键选中部分空格，然后单击“开始”选项卡“字体”组中的“下画线”下拉按钮▾，在展开的下拉列表中选择“下画线”选项（见图 2-8），为所选空格添加下画线。

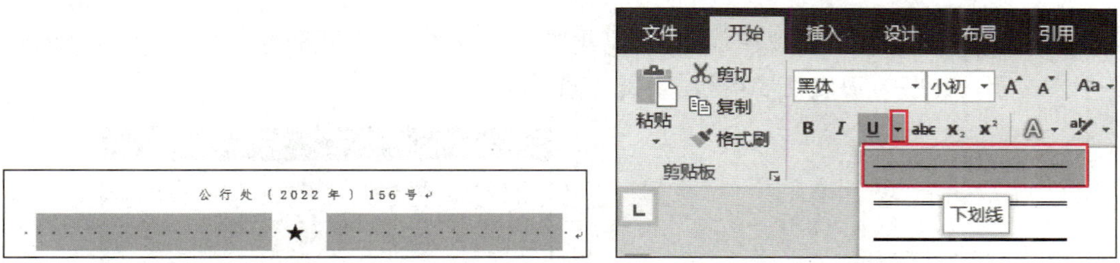

图 2-8　为空格添加下画线

步骤 6▶　保持下画线的选中状态，单击“开始”选项卡“字体”组右下角的对话框启动器按钮，打开“字体”对话框并切换到“高级”选项卡，在“位置”列表中选择“提升”选项，然后将其右侧“磅值”编辑框中的数据修改为“10 磅”，表示将所选下画线的位置提升 10 磅，单击“确定”按钮，可看到设置效果，如图 2-9 所示。最后可根据实际情况调整下画线的长度（如可利用复制一个带下画线的空格，然后分别将其粘贴到实心星符号的左右两侧），使该行内容居中对齐。

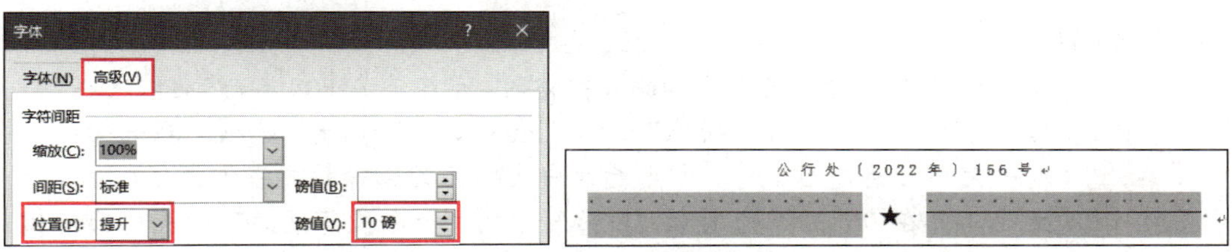

图 2-9　设置下画线的位置及设置效果

步骤 7▶ 选中文档第 4 段，设置其格式为方正小标宋简体、二号、居中对齐、段前间距 1.5 行、段后间距 1 行，效果如图 2-10 所示。

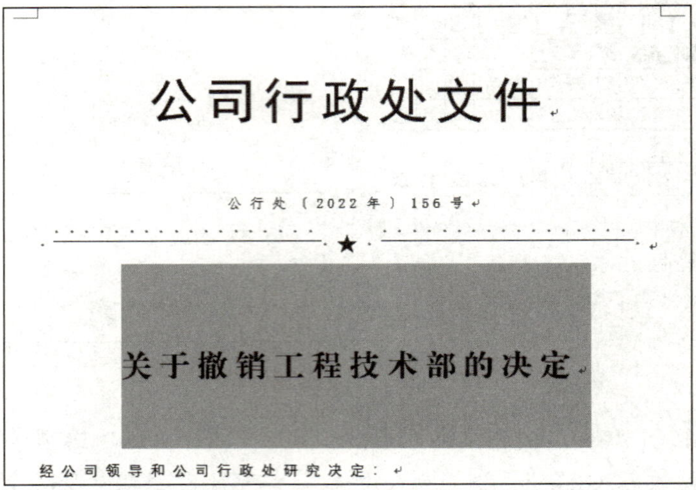

图 2-10　设置第 4 段的格式及设置效果

步骤 8▶ 选中文档其他段落，设置其中文字体为仿宋、西文字体为 Times New Roman、字号为三号、行距为固定值 30 磅，如图 2-11 所示。

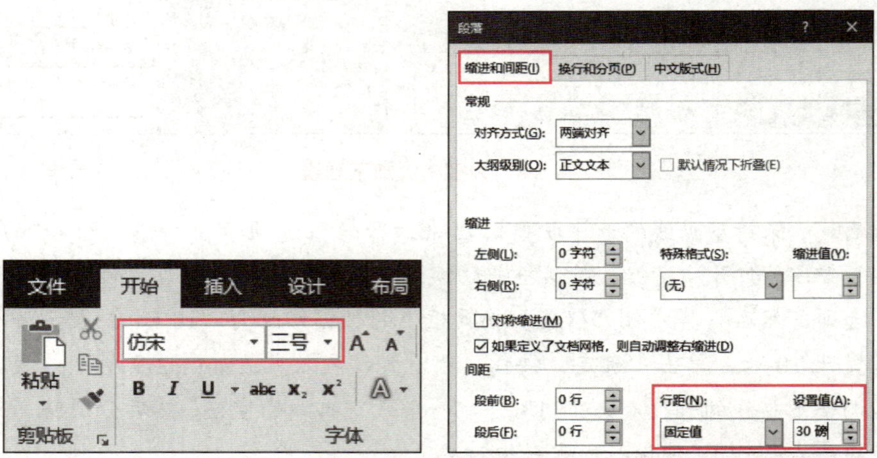

图 2-11　设置段落格式

> **提示**
>
> 设置文本的中文字体和西文字体时，可首先选中文本，然后依次在“字体”下拉列表中选择“仿宋”和“Times New Roman”选项。在选择字体时一定要注意先后顺序，即先选择中文字体后选择西文字体。设置段落行距时，可在“开始”选项卡“段落”组的“行和段落间距”列表中选择相应选项快速设置，如果设置固定行距，可在“段落”对话框中设置。

步骤 9▶ 设置“一、……”“二、……”段落首行缩进 2 字符。

步骤 10▶ 设置最后两个段落右对齐，然后将插入点置于“行政处”文本所在段落，在“布局”选项卡的“段落”组中设置段落右缩进 3.5 字符、段前间距 3 行，如图 2-12 所示。至此，行政文档制作完毕（最终效果见图 2-1），最后保存文档。

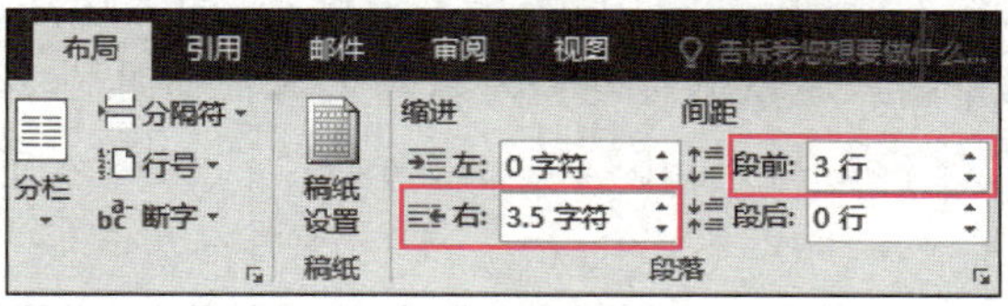

图 2-12　设置段落的右缩进和段前间距

任务二　制作周年庆典邀请函

情景引入

公司计划举办十周年庆典活动，届时准备邀请一些重要客户参加。请你使用 Word 2016 制作一份周年庆典邀请函，以后将该文档打印多份并填写姓名就可以寄给客户了。

作品展示

本任务制作的周年庆典邀请函效果如图 2-13 所示。最终效果参见本书配套素材“素材与实例”/“项目二”/“任务二”/“周年庆典邀请函”文档。

制作思路

首先新建空白文档，然后输入文本并插入符号，最后设置文档格式。

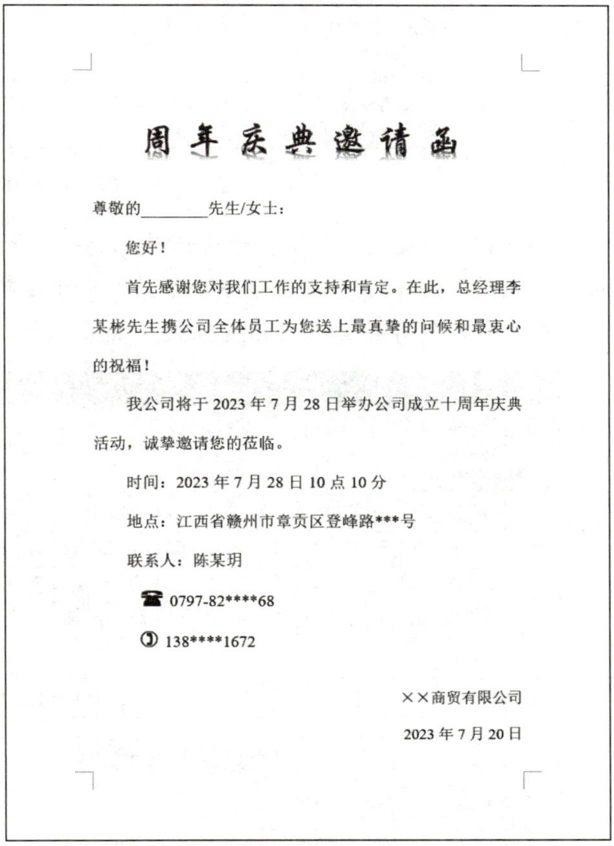

周年庆典邀请函

尊敬的_______先生/女士：

您好！

首先感谢您对我们工作的支持和肯定。在此，总经理李某彬先生携公司全体员工为您送上最真挚的问候和最衷心的祝福！

我公司将于 2023 年 7 月 28 日举办公司成立十周年庆典活动，诚挚邀请您的莅临。

时间：2023 年 7 月 28 日 10 点 10 分

地点：江西省赣州市章贡区登峰路***号

联系人：陈某玥

☎ 0797-82****68

✆ 138****1672

××商贸有限公司

2023 年 7 月 20 日

图 2-13　周年庆典邀请函效果

任务实施

一、新建文档并输入文本

步骤 1▶ 新建空白文档，将其以“周年庆典邀请函”为名保存。

步骤 2▶ 在文档中输入邀请函标题、内容等文本，如图 2-14 所示（可在英文输入状态下按住“Shift”键的同时按“-”键输入下画线）。

扫一扫
制作周年庆典邀请函

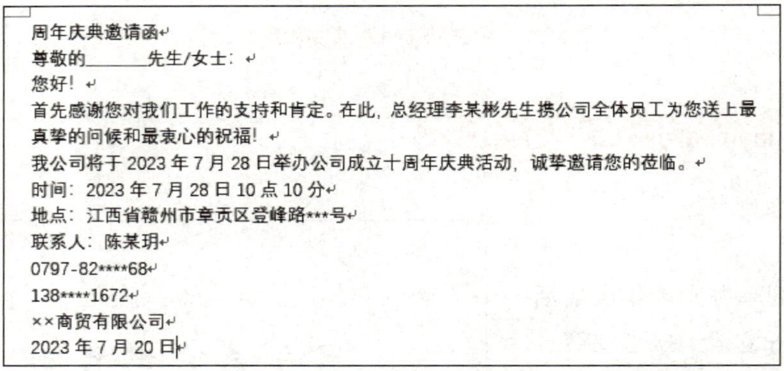
周年庆典邀请函
尊敬的______先生/女士：
您好！
首先感谢您对我们工作的支持和肯定。在此，总经理李某彬先生携公司全体员工为您送上最真挚的问候和最衷心的祝福！
我公司将于 2023 年 7 月 28 日举办公司成立十周年庆典活动，诚挚邀请您的莅临。
时间：2023 年 7 月 28 日 10 点 10 分
地点：江西省赣州市章贡区登峰路***号
联系人：陈某玥
0797-82****68
138****1672
××商贸有限公司
2023 年 7 月 20 日

图 2-14　输入邀请函内容

步骤 3▶ 将插入点分别置于电话号码和手机号码左侧，然后打开“符号”对话框并切换到“符号”选项卡。在“字体”下拉列表中选择“Wingdings”选项，然后在符号列表框中双击所需符号将其插入指定位置，最后关闭对话框，如图 2-15 所示。

图 2-15　在指定位置插入符号

二、设置文档格式

步骤 1▶ 选中标题"周年庆典邀请函"所在段落，设置其格式为华文行楷、小初、加粗、居中对齐、段前间距 2.5 行、段后间距 1 行。

步骤 2▶ 保持段落的选中状态，单击"开始"选项卡"字体"组中的"文本效果和版式"按钮，在展开的列表中选择"渐变填充-蓝色，着色 1，反射"选项，然后在"字体"对话框的"高级"选项卡中设置文本的字体颜色为红色，字符间距加宽 5 磅，如图 2-16 所示。

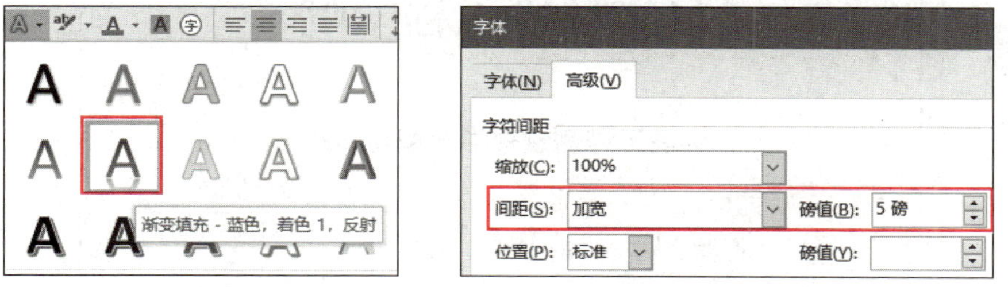

图 2-16　设置标题的格式

> **提示**
> 如果先设置文本的字符间距再设置文本效果，则先设置的字符间距效果会被后设置的文本效果覆盖。

步骤 3▶ 选中文档其他段落，设置其中文字体为宋体、西文字体为 Times New Roman、字号为三号、2.5 倍行距。

步骤 4▶ 设置正文除第 1 段和最后两段外的其他段落首行缩进 2 字符，最后两段右对齐，倒数第 2 段的段前间距 1 行。

步骤 5▶ 配合"Ctrl"键选中电话号码和手机号码左侧的符号，设置其格式为二号、红色、加粗，并在符号右侧输入一个空格，使文档更美观。至此，周年庆典邀请函制作完毕（最终效果见图 2-13），最后保存文档。

任务三　制作毕业论文封面

情景引入

假设你是某环境工程学院即将毕业的学生，毕业论文的正文已撰写完成，现在需要使用 Word 2016 制作一个封面，使之更加完善。

作品展示

本任务制作的毕业论文封面效果如图 2-17 所示（不同的学校，毕业论文封面中包含的项目稍有区别，但大部分项目是相同的）。最终效果参见本书配套素材“素材与实例”/“项目二”/“任务三”/“毕业论文封面”文档。

××环境工程学院

环境工程测量教学改革与实践

课题类别：□毕业设计　　□毕业论文

姓　　名：____________________

学　　号：____________________

学　　院：____________________

专　　业：____________________

班级代码：____________________

指导教师：____________________

答辩日期：______年______月_____日

图 2-17　毕业论文封面效果

制作思路

首先新建空白文档，然后输入封面内容，最后设置文档格式。

任务实施

一、输入毕业论文封面内容

扫一扫

制作毕业论文封面

步骤 1▶ 新建空白文档，将其以“毕业论文封面”为名保存。

步骤 2▶ 在文档中输入文本和空格，如图 2-18 所示。

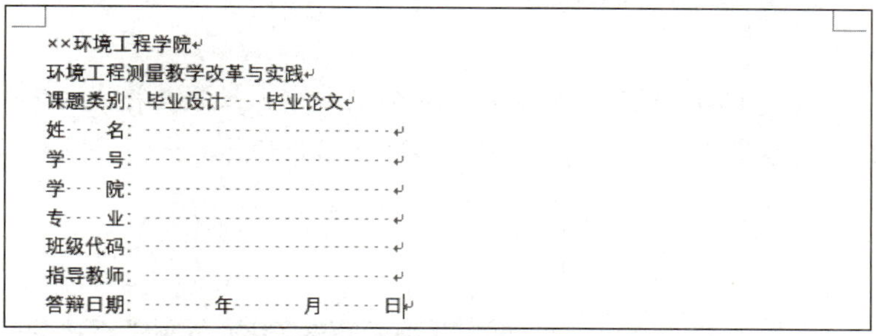
××环境工程学院
环境工程测量教学改革与实践
课题类别：毕业设计　毕业论文
姓　名：
学　号：
学　院：
专　业：
班级代码：
指导教师：
答辩日期：　年　月　日

图 2-18　在文档中输入文本和空格

步骤 3▶ 将插入点分别置于“毕业设计”和“毕业论文”文本左侧，然后打开“符号”对话框并切换到“符号”选项卡。保持“字体”列表中为默认的“(普通文本)”选项，然后在“子集”列表中选择“几何图形符”选项，在符号列表框中选择“空心方形”符号，接着单击“插入”按钮将其插入指定位置，最后关闭对话框，如图 2-19 所示。

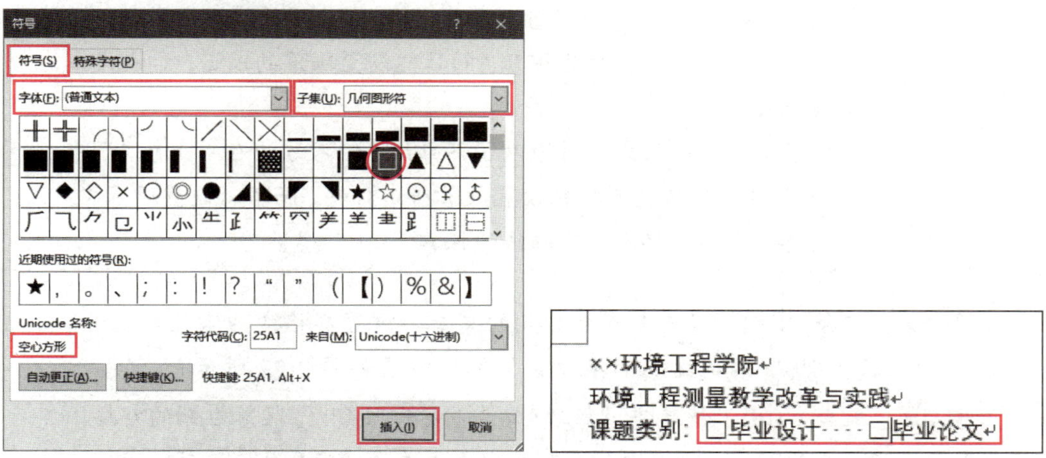

图 2-19　插入“空心方形”符号

二、设置毕业论文封面格式

步骤 1▶ 选中学校名称所在段落，设置其格式为黑体、小初、加粗、居中对齐，段前间距和段后间距均为 3 行，如图 2-20 所示。

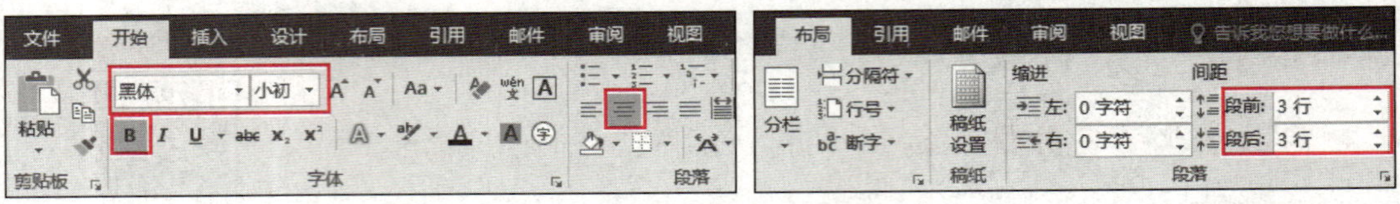

图 2-20 设置学校名称的格式

步骤 2▶ 选中论文题目所在段落，设置其格式为黑体、二号、居中对齐、段后间距 3 行。

步骤 3▶ 配合“Ctrl”键选中冒号及其左侧的文本，设置其格式为宋体、20 磅、加粗、2.5 倍行距、左缩进 3.5 字符，段前间距和段后间距均为 0.5 行，如图 2-21 所示。

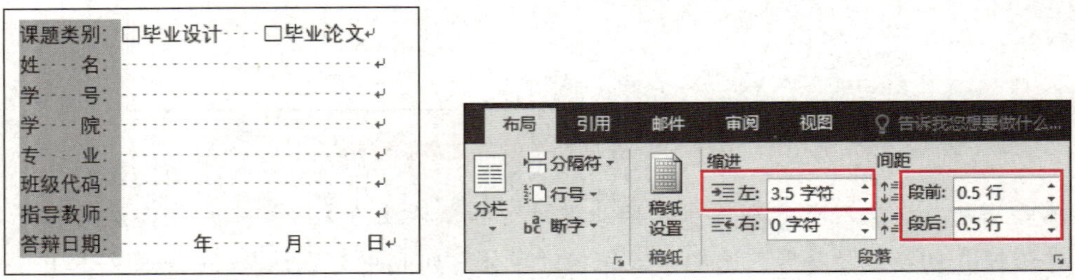

图 2-21 设置冒号及其左侧文本的格式

> **提示**
>
> 设置“课题类别:”至“答辩日期:”所在段落的对齐方式时，不能选中这些段落后直接单击对齐按钮，而只能设置段落的缩进，否则文本右侧的空格会丢失。
>
> 如果用户在输入文本时输入了下画线（输入方法在“任务二”中已经介绍），则可以单击对齐按钮设置段落居中对齐，而不必设置段落左缩进，同时也省去了为空格添加下画线的操作。

步骤 4▶ 配合“Ctrl”键选中冒号右侧的文本，设置其格式为宋体、三号、加粗，然后设置“课题类别:”右侧文本的字体为黑体，效果如图 2-22 所示。

步骤 5▶ 配合“Ctrl”键选中“姓名:”至“答辩日期:”段落右侧的空格，然后在“开始”选项卡“字体”组的“下画线”下拉列表中选择“下画线”选项，为空格添加下画线，效果如图 2-23 所示。至此，毕业论文封面制作完毕（最终效果见图 2-17），最后保存文档。

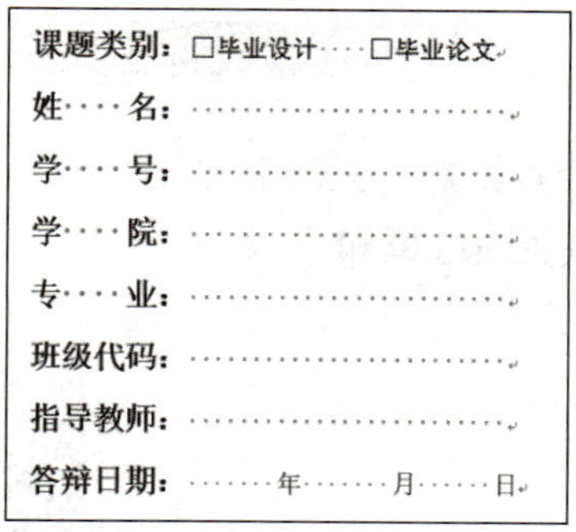

图 2-22　冒号右侧文本设置效果

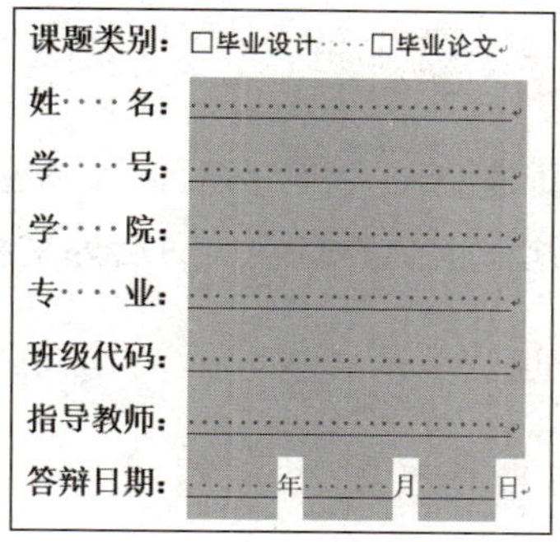

图 2-23　为空格添加下画线

任务四　制作满意度调查问卷

情景引入

为了完善公司各方面的管理制度，提高管理及内部服务的质量，公司决定对员工进行一次匿名调查，请你使用 Word 2016 为此制作一份满意度调查问卷。

作品展示

本任务制作的满意度调查问卷效果如图 2-24 所示。最终效果参见本书配套素材“素材与实例”/“项目二”/“任务四”/“满意度调查问卷”文档。

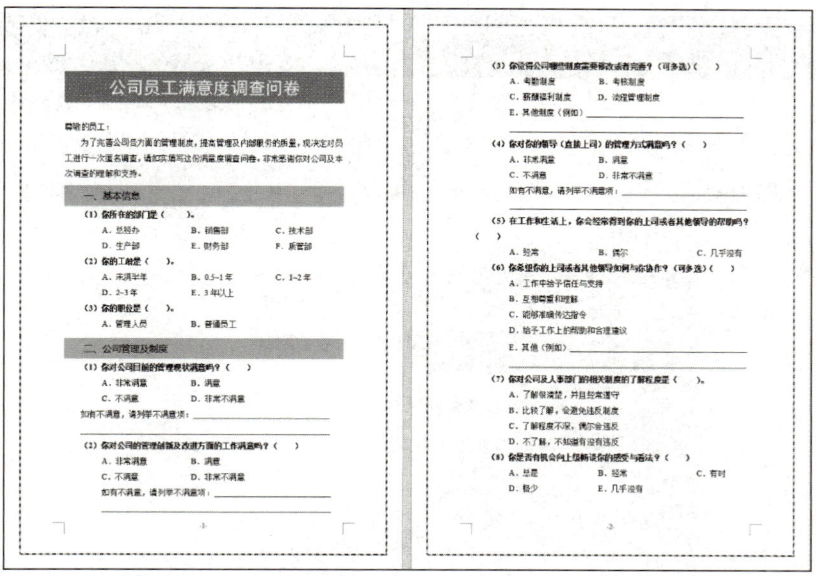

图 2-24　满意度调查问卷效果（第 1～2 页）

制作思路

首先新建空白文档，然后输入标题和篇首语，接着将素材文档中的文本复制到新文档，并设置标题和正文的格式，最后为文档添加艺术型页面边框和页码。

任务实施

一、新建文档并输入文本

扫一扫

制作满意度调查问卷

步骤 1▶ 新建空白文档，将其以“满意度调查问卷”为名保存，然后在文档中输入调查问卷标题和篇首语，如图 2-25 所示。

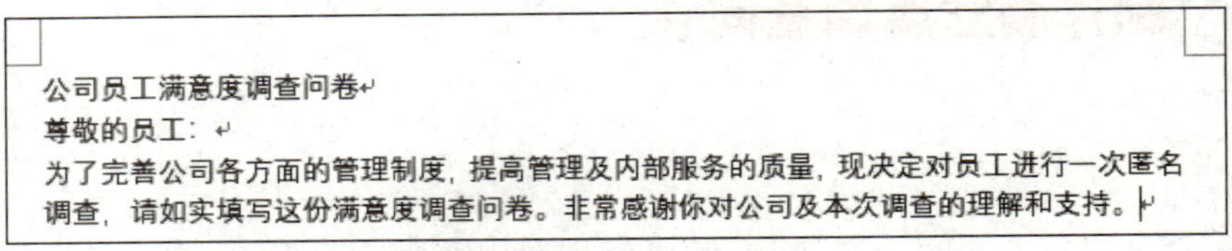

公司员工满意度调查问卷
尊敬的员工：
为了完善公司各方面的管理制度，提高管理及内部服务的质量，现决定对员工进行一次匿名调查，请如实填写这份满意度调查问卷。非常感谢你对公司及本次调查的理解和支持。

图 2-25　输入调查问卷标题和篇首语

步骤 2▶ 单击“文件”按钮，在打开的界面中选择“打开”/“浏览”选项，打开“打开”对话框，选择本书配套素材“素材与实例”/“项目二”/“任务四”/“满意度调查问卷内容”文档，单击“打开”按钮打开文档，然后按“Ctrl+A”组合键全选文档内容，接着按“Ctrl+C”组合键复制选择的内容，如图 2-26 所示。

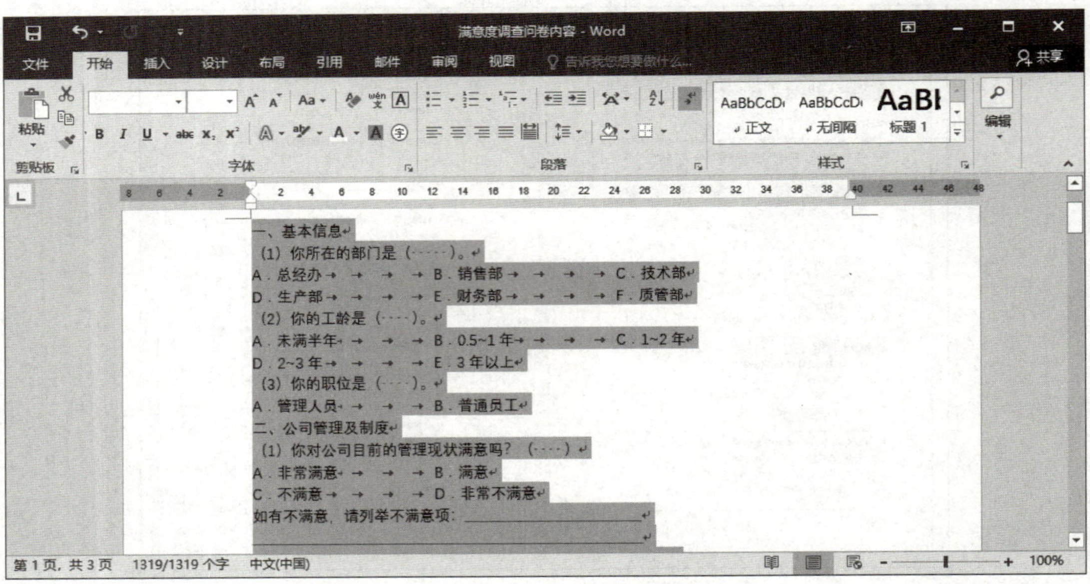

图 2-26　复制文档内容

步骤 3▶ 返回"满意度调查问卷"文档，在文档末尾按"Enter"键插入一个新段落，然后按"Ctrl+V"组合键粘贴复制的内容，效果如图 2-27 所示。

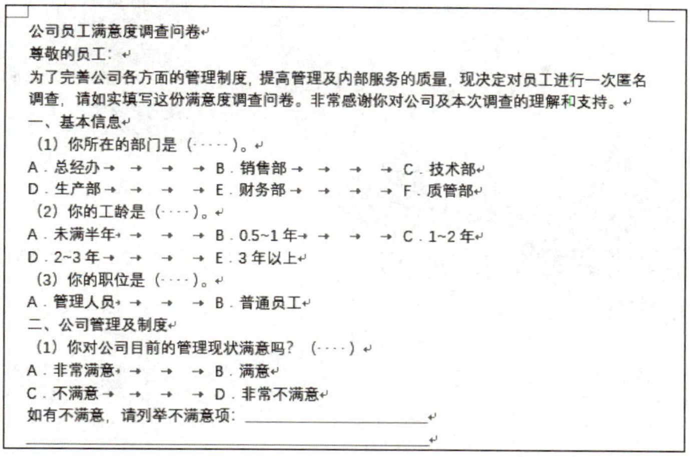
公司员工满意度调查问卷
尊敬的员工：
为了完善公司各方面的管理制度，提高管理及内部服务的质量，现决定对员工进行一次匿名调查，请如实填写这份满意度调查问卷。非常感谢你对公司及本次调查的理解和支持。
一、基本信息
（1）你所在的部门是（ ）。
A．总经办　B．销售部　C．技术部
D．生产部　E．财务部　F．质管部
（2）你的工龄是（ ）。
A．未满半年　B．0.5~1 年　C．1~2 年
D．2~3 年　E．3 年以上
（3）你的职位是（ ）。
A．管理人员　B．普通员工
二、公司管理及制度
（1）你对公司目前的管理现状满意吗？（ ）
A．非常满意　B．满意
C．不满意　D．非常不满意
如有不满意，请列举不满意项：________________
____

图 2-27　粘贴文本（部分）

步骤 4▶ 在文档的开始位置单击，然后单击"开始"选项卡"编辑"组中的"替换"按钮，打开"查找和替换"对话框并显示"替换"选项卡。在"查找内容"编辑框中输入"其它"，在"替换为"编辑框中输入"其他"，单击"全部替换"按钮（见图 2-28），在随后弹出的提示对话框中单击"确定"按钮，完成替换操作，最后关闭对话框。

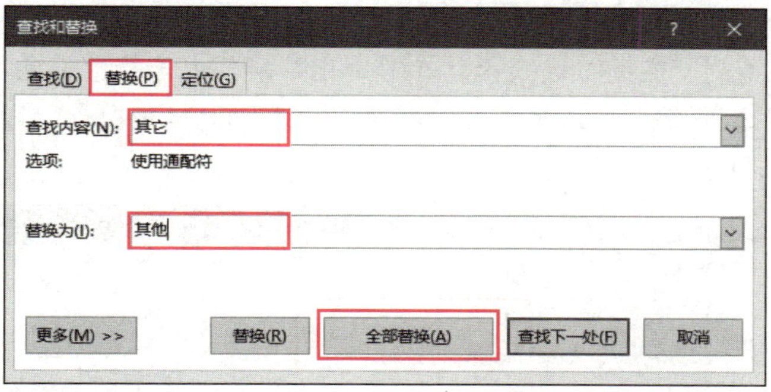

图 2-28　替换文本

步骤 5▶ 选中要移动的段落文本"五、薪酬福利"及其包含的内容（最后一段除外），如图 2-29 所示。

步骤 6▶ 将鼠标指针移到选中的文本上，待鼠标指针变成↖形状时，按住鼠标左键将其拖到"四、开放性问题"段落文本左侧后释放鼠标，将选中的文本移到新位置，效果如图 2-30 所示。

步骤 7▶ 修改移动后文本的序号，即将"五、薪酬福利"修改为"四、薪酬福利"，将"四、开放性问题"修改为"五、开放性问题"。

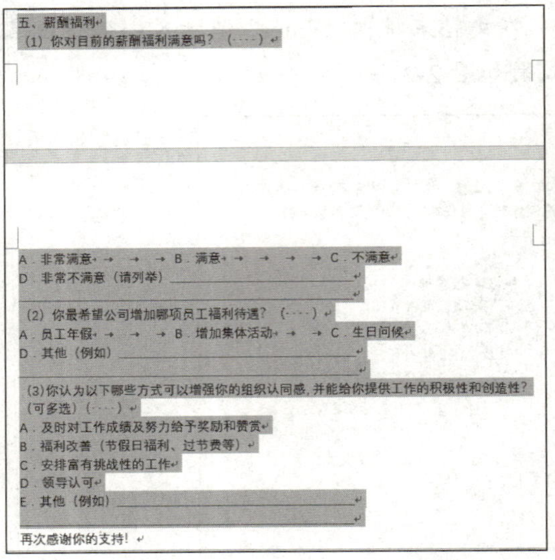

图 2-29　选择要移动的文本

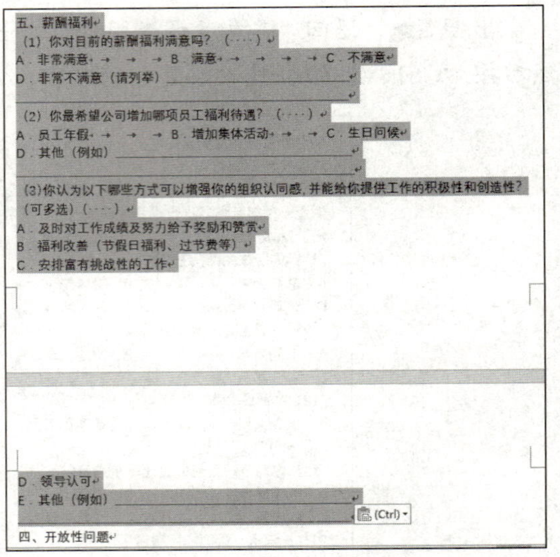

图 2-30　移动文本后的效果

二、设置标题格式

步骤 1▶ 选中标题“公司员工满意度调查问卷”所在段落，设置其格式为黑体、一号、居中对齐，段前间距和段后间距均为 1.5 行。

步骤 2▶ 保持标题段落的选中状态，在“边框”下拉列表中选择“边框和底纹”选项（见图 2-31），打开“边框和底纹”对话框。

步骤 3▶ 切换到“底纹”选项卡，在“填充”列表中选择“蓝色，个性色 1”选项，在“样式”列表中选择“5%”选项，在“颜色”列表中选择“白色，背景 1”选项，单击“确定”按钮，如图 2-32 所示。

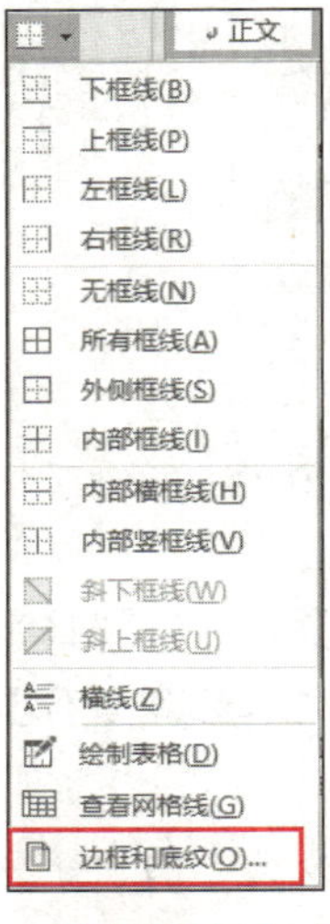

图 2-31　选择“边框和底纹”选项

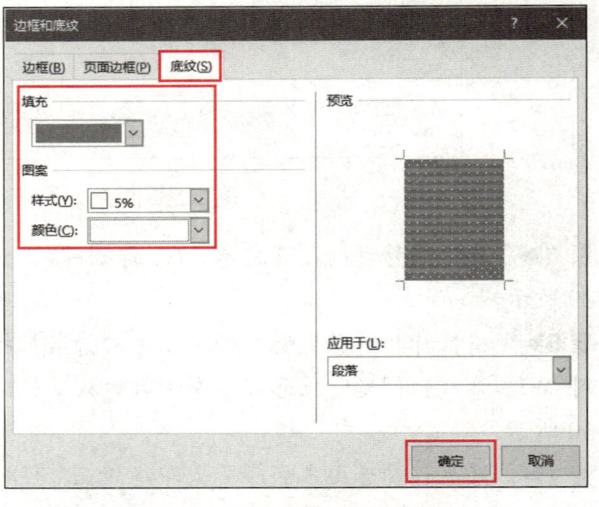

图 2-32　设置标题段落的底纹

步骤 4▶ 将标题文本的字体颜色设置为“白色，背景 1”。

三、设置正文格式

步骤 1▶ 选中文档中除标题外的其他内容，设置其中文字体为宋体、西文字体为 Times New Roman、字号为小四、首行缩进 2 字符、1.5 倍行距。

步骤 2▶ 在“尊敬的员工：”文本左侧单击，然后按“Backspace”键，取消该段落的首行缩进格式。

步骤 3▶ 配合“Ctrl”键选中文档中带有编号“一、”至“五、”的段落，设置其格式为微软雅黑、四号、段前间距 0.5 行。

步骤 4▶ 保持段落的选中状态，打开“边框和底纹”对话框并切换到“底纹”选项卡，然后在“填充”列表中选择“蓝色，个性色 1，淡色 60%”选项，最后单击“确定”按钮，如图 2-33 所示。

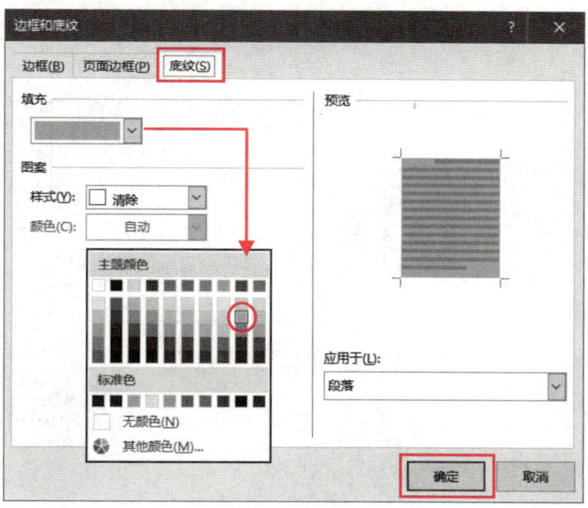

图 2-33　设置其他段落的底纹

步骤 5▶ 选中文档中“(1) 你所在的部门是 (　　)。”所在段落，为其设置加粗效果，即将问卷题目加粗显示。

步骤 6▶ 保持段落的选中状态，双击“开始”选项卡“剪贴板”组中的“格式刷”按钮，然后拖过文档中带有编号“(1)”的其他段落及“(2)”至“(8)”的段落，将设置的加粗效果应用于这些段落。格式复制完毕，按“Esc”键或单击“格式刷”按钮结束格式复制操作。

步骤 7▶ 选中问卷题目下方的各选择项，然后在“布局”选项卡的“段落”组中设置其左缩进为 3 字符，如图 2-34 所示（同样可以使用格式刷工具复制格式）。

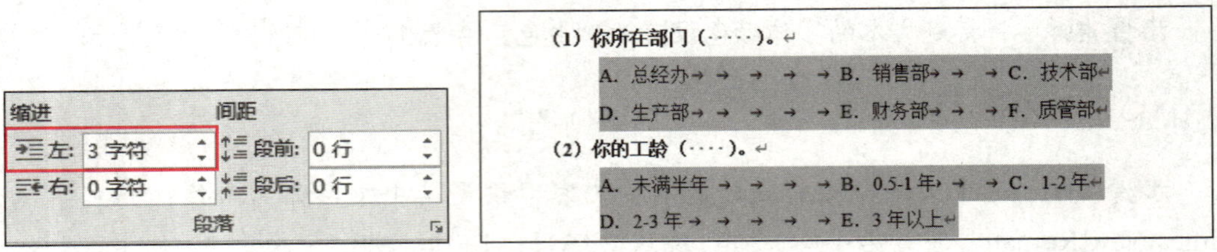

图 2-34　设置段落的左缩进及效果

步骤 8▶ 根据需要调整设置左缩进后相邻行的下画线长度，使其保持右对齐，然后在“三、工作环境及氛围”段落上方插入一个空段落，使该标题与其具体内容在一页显示，使文档更美观。

步骤 9▶ 选中“再次感谢你的支持！”文本所在段落，设置其格式为微软雅黑、一号，然后单击“字体”组中的“文本效果和版式”按钮，在展开的列表中选择“填充-黑色，文本 1，轮廓-背景 1，清晰阴影-着色 1”选项，为所选文本应用该效果，如图 2-35 所示。

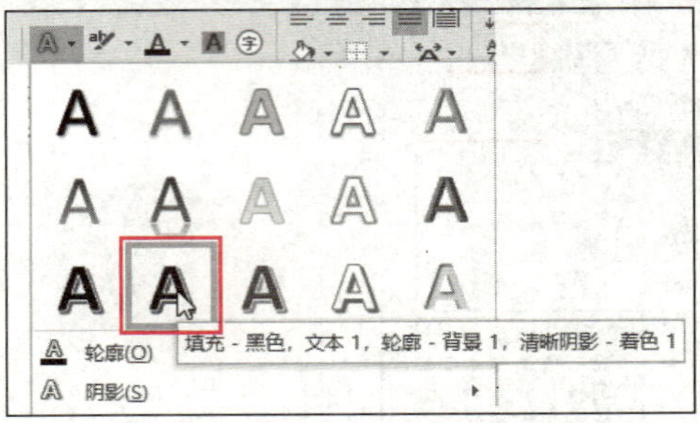

图 2-35　选择文本效果

步骤 10▶ 保持段落的选中状态，设置其对齐方式为居中对齐，无缩进，段前间距为 2 行，然后删除文档末尾的空段落。

四、设置页面边框和页码

步骤 1▶ 单击“设计”选项卡“页面背景”组中的“页面边框”按钮（见图 2-36），打开“边框和底纹”对话框并显示“页面边框”选项卡。

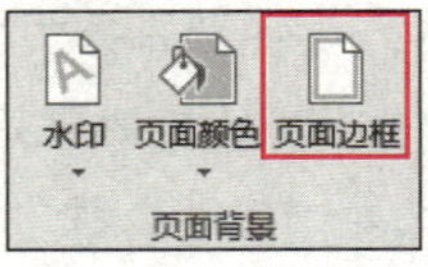

图 2-36　单击“页面边框”按钮

步骤 2▶ 在“艺术型”下拉列表中选择“”选项，然后设置边框的宽度为 10 磅，单击“确定”按钮（见图 2-37），为文档添加一个艺术型页面边框。

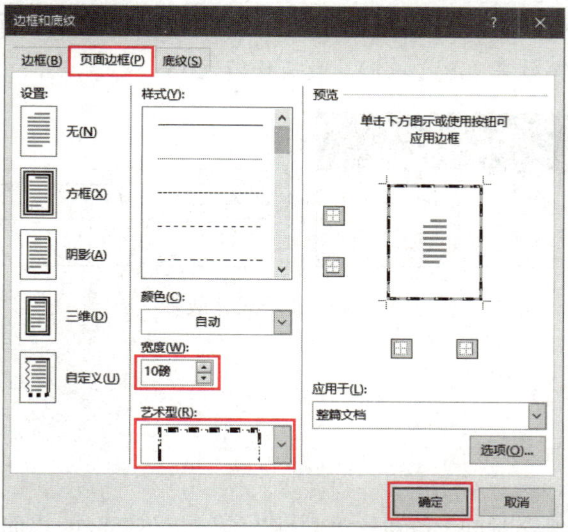

图 2-37　为文档设置艺术型页面边框

步骤 3▶　单击“插入”选项卡“页眉和页脚”组中的“页码”按钮，在展开的列表中选择“页面底端”/“普通数字 2”选项（见图 2-38），在文档中插入页码并进入页眉和页脚编辑状态。

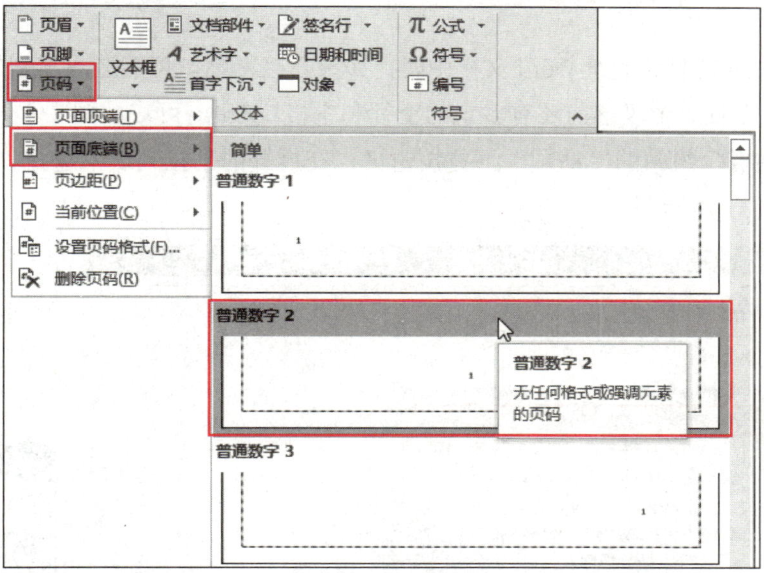

图 2-38　选择“页面底端”/“普通数字 2”选项

步骤 4▶　在页码数字的左侧和右侧分别输入“-”，并设置页码的格式为 Times New Roman、五号。

步骤 5▶　单击“页眉和页脚工具　设计”选项卡“关闭”组中的“关闭页眉和页脚”

按钮，退出页眉和页脚编辑状态，可看到设置的页码，如图 2-39 所示。至此，满意度调查问卷制作完毕（最终效果见图 2-24），最后保存文档。

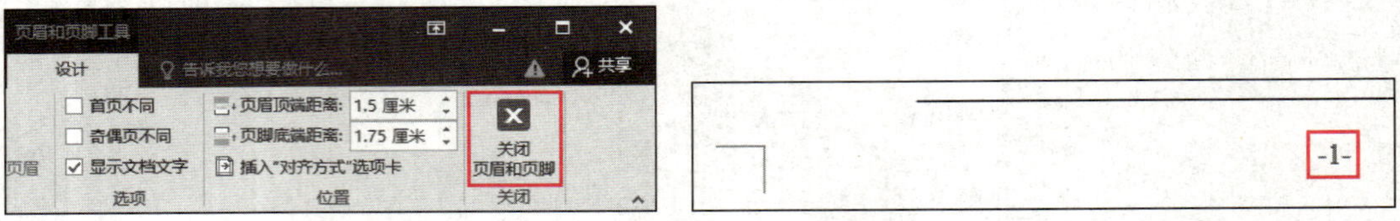

图 2-39　页码设置效果

Word 高效办公技巧

一、设置文档自动保存时间

要设置文档自动保存时间，可单击“文件”按钮，在打开的界面中选择“选项”选项，打开“Word 选项”对话框，然后在对话框左侧选择“保存”选项，在右侧选中“保存自动恢复信息时间间隔”复选框，并在其右侧的编辑框中调整时间值（默认为 10 分钟），最后单击“确定”按钮，如图 2-40 所示。

二、删除从网页复制、粘贴文本后的源格式

将网页中的文本复制到 Word 文档中时，如果直接粘贴，可能造成复制的文本不仅保留了源格式，而且每个段落前还有多余的空行和空格。为此，可在粘贴文本时单击“开始”选项卡“剪贴板”组中的“粘贴”下拉按钮，在展开的下拉列表中选择“只保留文本”选项，如图 2-41 所示。

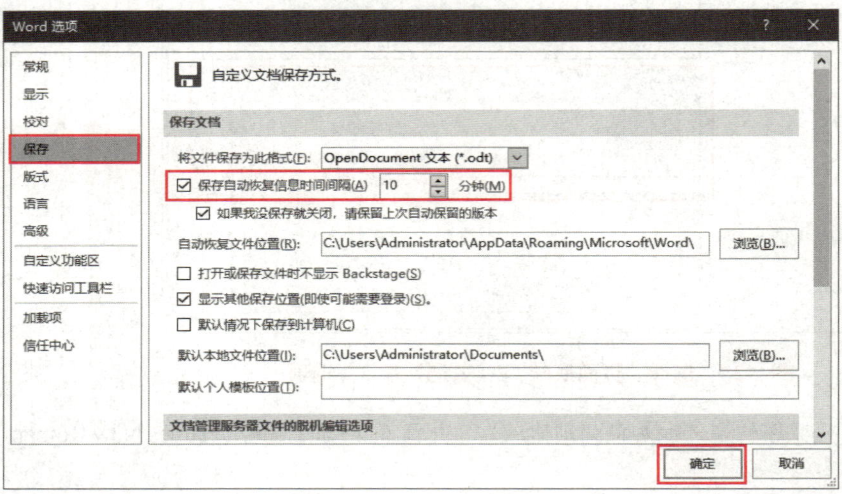

图 2-40　设置文档的自动保存时间

图 2-41　“粘贴”下拉列表

三、文本的高级查找和替换

在“查找和替换”对话框中单击“更多”按钮（此时该按钮变成“更少”按钮），可展开高级搜索和替换选项，如图 2-42 所示。

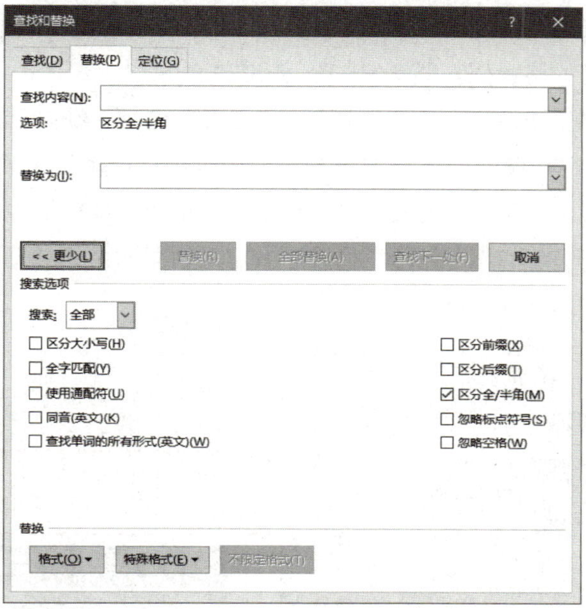

图 2-42 “查找和替换”对话框的高级选项

“查找和替换”对话框高级部分搜索和替换选项的含义如下。

（1）区分大小写。选中“区分大小写”复选框，可在查找和替换文本时区分英文字母的大小写。

（2）使用通配符。选中“使用通配符”复选框，可在查找和替换文本时使用“?”和“*”等通配符。其中，“?”代表匹配一个字符，“*”代表匹配一个或多个任意字符。

此外，单击“格式”按钮，可查找具有特定格式的文本，或将原文本格式替换为指定的格式；单击“特殊格式”按钮，可查找如段落标记、制表符等特殊标记。

四、使用格式刷快速复制格式

在编辑文档时，如果文档中有多处内容使用相同的格式，可使用格式刷工具复制格式。在 Word 中，段落格式设置信息保存在每段后的段落标记↵中。因此，如果只希望复制字符格式，可不必选中段落标记；如果希望同时复制字符格式和段落格式，则须选中段落标记。

此外，如果希望将某段落的格式应用于文档中的一处内容，只需将插入点置于源段落中，然后单击“格式刷”按钮，最后选择目标段落即可。如果希望将格式应用于文档中的多处内容，可双击“格式刷”按钮，然后依次选择要应用该格式的文本或段落，在该方式下，如果要结束格式复制操作，需按“Esc”键或再次单击“格式刷”按钮。

五、保护文档

要保护文档，防止未经授权的用户查阅和修改文档，可为文档设置密码。为文档设置密码后，如果忘记了该密码，将无法打开该文档。

单击“文件”按钮，在打开的界面中选择“信息”选项，在打开的“信息”界面中单击“保护文档”按钮，在展开的列表中选择“用密码进行加密”选项，打开“加密文档”对话框，如图 2-43 所示。在“加密文档”对话框的“密码”编辑框中输入密码并单击“确定”按钮，在随后打开的“确认密码”对话框中输入相同的密码并单击“确定”按钮，最后保存文档即可完成文档的加密。

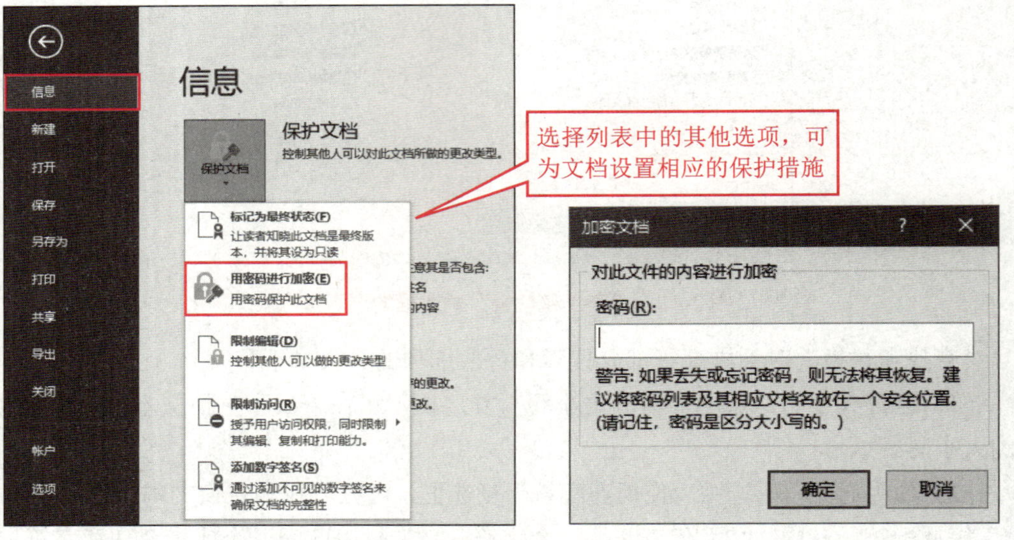

图 2-43　为文档设置密码

六、取消自动项目符号和编号功能

要取消自动项目符号和编号功能，可单击“文件”按钮，在打开的界面中选择“选项”选项，打开“Word 选项”对话框，在对话框左侧选择“校对”选项，在右侧单击“自动更正选项”按钮，打开“自动更正”对话框，然后在“键入时自动套用格式”选项卡取消选中“自动项目符号列表”复选框和“自动编号列表”复选框（见图 2-44），最后单击“确定”按钮。

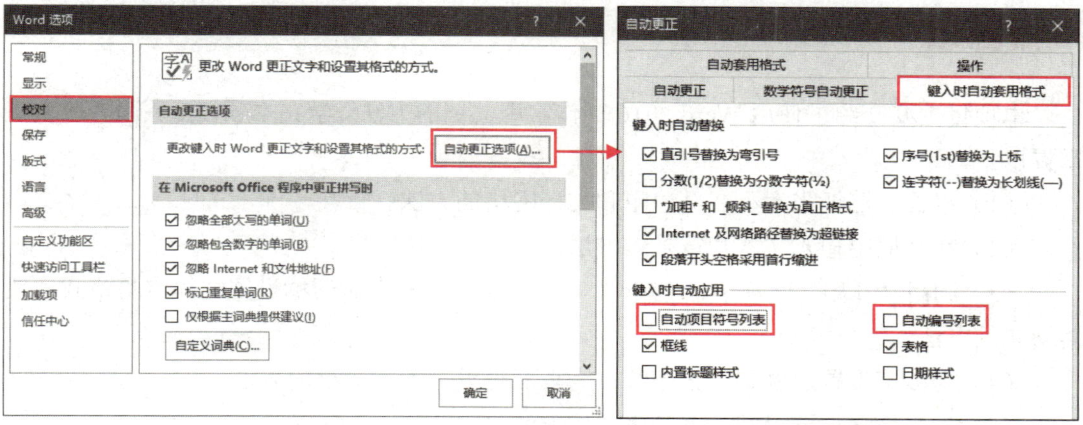

图 2-44　取消自动项目符号和编号功能

七、快速清除文本和段落的格式

要快速清除文本和段落的格式，可首先选中要清除格式的文本或段落，然后单击“开始”选项卡“字体”组中的“清除所有格式”按钮，如图 2-45 所示。

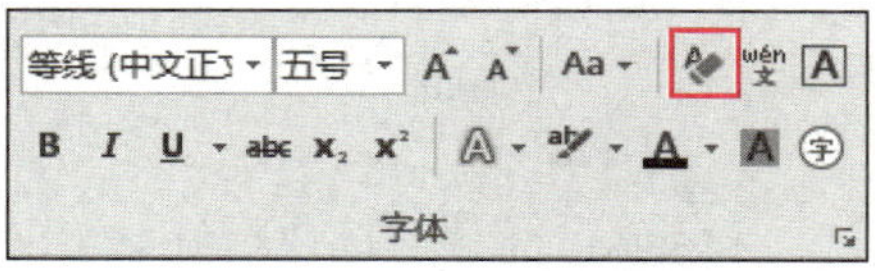

图 2-45　单击“清除所有格式”按钮

八、避免段落孤行

为了避免段落的最后一行在下一页显示，造成阅读的不便，可以通过设置让 Word 自动调整段落分布。方法是选中要调整分页的段落，然后打开“段落”对话框，在“换行和分页”选项卡选中“孤行控制”复选框并单击“确定”按钮，如图 2-46 所示。

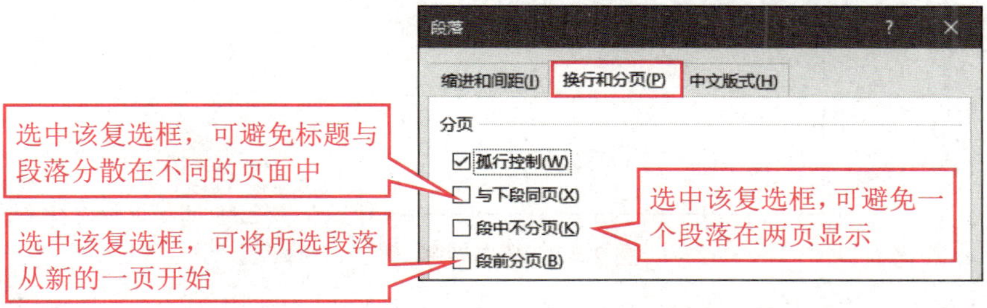

图 2-46　避免段落孤行

项目总结

本项目主要介绍了使用 Word 2016 制作常用文档的方法。学完本项目后，读者应重点掌握以下知识。

（1）设置文档纸张大小、页边距和文档网格的方法。

（2）在文档中输入文本和符号的方法。

（3）利用“开始”选项卡、“字体”对话框和“段落”对话框设置文档字符格式和段落格式的方法。

（4）为段落设置边框和图案底纹，为页面设置艺术型边框的方法。

（5）为文档添加页码并设置其格式的方法。

课后实训

（1）制作聘书，效果如图 2-47 所示。最终效果参见本书配套素材“素材与实例”/“项目二”/“课后实训”/“聘书”文档。

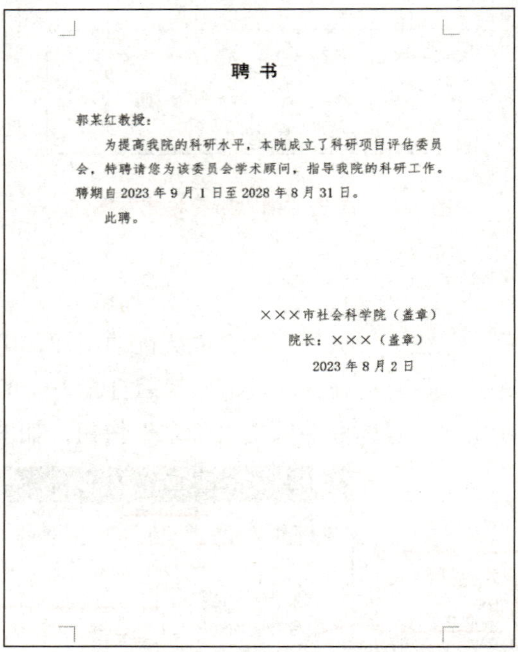

聘 书

郭某红教授：

为提高我院的科研水平，本院成立了科研项目评估委员会，特聘请您为该委员会学术顾问，指导我院的科研工作。聘期自 2023 年 9 月 1 日至 2028 年 8 月 31 日。

此聘。

×××市社会科学院（盖章）

院长：×××（盖章）

2023 年 8 月 2 日

图 2-47　聘书效果

【操作提示】

① 新建“聘书”空白文档，并参照图 2-47 输入文本。

② 设置标题“聘书”的格式为黑体、二号，字符间距为加宽 5 磅，对齐方式为居中

对齐，段前间距和段后间距均为 1 行。

③ 设置除标题外的其他段落的格式为仿宋、三号。

④ 设置聘书正文内容“为提高……”至“此聘。”段落首行缩进 2 字符，设置文档最后 3 段右对齐，倒数第 1 段右缩进 3 字符，倒数第 2 段右缩进 1.5 字符，倒数第 3 段的段前间距为 3 行。

（2）制作通知，效果如图 2-48 所示。最终效果参见本书配套素材“素材与实例”/“项目二”/“课后实训”/“通知”文档。

【操作提示】

① 新建“通知”空白文档，并参照图 2-48 输入文本。

② 设置标题“通知”的格式为黑体、一号，字符间距为加宽 10 磅，对齐方式为居中对齐，段前间距为 3 行，段后间距为 1 行。

③ 设置除标题外的其他段落的中文字体为宋体、西文字体为 Times New Roman、字号为三号。

④ 设置通知正文内容“经公司……”至“特此通知！”段落首行缩进 2 字符，最后两段右对齐，倒数第 2 段的段前间距为 3 行。

（3）制作表扬信，效果如图 2-49 所示。最终效果参见本书配套素材“素材与实例”/“项目二”/“课后实训”/“表扬信”文档。

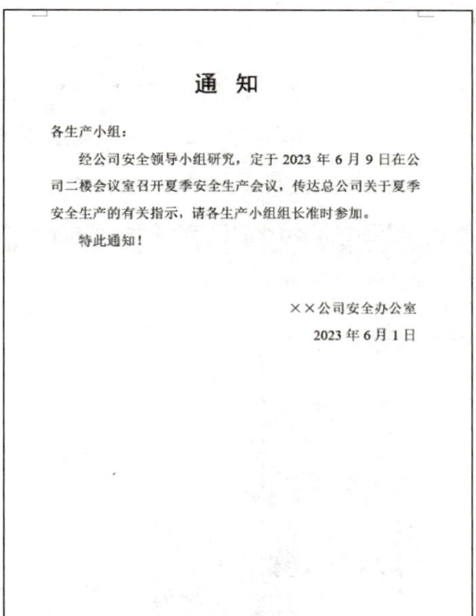

通　知

各生产小组：

经公司安全领导小组研究，定于 2023 年 6 月 9 日在公司二楼会议室召开夏季安全生产会议，传达总公司关于夏季安全生产的有关指示，请各生产小组组长准时参加。

特此通知！

××公司安全办公室

2023 年 6 月 1 日

图 2-48　通知效果

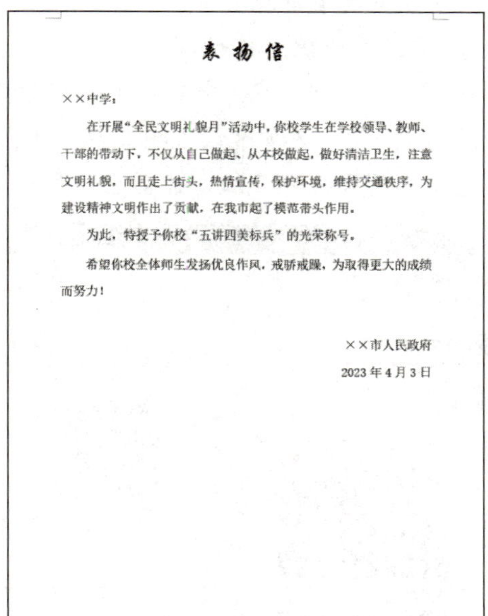

表扬信

××中学：

在开展“全民文明礼貌月”活动中，你校学生在学校领导、教师、干部的带动下，不仅从自己做起、从本校做起，做好清洁卫生，注意文明礼貌，而且走上街头，热情宣传，保护环境，维持交通秩序，为建设精神文明作出了贡献，在我市起了模范带头作用。

为此，特授予你校“五讲四美标兵”的光荣称号。

希望你校全体师生发扬优良作风，戒骄戒躁，为取得更大的成绩而努力！

××市人民政府

2023 年 4 月 3 日

图 2-49　表扬信效果

【操作提示】

① 新建“表扬信”空白文档，并参照图 2-49 输入文本，然后设置标题“表扬信”的

格式为华文行楷、一号，字符间距为加宽 5 磅，对齐方式为居中对齐，段前间距和段后间距均为 1 行。

② 设置除标题外的其他段落的格式为宋体、四号、2 倍行距，正文内容“在开展……”至“……而努力。”段落首行缩进 2 字符，最后两段右对齐，倒数第 2 段的段前间距为 2 行。

（4）编排招生简章。最终效果参见本书配套素材“素材与实例”/“项目二”/“课后实训”/“招生简章”文档。

【操作提示】

① 打开本书配套素材“素材与实例”/“项目二”/“课后实训”/“招生简章内容”文档。

② 设置文档上、下、左、右页边距均为 1.5 厘米（目的是使设置好格式后的文档正好占两页纸）。

③ 按“Ctrl+A”组合键全选文档内容，设置其中文字体为宋体、西文字体为 Times New Roman、1.5 倍行距。设置文本的中文字体和西文字体后，需要将文档中的引号重新设置为宋体，以保持美观。

④ 设置标题的格式为一号、白色、加粗，对齐方式为居中对齐，段前间距和段后间距均为 1 行，然后在“边框和底纹”对话框的“底纹”选项卡设置填充为“橙色，个性色 2”，图案样式为“5%”，图案颜色为“白色，背景 1”，应用范围为“段落”（见图 2-50），为标题段落设置图案底纹。

⑤ 设置其他段落首行缩进 2 字符。

⑥ 配合“Ctrl”键选中文档中带编号“一、”至“七、”的段落，然后在“边框和底纹”对话框的“底纹”选项卡设置填充为“蓝色，个性色 1”，应用范围为“文字”（见图 2-51），为所选文本设置纯色底纹，最后设置所选文本的格式为微软雅黑、白色。

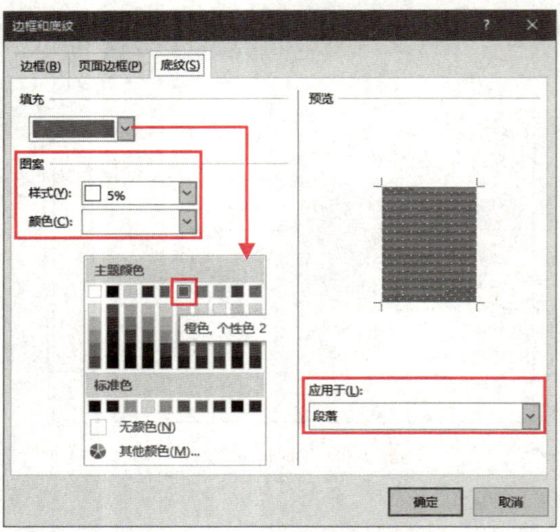

图 2-50　设置段落底纹

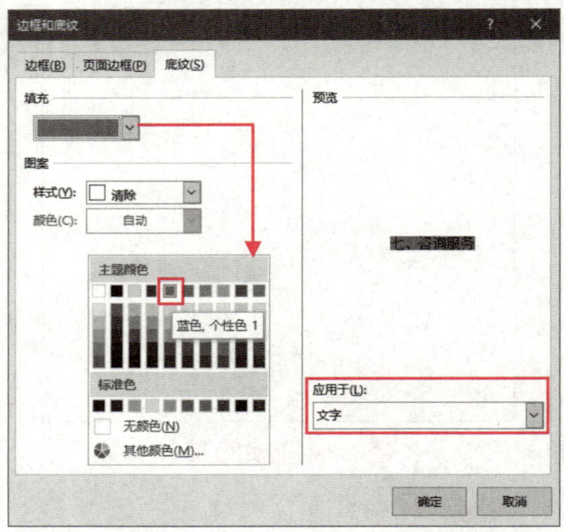

图 2-51　设置字符底纹

⑦ 为文档添加一个宽度为 10 磅的艺术型页面边框，如图 2-52 所示。

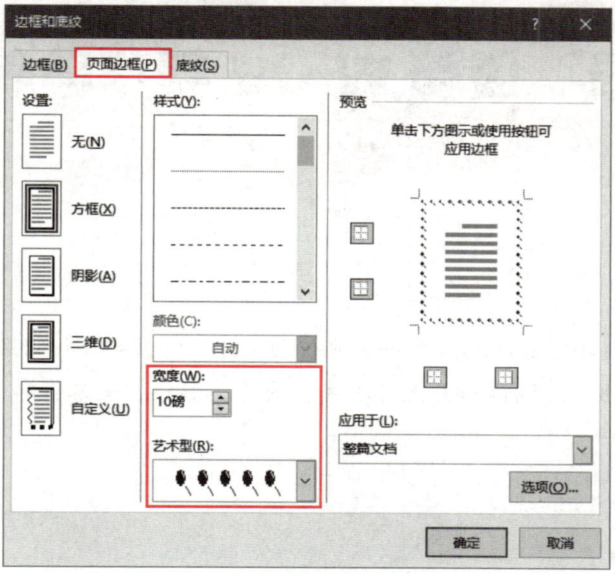

图 2-52　设置艺术型边框

项目三　使用 Word 制作精美文档

项目描述

在本项目中，读者可通过制作普洱茶宣传册、开业宣传单、招聘启事和公司组织结构图，学习在文档中插入、编辑与美化艺术字、图片、形状、文本框和 SmartArt 图形等的方法。

学习目标

【知识目标】

- 熟悉在文档中插入艺术字、图片、形状、文本框和 SmartArt 图形等的操作。
- 熟悉对插入的艺术字、图片、形状、文本框和 SmartArt 图形等进行编辑与美化的操作。

【能力目标】

- 能够在文档的合适位置插入、编辑与美化艺术字、图片和形状。
- 能够灵活使用文本框和 SmartArt 图形编排文档内容。

【素质目标】

- 提升审美素养，提高学习积极性及灵活运用所学知识解决实际问题的能力。
- 培养和提高欣赏美、表达美和创作美的能力。

任务一　制作普洱茶宣传册

情景引入

你朋友的茶叶店新到了一批普洱茶，为了让广大新老客户更深入地了解普洱生茶与熟茶的最大区别，请你使用 Word 2016 帮他制作一份普洱茶宣传册。

作品展示

本任务制作的普洱茶宣传册效果如图 3-1 所示。最终效果参见本书配套素材“素材与实例”/“项目三”/“任务一”/“普洱茶宣传册”文档。

图 3-1　普洱茶宣传册效果

制作思路

首先打开素材文档，然后在文档中插入、编辑与美化艺术字和图片，并设置首字下沉，最后绘制形状以修饰文本。

扫一扫

制作普洱茶宣传册

任务实施

一、插入艺术字

步骤 1▶ 打开本书配套素材“素材与实例”/“项目三”/“任务一”/“普洱茶宣传册内容”文档。在文档的开始位置插入两个空段落，并取消两个空段落的段前间距和段后间距（插入空段落时会自动使用“中国茶道”文本的字符格式和段落格式）。

步骤 2▶ 将插入点置于第 1 个空段落，然后单击“插入”选项卡“文本”组中的“艺术字”按钮，在展开的列表中选择一种艺术字样式（见图 3-2），并在显示的艺术字占位符中输入两段文本“普洱”“您的茶叶首选”。

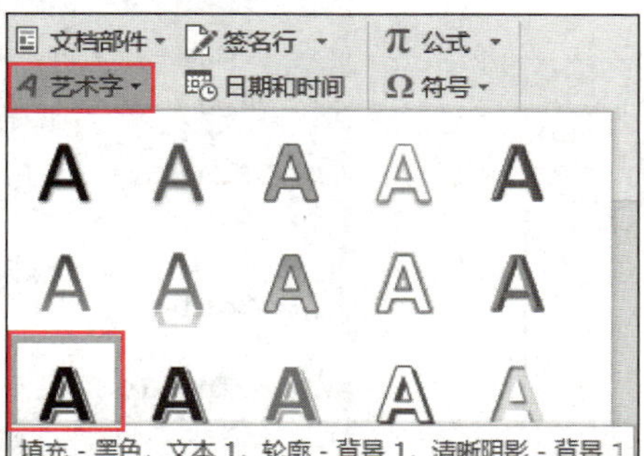

图 3-2　选择艺术字样式

步骤 3▶ 设置文本“普洱”的格式为 72 磅、左对齐、首行缩进 1 字符，然后单击“绘图工具　格式”选项卡“艺术字样式”组中的“文本填充”按钮，在展开的列表中选择“深红”选项，如图 3-3 所示。

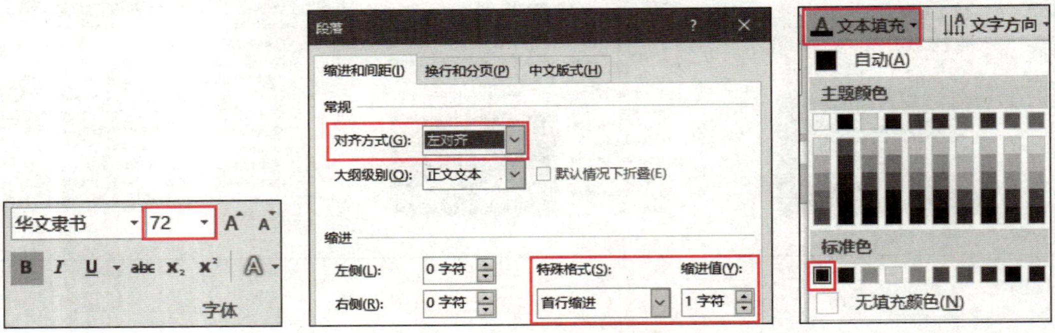

图 3-3　设置文本“普洱”的格式

步骤 4▶　设置文本“您的茶叶首选”的格式为微软雅黑、一号、右对齐、右缩进 6 字符，文本填充颜色为绿色。

步骤 5▶　选中艺术字占位符（其边框由虚线变成实线），然后单击“绘图工具　格式”选项卡“排列”组中的“环绕文字”按钮，在展开的列表中选择“嵌入型”选项，设置艺术字的文字环绕方式为嵌入型，如图 3-4 所示。

步骤 6▶　向左拖动艺术字占位符左侧中部的控制点，将艺术字占位符的宽度设置为与文档编辑区等宽。

步骤 7▶　保持艺术字占位符的选中状态，单击“绘图工具　格式”选项卡“艺术字样式”组中的“文本效果”按钮，在展开的列表中选择“映像”/“紧密映像，接触”选项，设置艺术字的文本效果，如图 3-5 所示。

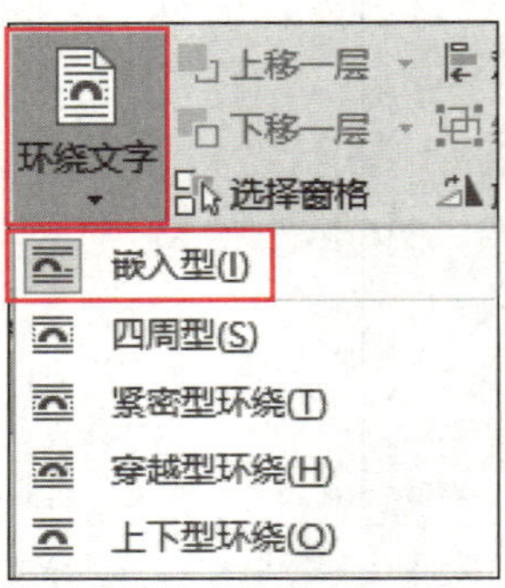

图 3-4　设置艺术字的文字环绕方式

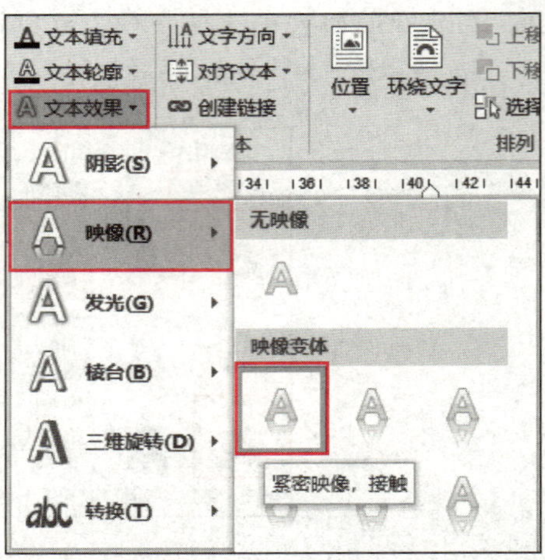

图 3-5　设置艺术字的文本效果

二、插入图片及设置首字下沉

步骤 1▶ 将插入点置于第 2 个空段落，然后单击“插入”选项卡“插图”组中的“图片”按钮，在打开的“插入图片”对话框中选择本书配套素材“素材与实例”/“项目三”/“任务一”/“茶 1”图片（见图 3-6），单击“插入”按钮将其插入指定位置。

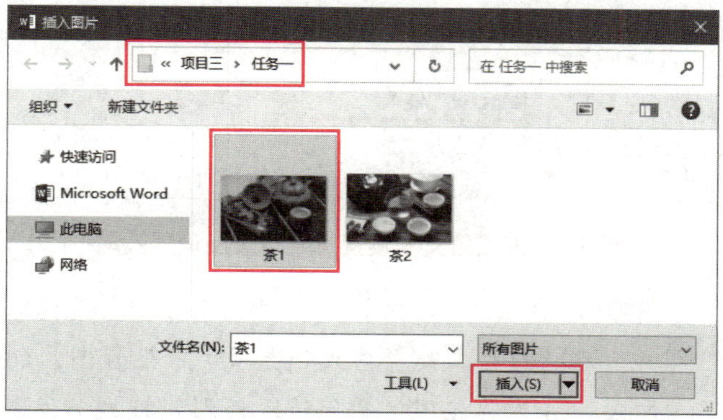

图 3-6 选择要插入的图片

步骤 2▶ 在“图片工具 格式”选项卡的“大小”组中设置图片的高度为 8.8 厘米；在“图片样式”组的“图片样式”列表中选择“柔化边缘矩形”选项，为图片应用样式，并使艺术字和图片正好占一页，如图 3-7 所示。至此，普洱茶宣传册的第 1 页制作完毕。

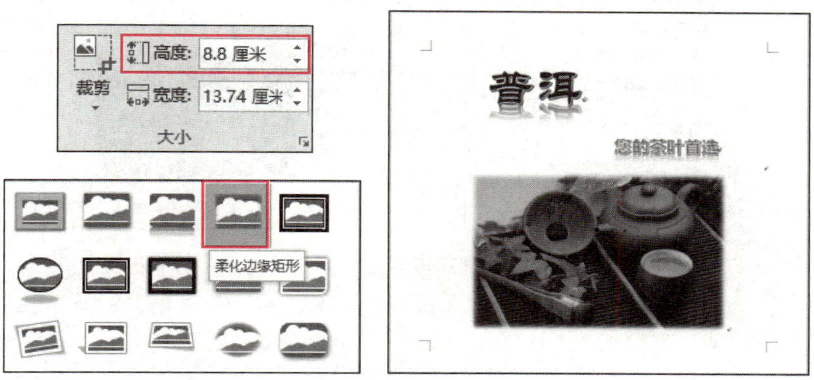

图 3-7 设置图片的大小、样式及设置效果

步骤 3▶ 将插入点置于“中国茶道”介绍文本的第 1 段，然后单击“插入”选项卡“文本”组中的“首字下沉”按钮，在展开的列表中选择“首字下沉选项”选项，打开“首字下沉”对话框。在“位置”设置区选择“下沉”选项，然后设置首字下沉文本的字体为华文行楷，距正文 0.4 厘米，下沉行数保持默认，单击“确定”按钮后设置首字下沉文本的字体颜色为“橄榄色，个性色 3”，参数及效果如图 3-8 所示。

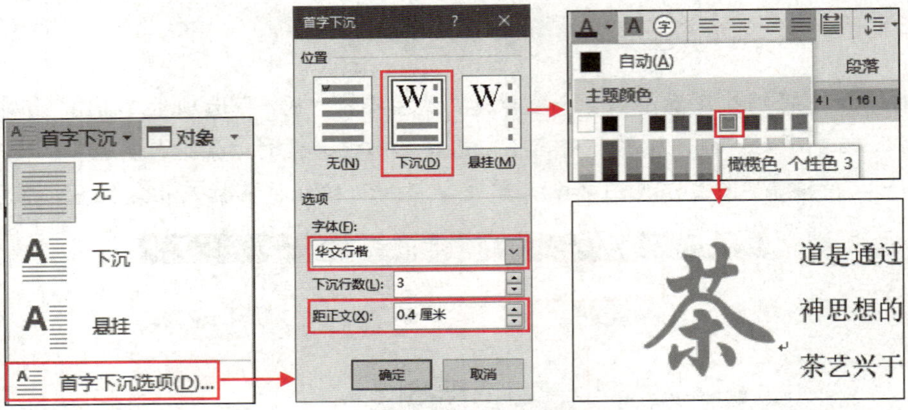

图 3-8　为段落文本设置首字下沉及设置效果

步骤 4▶　在"中国茶道"介绍文本右侧插入本书配套素材"素材与实例"/"项目三"/"任务一"/"茶 2"图片，在"图片工具　格式"选项卡中设置图片的文字环绕方式为四周型环绕、高度为 7.5 厘米，并为其应用"柔化边缘矩形"样式，使图片与"中国茶道"介绍文本正好占一页，如图 3-9 所示。至此，普洱茶宣传册的第 2 页制作完毕。

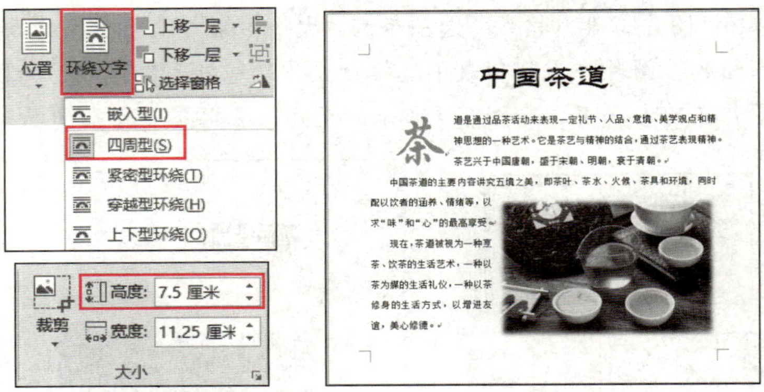

图 3-9　设置图片的文字环绕方式、大小、样式及设置效果

三、绘制形状以修饰文本

步骤 1▶　将插入点置于文档第 3 页，单击"插入"选项卡"插图"组中的"形状"按钮，在展开的列表中选择"矩形"/"矩形"选项，然后在文档中通过直接单击绘制一个矩形，接着在"绘图工具　格式"选项卡的"大小"组中设置矩形的高度为 1.3 厘米、宽度为 22.23 厘米，即与页面等宽。

步骤 2▶　保持矩形的选中状态，在"绘图工具　格式"选项卡"形状样式"组的"形状样式"列表中选择"中等效果-橄榄色，强调颜色 3"选项；在"排列"组的"环绕文字"列表中选择"衬于文字下方"选项，然后将矩形移到标题文本"普洱茶知识　生茶与熟茶的区别”下方，修饰标题文本，如图 3-10 所示。

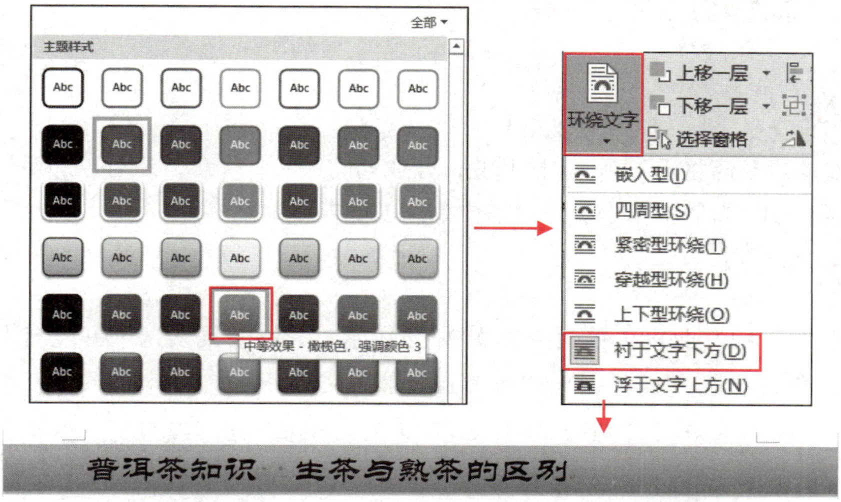

图 3-10　设置矩形的样式、文字环绕方式和位置

步骤 3▶　按住“Shift+Ctrl”组合键向下拖动绘制的矩形（按住该组合键是为了使复制得到的矩形在同一条垂直线上），然后在“绘图工具　格式”选项卡的“大小”组中将复制矩形的高度修改为 4.3 厘米，并设置复制矩形的形状填充为“深蓝，文字 2，淡色 80%”，形状轮廓为白色、3 磅，形状效果为“阴影”/“外部”/“右下斜偏移”（见图 3-11），最后将矩形移到“【生茶与熟茶的最大区别 • 有没有经过“渥堆”发酵】”介绍文本的下方。

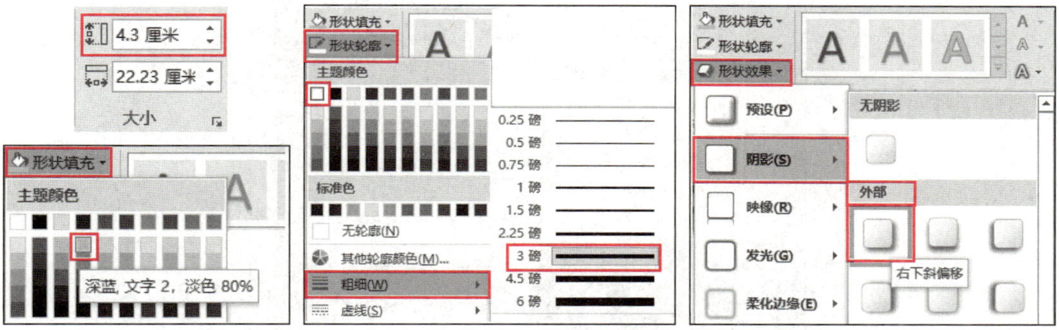

图 3-11　设置复制矩形的格式和位置

步骤 4▶　按住“Shift+Ctrl”组合键向下拖动修改格式后的矩形到“【生茶与熟茶的最大区别 • 有没有经过“制作工艺”发酵】”介绍文本的下方。复制矩形完成后，调整相应介绍文本标题段落的首行缩进为 1 字符，使文档更加美观。至此，普洱茶宣传册制作完毕（最终效果见图 3-1），最后保存文档。

任务二　制作开业宣传单

情景引入

你朋友的奶茶店将于 6 月 18 日开业，开业期间饮品有优惠，还可以加盟奶茶店。请你使用 Word 2016 为他制作一份开业宣传单，以便告知大家。

作品展示

本任务制作的开业宣传单效果如图 3-12 所示。最终效果参见本书配套素材“素材与实例”/“项目三”/“任务二”/“开业宣传单”文档。

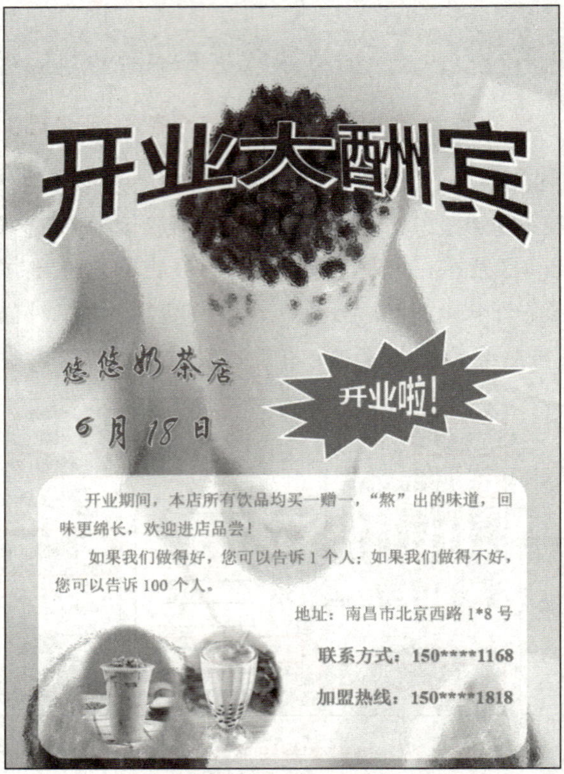

图 3-12　开业宣传单效果

制作思路

新建空白文档，首先插入并编辑艺术字，然后绘制形状和文本框并在其中输入文本，接着插入并编辑图片，最后绘制矩形并使用图片填充完善文档。

任务实施

扫一扫
制作开业宣传单

一、插入并编辑艺术字

步骤 1▶ 新建空白文档，将其以“开业宣传单”为名保存。

步骤 2▶ 在“插入”选项卡“文本”组的“艺术字”列表中选择一种艺术字样式，然后在显示的艺术字占位符中输入艺术字“开业大酬宾”，单击艺术字占位符的边框以选中艺术字，并设置艺术字文本的格式为微软雅黑、72 磅，如图 3-13 所示。

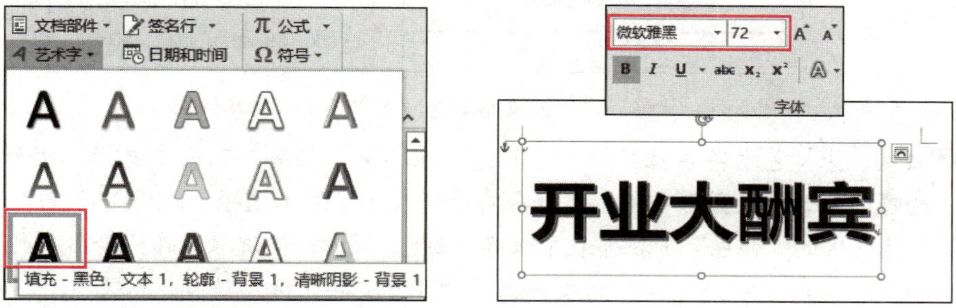

图 3-13　设置艺术字的字符格式及设置效果

步骤 3▶ 保持艺术字占位符的选中状态，单击“绘图工具　格式”选项卡“艺术字样式”组中的“文本填充”按钮，在展开的列表中选择“红色”选项；单击“文本轮廓”按钮，在展开的列表中选择“粗细”/“1.5 磅”选项；单击“文本效果”按钮，在展开的列表中分别选择“棱台”/“艺术装饰”选项和“转换”/“弯曲”/“桥形”选项，如图 3-14 所示。

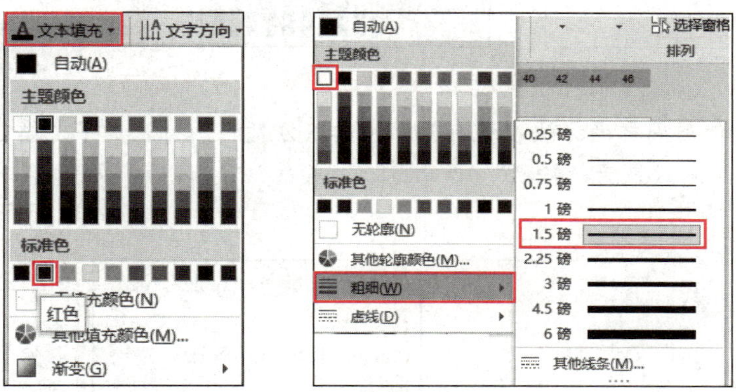

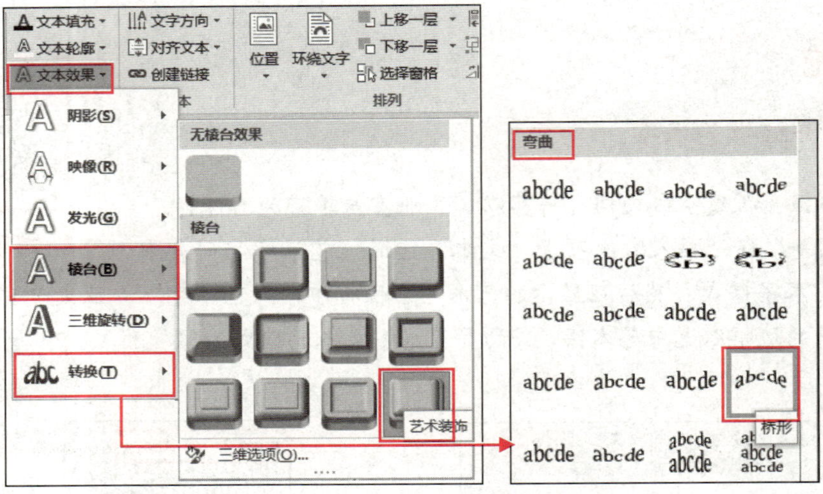

图 3-14 设置艺术字的文本填充、文本轮廓和文本效果

步骤 4▶ 保持艺术字占位符的选中状态，在“文本效果”列表中选择“阴影”/“阴影选项”选项，打开“设置形状格式”任务窗格并显示“文本选项”/“文字效果”选项卡，在“阴影”设置区的“颜色”下拉列表中选择“白色，背景 1”选项；在“绘图工具 格式”选项卡“排列”组的“环绕文字”列表中选择“浮于文字上方”选项，如图 3-15 所示。

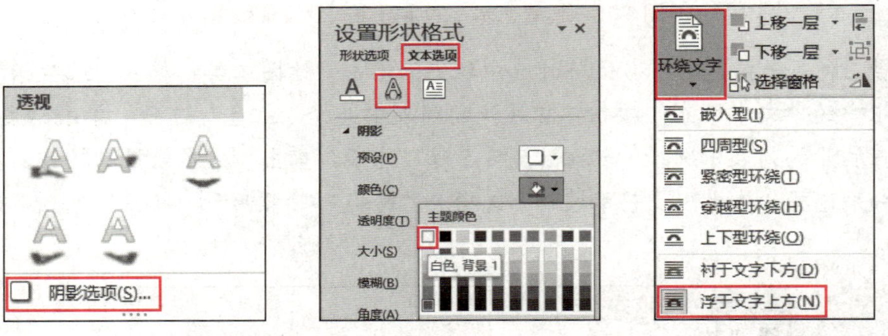

图 3-15 设置艺术字的阴影效果和文字环绕方式

步骤 5▶ 使用同样的方法在现有艺术字的下方插入两行艺术字“悠悠奶茶店”“6 月 18 日”，设置其文本效果为“转换”/“弯曲”/“腰鼓”，字体为华文行楷，如图 3-16 所示。

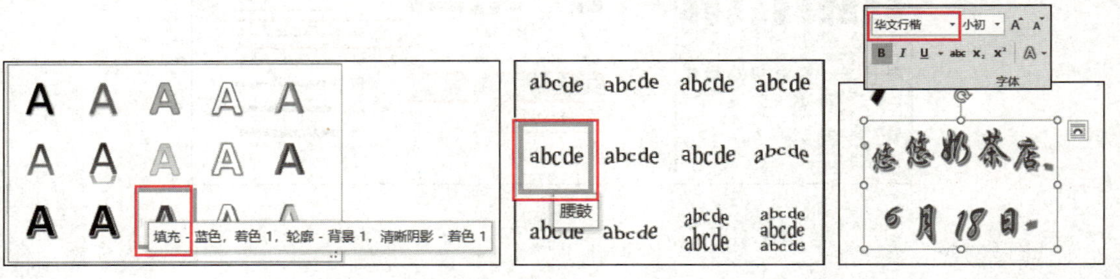

图 3-16 插入艺术字“悠悠奶茶店” “6 月 18 日”

二、绘制形状并输入文本

步骤 1▶ 在“插入”选项卡“插图”组的“形状”列表中选择“星与旗帜”/“爆炸形 2”选项，在第 2 组艺术字右侧绘制“爆炸形 2”形状，然后右击绘制的形状，在弹出的快捷菜单中选择“添加文字”选项，在“爆炸形 2”形状中输入文本“开业啦!”，如图 3-17 所示。

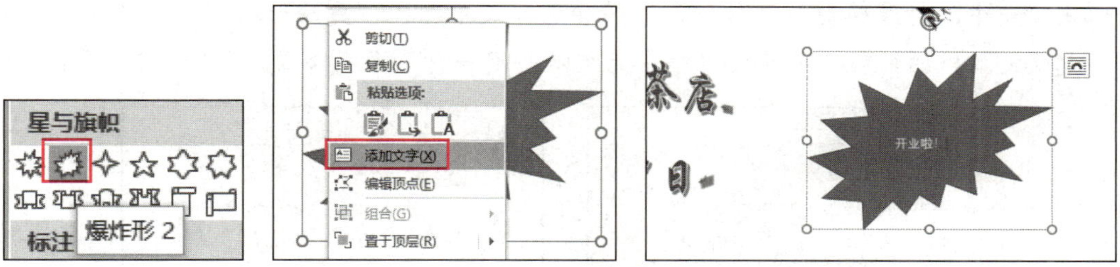

图 3-17　绘制形状并在其中输入文本

步骤 2▶ 将“爆炸形 2”的形状填充和形状轮廓分别设置为“橙色，个性色 2”“白色，背景 1”，形状轮廓粗细为 2.25 磅。

步骤 3▶ 为“爆炸形 2”形状内的文本套用一种艺术字样式，然后设置文本的格式为微软雅黑、一号，文本效果为“转换”/“弯曲”/“左远右近”，最后根据需要调整“爆炸形 2”形状的大小，使其中的文本以一行显示，如图 3-18 所示。

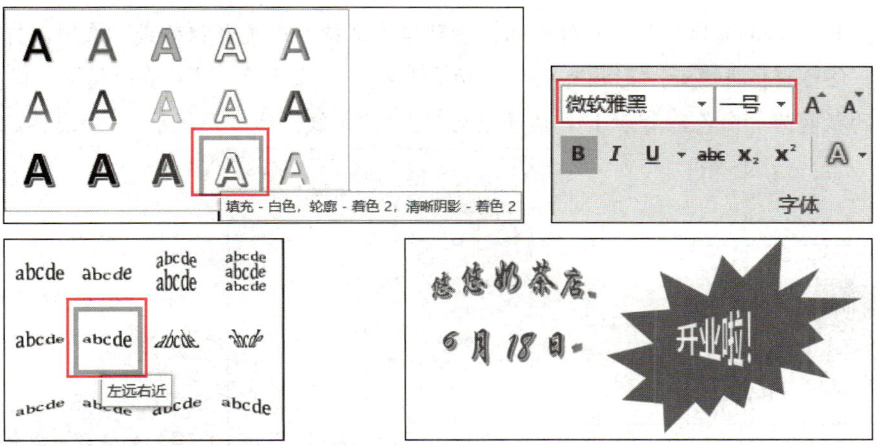

图 3-18　设置“爆炸形 2”形状中文本的格式及设置效果

三、绘制文本框并输入文本

步骤 1▶ 在“爆炸形 2”形状的下方绘制一个横排文本框并在其中输入文本，如图 3-19 所示。

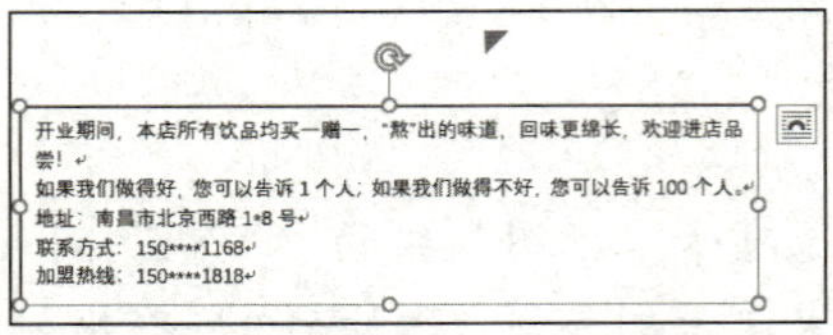

图 3-19　使用文本框输入文本

步骤 2▶ 单击文本框的边框以选中文本框，然后单击"绘图工具　格式"选项卡"插入形状"组中的"编辑形状"按钮，在展开的列表中选择"更改形状"/"圆角矩形"选项，更改文本框的外观，并为文本框中的文本套用一种艺术字样式，如图 3-20 所示。

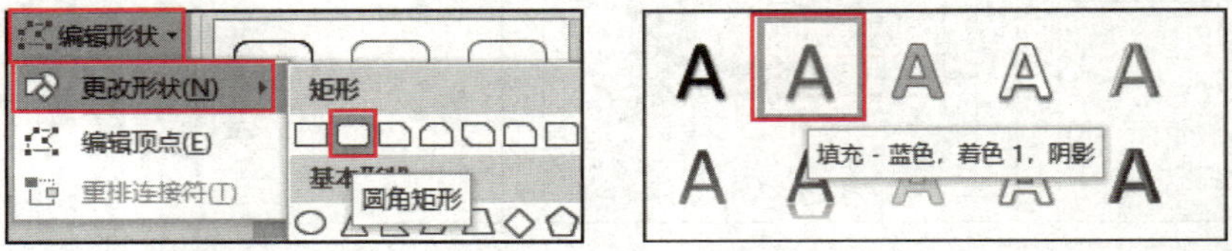

图 3-20　更改文本框的外观并为文本应用艺术字样式

步骤 3▶ 设置圆角矩形中文本的中文字体为宋体、西文字体为 Times New Roman、字号为小二，前两段首行缩进 2 字符，后 3 段右对齐，后两段的字符格式为 20 磅、加粗显示，倒数第 2 段的段前间距和段后间距均为 1 行。

步骤 4▶ 向左拖动圆角矩形左上角的控制点，到合适位置后释放鼠标，调整圆角矩形的弧度，如图 3-21 所示。

步骤 5▶ 右击圆角矩形，在弹出的快捷菜单中选择"设置形状格式"选项，打开"设置形状格式"任务窗格并显示"形状选项"/"填充与线条"选项卡，然后在"填充"设置区设置圆角矩形的颜色为"白色，背景 1"，透明度为"35%"，线条为"无线条"，如图 3-22 所示。

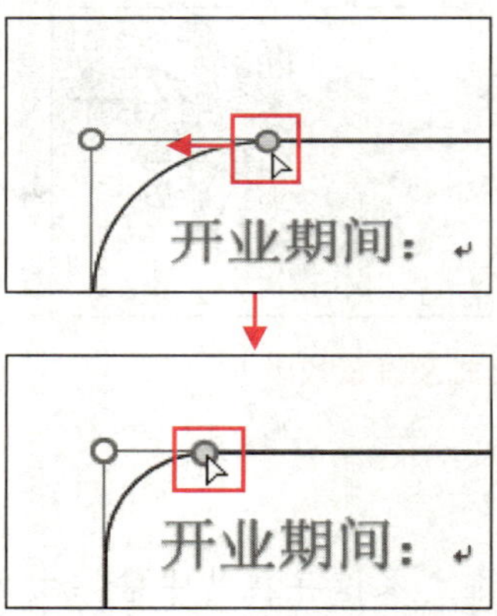

图 3-21　调整圆角矩形的弧度

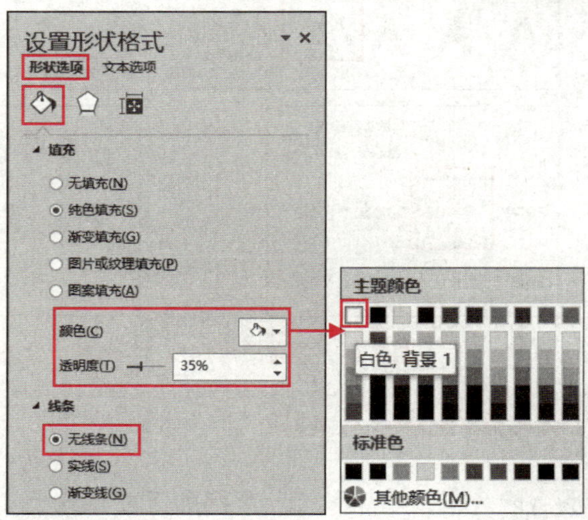

图 3-22　设置圆角矩形的填充颜色、透明度和线条

四、插入并编辑图片

步骤 1▶　在文档中插入本书配套素材“素材与实例”/“项目三”/“任务二”/“奶茶 1”图片，然后设置图片的高度为 5.3 厘米，文字环绕方式为浮于文字上方，并为图片应用“柔化边缘椭圆”样式，最后将图片移到文档的左下位置，如图 3-23 所示。

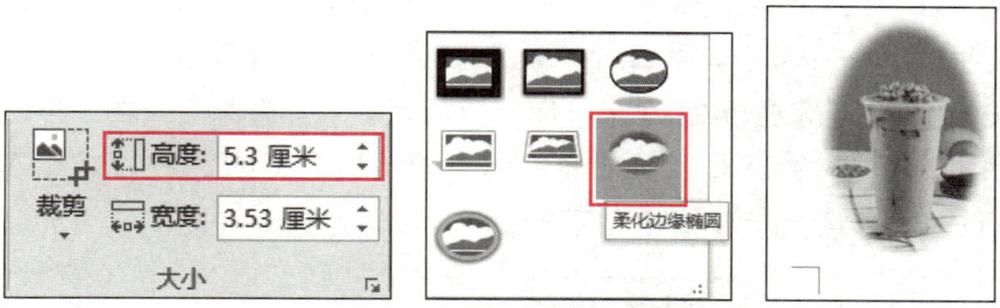

图 3-23　插入素材图片并设置其格式

步骤 2▶　按住“Shift+Ctrl”组合键向右拖动“奶茶 1”图片，将其复制一份，然后右击复制的图片，在弹出的快捷菜单中选择“更改图片”选项，在打开的对话框中选择“从文件”选项，打开“插入图片”对话框，选择本书配套素材“素材与实例”/“项目三”/“任务二”/“奶茶 2”图片，最后单击“插入”按钮，即可将复制的图片更改为所选图片，如图 3-24 所示。

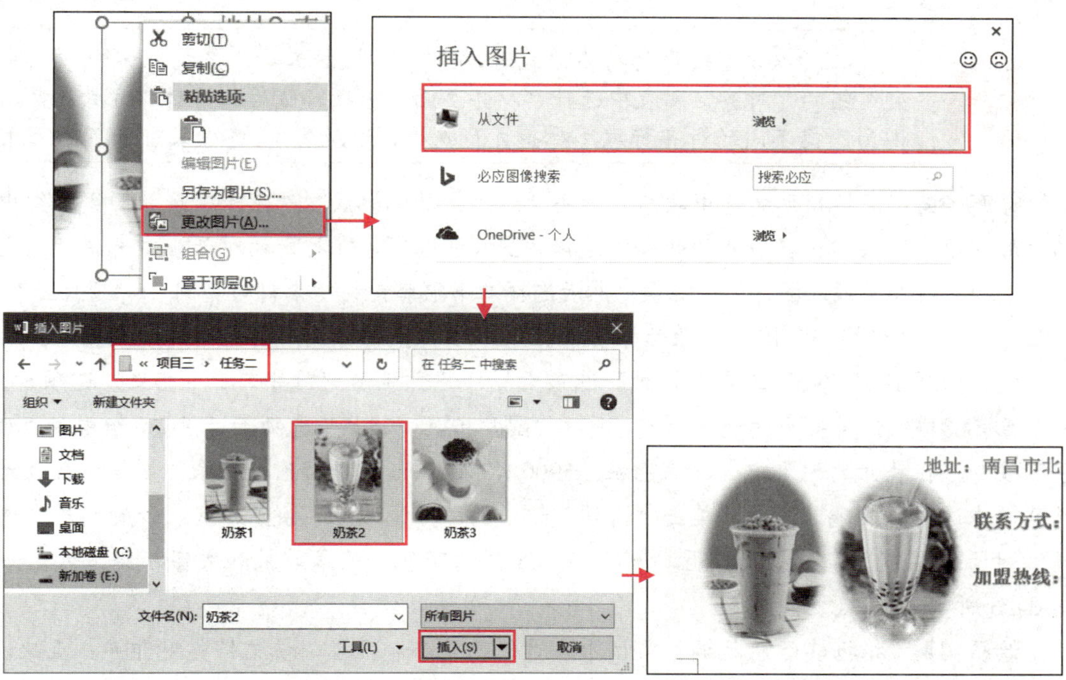

图 3-24　更改复制的图片

> **提示** 利用更改图片的方法插入图片，可保持图片格式不变。这里将选中图片更改为其他图片，可以免去重复设置图片格式的操作。

五、完善开业宣传单

步骤 1▶ 在“插入”选项卡的“形状”列表中选择“矩形”/“矩形”选项，在文档中通过直接单击绘制一个矩形，然后在“绘图工具 格式”选项卡的“大小”组中设置矩形的高度为 29.7 厘米、宽度为 21 厘米，即矩形的大小与页面相等。在“排列”组的“对齐”列表中依次选择“对齐页面”“左对齐”“顶端对齐”选项（见图 3-25，需多次打开“对齐”列表进行选择），设置矩形相对于页面左侧和顶端对齐。

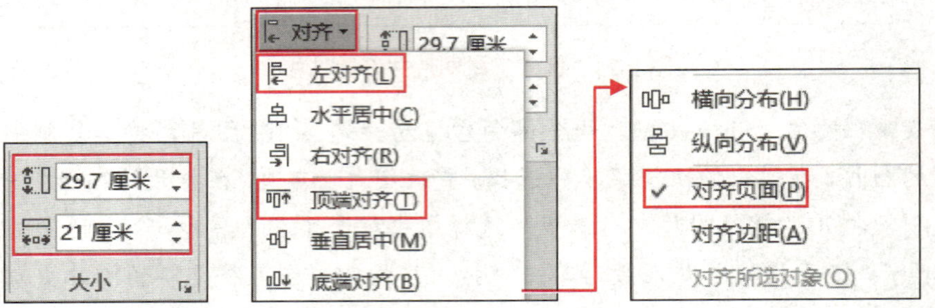

图 3-25 设置矩形的大小和对齐方式

> **提示** 之所以设置矩形的对齐方式时，首先在“绘图工具 格式”选项卡“排列”组的“对齐”列表中选择“对齐页面”选项，然后选择对齐方式，是因为选择不同的对齐标准（对齐页面或对齐边距），对齐效果有所不同。

步骤 2▶ 保持矩形的选中状态，单击“绘图工具 格式”选项卡“形状样式”组中的“形状填充”按钮，在展开的列表中选择“图片”选项，在打开的对话框中选择“从文件”选项，打开“插入图片”对话框，然后选择本书配套素材“素材与实例”/“项目三”/“任务二”/“奶茶 3”图片，最后单击“插入”按钮，即可使用所选图片填充矩形。此时功能区除了显示“绘图工具 格式”选项卡外，还会显示“图片工具 格式”选项卡。

步骤 3▶ 保持矩形的选中状态，单击“图片工具 格式”选项卡“调整”组中的“颜色”按钮，在展开的列表中选择“色温：5900 K”选项；单击“艺术效果”按钮，在展开的列表中选择“玻璃”选项；单击“排列”组中的“环绕文字”按钮，在展开的列表中选择“衬于文字下方”选项，设置“奶茶 3”图片的颜色、艺术效果和文字环绕方式，如图 3-26 所示。

步骤 4▶ 根据实际情况调整文档中各对象的大小和位置，使文档美观即可。至此，开业宣传单制作完毕（最终效果见图 3-12），最后保存文档。

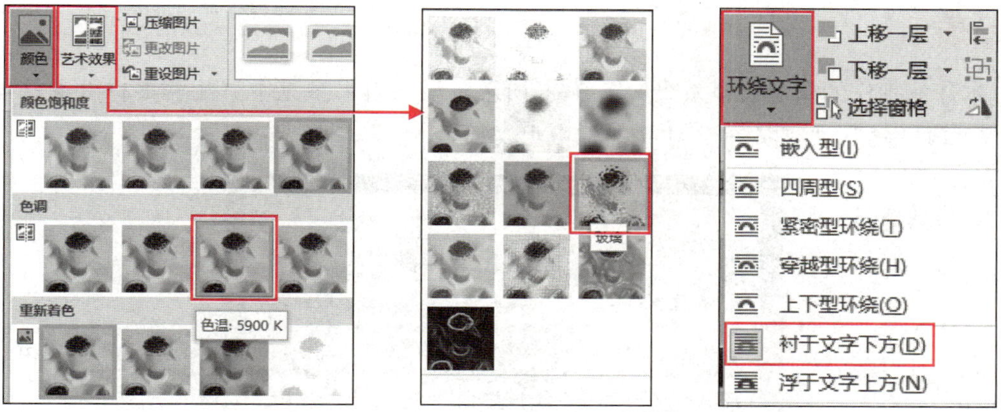

图 3-26　设置“奶茶 3”图片的颜色、艺术效果和文字环绕方式

提示

设置对象的文字环绕方式后，文档中的某些图形对象可能不方便选择。此时可先选中任意图形对象，然后单击“开始”选项卡“编辑”组中的“选择”按钮，在展开的列表中选择“选择窗格”选项，在文档编辑区右侧会显示“选择”任务窗格，其中显示了当前页面中的所有图形对象（见图 3-27），单击图形对象名称，即可将其选中。

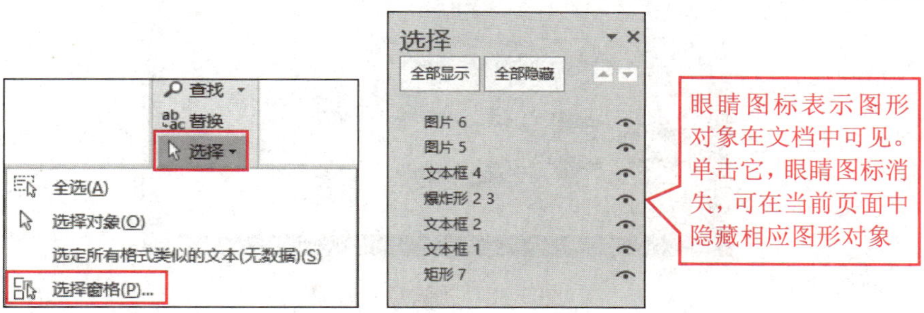

图 3-27　利用“选择”任务窗格选择图形对象

任务三　制作招聘启事

情景引入

某学院的有机硅产业研究中心为顺应本地区打造有机硅新材料千亿产业集群的发展需要，同时满足学院化学学科建设需要，急需招聘有机硅方向的杰出人才及团队。请你使用 Word 2016 为该研究中心制作一份招聘启事。

作品展示

本任务制作的招聘启事效果如图 3-28 所示。最终效果参见本书配套素材“素材与实例”/“项目三”/“任务三”/“招聘启事”文档。

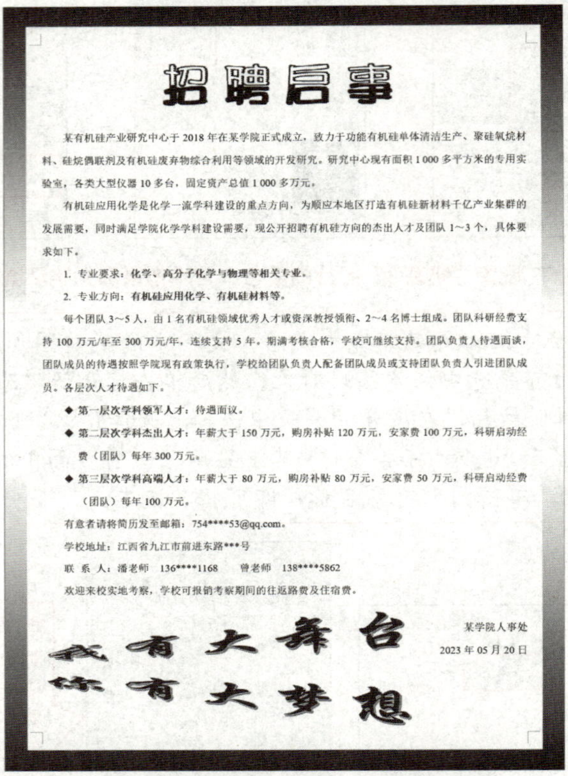

招聘启事

某有机硅产业研究中心于 2018 年在某学院正式成立，致力于功能有机硅单体清洁生产、聚硅氧烷材料、硅烷偶联剂及有机硅废弃物综合利用等领域的开发研究。研究中心现有面积 1 000 多平方米的专用实验室，各类大型仪器 10 多台，固定资产总值 1 000 多万元。

有机硅应用化学是化学一流学科建设的重点方向，为顺应本地区打造有机硅新材料千亿产业集群的发展需要，同时满足学院化学学科建设需要，现公开招聘有机硅方向的杰出人才及团队 1~3 个，具体要求如下。

1. 专业要求：**化学、高分子化学与物理等相关专业。**

2. 专业方向：**有机硅应用化学、有机硅材料等。**

每个团队 3~5 人，由 1 名有机硅领域优秀人才或资深教授领衔、2~4 名博士组成。团队科研经费支持 100 万元/年至 300 万元/年，连续支持 5 年。期满考核合格，学校可继续支持。团队负责人待遇面谈，团队成员的待遇按照学院现有政策执行，学校给团队负责人配备团队成员或支持团队负责人引进团队成员。各层次人才待遇如下。

◆ **第一层次学科领军人才：**待遇面议。

◆ **第二层次学科杰出人才：**年薪大于 150 万元，购房补贴 120 万元，安家费 100 万元，科研启动经费（团队）每年 300 万元。

◆ **第三层次学科高端人才：**年薪大于 80 万元，购房补贴 80 万元，安家费 50 万元，科研启动经费（团队）每年 100 万元。

有意者请将简历发至邮箱：754****53@qq.com。

学校地址：江西省九江市前进东路***号

联 系 人：潘老师　136****1168　　曾老师　138****5862

欢迎来校实地考察，学校可报销考察期间的往返路费及住宿费。

某学院人事处

2023 年 05 月 20 日

我有大舞台

你有大梦想

图 3-28　招聘启事效果

> 招聘启事是用人单位面向社会公开招聘相关人员时使用的一种应用文书，是企业获得人才的一种方式。进入信息时代，人们接受信息、发送信息、发布信息的方式都发生了改变。人才市场对信息传递的刚需与互联网信息化、传播数字化的属性不谋而合。很多企业、事业单位和社会组织早已将招聘一事搬到互联网，只为在短时间里收到更多的人才信息，找到合适的雇员。
>
> 目前比较有名的招聘网站有前程无忧（https://www.51job.com/）、猎聘（https://www.liepin.com/）、智联招聘（https://www.zhaopin.com/）等。

知识库

制作思路

首先打开素材文档，然后设置文档页面和格式，接着在文档中插入并编辑艺术字，最后绘制图文框以修饰文档。

任务实施

扫一扫

制作招聘启事

一、设置文档页面和格式

步骤 1▶　打开本书配套素材“素材与实例”/“项目三”/“任务三”/“招聘启事内容”文档，然后打开“页面设置”对话框，在“纸张”选项卡中设置纸张的宽度为 29.7 厘米、高度为 42 厘米；在“页边距”选项卡中设置文档的上、下页边距均为 2.2 厘米，左、右页边距均为 2 厘米，其他保持默认，如图 3-29 所示。单击“确定”按钮，在随后出现的对话框中单击“忽略”按钮。

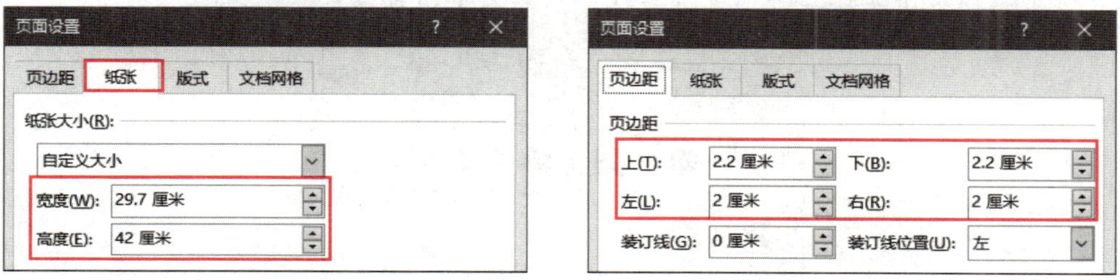

图 3-29　设置文档的纸张大小和页边距

步骤 2▶　选中标题“招聘启事”所在段落，设置其格式为文鼎淹水体（或其他字体）、72 磅、加粗、深红，字符间距为加宽 10 磅，对齐方式为居中对齐，无缩进，段前间距和段后间距均为 0.5 行。

步骤 3▶　选中文档其他段落，设置其字号为三号、2.25 倍行距，如图 3-30 所示。

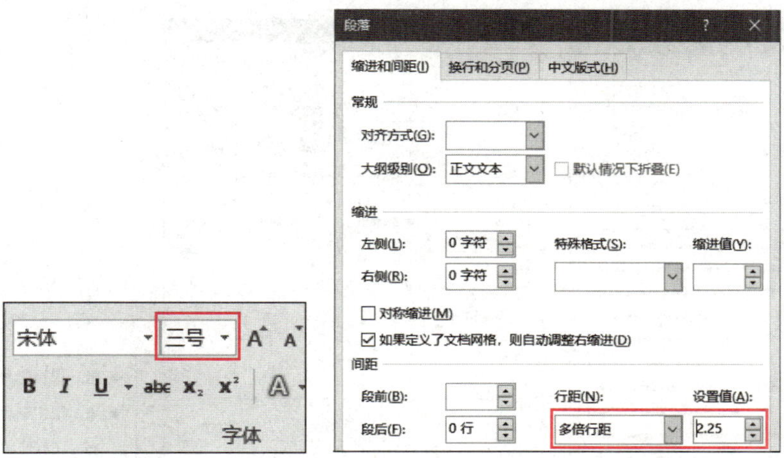

图 3-30　设置其他段落的格式

步骤 4▶　选中“专业要求……”和“专业方向……”文本所在段落，然后在“开始”选项卡“段落”组的“编号”下拉列表中选择一种编号样式，为所选段落添加编号，如

图 3-31 所示。

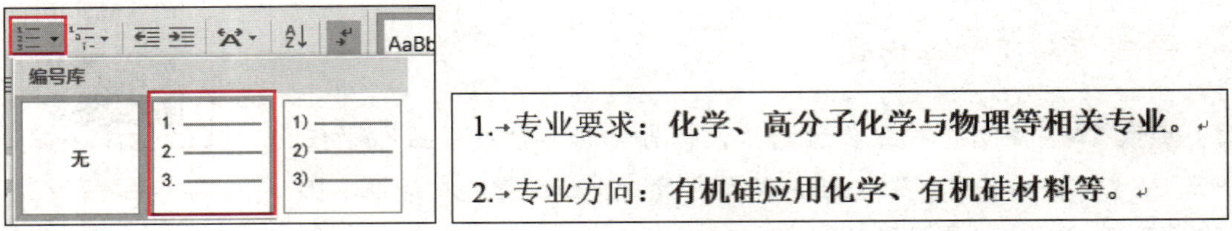

图 3-31　为段落添加编号

步骤 5▶　选中各层次人才待遇描述段落，然后在“开始”选项卡“段落”组的“项目符号”下拉列表中选择一种项目符号样式，如图 3-32 所示。

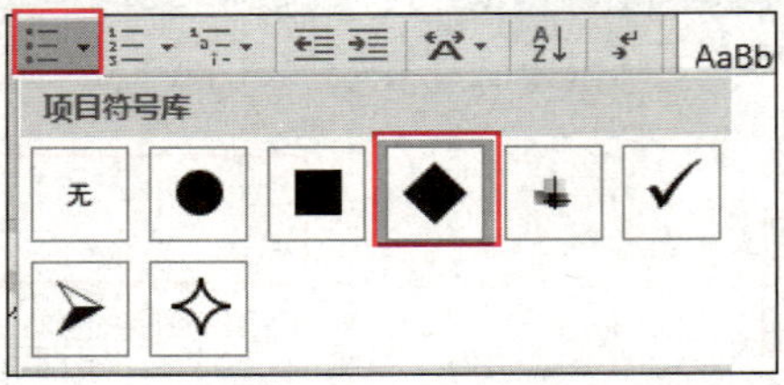

图 3-32　选择项目符号

步骤 6▶　保持此时段落的选中状态，在“项目符号”下拉列表中选择“定义新项目符号”选项，打开“定义新项目符号”对话框。单击“字体”按钮，打开“字体”对话框并显示“字体”选项卡，在“字体颜色”下拉列表中选择“红色”选项，依次单击“确定”按钮，设置项目符号的字体颜色为红色，如图 3-33 所示。

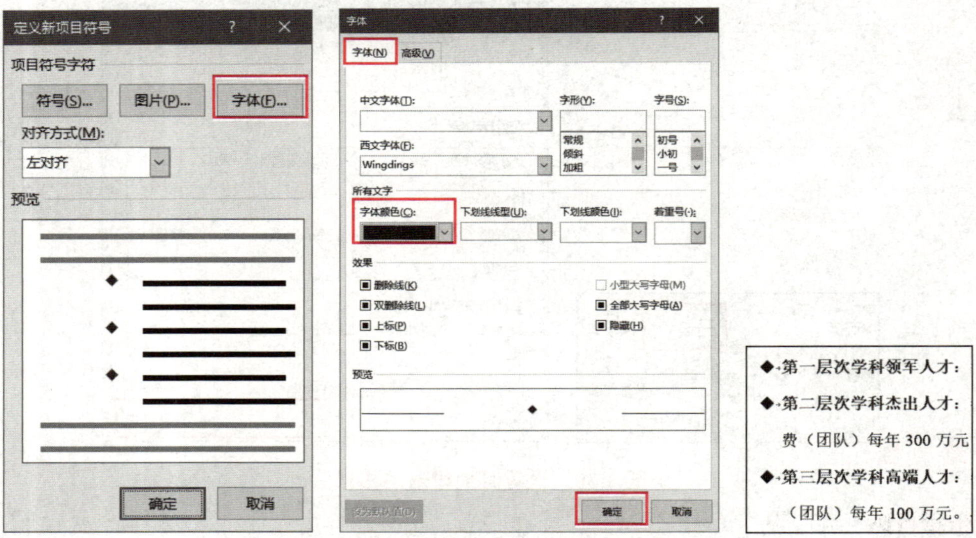

图 3-33　设置项目符号的字体颜色

二、插入并编辑艺术字

步骤 1▶ 将插入点置于文档末尾，然后在“插入”选项卡“文本”组的“艺术字”列表中选择一种艺术字样式，在出现的艺术字占位符中输入两行艺术字“我有大舞台”“你有大梦想”，最后选中艺术字占位符并将艺术字移到文档左下角，如图 3-34 所示。

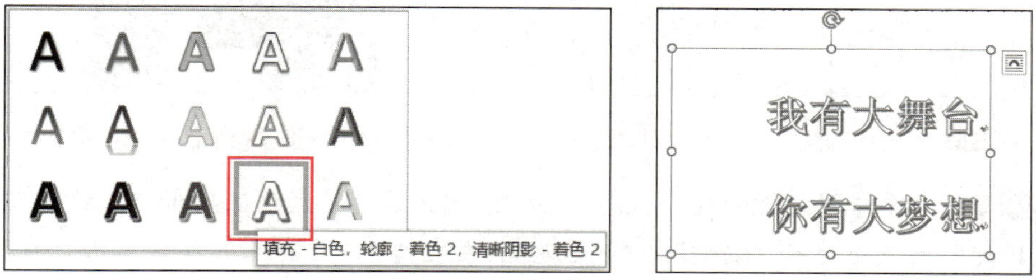

图 3-34　插入艺术字并移动其位置

步骤 2▶ 保持艺术字占位符的选中状态，向左拖动水平标尺上的“首行缩进”滑块，到文档编辑区左侧后释放鼠标，取消艺术字的首行缩进格式，如图 3-35 所示。

图 3-35　取消艺术字的首行缩进格式

步骤 3▶ 设置艺术字的字体为华文行楷，然后在“绘图工具　格式”选项卡“艺术字样式”组的“文本填充”列表中选择“红色”选项；在“文本轮廓”列表中选择“白色，背景 1”选项；在“文本效果”列表中选择“转换”/“弯曲”/“左远右近”选项，最后分别向右、向上拖动艺术字占位符相应边框中部的控制点，调整艺术字的宽度和高度，效果如图 3-36 所示。

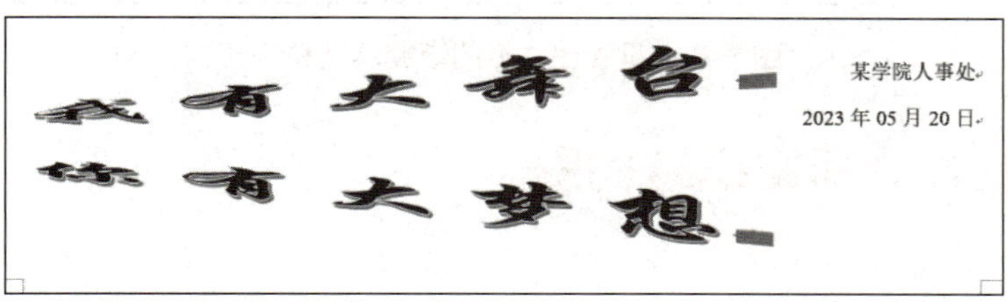

图 3-36　设置艺术字格式和尺寸后的效果

三、绘制图文框

步骤 1▶ 在“插入”选项卡“插图”组的“形状”列表中选择“基本形状”/“图文框”选项，在文档中通过直接单击绘制一个图文框，然后在“绘图工具　格式”选项卡的

“大小”组中设置图文框的高度和宽度与页面相等，如图 3-37 所示。

步骤 2▶ 将图文框相对于页面左侧和顶端对齐，然后向左拖动图文框左上角的控制点，到合适位置后释放鼠标，调整图文框内框的大小，如图 3-38 所示。

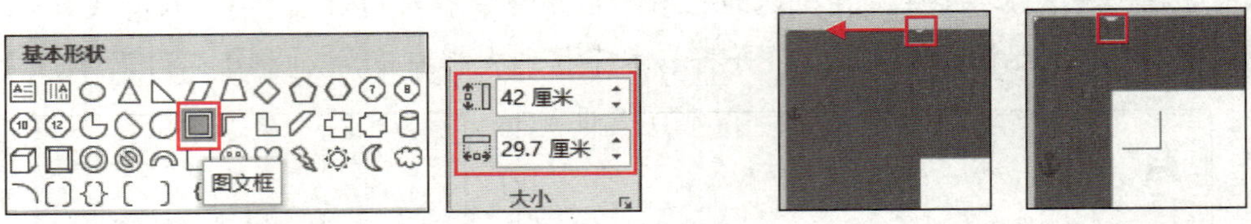

图 3-37　绘制图文框并设置其大小　　图 3-38　调整图文框内框的大小

步骤 3▶ 保持图文框的选中状态，在“绘图工具　格式”选项卡“形状样式”组的“形状填充”列表中选择“渐变”/“线性对角-左上到右下”选项，接着单击“形状样式”组右下角的对话框启动器按钮，打开“设置形状格式”任务窗格并显示“填充与线条”选项卡。在“填充”设置区的“方向”列表中选择“线性向上”选项，在“渐变光圈”设置区设置第 1 个和第 3 个光圈的颜色为红色，第 2 个光圈的颜色为白色，线条为无线条，如图 3-39 所示。至此，招聘启事制作完毕（最终效果见图 3-28），最后保存文档。

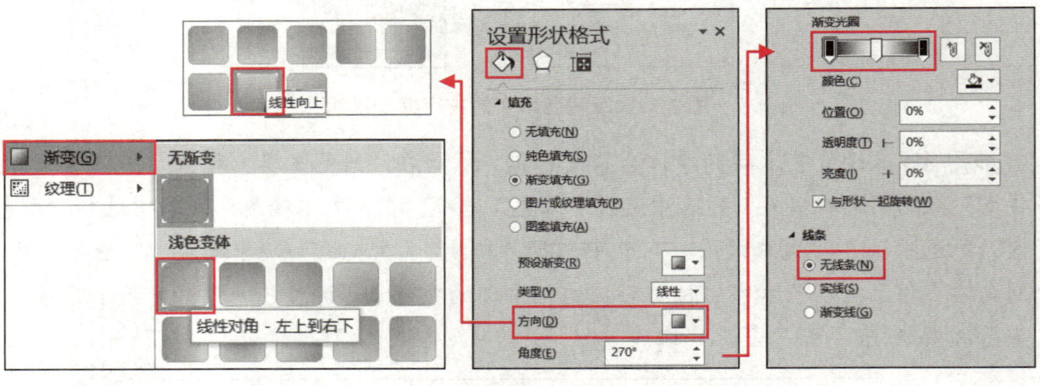

图 3-39　设置图文框的渐变填充和线条

任务四　制作公司组织结构图

情景引入

假设你是某公司的秘书，现在领导把一份有关公司组织结构的资料交给你，让你阅读后根据资料使用 Word 2016 为公司绘制组织结构图。

作品展示

本任务制作的组织结构图效果如图 3-40 所示。最终效果参见本书配套素材“素材与实例”/“项目三”/“任务四”/“组织结构图”文档。

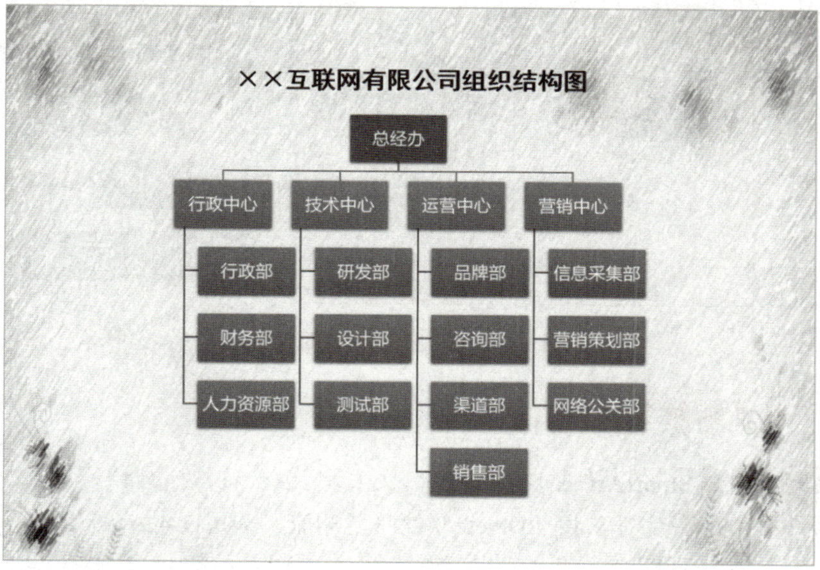

图 3-40 组织结构图效果

制作思路

首先新建空白文档并设置其页面，然后输入标题文本并插入 SmartArt 图形，接着在 SmartArt 图形中输入文本并编辑图形，最后根据需要更改图形颜色，应用样式，设置连接线样式，插入图片以修饰文档。

任务实施

一、设置文档页面并插入 SmartArt 图形

扫一扫

制作公司组织结构图

步骤 1▶ 新建空白文档，设置其页边距为适中，纸张方向为横向，将其以“组织结构图”为名保存。

步骤 2▶ 输入标题文本“××互联网有限公司组织结构图”，设置其格式为黑体、一号、加粗、居中对齐、段后间距 0.5 行。

步骤 3▶ 在标题下方插入一个空段落，并设置其段后间距为 0 行，然后单击“插入”选项卡“插图”组中的“SmartArt”按钮，打开“选择 SmartArt 图形”对话框。在对话框左侧选择“层次结构”选项，在中部选择“组织结构图”选项，单击“确定”按钮，在空段落中插入一个组织结构图框架，可看到一个 SmartArt 图形包含多个形状，如图 3-41 所示。

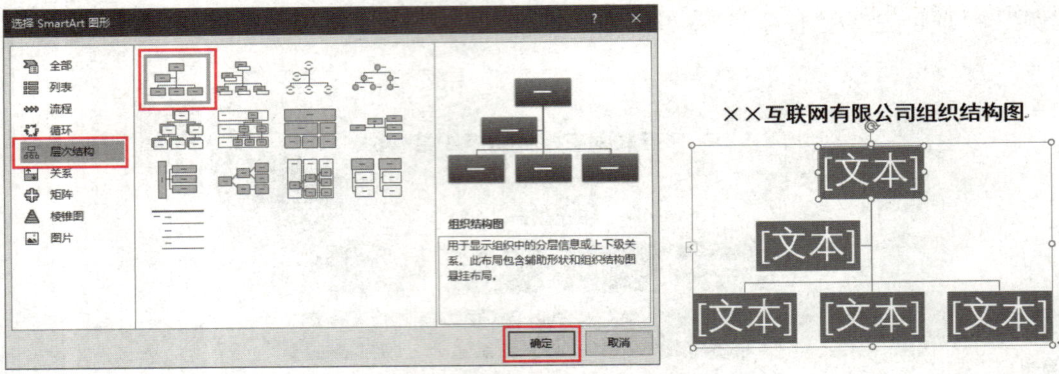

图 3-41　插入组织结构图框架

二、输入文本并编辑 SmartArt 图形

步骤 1▶ 单击 SmartArt 图形上方的“[文本]”占位符，然后输入文本“总经办”，接着单击第 2 个文本占位符，按“Delete”键将其删除，如图 3-42 所示。

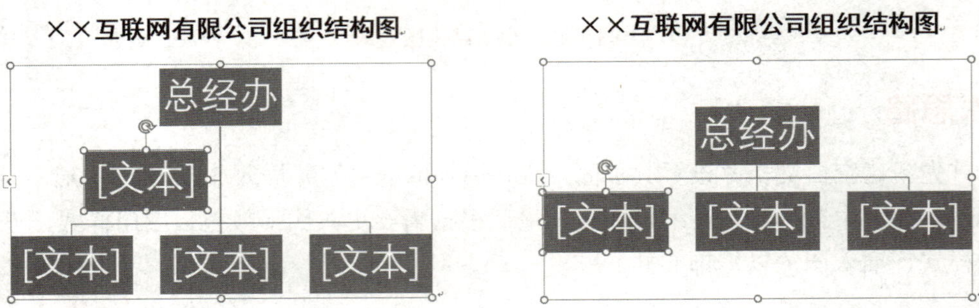

图 3-42　输入文本并删除形状

步骤 2▶ 分别单击其他文本占位符并输入公司组织结构文本，如图 3-43 所示。

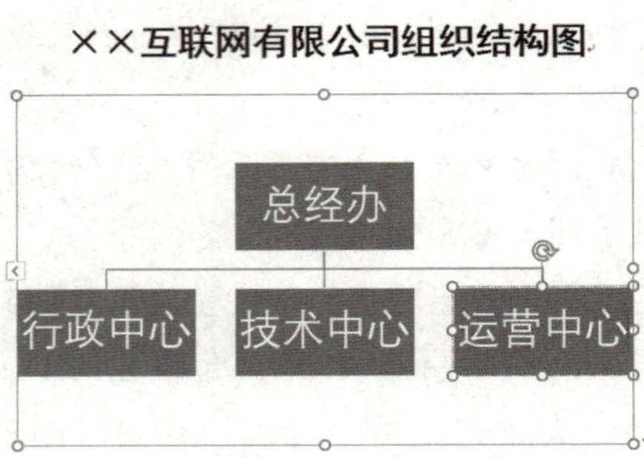

图 3-43　在其他占位符中输入文本

步骤 3▶ 添加 1 个二级机构。保持“运营中心”形状的选中状态，单击“SmartArt

工具 设计”选项卡“创建图形”组中的“添加形状”下拉按钮，在展开的下拉列表中选择“在后面添加形状”选项，或在形状的右键快捷菜单中选择“添加形状”/“在后面添加形状”选项，在所选形状右侧添加一个同级机构，然后输入文本“营销中心”，如图 3-44 所示。

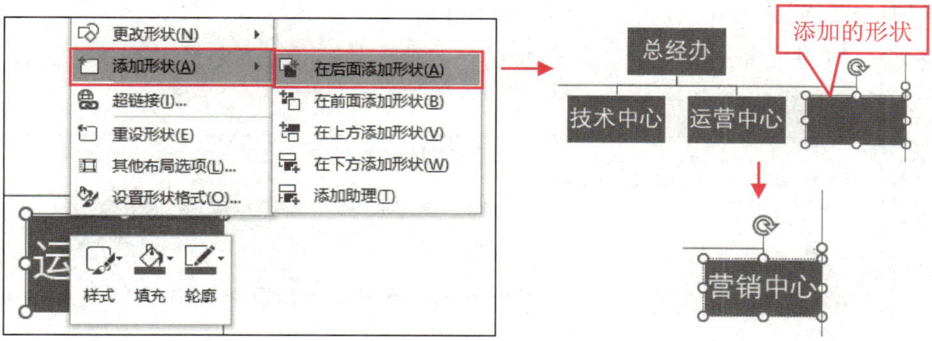

图 3-44 添加 1 个二级机构并输入文本

> **提示** 在“添加形状”列表中选择“在后面添加形状”选项或“在前面添加形状”选项，可添加与所选形状同级别的机构；选择“在上方添加形状”选项或“在下方添加形状”选项，可添加所选形状上一级别或下一级别的机构。

步骤 4▶ 在二级机构下添加三级机构。右击“行政中心”文本所在形状，在弹出的快捷菜单中选择“添加形状”/“在下方添加形状”选项，然后在添加的形状中输入文本“行政部”，在二级机构下添加 1 个三级机构。使用同样的方法在形状的右键快捷菜单中选择“添加形状”/“在后面添加形状”选项，在“行政部”的后面添加两个同级机构并输入文本，如图 3-45 所示。

步骤 5▶ 使用同样的方法在其他 3 个二级机构下添加三级机构，此时的组织结构图如图 3-46 所示。

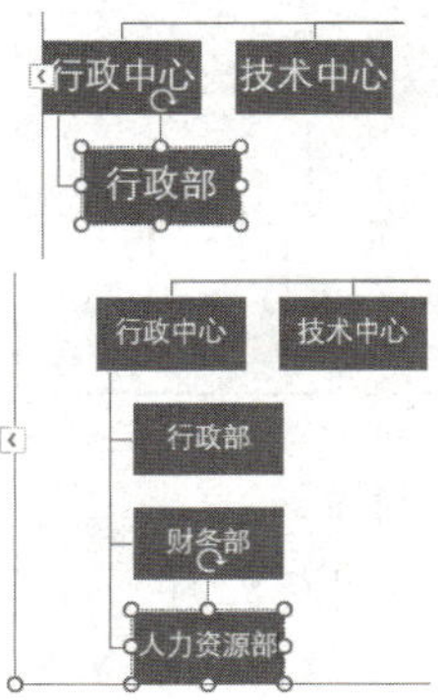

图 3-45 添加 3 个同级机构并输入文本

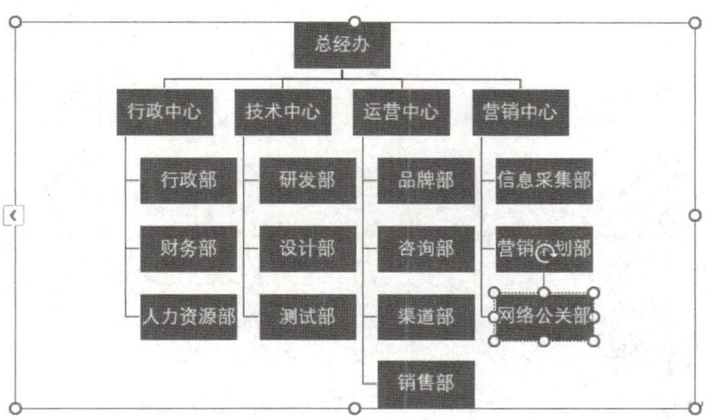

图 3-46 添加三级机构后的效果

三、美化 SmartArt 图形

步骤 1▶ 单击 SmartArt 图形的边框以选中整个 SmartArt 图形，然后单击“SmartArt 工具　设计”选项卡“SmartArt 样式”组中的“更改颜色”按钮，在展开的列表中选择“彩色范围-个性色 5 至 6”选项，如图 3-47 所示。

步骤 2▶ 单击“SmartArt 样式”组中的“其他”按钮，在展开的列表中选择“强烈效果”选项，如图 3-48 所示。

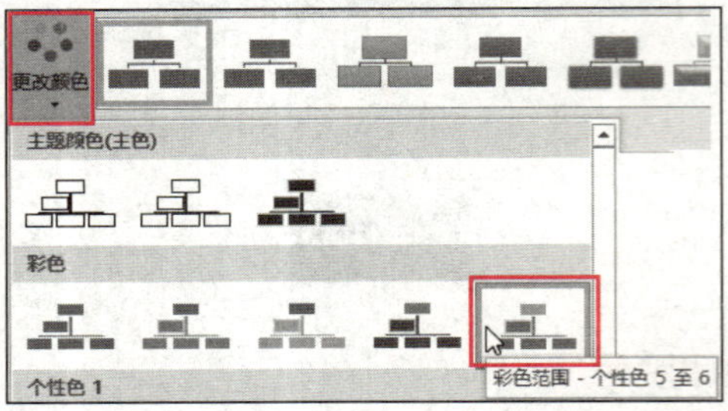

图 3-47　设置 SmartArt 图形的颜色

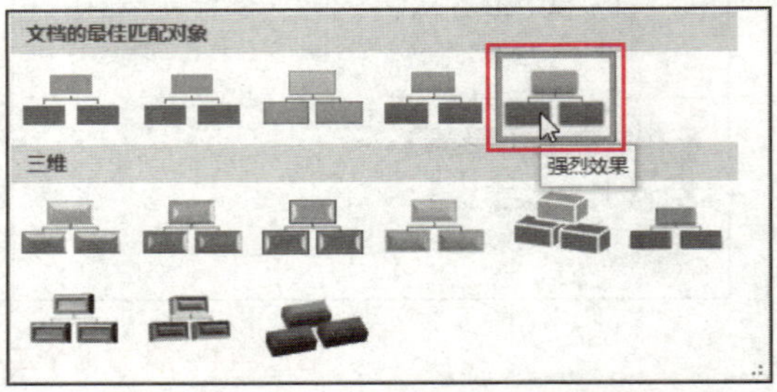

图 3-48　设置 SmartArt 图形的样式

步骤 3▶ 选中“总经办”文本所在形状，然后单击“SmartArt 工具　格式”选项卡“形状样式”组中的“形状填充”按钮，在展开的列表中选择“蓝色，个性色 5”选项，单独设置该形状的填充颜色。

步骤 4▶ 设置整个 SmartArt 图形中文本的格式为微软雅黑、18 磅，然后分别拖动 SmartArt 图形右侧和下方边框中部的控制点，调整整个 SmartArt 图形的大小，使形状中的文本均以一行显示，并使文档在一页显示。

步骤 5▶ 选中一级机构与二级机构间的连接线，然后在“SmartArt 工具　格式”选项卡“形状样式”组的“形状样式”列表中选择“粗线-强调颜色 6”选项；选中其他连接线，然后在“形状样式”列表中选择“粗线-强调颜色 5”选项，如图 3-49 所示。

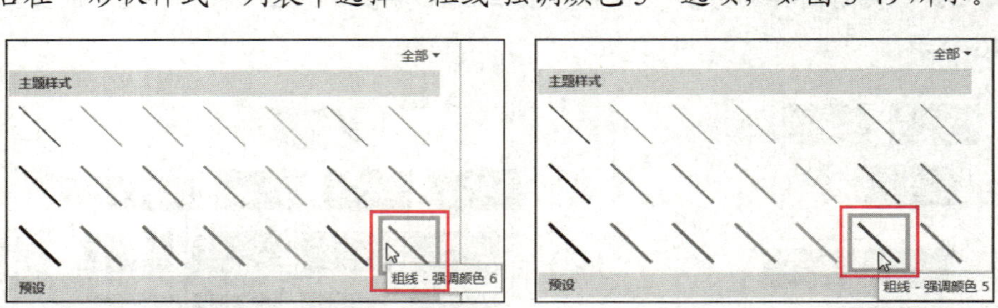

图 3-49　设置连接线样式

步骤 6▶ 将插入点置于文档末尾，然后插入本书配套素材“素材与实例”/“项目三”/“任务四”/“组织结构背景图”图片。

步骤 7▶ 保持图片的选中状态，单击“图片工具　格式”选项卡“大小”组中的“裁剪”按钮，然后将鼠标指针移到图片下方中部的控制点上，待鼠标指针变成T形后按住鼠标左键向上拖动，到合适高度（见图 3-50）后释放鼠标，最后在图片外单击完成图片裁剪。

图 3-50　裁剪图片

步骤 8▶ 设置图片的文字环绕方式为衬于文字下方，相对于页面左侧和顶端对齐，然后分别向下、向右拖动图片下方和右侧中部的控制点，设置图片大小与页面相等。

> **提示**　此处因为对图片进行不等比例调整，所以不能直接在“图片工具　格式”选项卡的“大小”组中调整。

步骤 9▶ 保持图片的选中状态，在“图片工具　格式”选项卡“调整”组的“颜色”列表中选择“色温：5300 K”选项，在“艺术效果”列表中选择“线条图”选项，如图 3-51 所示。至此，公司组织结构图制作完毕（最终效果见图 3-40），最后保存文档。

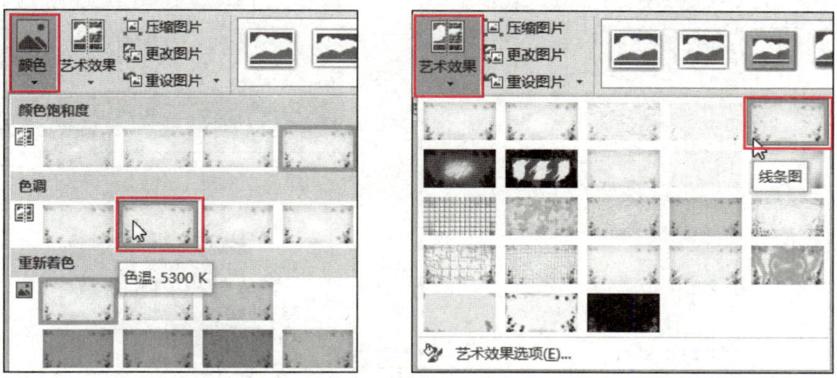

图 3-51　设置图片的颜色和艺术效果

Word 高效办公技巧

一、快速选择多个图形对象

在文档中绘制或插入了非嵌入型的多个图形对象后，如果要快速选择多个图形对象，可首先单击选择第一个图形对象，然后在按住“Shift”键的同时依次单击要选择的其他图形对象。

此外，也可单击“开始”选项卡“编辑”组中的“选择”按钮，在展开的列表中选择“选择对象”选项，然后将鼠标指针移到要选择图形区域的一角，按住鼠标左键沿对角线方向拖动，当把所有要选择的图形对象框住后释放鼠标，即可选中框内所有图形对象，如图 3-52 所示。

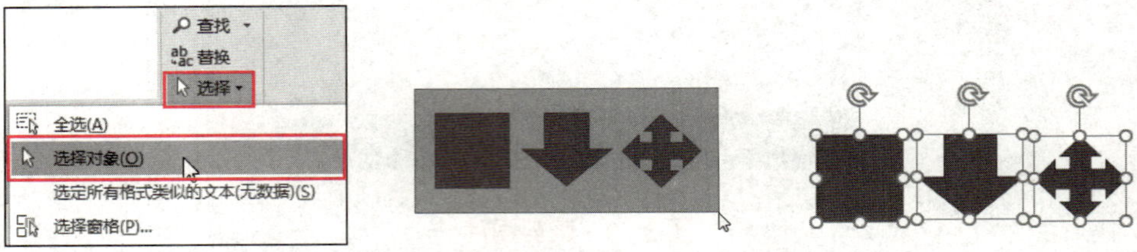

图 3-52　利用框选法快速选择多个图形对象

二、将图片裁剪为某种形状

要将图片裁剪为某种形状，可首先选中图片，然后单击“图片工具　格式”选项卡“大小”组中的“裁剪”下拉按钮，在展开的下拉列表中选择“裁剪为形状”子列表中的相应选项即可。图 3-53 为将图片裁剪为“爆炸形 2”形状的效果。

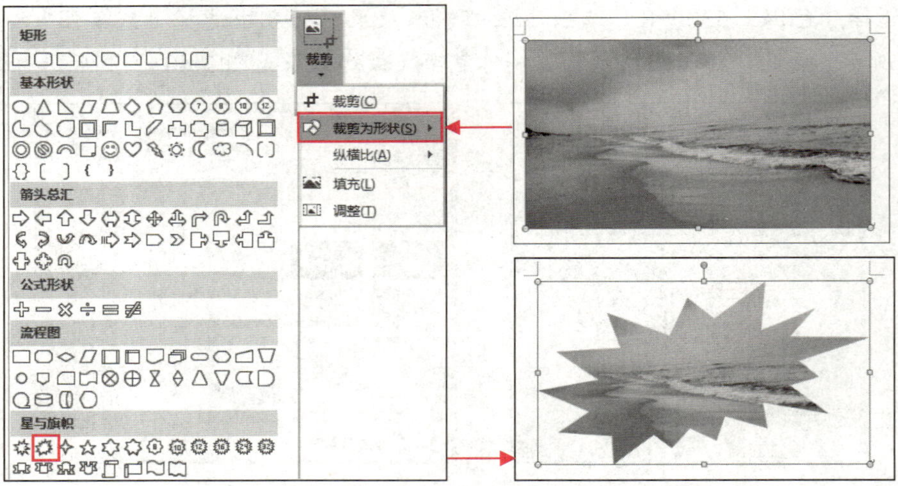

图 3-53　将图片裁剪为“爆炸形 2”形状

三、快速删除图片背景

要快速删除图片背景，可首先选中图片，然后单击“图片工具　格式”选项卡“调整”组中的“删除背景”按钮，此时图片中有些区域被紫色覆盖（它们是将被删除的部分），并且出现“背景消除”选项卡，如图 3-54 所示。

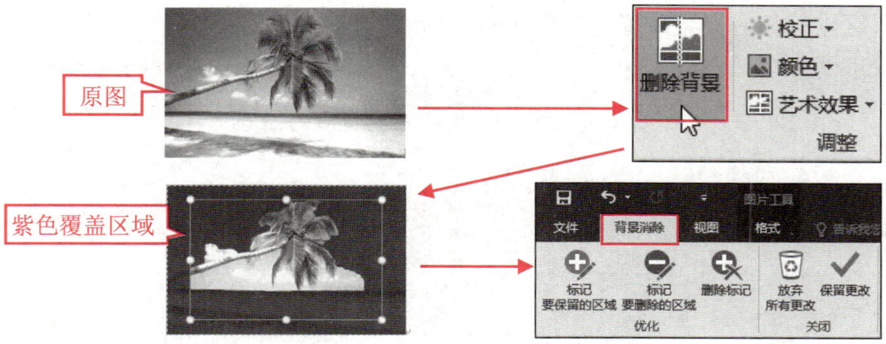

图 3-54 单击“删除背景”按钮后的图片效果及“背景消除”选项卡

如果对系统自动选择的删除区域不满意，可单击“背景消除”选项卡“优化”组中的“标记要保留的区域”按钮或“标记要删除的区域”按钮，然后调整紫色区域的范围。调整完毕单击“关闭”组中的“保留更改”按钮，或直接单击图片外的任意区域，即可删除图片背景。

四、快速对齐和分布图形对象

要快速对齐和分布文档中的多个图形对象，可首先选中这些图形对象，然后单击“绘图工具 格式”选项卡“排列”组中的“对齐”按钮，在展开的列表中依次选择相应的对齐标准、对齐选项和分布选项即可。图 3-55 为将多个图形对象执行“左对齐”和“纵向分布”操作前后的效果对比。

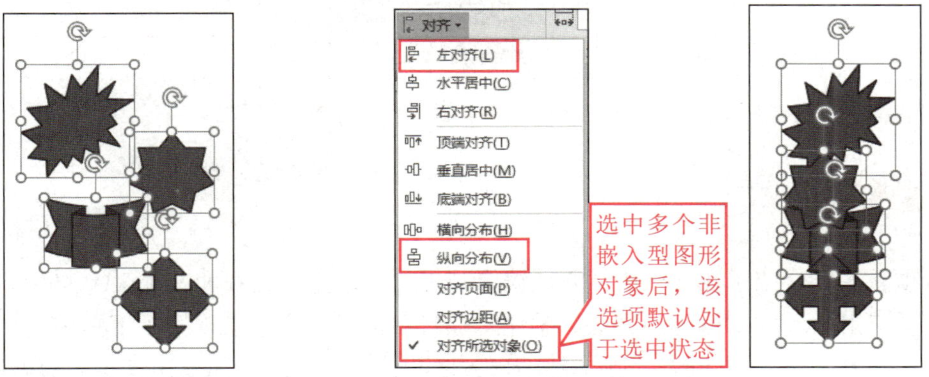

图 3-55 快速对齐并分布图形对象

五、设置文本框内部边距

要设置文本框的内部边距，可右击文本框，在弹出的快捷菜单中选择“设置形状格式”选项，打开“设置形状格式”任务窗格并显示“形状选项”选项卡，然后在“布局属性”/

“文本框”设置区进行相应设置即可，如图 3-56 所示。

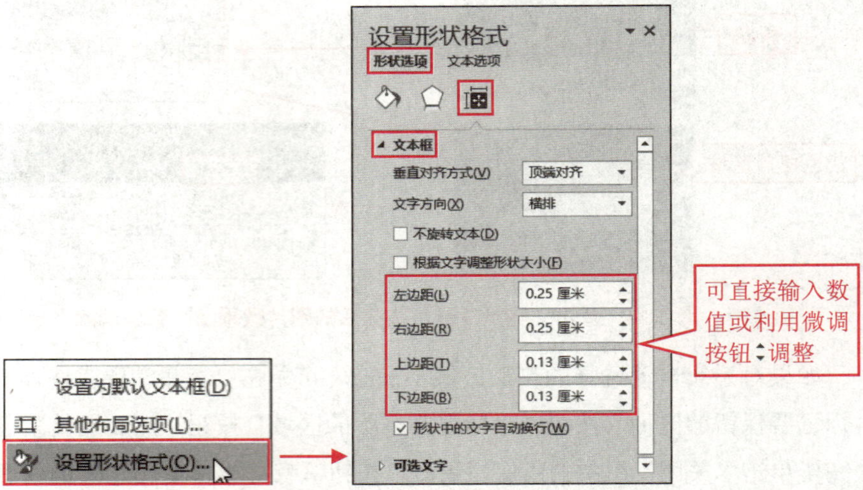

图 3-56　设置文本框的内部边距

六、设置形状的默认效果

为形状设置默认的填充颜色、轮廓和效果，可在下次绘制形状时直接套用设置的格式。为此，可右击设置好效果的形状，在弹出的快捷菜单中选择“设置为默认形状”或相似选项，如图 3-57 所示。

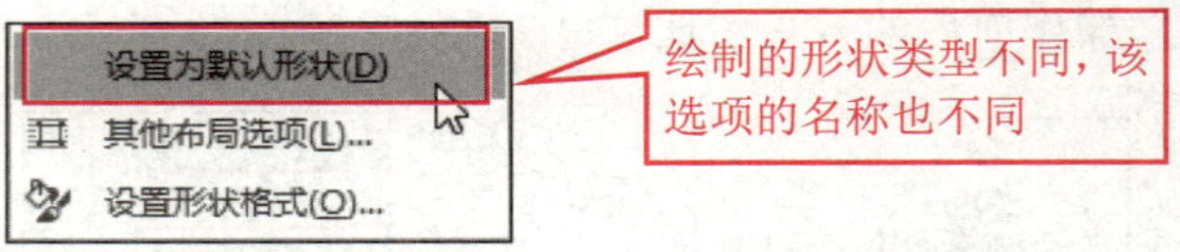

图 3-57　设置形状的默认效果

项目总结

本项目主要介绍了在文档中插入、编辑与美化艺术字、图片和 SmartArt 图形，绘制、编辑与美化形状和文本框等的方法。学完本项目后，读者应重点掌握以下知识。

（1）利用“插入”选项卡在文档中插入图片、艺术字、SmartArt 图形，以及绘制形状和文本框等的方法。

（2）利用“图片工具　格式”或“绘图工具　格式”选项卡对插入的图片、艺术字、形状和文本框等进行编辑与美化的方法。

（3）利用“SmartArt 工具”选项卡对插入的 SmartArt 图形进行编辑与美化的方法。

（4）在文档中选择、移动、复制、缩放、对齐与分布调整非嵌入型图片、艺术字、形状、文本框等对象的方法。

课后实训

（1）制作文职工作岗位示意图，效果如图 3-58 所示。最终效果参见本书配套素材“素材与实例”/“项目三”/“课后实训”/“文职工作岗位示意图”文档。

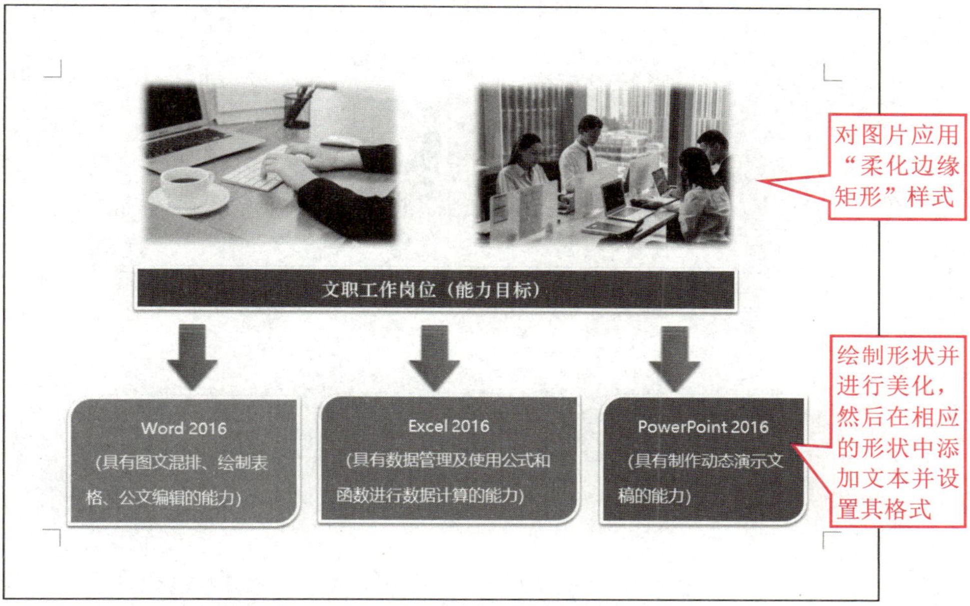

图 3-58　文职工作岗位示意图

【操作提示】

① 新建“文职工作岗位示意图”空白文档，然后设置其页边距为适中，纸张方向为横向。

② 插入本书配套素材“素材与实例”/“项目三”/“课后实训”中的“办公 1”和“办公 2”图片，并对图片进行编辑和美化。

③ 绘制形状并在其中输入文本。设置形状内文本的格式时，可根据个人喜好进行设置，美观即可。

（2）制作图文混排文档，效果如图 3-59 所示。最终效果参见本书配套素材“素材与实例”/“项目三”/“课后实训”/“徐悲鸿与马”文档。

风驰电掣　顾盼有神

徐悲鸿是中国现代著名画家、美术教育家。在他炉火纯青的画技下，一匹匹飞奔的骏马，或腾空而起，或蹄下生烟，或回首顾盼，或一往直前，即使是低头饮水的，也能显示出马的悍气。

难能可贵的是，徐悲鸿没有被马表面膘肥体壮的气势所迷惑，而是抓住了马的一个最基本、最有艺术魅力的特征——健，不仅画出了马的骨，而且画出了马的神。

在画马的运笔、用墨上，徐悲鸿发挥了中国画的传统，以线造型，常用饱酣的重墨、奔放的笔势加以表现，使得他画的马充满笔墨情趣，与他画的风前小鸟、枝上喜鹊、小憩花猫风格迥异，达到了新的境界，并取得了前所未有的效果，令人爱不释手。

20 世纪 20 年代，徐悲鸿去法国巴黎高等美术学校学习油画。他在掌握人体素描技巧的同时，开始研究马的骨骼、经络等生理结构，并对活马写生，速写稿达一千多幅，不但掌握了马的各种造型，而且对马的坚毅、敏捷、驯良，以及驰骋时的矫健和休憩时的安静等性格特征，都了解得十分细腻、透彻。但徐悲鸿画马真正有成就还是在 1940 年访问印度之后。那年，徐悲鸿应印度国际大学邀请前往讲学，游历了大吉岭、克什米尔，看到了许多罕见的高头、长腿、宽胸、皮毛像缎子一样闪光的骏马，深为着迷。他还经常骑着这样的骏马远游，更逐渐了解了马的剽悍、勇猛、驯良、耐劳、忠实的性格，终于成了马的知己。这期间，他又对着骏马大量写生，进一步地塑造出千姿百态的奔马，至今为世人所称道和珍爱。

图 3-59　“徐悲鸿与马”图文混排效果

【操作提示】

① 打开本书配套素材“素材与实例”/“项目三”/“课后实训”/“徐悲鸿与马内容”文档。

② 设置标题的格式为华文隶书、小初，对齐方式为居中对齐，段前间距和段后间距均为 1 行；正文的格式为小四、首行缩进 2 字符、1.25 倍行距，段前间距和段后间距均为 0.5 行。

③ 将插入点置于正文第 1 段，然后单击“插入”选项卡“文本”组中的“首字下沉”按钮，在展开的列表中选择“首字下沉选项”选项，在打开的对话框中设置首字下沉选项（见图 3-60），最后将首字下沉文本的字体颜色设置为红色。

④ 在文档中插入本书配套素材“素材与实例”/“项目三”/“课后实训”/“马”图片，设置图片的文字环绕方式为紧密型环绕，对图片应用“简单框架-白色”样式，并将图片移到文档右侧的合适位置。

⑤ 在文档中绘制一个与页面尺寸相等的矩形，然后设置矩形的形状填充为“橄榄色，个性色 3，淡色 60%”（见图 3-61），形状轮廓为“无轮廓”，文字环绕方式为衬于文字下方，以修饰文档。

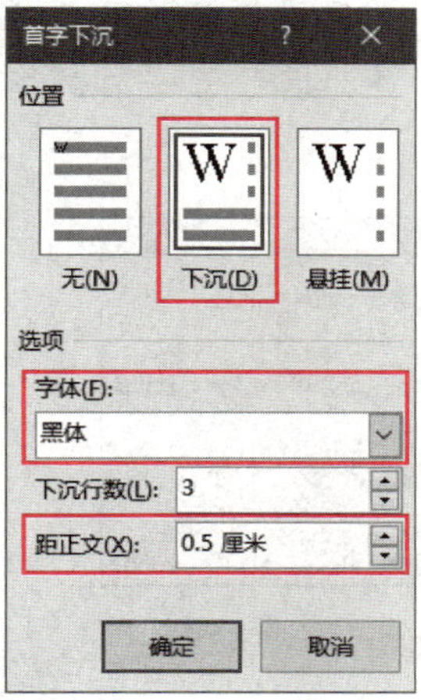

图 3-60　设置首字下沉选项

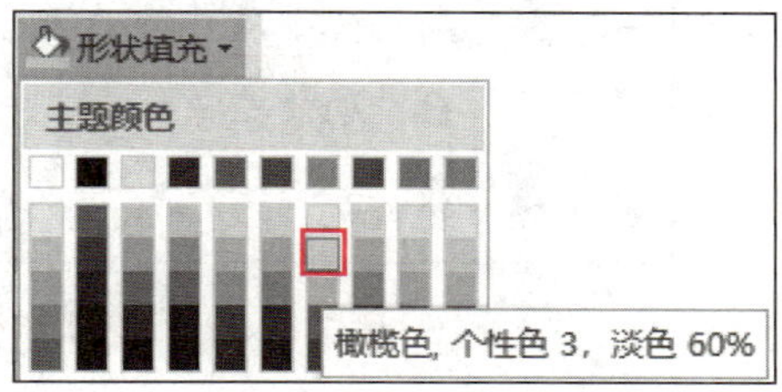

图 3-61　设置矩形的填充颜色

（3）制作图文混排文档，效果如图 3-62 所示。最终效果参见本书配套素材“素材与实例”/“项目三”/“课后实训”/“荷塘月色”文档。

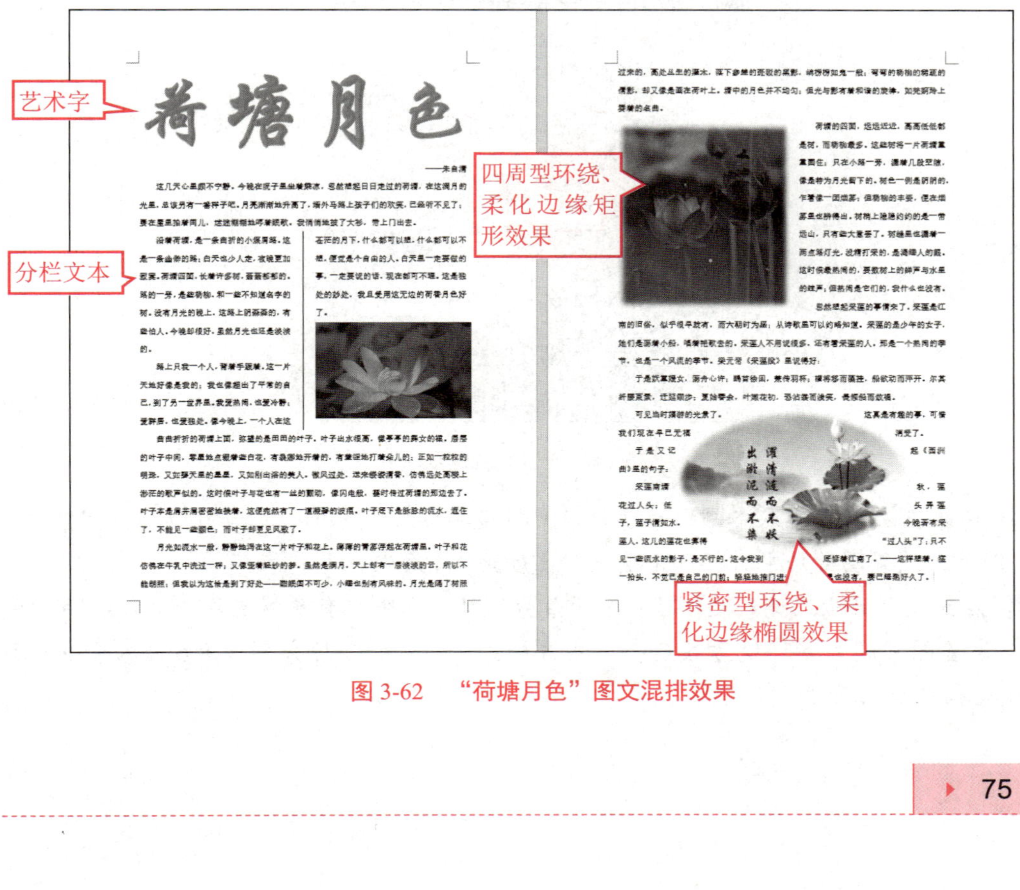

图 3-62　“荷塘月色”图文混排效果

【操作提示】

① 打开本书配套素材“素材与实例”/“项目三”/“课后实训”/“荷塘月色内容”文档。

② 为标题文本“荷塘月色”套用一种艺术字样式，然后设置其格式为华文行楷、72 磅，文字环绕方式为嵌入型，对齐方式为居中对齐，并为其设置一种文本效果，如图 3-63 所示。

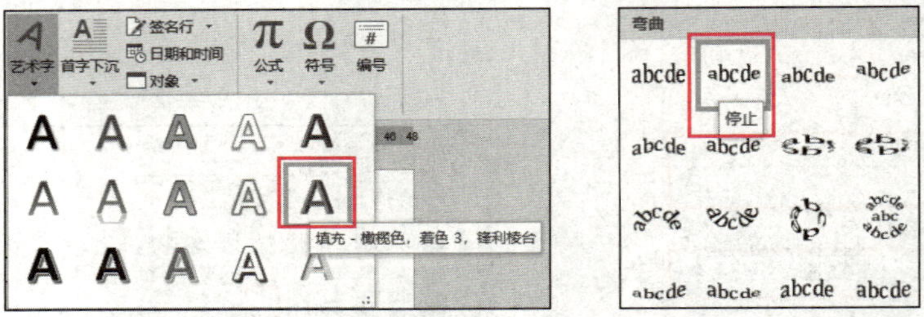

图 3-63 选择艺术字样式和转换效果

③ 选中正文第 2 段和第 3 段，然后单击“布局”选项卡“页面设置”组中的“分栏”按钮，在展开的列表中选择“更多分栏”选项，打开“分栏”对话框。选择“两栏”选项，选中“分隔线”复选框，并设置栏间距 3 字符，如图 3-64 所示。

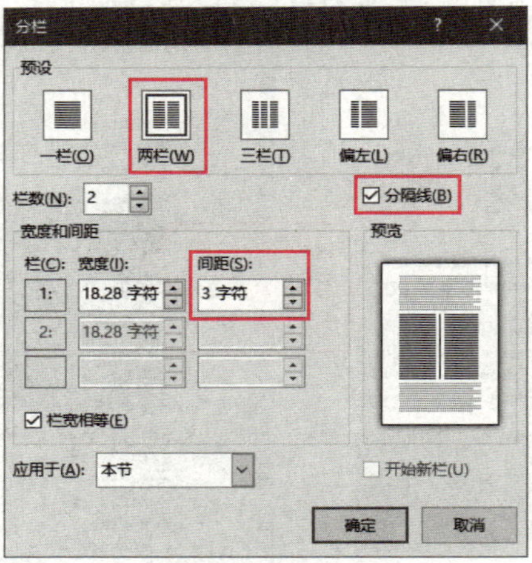

图 3-64 设置分栏选项

④ 在第 2 栏末尾插入本书配套素材“素材与实例”/“项目三”/“课后实训”/“荷花 1”图片，设置图片居中对齐，无缩进，高度为 4.4 厘米。

⑤ 在正文第 6 段左侧和文档后几个段落分别插入本书配套素材图片“荷花 2”和“荷花 3”，设置图片的文字环绕方式后套用图片样式，图片的高度分别为 8.6 厘米和 6.5 厘米，使文档正好占两页。

项目四　使用 Word 创建和美化表格

项目描述

使用表格可以将复杂的信息简单明了地表达出来。在本项目中，读者可通过制作先进个人申请表和学生成绩统计表，学习创建、编辑和美化表格，以及对表格中的数据进行简单计算和排序的方法。

学习目标

【知识目标】

- 了解 Word 中表格的功能。
- 熟悉在文档中创建和编辑表格，为表格内容设置字符格式和对齐方式，为表格设置边框和底纹，对表格数据进行简单计算和排序的操作。

【能力目标】

- 能够根据表格内容设置表格的行数和列数。
- 能够按要求对表格进行编辑和美化。
- 能够按要求对表格数据进行简单计算和排序。

【素质目标】

- 提升表达能力。
- 培养严谨的学习态度和精益求精的工作作风。

任务一　制作先进个人申请表

情景引入

公司准备评选先进个人，现在请你利用 Word 2016 制作一个先进个人申请表，打印后发给大家填写。

作品展示

本任务制作的先进个人申请表效果如图 4-1 所示。最终效果参见本书配套素材“素材与实例”/“项目四”/“任务一”/“先进个人申请表”文档。

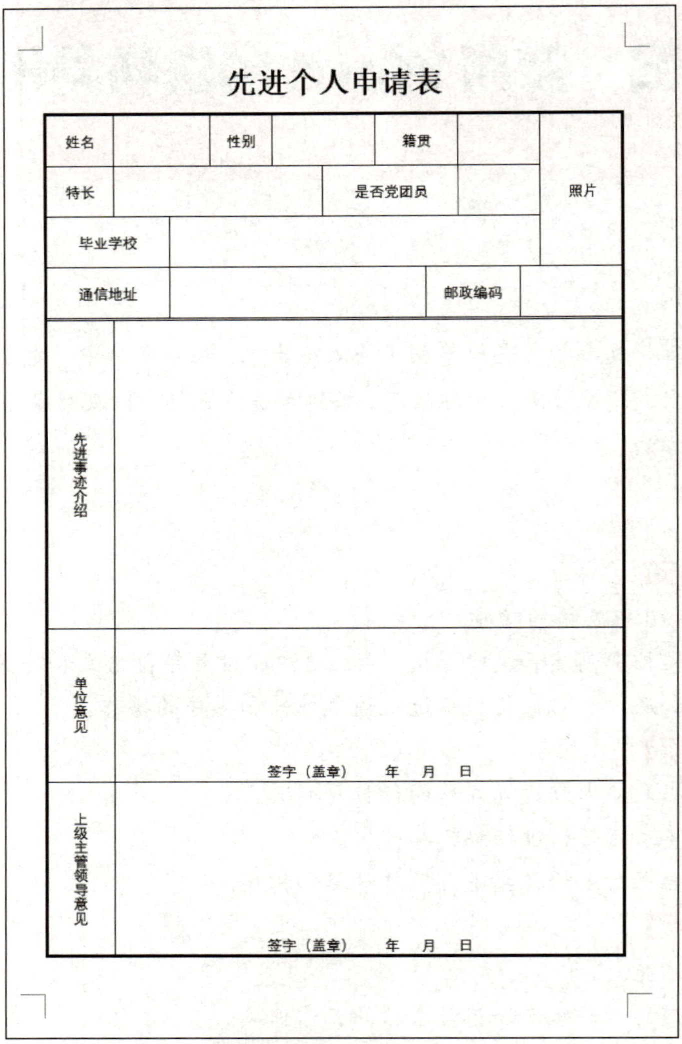

先进个人申请表

姓名		性别		籍贯		照片
特长		是否党团员				
毕业学校						
通信地址		邮政编码				
先进事迹介绍						
单位意见	签字（盖章） 年 月 日					
上级主管领导意见	签字（盖章） 年 月 日					

图 4-1 先进个人申请表效果

制作思路

首先利用拖动网格的方法创建表格并输入文本，然后调整表格框架，如合并单元格，调整行高和列宽，利用“绘制表格”按钮绘制竖线，以调整相关单元格的列宽，接着设置表格内容的对齐方式、字符格式，为表格添加边框，以美化表格，最后设置表格与页面的对齐方式。

任务实施

一、创建表格并输入内容

步骤 1▶ 新建空白文档，将其以“先进个人申请表”为名保存。

制作先进个人申请表

步骤 2▶ 单击“插入”选项卡“表格”组中的“表格”按钮，在显示的网格中拖动鼠标，待显示“7×7 表格”字样时单击，创建一个 7 行 7 列的表格，如图 4-2 所示。

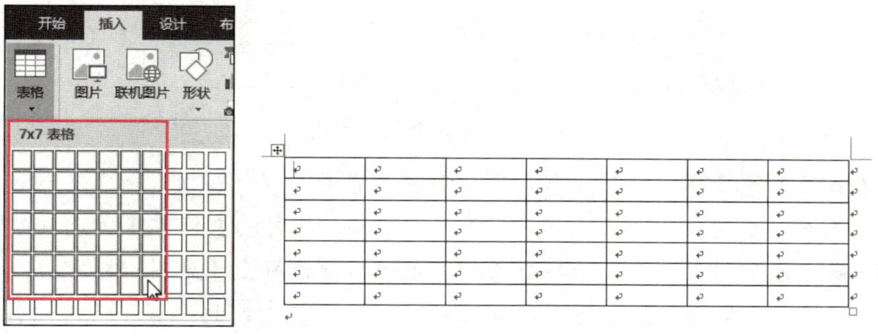

图 4-2　拖动网格创建表格

步骤 3▶ 依次在各单元格中单击并输入内容，如图 4-3 所示。

姓名		性别		籍贯		照片
特长				是否党团员		
毕业学校						
通信地址					邮政编码	
先进事迹介绍						
单位意见	签字（盖章）　年　月　日					
上级主管领导意见	签字（盖章）　年　月　日					

图 4-3　输入表格内容

二、调整表格框架

步骤 1▶ 合并单元格。选中表格第 2 行中要合并的 3 个单元格，然后单击“表格工具　布局”选项卡“合并”组中的“合并单元格”按钮，将这 3 个单元格合并成 1 个单元格，如图 4-4 所示。

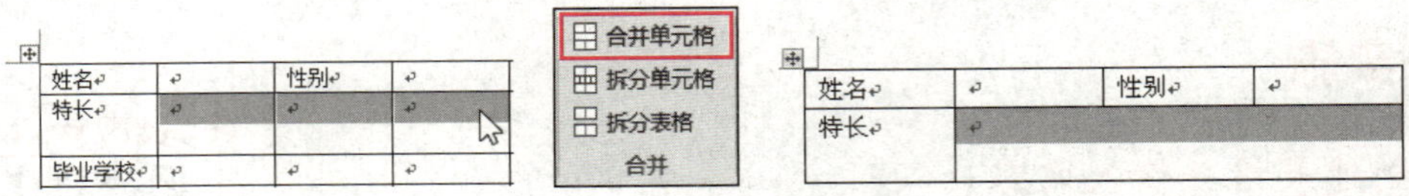

图 4-4　合并单元格

步骤 2▶ 使用同样的方法参照图 4-5 合并其他单元格。

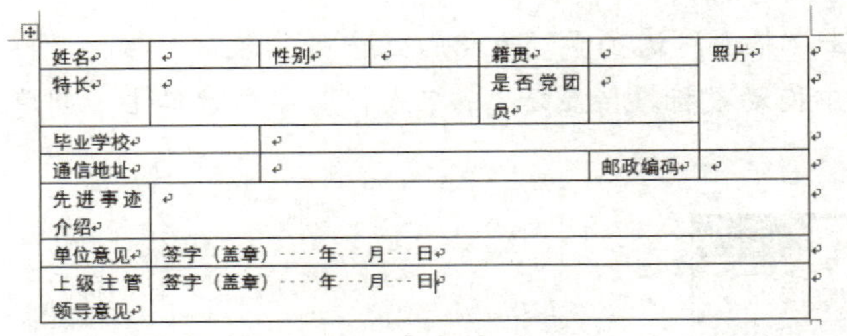

图 4-5　合并其他单元格

步骤 3▶ 调整行高。将第 1 行～第 4 行的行高调整为 1.3 厘米，第 5 行、第 6 行和第 7 行的行高分别调整为 8 厘米、4 厘米和 4.5 厘米，此时的表格效果如图 4-6 所示。

步骤 4▶ 调整列宽。将鼠标指针移到单元格右侧边框上［见图 4-7（a）］，待鼠标指针变成✥形状时向左拖动，到合适宽度后释放鼠标，调整该列的列宽。使用同样的方法向左拖动“性别”列的右边框调整该列的列宽，此时表格上部分的效果如图 4-7（b）所示。

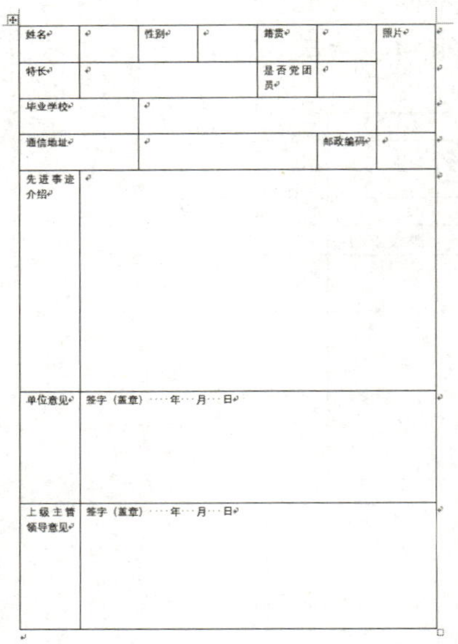

图 4-6　调整行高后的表格

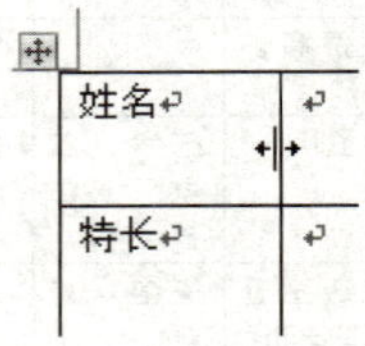

（a）

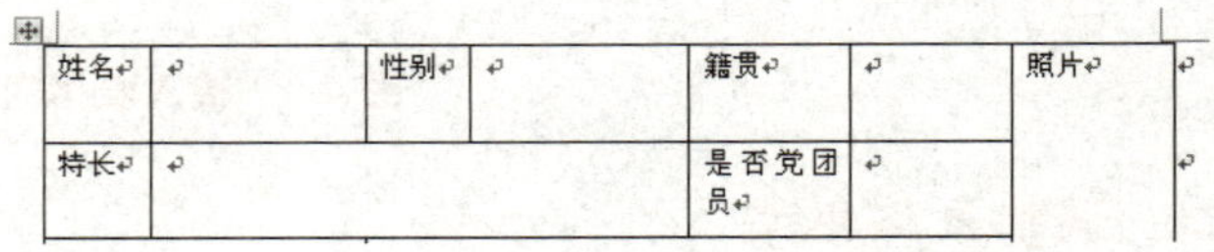

（b）

图 4-7　调整部分列的列宽

步骤 5▶ 利用“绘制表格”按钮和“橡皮擦”按钮修改表格。单击“表格工具　布局”选项卡“绘图”组中的“绘制表格”按钮，然后在“是否党团员”单元格左侧的空单元格中绘制一条竖线，如图 4-8 所示。

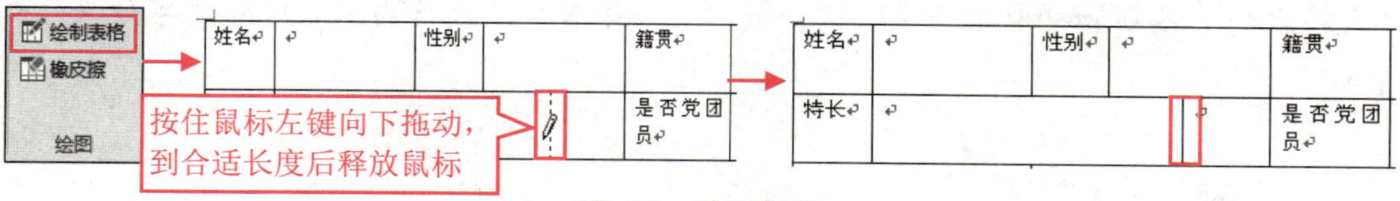

图 4-8　绘制竖线

步骤 6▶ 单击“绘图”组中的“橡皮擦”按钮，然后单击“是否党团员”单元格左侧的边框，删除该条边框，如图 4-9 所示。

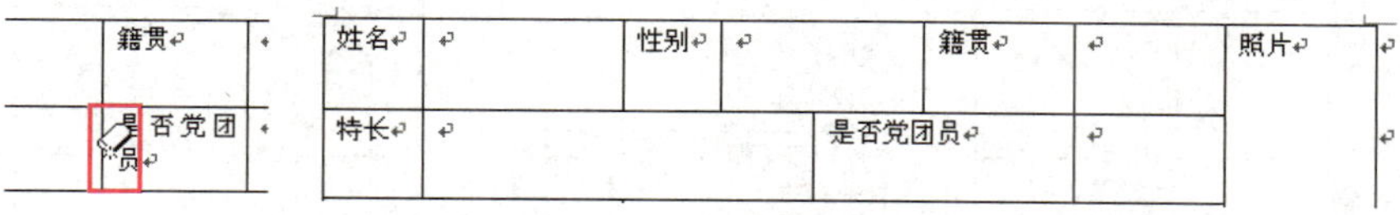

图 4-9　删除单元格边框

步骤 7▶ 使用同样的方法调整“毕业学校”“通信地址”“邮政编码”所在单元格的列宽，使其效果如图 4-10 所示。

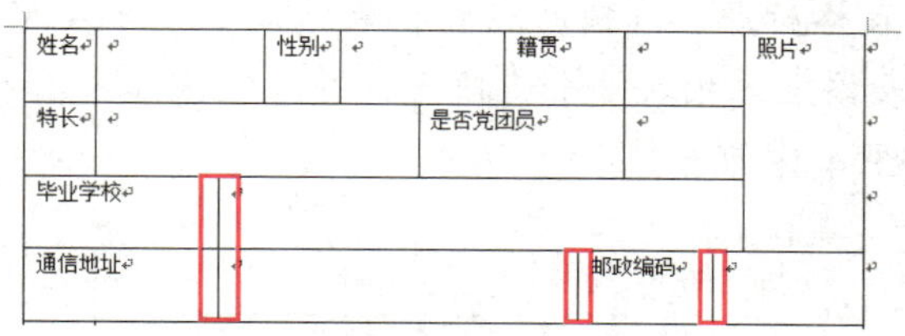

图 4-10　调整其他列的列宽

步骤 8▶ 设置单元格内容的对齐方式。分别选中如图 4-11 所示的单元格，然后单击“表格工具　布局”选项卡“对齐方式”组中的“水平居中”按钮和“靠下居中对齐”按钮。

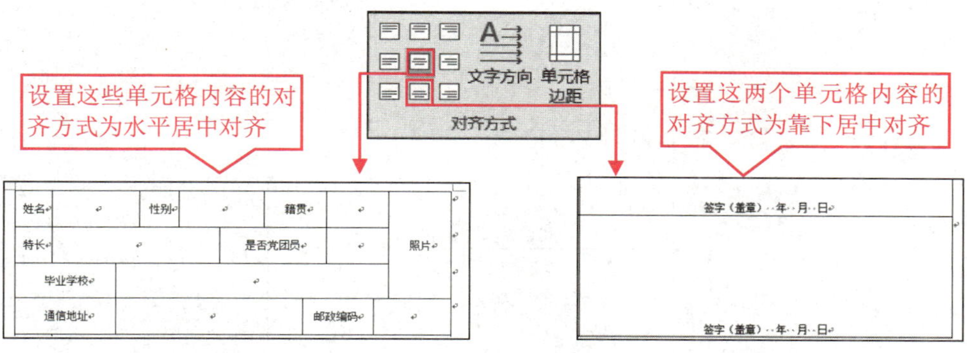

图 4-11　设置单元格内容的对齐方式

步骤 9▶ 选中“通信地址”下方的 3 个单元格，然后依次单击“对齐方式”组中的“文字方向”按钮和“中部居中”按钮，设置这 3 个单元格内容的竖排文字效果，如图 4-12 所示。

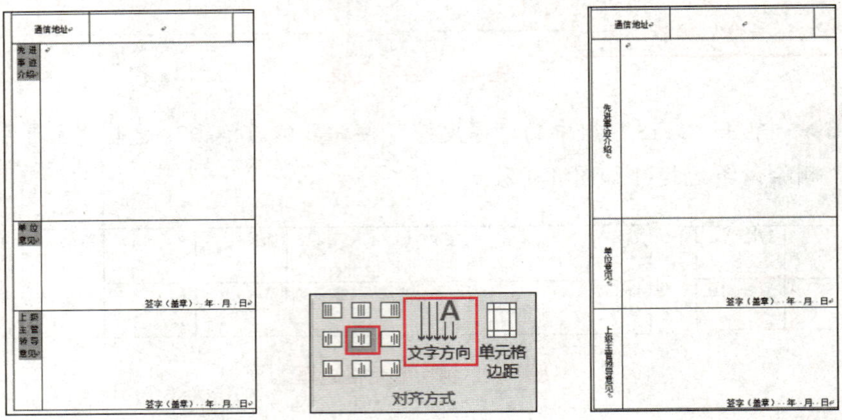

图 4-12　设置单元格内容的文字方向和对齐方式

步骤 10▶ 添加表格标题。将插入点置于表格左上角单元格文本“姓名”的左侧，然后按“Enter”键在表格上方插入一个空段落，并在空段落中输入表格标题文本“先进个人申请表”，效果如图 4-13 所示。

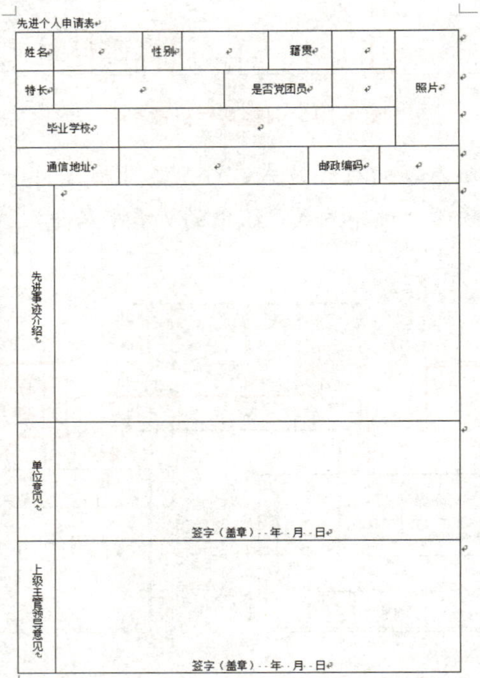

图 4-13　为表格添加标题

三、美化表格

步骤 1▶　设置表格标题的格式为宋体、二号、加粗、居中对齐，段前间距和段后间距均为 0.5 行。

步骤 2▶　选中整个表格，然后在“表格工具　设计”选项卡的“边框”组中设置“笔样式”“笔画粗细”和“笔颜色”，再在“边框”下拉列表中选择“外侧框线”选项（见图 4-14），为表格设置外边框。

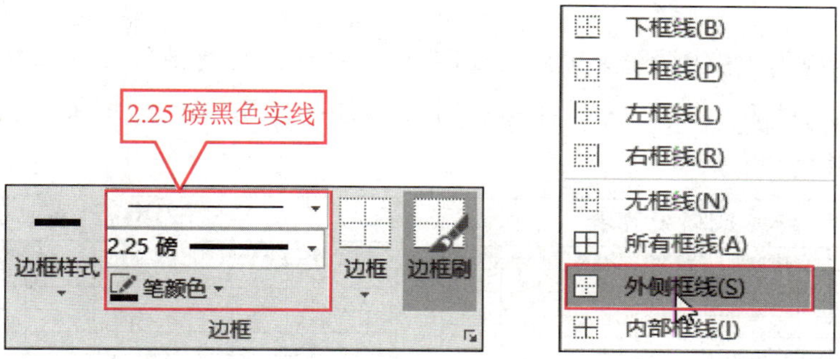

图 4-14　设置表格外边框

步骤 3▶　选中表格第 4 行，在“边框”组中设置“笔样式”“笔画粗细”和“笔颜色”，然后在“边框”下拉列表中选择“下框线”选项，设置该行的下边框效果，如图 4-15 所示。

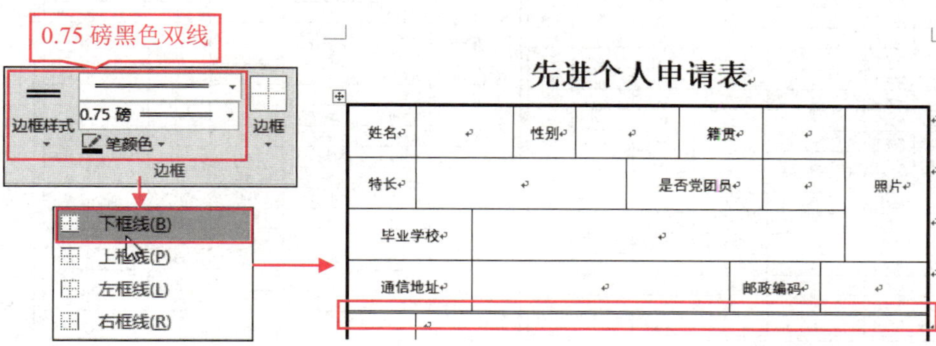

图 4-15　为表格设置分隔线

步骤 4▶　选中整个表格，然后单击“开始”选项卡“段落”组中的“居中”按钮≡，设置表格相对于页面居中对齐。至此，先进个人申请表制作完毕（最终效果见图 4-1），再次保存文档。

任务二　制作学生成绩统计表

情景引入

假设班主任老师让你根据各科任课老师交来的学生成绩，使用 Word 2016 制作一个学生成绩统计表，要求计算出各科的平均分和每个学生的总分，最后按总分由低到高进行排序。

作品展示

本任务制作的学生成绩统计表效果如图 4-16 所示。最终效果参见本书配套素材“素材与实例”/“项目四”/“任务二”中的“学生成绩统计表（计算）”和“学生成绩统计表（排序）”文档。

学生成绩统计表

序号	姓名	网页设计与制作	市场信息学	人力资源	商务英语	总分
1	刘某明	75	69	76	88	308
2	罗某莉	70	73	72	79	294
3	方某秀	78	70	73	72	293
4	申某光	84	77	82	83	326
5	王某娟	77	78	84	69	308
6	周某媛	75	88	86	68	317
7	翟某福	76	79	83	71	309
8	钟某兰	72	88	69	82	311
9	李某涟	73	75	73	77	298
10	张某佳	82	69	70	79	300
11	蒙某辉	84	81	77	80	322
12	潘某祥	86	74	78	78	316
13	陈某玲	83	70	88	70	311
14	唐某剑	69	80	79	82	310
15	梁某柱	73	66	79	80	298
16	吕某宏	70	72	75	70	287
17	黄某艳	77	83	76	81	317
18	马某芳	78	76	72	67	293
19	赖某和	88	72	73	72	305
20	李某丽	79	73	82	88	322
21	陈某东	84	82	84	79	329
22	赵某云	86	84	86	73	329
23	刘某萌	78	77	83	70	308
24	吴某涛	72	84	69	77	302
25	钟某恩	74	81	73	78	306
26	胡某京	81	79	88	88	336
27	谭某方	73	74	75	79	301
28	明某兵	75	72	71	86	304
29	黎某彪	80	73	74	75	302
平均分		77.7	76.5	77.6	77.3	

学生成绩统计表

序号	姓名	网页设计与制作	市场信息学	人力资源	商务英语	总分
16	吕某宏	70	72	75	70	287
3	方某秀	78	70	73	72	293
18	马某芳	78	76	72	67	293
2	罗某莉	70	73	72	79	294
9	李某涟	73	75	73	77	298
15	梁某柱	73	66	79	80	298
10	张某佳	82	69	70	79	300
27	谭某方	73	74	75	79	301
24	吴某涛	72	84	69	77	302
29	黎某彪	80	73	74	75	302
28	明某兵	75	72	71	86	304
19	赖某和	88	72	73	72	305
25	钟某恩	74	81	73	78	306
1	刘某明	75	69	76	88	308
5	王某娟	77	78	84	69	308
23	刘某萌	78	77	83	70	308
7	翟某福	76	79	83	71	309
14	唐某剑	69	80	79	82	310
8	钟某兰	72	88	69	82	311
13	陈某玲	83	70	88	70	311
12	潘某祥	86	74	78	78	316
6	周某媛	75	88	86	68	317
17	黄某艳	77	83	76	81	317
11	蒙某辉	84	81	77	80	322
20	李某丽	79	73	82	88	322
4	申某光	84	77	82	83	326
21	陈某东	84	82	84	79	329
22	赵某云	86	84	86	73	329
26	胡某京	81	79	88	88	336

图 4-16　计算和排序后的学生成绩统计表

拓展阅读

弘扬尊师重教良好风尚

制作学生成绩统计表是教师日常工作中的一项重要任务。通过分析学生成绩统计表，教师可以深入了解学生的学习习惯、学习方法和学习态度，从而有针对性地指导学生学习；还可以更好地制订教学计划，调整教学方法，以提升教学效果。

教师是一份崇高且富有挑战性的职业，需要具备丰富的知识储备、敏锐的观察力、耐心和责任感，其日常工作是多方面的，除了备课、授课，还包括与学生互动、与家长沟通、参与学校管理等。在这个信息爆炸的时代，他们也需要不断学习，参加培训、研讨会等活动，持续提升教学水平和综合能力。

“师者，所以传道授业解惑也。”尊师重教是中华民族的传统美德。教师作为文化强国建设的引导者，向历代中华儿女讲述着文化、传承着文明、传递着温情，源源不断地为国家培养栋梁之材；教师作为社会秩序的维护者，将社会所要求的道德修养、行为准则等传递给学生，助推学生由“自然人”向“社会人”转变，并使其逐渐成长为有责任担当、有家国意识，且愿意为社会服务的合格时代新人。

教师是社会的灯塔和引路人，他们的辛勤付出和无私奉献，为社会培养了一代又一代的人才，为国家的繁荣和进步贡献着自己的力量。强国必先重教，重教必先尊师。因此，我们每个人都应该尊重教师、支持教育事业，共同努力，积极营造一个尊师、爱师、敬师的社会氛围，让教师的光芒永远闪耀。

（资料来源：中国教育新闻网，有改动）

请思考：作为新时代的中国青年，我们应如何积极弘扬尊师重教的好风尚？

制作思路

首先新建文档并设置其页边距，然后利用“插入表格”对话框插入表格并输入内容，接着插入“平均分”行和“总分”列，并计算总分和平均分，最后按总分进行升序排列。

扫一扫

制作学生成绩统计表

任务实施

一、创建和编辑表格

步骤 1▶ 新建空白文档，将其以“学生成绩统计表”为名保存。

步骤 2▶ 设置文档的页边距为“适中”，然后在插入点处输入表格标题文本“学生成绩统计表”，最后按“Enter”键插入一个空段落，如图 4-17 所示。

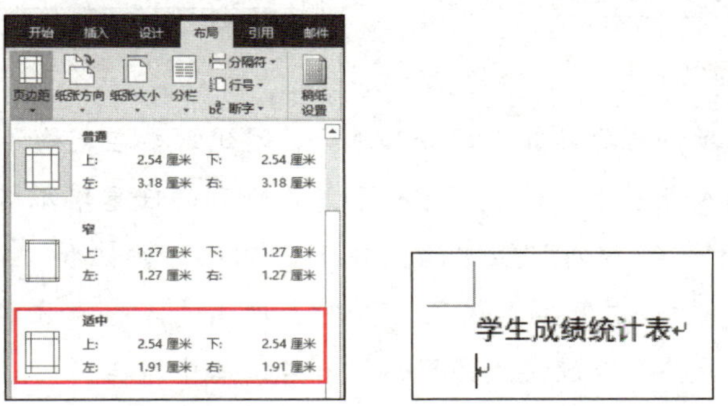

图 4-17　设置文档页边距并输入表格标题文本

步骤 3▶ 单击“插入”选项卡“表格”组中的“表格”按钮，在展开的列表中选择“插入表格”选项，在打开的“插入表格”对话框中输入表格的列数为 6，行数为 30，并选中“根据内容调整表格”单选钮，单击“确定”按钮（见图 4-18），创建一个 6 列 30 行的表格。

> **知识库** 选中“固定列宽”单选钮，并在其右侧选择“自动”选项，或选中“根据窗口调整表格”单选钮，表示表格的宽度与文档编辑区的宽度相等（列宽等于文档编辑区的宽度除以列数）；选中“根据内容调整表格”单选钮，表示列宽随每列输入内容的多少自动调整。

步骤 4▶ 在表格中输入数据，如图 4-19 所示。

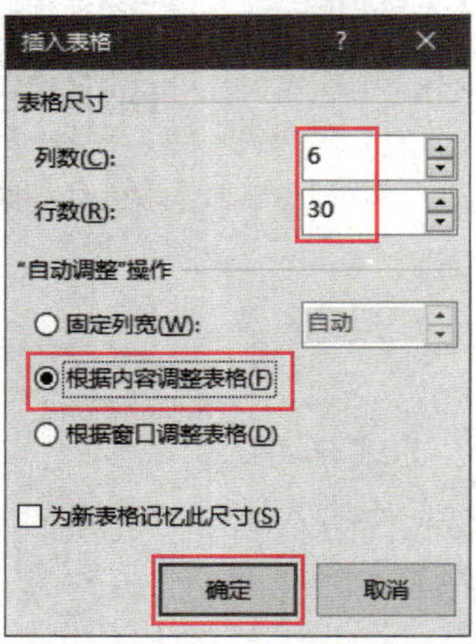

图 4-18　设置表格列数和行数

学生成绩统计表

序号	姓名	网页设计与制作	市场信息学	人力资源	商务英语
1	刘某明	75	69	76	88
2	罗某莉	70	73	72	79
3	方某秀	78	70	73	72
4	申某光	84	77	82	83
5	王某娟	77	78	84	69
6	周某媛	75	88	86	68
7	翟某福	76	79	83	71
8	钟某兰	72	88	69	82
9	李某涟	73	75	73	77
10	张某佳	82	69	70	79
11	蒙某辉	84	81	77	80
12	潘某祥	86	74	78	78
13	陈某玲	83	70	88	70
14	唐某剑	69	80	79	82
15	梁某柱	73	66	79	80
16	吕某宏	70	72	75	70
17	黄某艳	77	83	76	81
18	马某芳	78	76	72	67
19	赖某和	88	72	73	72
20	李某丽	79	73	82	88
21	陈某东	84	82	84	79
22	赵某云	86	84	86	73
23	刘某萌	78	77	83	70
24	吴某涛	72	84	69	77
25	钟某恩	74	81	73	78
26	胡某京	81	79	88	88
27	谭某方	73	74	75	79
28	明某兵	75	72	71	86
29	黎某彪	80	73	74	75

图 4-19　输入表格数据

步骤 5▶ 输入数据后要计算平均分和总分，因此需要在表格的下方插入一行、右侧插入一列。分别将插入点置于表格最下方行和最右侧列的任意单元格中，然后单击“表格工具　布局”选项卡“行和列”组中的“在下方插入”按钮和“在右侧插入”按钮，在表格的下方插入一行、右侧插入一列，并输入所需文本，如图 4-20 所示。

步骤 6▶ 设置表格标题的格式为黑体、一号、居中对齐。

学生成绩统计表

序号	姓名	网页设计与制作	市场信息学	人力资源	商务英语	总分
1	刘某明	75	69	76	88	
2	罗某莉	70	73	72	79	
3	方某秀	78	70	73	72	
4	申某光	84	77	82	83	
5	王某娟	77	78	84	69	
6	周某媛	75	88	86	68	
7	翟某福	76	79	83	71	
8	钟某兰	72	88	69	82	
9	李某涟	73	75	73	77	
10	张某佳	82	69	70	79	
11	蒙某辉	84	81	77	80	
12	潘某祥	86	74	78	78	
13	陈某玲	83	70	88	70	
14	唐某剑	69	80	79	82	
15	梁某柱	73	66	79	80	
16	吕某宏	70	72	75	70	
17	黄某艳	77	83	76	81	
18	马某芳	78	76	72	67	
19	赖某和	88	72	73	72	
20	李某丽	79	73	82	88	
21	陈某东	84	82	84	79	
22	赵某云	86	84	86	73	
23	刘某萌	78	77	83	70	
24	吴某涛	72	84	69	77	
25	钟某恩	74	81	73	78	
26	胡某京	81	79	88	88	
27	谭某方	73	74	75	79	
28	明某兵	75	72	71	86	
29	黎某彪	80	73	74	75	
平均分						

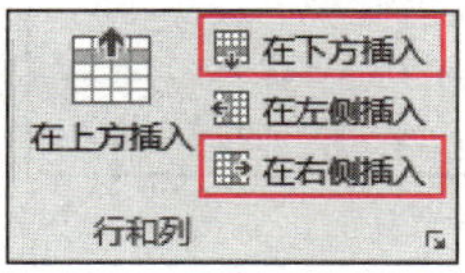

图 4-20　插入行和列并输入文本

步骤 7▶　设置表格所有行的高度为 0.7 厘米[见图 4-21（a）]，然后选中整个表格，单击“表格工具　布局”选项卡“对齐方式”组中的“水平居中”按钮[见图 4-21（b）]，使表格内容水平居中对齐。

步骤 8▶　将鼠标指针移到表格右下角的大小控制点□上，待鼠标指针变成形状时向页面右侧平行拖动，使表格的宽度与文档编辑区的宽度大致相等。此时会发现表格最后一列比较窄，需要调整。为此，将表格第 1 列和最后 1 列的宽度调整为 1.5 厘米，如图 4-22 所示。

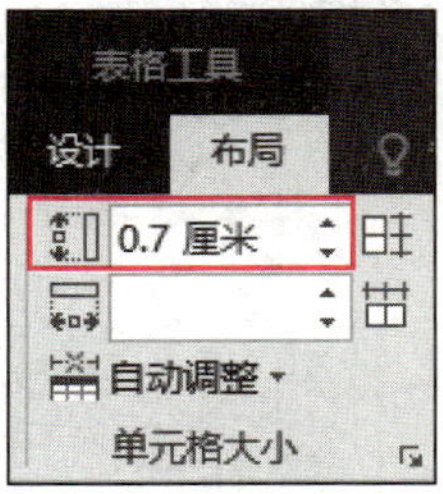

（a）

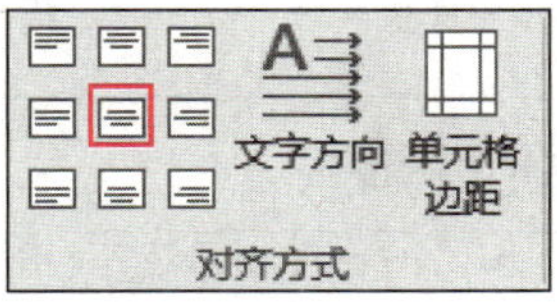

（b）

图 4-21　设置表格的行高和内容的对齐方式

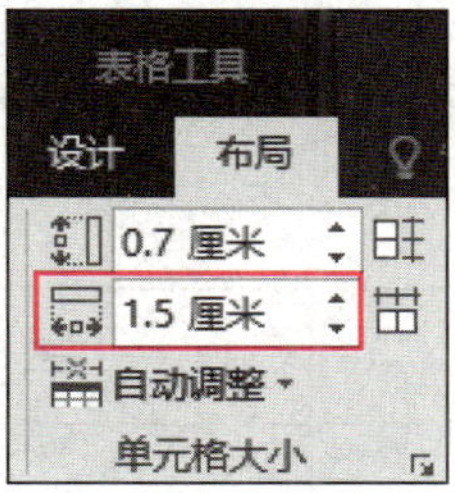

图 4-22　调整第 1 列和最后 1 列的列宽

步骤 9▶　选中表格最后一行左侧的两个单元格，然后单击“表格工具　布局”选项卡“合并”组中的“合并单元格”按钮，将这两个单元格合并成 1 个单元格。

二、计算学生成绩统计表

在计算学生成绩统计表数据前先来学习表格计算基础知识。

在 Word 表格中，用户可以通过输入带有加、减、乘、除（+、–、*、/）等运算符的公式进行计算，也可以使用 Word 2016 附带的函数进行较为复杂的计算。表格中的计算都是以单元格或单元格区域为单位进行的。为方便在单元格间进行运算，Word 2016 用英文字母“A、B、C……”从左至右表示列，用正整数“1、2、3……”自上而下表示行，每个单元格的名字由它所在的列标和行号组合而成，如图 4-23 所示。

A1	B1	C1	D1
A2	B2	C2	D2
A3	B3	C3	D3
A4	B4	C4	D4

图 4-23　单元格名称示意图

下面列举了利用单元格参数表示一个单元格、一个单元格区域、一整行、一整列等的方法。

（1）“A1”表示位于第 1 列、第 1 行的单元格。

（2）“A1:B3”表示由 A1、A2、A3、B1、B2、B3 共 6 个单元格组成的单元格区域。

（3）“A1,B3”表示 A1、B3 两个单元格。

（4）“1:1”表示第 1 行。

（5）“E:E”表示第 5 列。

（6）“SUM（A1:A4）”表示计算“A1+A2+A3+A4”的值。

（7）“Average（1:1,2:2）”表示计算第 1 行与第 2 行的和的平均值。

步骤 1▶ 计算学生总分。单击 1 号学生对应的“总分”列中的单元格，然后单击“表格工具　布局”选项卡“数据”组中的“公式”按钮 f_x，如图 4-24 所示。

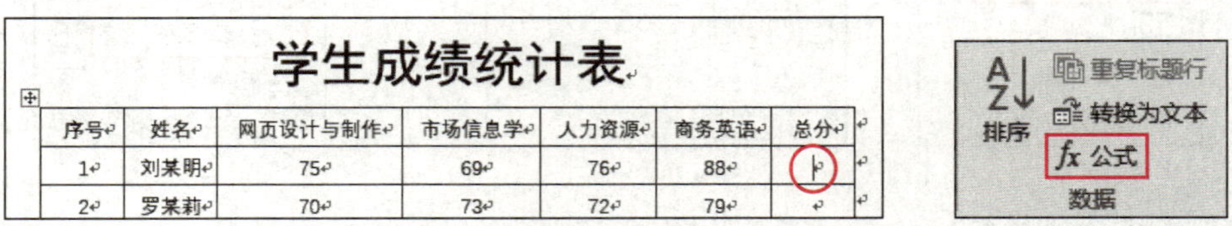

图 4-24　选择单元格后单击“公式”按钮

步骤 2▶ 打开“公式”对话框，此时“公式”编辑框中显示的公式表示对插入点左侧的所有单元格数据求和，符合要求，因此直接单击“确定”按钮，得到计算结果，如图 4-25 所示。

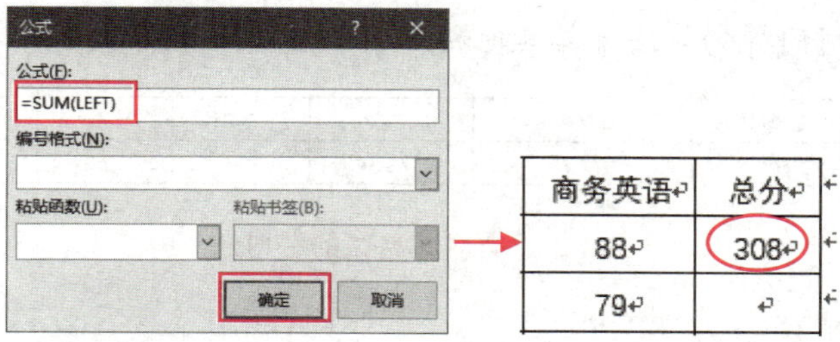

图 4-25　计算第 1 位学生的总分

步骤 3▶ 单击 2 号学生对应的“总分”列单元格，然后打开“公式”对话框，此时“公式”编辑框中的公式表示对插入点上方的所有单元格数据求和[见图 4-26（a）]，不符合要求。为此，将公式括号中的参数修改为“LEFT”[见图 4-26（b）]，单击“确定”按钮得到计算结果。使用同样的方法计算其他学生的总分。

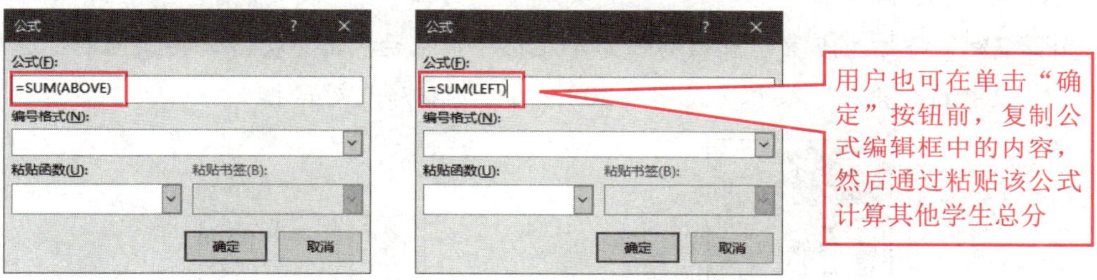

（a）　　　　（b）

图 4-26　计算第 2 位学生的总分

步骤 4▶ 计算各科平均分。在“网页设计与制作”科目对应的“平均分”行单元格中单击，然后打开“公式”对话框[见图 4-27（a）]，可看到该公式不符合要求。

步骤 5▶ 删除等号右侧的内容，然后在“粘贴函数”下拉列表中选择“AVERAGE”选项，并在括号中输入“ABOVE”或要计算平均分的单元格区域地址；在“编号格式”下拉列表中选择“0.00”选项，再将“0.00”修改为“0.0”[见图 4-27（b）]，设置平均分的小数位数为 1 位，最后单击“确定”按钮得到计算结果。

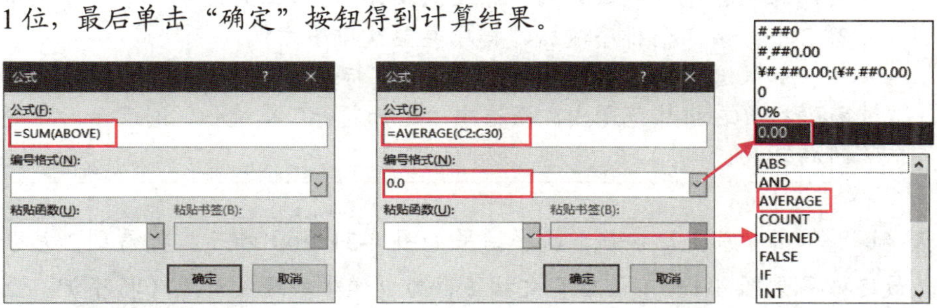

（a）　　　　（b）

图 4-27　修改函数和参数

步骤 6▶ 使用同样的方法计算其他科目的平均分，如图 4-28 所示。最后保存文档。

29	黎某彪	80	73	74	75	302
平均分		77.7	76.5	77.6	77.3	

图 4-28　计算各科目的平均分

三、排序学生成绩统计表

下面对学生成绩统计表按总分进行升序排列。因为要进行排序的表格中不能有合并单元格，否则无法进行排序，为此需要删除表格的最后一行，然后再对表格进行排序。

步骤 1▶ 将插入点置于表格最后一行的任意单元格中，然后单击“表格工具　布局”选项卡“行和列”组中的“删除”按钮，在展开的列表中选择“删除行”选项（见图 4-29），将表格的最后一行删除。

步骤 2▶ 将插入点置于表格的任意单元格中，然后单击“表格工具　布局”选项卡“数据”组中的“排序”按钮（见图 4-30），打开“排序”对话框。

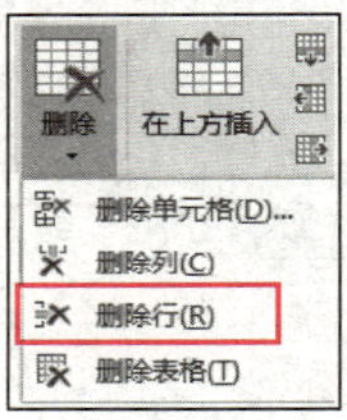

图 4-29　选择“删除行”选项

图 4-30　单击“排序”按钮

步骤 3▶ 在“排序”对话框的“主要关键字”下拉列表中选择“列 7”选项（即排序依据“总分”所在列），然后在其右侧选择排序方式，如“升序”，如图 4-31（a）所示。

> **提示**
>
> Word 允许以多个排序依据进行排序。如果要进一步指定排序依据，可以在“排序”对话框的“次要关键字”“第三关键字”下拉列表中指定第 2 个、第 3 个排序依据、排序类型及排序方式。
>
> 如果选中“排序”对话框中的“有标题行”单选钮，则排序时不会把标题行算在排序范围内；而选中“无标题行”单选钮，则表示对标题行也进行排序。

步骤 4▶ 单击“确定”按钮，排序结果如图 4-31（b）所示。可看到，总分由低到高排列（最终效果见图 4-16），最后将文档另存为“学生成绩统计表（排序）”。至此，学生成绩统计表制作完毕。

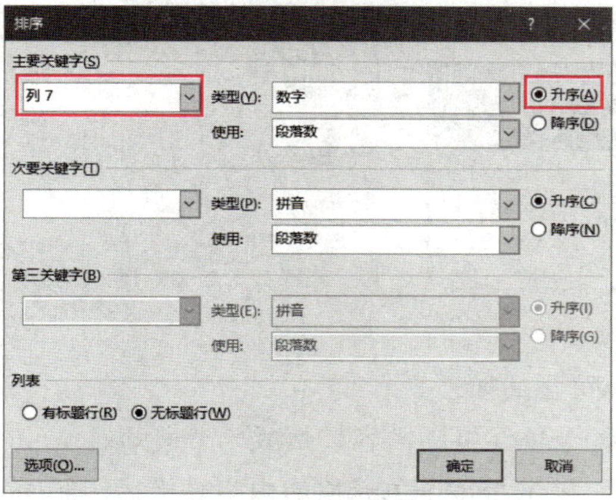

（a）

学生成绩统计表

序号	姓名	网页设计与制作	市场信息学	人力资源	商务英语	总分
16	吕某宏	70	72	75	70	287
3	方某秀	78	70	73	72	293
18	马某芳	78	76	72	67	293
2	罗某莉	70	73	72	79	294
9	李某涟	73	75	73	77	298
15	梁某柱	73	66	79	80	298
10	张某佳	82	69	70	79	300
27	谭某方	73	74	75	79	301
24	吴某涛	72	84	69	77	302
29	黎某彪	80	73	74	75	302
28	明某兵	75	72	71	86	304
19	赖某和	88	72	73	72	305
25	钟某思	74	81	73	78	306
1	刘某明	75	69	76	88	308
5	王某娟	77	78	84	69	308
23	刘某萌	78	77	83	70	308
7	翟某福	76	79	83	71	309
14	唐某剑	69	80	79	82	310
8	钟某兰	72	88	69	82	311
13	陈某玲	83	70	88	70	311
12	潘某祥	86	74	78	78	316
6	周某媛	75	88	86	68	317
17	黄某艳	77	83	76	81	317
11	蒙某辉	84	81	77	80	322
20	李某丽	79	73	82	88	322
4	申某光	84	77	82	83	326
21	陈某东	84	82	84	79	329
22	赵某云	86	84	86	73	329
26	胡某京	81	79	88	88	336

（b）

图 4-31　设置排序选项及排序结果

Word 高效办公技巧

一、使跨页的表格重复标题行

如果要在多页表格的每页中显示标题行，可单击表格标题行中的任意单元格，然后单击“表格工具　布局”选项卡“数据”组中的“重复标题行”按钮，如图 4-32 所示。

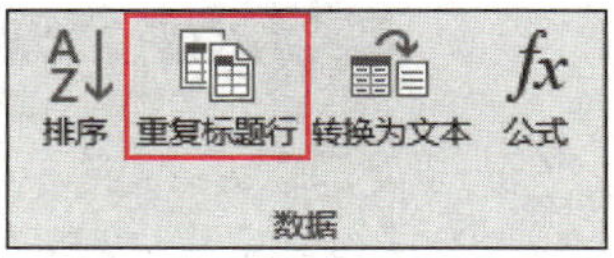

图 4-32　单击“重复标题行”按钮

二、设置表格与页面的对齐方式

要设置表格与页面的对齐方式，可选中表格后单击“开始”选项卡“段落”组中的对齐按钮。

三、文本与表格之间的相互转换

在 Word 中，用户可以将表格中的文本转换为由逗号、制表符或其他指定字符分隔的普通文本。要将表格转换成文本，只需在表格的任意单元格中单击，然后单击“表格工具布局”选项卡“数据”组中的“转换为文本”按钮，打开“表格转换成文本”对话框，从中选择一种文字分隔符后单击“确定”按钮即可，如图 4-33 所示。

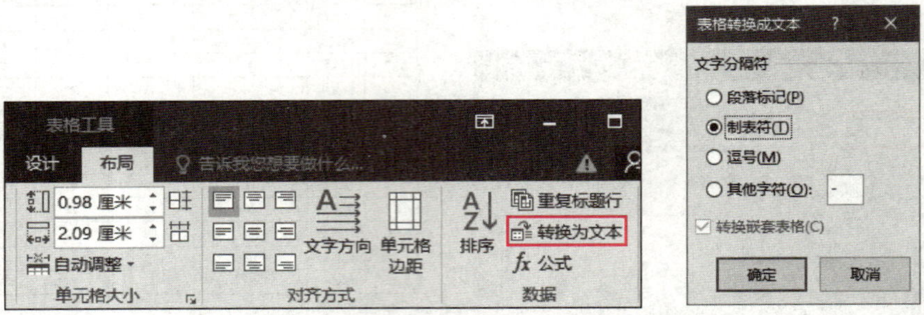

图 4-33　表格转换为文本

“表格转换成文本”对话框中各文字分隔符含义如下。

（1）选中“段落标记”单选钮，表示将每个单元格的内容转换成一个段落。

（2）选中“制表符”或“逗号”单选钮，表示将每个单元格的内容转换后用制表符或逗号分隔，每行单元格的内容成为一个段落。

（3）选中“其他字符”单选钮，需在其后的编辑框中输入用作分隔符的半角字符，表示将每个单元格的内容转换后用指定符号分隔，每行单元格的内容成为一个段落。

在 Word 中，用户也可以将使用段落标记、逗号、制表符或其他特定字符隔开的文本转换成表格。方法是选中要转换成表格的文本，然后单击“插入”选项卡“表格”组中的“表格”按钮，在展开的列表中选择“文本转换成表格”选项，在打开的“将文字转换成表格”对话框中选择分隔符类型（大多数情况下可保持默认设置）后单击“确定”按钮，如图 4-34 所示。

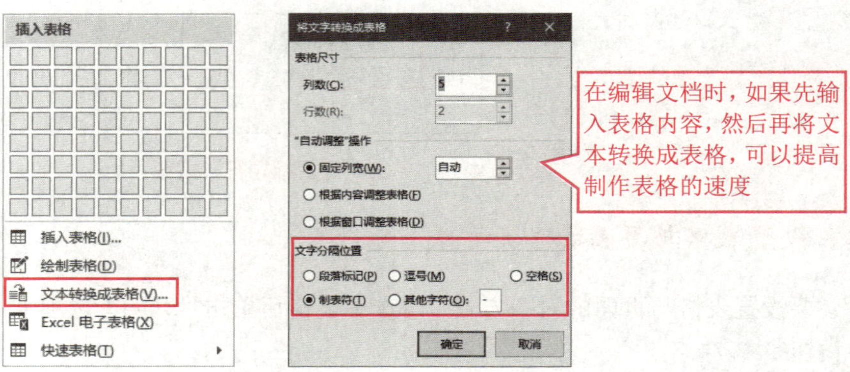

图 4-34　文本转换为表格

> **提示**
>
> 将文本转换成表格时，最关键的是在转换前需要在文本中设置好分隔符并划分好段落，因为它们决定了表格的列数和行数，以及各文本在表格中的位置（即在哪个单元格中）。通常使用英文逗号、制表符或空格作为分隔符。
>
> 如果需要在某个单元格前添加一个空白单元格，只需在该单元格前加一个分隔符即可。

四、使用制表符对齐文本

利用 Word 的制表符功能，可以创建如表格般整齐的文本。

步骤 1▶ 反复单击水平标尺左侧的按钮，以选择制表符类型，然后在水平标尺上需要设置制表符的位置单击，插入选择的制表符。使用同样的方法在其他位置插入需要的制表符。

步骤 2▶ 按“Tab”键将插入点定位到第 1 个制表符位置，然后输入文本；按“Tab”键定位到下一个制表符位置，然后输入文本。依次操作即可制作出整齐的文本，如图 4-35 所示。

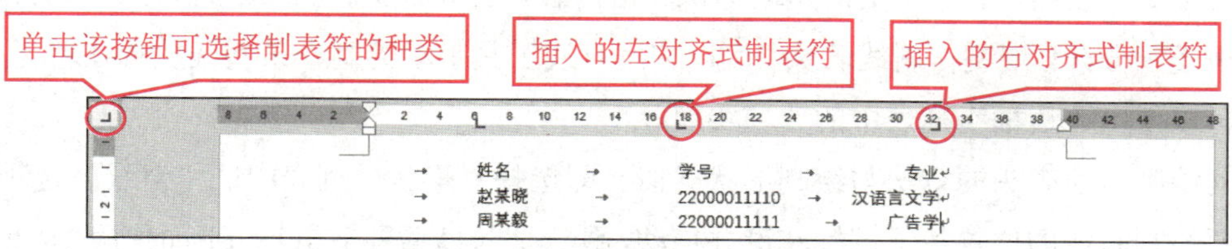

图 4-35　利用制表符对齐文本

五、自由绘制表格

使用绘制表格工具可以方便地绘制行高或列宽不规则的表格。

步骤 1▶ 单击“插入”选项卡“表格”组中的“表格”按钮，在展开的列表中选择“绘制表格”选项。

步骤 2▶ 将鼠标指针移到文档编辑区，此时鼠标指针变成 ✎ 形状，按下鼠标左键并拖动，此时会出现一个可变的虚线框，释放鼠标，即可绘制出表格的外边框，如图 4-36 所示。

步骤 3▶ 将鼠标指针移到表格的左边框，按住鼠标左键并向右拖动，当屏幕上出现一条水平虚线（见图 4-37）后释放鼠标，即可在表格中绘制一条行线。

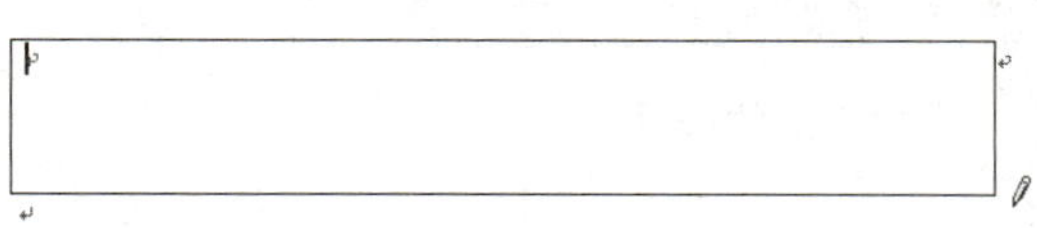

图 4-36　绘制表格外边框

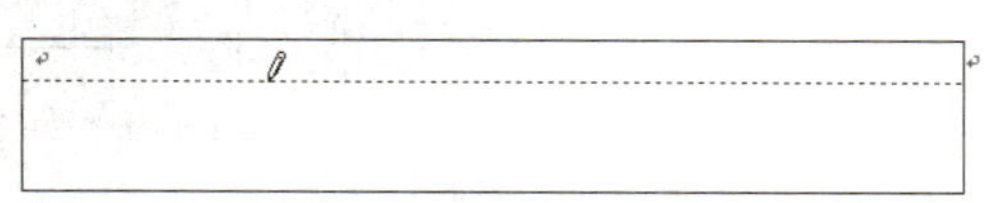

图 4-37　绘制表格行线

步骤 4▶ 重复上述操作，直至绘制出需要的行数为止。然后可使用类似方法，在表格中绘制列线，直至完成表格的创建。

步骤 5▶ 如果要擦除画错或不需要的线条，可单击“表格工具　布局”选项卡“绘图”组中的“橡皮擦”按钮，此时鼠标指针变成形状，在要擦除的线条上单击，即可将该线条擦除，如图 4-38 所示。

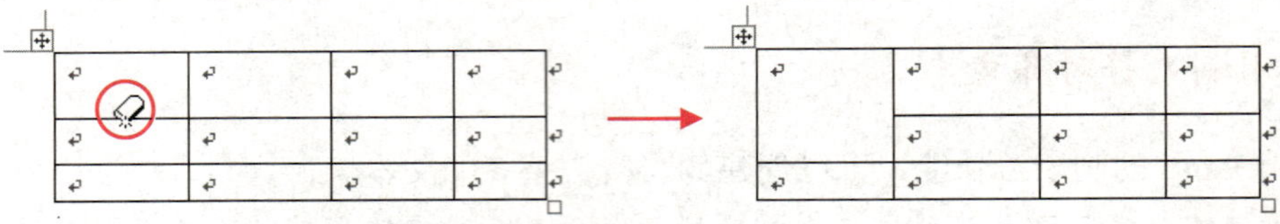

图 4-38　擦除线条

步骤 6▶ 表格绘制完毕，按“Esc”键或再次单击“橡皮擦”按钮结束绘制。

六、绘制斜线表头

在实际制作表格时，为了更清楚地标识表格内容，经常需要在表头单元格用斜线将表格内容按类别分开。要制作斜线表头，可以使用直线工具手动绘制一条斜线放置在单元格中，也可以使用“边框”列表中的选项实现。

手动绘制斜线表头的方法与绘制形状类似，即选择“形状”列表中的“直线”选项，然后在要绘制斜线的位置按下鼠标左键并拖动，到合适长度后释放鼠标。下面使用“边框”列表中的选项绘制斜线表头。

步骤 1▶ 将插入点置于要绘制斜线表头的单元格中，然后分别单击“表格工具　设计”选项卡“边框”组中的“笔样式”“笔画粗细”和“笔颜色”按钮，在展开的列表中选择笔样式，并设置笔画粗细和笔颜色（主要是为了与表格的相应格式保持一致），如图 4-39 所示。

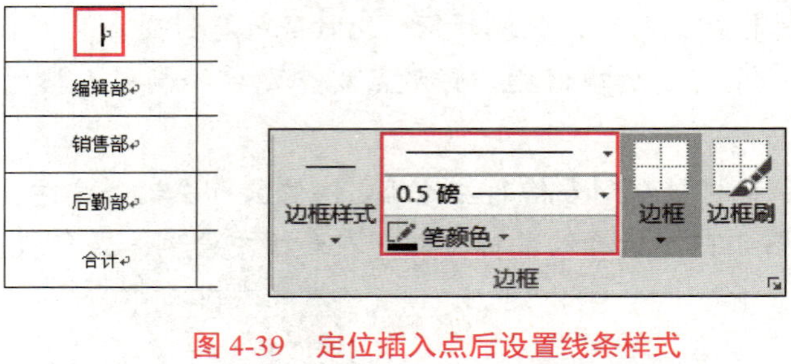

图 4-39　定位插入点后设置线条样式

步骤 2▶ 单击“边框”组中“边框”下拉按钮▾，在展开的下拉列表中选择“斜下框线”选项，即可在插入点所在单元格插入斜线，如图 4-40 所示。

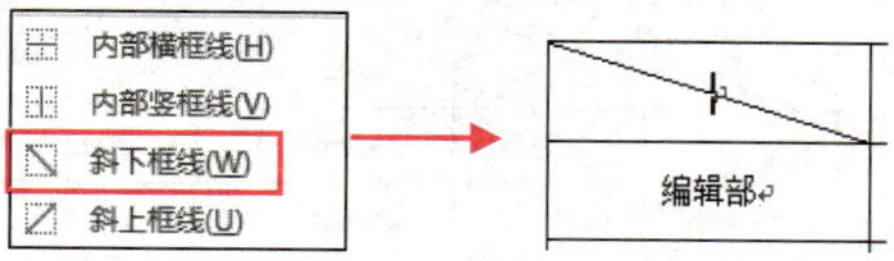

图 4-40　在单元格中插入斜线

项目总结

本项目主要介绍了在 Word 2016 中创建和编辑表格的方法。学完本项目后，读者应重点掌握以下知识。

（1）利用 Word 2016 创建表格的方法，如利用表格网格、“插入表格”对话框或绘制表格工具。

（2）在表格中输入内容并设置其格式的方法。

（3）对表格进行编辑的方法，如选择单元格、行、列或整个表格，调整表格的行高和列宽，合并单元格，插入行和列等。

（4）为表格添加不同类型和粗细边框的方法。

（5）设置表格内容及表格与页面对齐方式的方法。

（6）对表格数据进行简单计算和排序的方法。

课后实训

（1）制作个人简历，效果如图 4-41 所示。最终效果参见本书配套素材“素材与实例”/“项目四”/“课后实训”/“个人简历”文档。

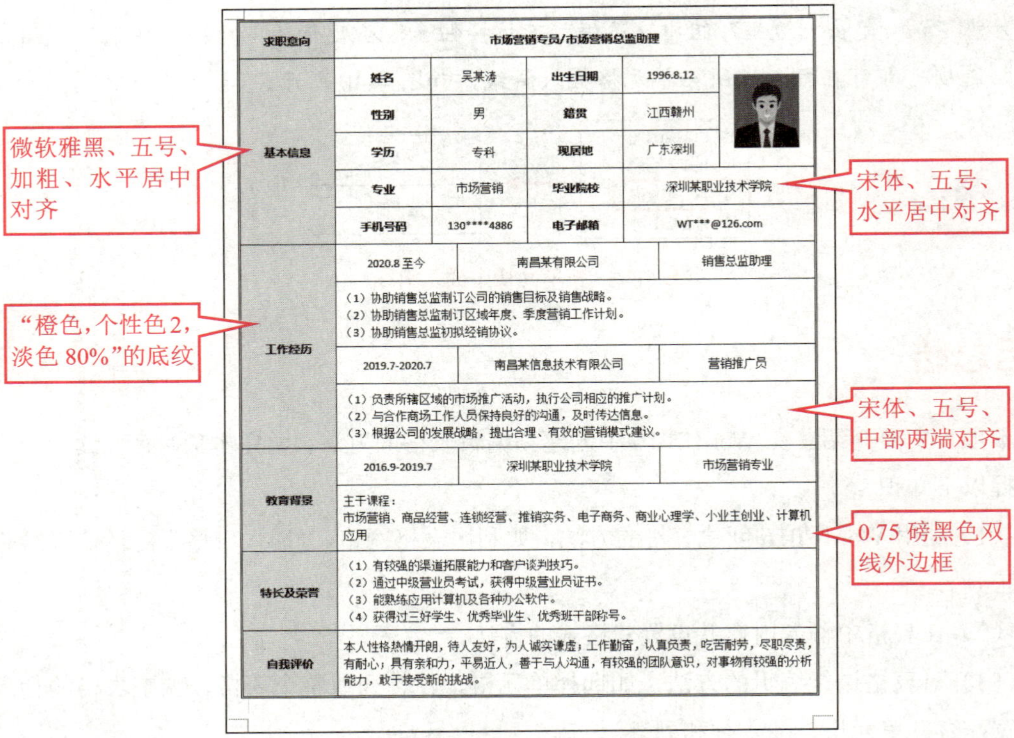

求职意向	市场营销专员/市场营销总监助理				
基本信息	姓名	吴某涛	出生日期	1996.8.12	
	性别	男	籍贯	江西赣州	
	学历	专科	现居地	广东深圳	
	专业	市场营销	毕业院校	深圳某职业技术学院	
	手机号码	130****4886	电子邮箱	WT***@126.com	
工作经历	2020.8 至今	南昌某有限公司	销售总监助理		
	（1）协助销售总监制订公司的销售目标及销售战略。 （2）协助销售总监制订区域年度、季度营销工作计划。 （3）协助销售总监初拟经销协议。				
	2019.7-2020.7	南昌某信息技术有限公司	营销推广员		
	（1）负责所辖区域的市场推广活动，执行公司相应的推广计划。 （2）与合作商场工作人员保持良好的沟通，及时传达信息。 （3）根据公司的发展战略，提出合理、有效的营销模式建议。				
教育背景	2016.9-2019.7	深圳某职业技术学院	市场营销专业		
	主干课程： 市场营销、商品经营、连锁经营、推销实务、电子商务、商业心理学、小业主创业、计算机应用				
特长及荣誉	（1）有较强的渠道拓展能力和客户谈判技巧。 （2）通过中级营业员考试，获得中级营业员证书。 （3）能熟练应用计算机及各种办公软件。 （4）获得过三好学生、优秀毕业生、优秀班干部称号。				
自我评价	本人性格热情开朗，待人友好，为人诚实谦虚；工作勤奋，认真负责，吃苦耐劳，尽职尽责，有耐心；具有亲和力，平易近人，善于与人沟通，有较强的团队意识，对事物有较强的分析能力，敢于接受新的挑战。				

图 4-41　个人简历效果

【操作提示】

① 新建“个人简历”空白文档，设置其页边距为“适中”，然后插入一个 6 列 14 行的表格。

② 对表格框架进行调整，如图 4-42 所示。

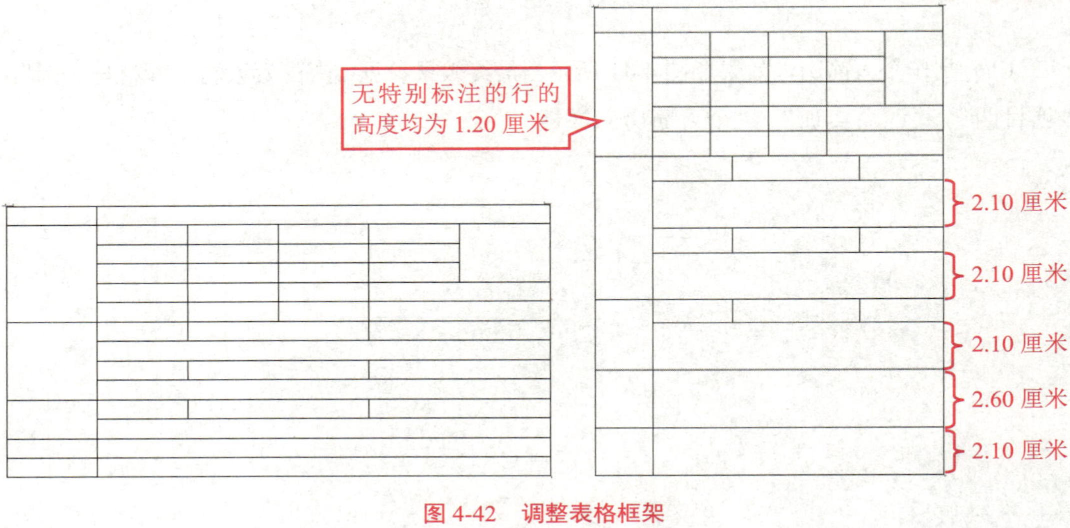

图 4-42　调整表格框架

③ 输入表格内容并设置其字符格式和对齐方式，在表格右上方的单元格中插入本书配套素材“素材与实例”/“项目四”/“课后实训”/“照片”文件。

④ 设置表格的外边框为 0.75 磅黑色双线，第 1 列的底纹为“橙色，个性色 2，淡色 80%”。

⑤ 设置表格相对于页面居中对齐。

（2）制作资讯系统问题反映单，效果如图 4-43 所示。最终效果参见本书配套素材“素材与实例”/“项目四”/“课后实训”/“资讯系统问题反映单”文档。

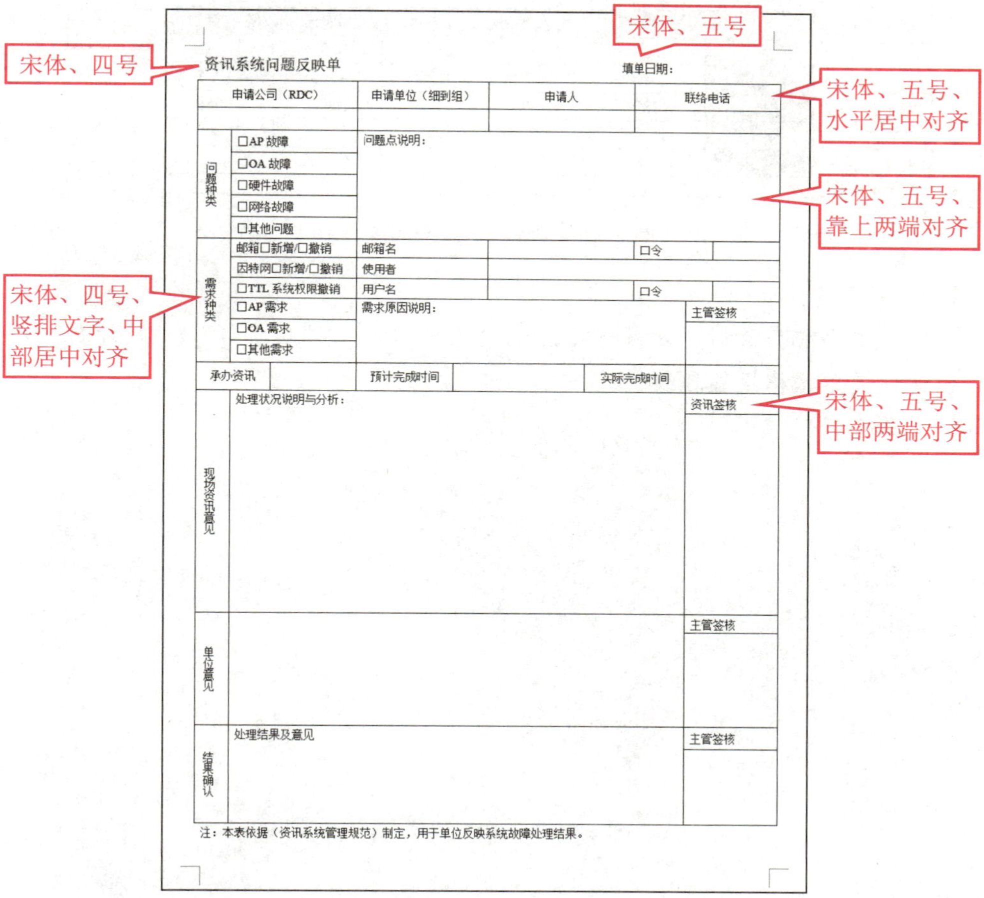

图 4-43　资讯系统问题反映单效果

【操作提示】

① 新建“资讯系统问题反映单”空白文档，设置其页边距为“窄”。

② 输入表格标题、填单日期后按“Enter”键插入 1 个空段落。

③ 在空段落中插入一个 4 列 17 行的表格。

④ 参照图 4-43 合并相关单元格，并使用“绘制表格”按钮在相关单元格内绘制列线，

然后输入表格内容，并在表格下方输入注释内容。

⑤ 拖动表格右下角的表格大小控制点调整整个表格的大小，然后调整相关行的行高，表格内容的对齐方式，相关单元格的文字方向，使其效果如图 4-43 所示。

（3）计算统计表数据，效果如图 4-44 所示。最终效果参见本书配套素材“素材与实例”/“项目四”/“课后实训”/“统计表（美化与计算）”文档。

便民集团销售统计表

单位：万元

	一季度	二季度	三季度	四季度	合计
福星店	2824	2239	2569	3890	11522
西湖店	2589	3089	4120	4500	14298
盐城店	1389	2209	2556	3902	10056
南山店	1120	2498	3001	3450	10069
平均值	1980.5	2508.75	3061.5	3935.5	

图 4-44　美化并计算后的统计表

【操作提示】

① 打开本书配套素材“素材与实例”/“项目四”/“课后实训”/“统计表”文档。

② 为相关单元格设置底纹。

③ 计算数据。

项目五　使用 Word 编排长文档

项目描述

在本项目中，读者可通过编排毕业论文和电子商务人才发展报告，学习在文档中插入分页符、分节符，为文档设置页眉、页脚和页码，使用样式统一文档格式，为文档提取目录，利用大纲视图组织文档结构，为文档提取索引等的方法。

学习目标

【知识目标】

- 了解分隔符、样式、目录和索引的作用。
- 熟悉在文档中插入分隔符、设置页眉和页脚，以及使用样式编排文档的操作。
- 熟悉在文档中提取目录和创建索引的操作。

【能力目标】

- 能够在文档的合适位置插入分节符和分页符。
- 能够为文档设置页眉和页脚。
- 能够使用样式快速设置文档格式。
- 能够为文档提取目录。
- 能够为文档标记并创建索引。

【素质目标】

- 勤思考、多动脑，提升在实际工作中快速处理事务的能力。
- 勇于担当、修身立德，积极关注乡村振兴和教育事业的发展。

任务一　编排毕业论文

情景引入

经过一番努力，小谭完成了毕业论文封面的制作和毕业论文正文的撰写，接下来他需要对该毕业论文正文进行编排，使其符合要求。

作品展示

本任务编排的毕业论文效果如图 5-1 所示。最终效果参见本书配套素材“素材与实例”/“项目五”/“任务一”/“毕业论文”文档。

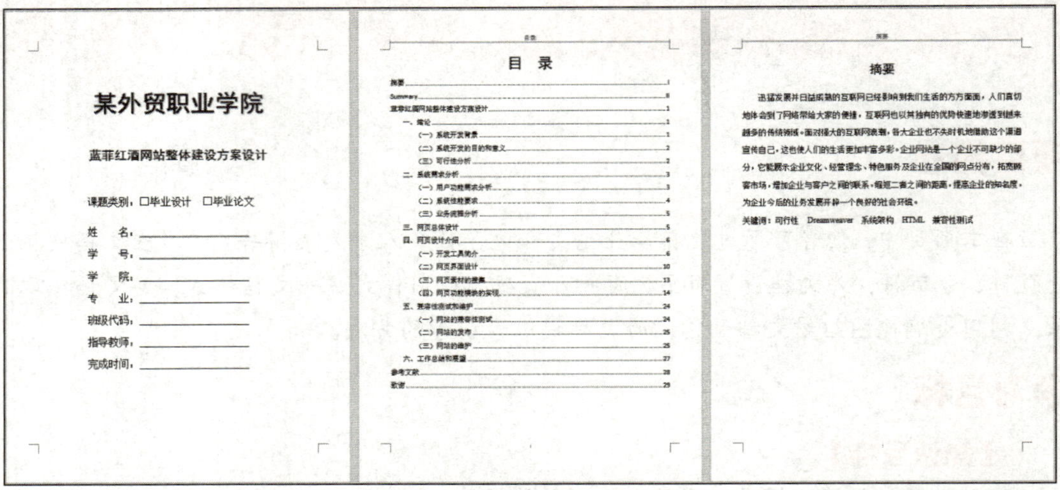

图 5-1　毕业论文编排效果（部分）

制作思路

打开素材文档，首先设置文档的页边距并对其分节和分页，然后为文档设置页眉和页脚，接着为文档设置样式，最后为文档提取目录。

扫一扫

设置页边距、分节、分页、页眉和页脚

任务实施

一、设置文档页边距、分节和分页

步骤 1▶ 打开本书配套素材“素材与实例”/“项目五”/“任务一”/“毕业论文内容”文档。

步骤 2▶ 设置页边距。打开“页面设置”对话框，在“页边距”选项卡设置文档页边距，参数如图 5-2 所示。

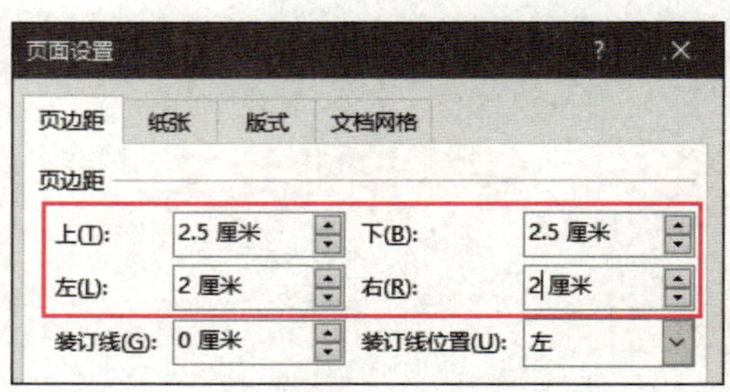

图 5-2　设置文档页边距

步骤 3▶ 设置分节。将插入点置于“摘要”文本左侧，然后单击“布局”选项卡“页面设置”组中的“分隔符”按钮，在展开的列表中选择“下一页”选项，在插入点处插入一个分节符，使分节符后的内容显示在下一页，如图 5-3 所示。

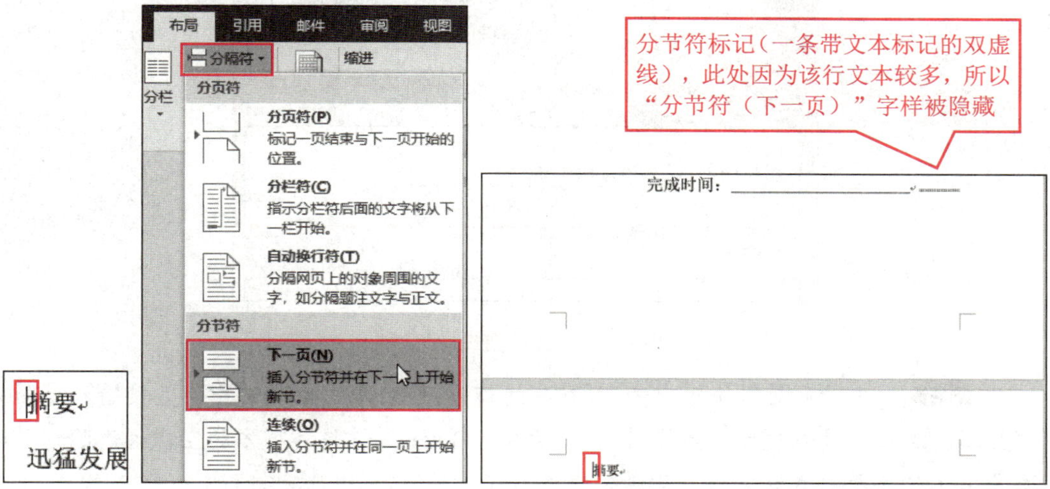

图 5-3　插入分节符

步骤 4▶　保持插入点位置不变，再次插入一个“下一页”分节符（后面会在插入的空白页中放置文档目录）。

步骤 5▶　使用同样的方法在英文摘要内容下方“蓝菲红酒网站整体建设方案设计”文本左侧插入一个“下一页”分节符。这样，就将文档分成 4 节：封面、目录、摘要和正文。

步骤 6▶　设置分页。将插入点分别置于英文摘要“Summary”“参考文献”“致谢”文本左侧，然后在“分隔符”列表中选择“分页符”选项，在插入点处插入一个分页符，使分页符后的内容显示在下一页，如图 5-4 所示。

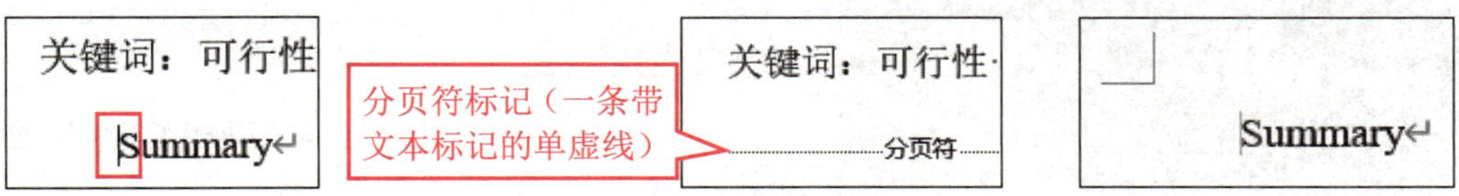

图 5-4　插入分页符

二、设置页眉和页脚

步骤 1▶　设置页眉。在文档的第 4 节（即“正文”所在节）中单击，然后单击“插入”选项卡“页眉和页脚”组中的“页眉”按钮，在展开的列表中选择“空白”选项（见图 5-5），进入页眉和页脚的编辑状态。

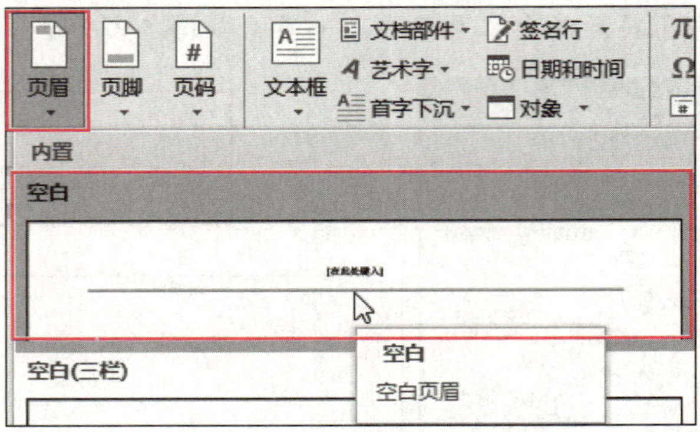

图 5-5　选择“空白”选项

步骤 2▶ 此时页眉编辑框中的“[在此处键入]”文本自动被选中，直接输入页眉文本“蓝菲红酒网站整体建设方案设计”，然后按“Delete”键将其下方的空段落删除，并设置页眉文本的字符格式为宋体、五号，如图 5-6 所示。

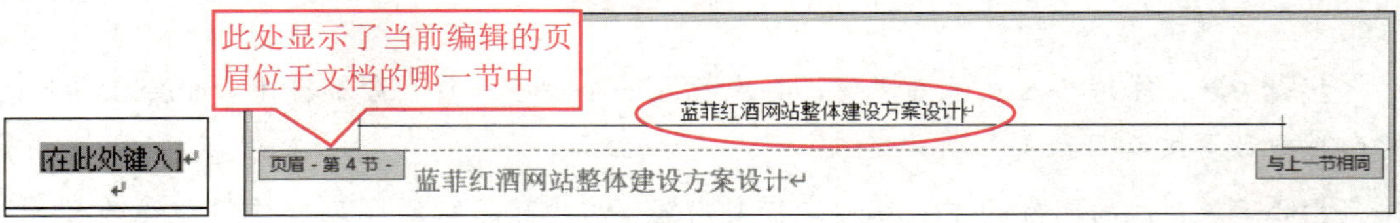

图 5-6　设置文档第 4 节的页眉

步骤 3▶ 依次单击“页眉和页脚工具　设计”选项卡“导航”组中的“链接到前一条页眉”按钮（该按钮默认处于选中状态，此处单击变为取消选择）和“上一节”按钮，断开第 4 节与第 3 节页眉的链接，并切换到文档第 3 节的页眉区，如图 5-7 所示。

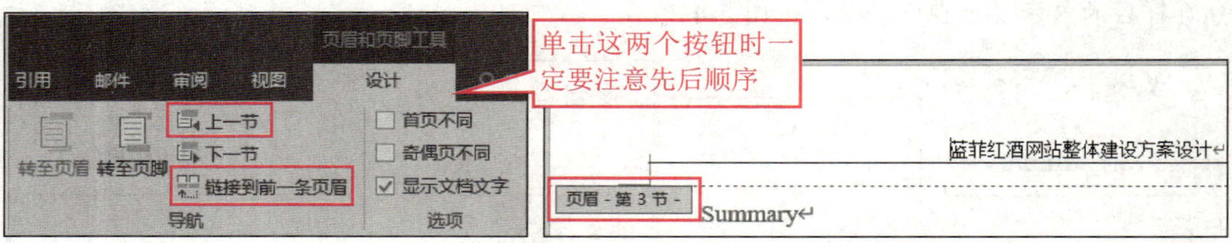

图 5-7　切换到文档第 3 节的页眉区

步骤 4▶ 单击“导航”组中的“链接到前一条页眉”按钮，断开第 3 节与第 2 节页眉的链接，然后将第 3 节的页眉文本修改为“摘要”，如图 5-8 所示。

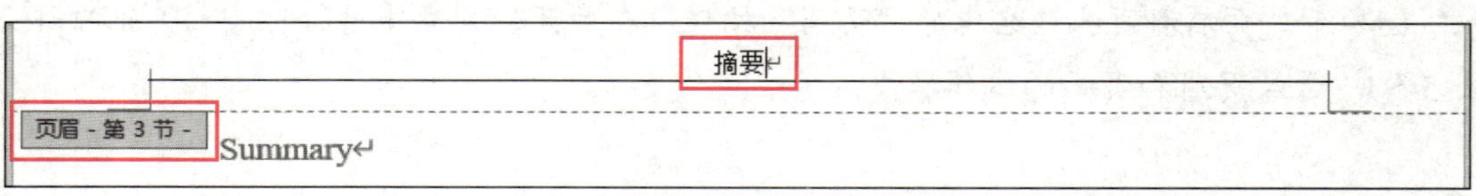

图 5-8　设置文档第 3 节的页眉

步骤 5▶ 单击“导航”组中的“上一节”按钮，切换到文档第 2 节的页眉区，然后单击“导航”组中的“链接到前一条页眉”按钮，断开第 2 节与第 1 节页眉的链接，并将第 2 节的页眉文本修改为“目录”，如图 5-9 所示。

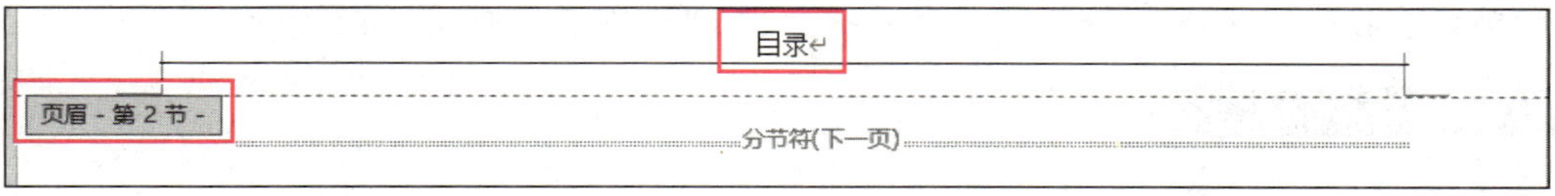

图 5-9　设置文档第 2 节的页眉

步骤 6▶ 单击“导航”组中的“上一节”按钮，切换到文档第 1 节的页眉区并删除页眉文本，然后选中页眉区的段落标记↵，在“开始”选项卡“段落”组的“边框”下拉列表中选择“无框线”选项，将第 1 节页眉区的横线删除。至此，毕业论文的页眉设置完毕。

步骤 7▶ 设置页脚。单击“导航”组中的“转至页脚”按钮（见图 5-10），跳转到文档第 1 节的页脚区。

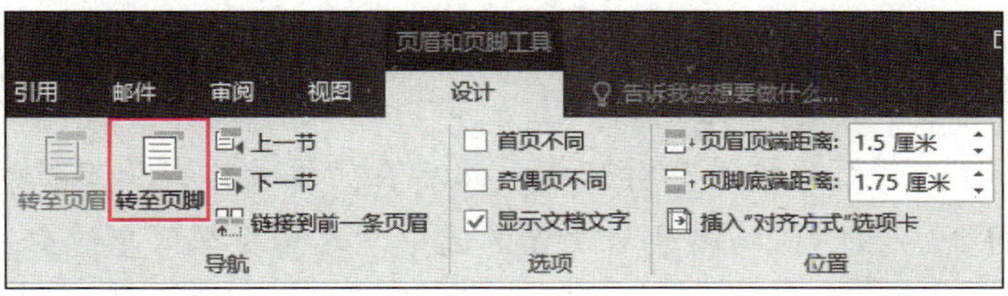

图 5-10　单击“转至页脚”按钮

步骤 8▶ 单击 3 次“导航”组中的“下一节”按钮，切换到文档第 4 节的页脚区，然后单击“页眉和页脚”组中的“页码”按钮，在展开的列表中选择“页面底端”/“普通数字 2”选项，在文档第 4 节的页脚区插入所选页码，可看到当前页的页码编号为“5”，如图 5-11 所示。

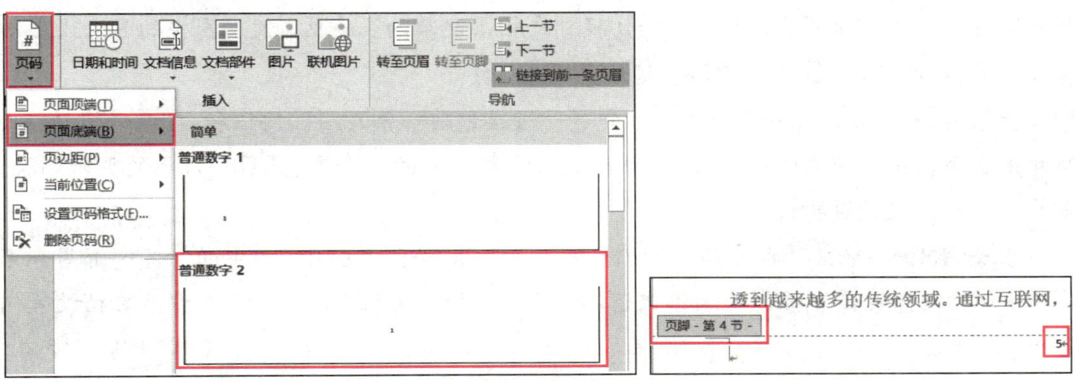

图 5-11　设置文档第 4 节的页码

步骤 9▶ 单击“导航”组中的“链接到前一条页眉”按钮，断开第 4 节与第 3 节页脚的链接，然后在“页码”列表中选择“设置页码格式”选项，打开“页码格式”对话框，在“页码编号”设置区选中“起始页码”单选钮并保持其右侧编辑框中的数字为“1”，单击“确定”按钮，可看到第 4 节的页码从“1”开始编号，如图 5-12 所示。

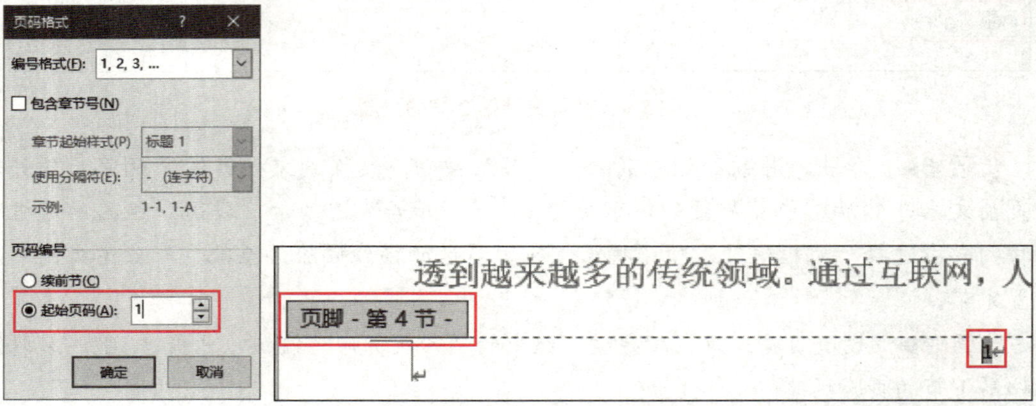

图 5-12 设置文档第 4 节页码的起始编号

步骤 10▶ 单击“导航”组中的“上一节”按钮，切换到文档第 3 节的页脚区，使用同样的方法打开“页码格式”对话框，然后在“编号格式”下拉列表中选择“Ⅰ,Ⅱ,Ⅲ,…”编号样式；在“页码编号”设置区选中“起始页码”单选钮并保持其右侧编辑框中的数字为“Ⅰ”，单击“确定”按钮，可看到设置效果，如图 5-13 所示。

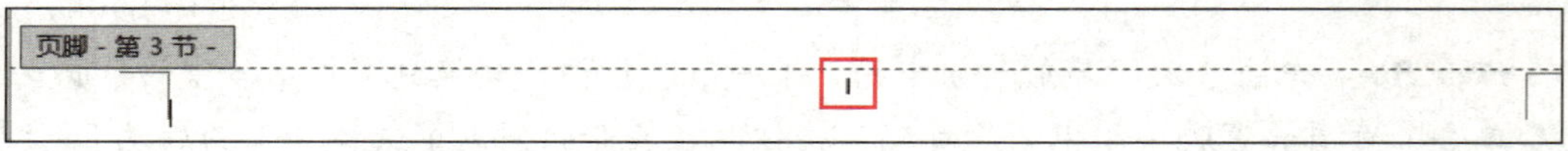

图 5-13 设置文档第 3 节的页码格式

步骤 11▶ 依次单击“导航”组中的“链接到前一条页眉”按钮和“上一节”按钮，断开第 3 节与第 2 节页脚的链接，并切换到文档第 2 节的页脚区。使用同样的方法设置该节页码的编号样式与第 3 节相同，起始页码为“Ⅰ”。

步骤 12▶ 依次单击“导航”组中的“链接到前一条页眉”按钮和“上一节”按钮，断开第 2 节与第 1 节页脚的链接，并切换到文档第 1 节的页脚区，然后将该节的页码删除。至此，毕业论文的页脚设置完毕。

步骤 13▶ 单击“页眉和页脚工具 设计”选项卡“关闭”组中的“关闭页眉和页脚”按钮，退出页眉和页脚的编辑状态，返回正文的编辑状态，此时可查看为文档设置的页眉和页脚。

三、使用样式

1. 应用并修改样式

使用样式并提取目录

步骤 1▶ 将插入点置于“摘要”文本所在段落，然后在“开始”选项卡的“样式”组中选择系统内置的“标题 1”样式，如图 5-14 所示。

图 5-14　为标题段落应用系统内置的“标题 1”样式

步骤 2▶ 使用同样的方法为“Summary”文本和“Summary”英文摘要内容之后的“蓝菲红酒网站整体建设方案设计”“参考文献”“致谢”文本所在段落也应用“标题 1”样式。

步骤 3▶ 单击“样式”组右下角的对话框启动器按钮，打开“样式”任务窗格，然后右击该任务窗格中的“标题 1”样式，在弹出的快捷菜单中选择“修改”选项（见图 5-15），打开“修改样式”对话框。

步骤 4▶ 在“修改样式”对话框“格式”设置区的“字体”下拉列表中选择“黑体”选项，然后单击“加粗”按钮 B，取消其加粗格式，再单击“居中对齐”按钮，最后单击“确定”按钮（见图 5-16），可看到应用该样式的段落都自动更新为新样式了。

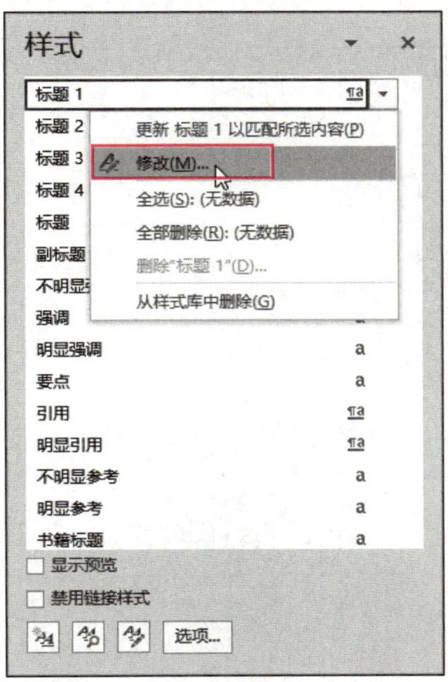

图 5-15　选择“修改”选项

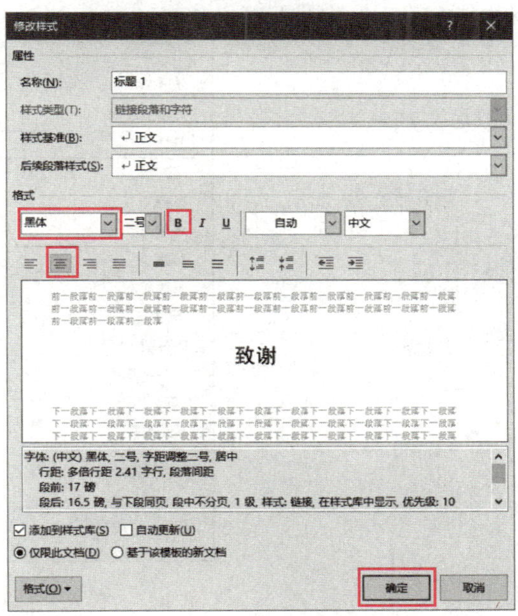

图 5-16　修改“标题 1”样式

步骤 5▶ 为文档中带有编号"一、"至"六、"的段落应用系统内置的"标题 2"样式，如图 5-17 所示。

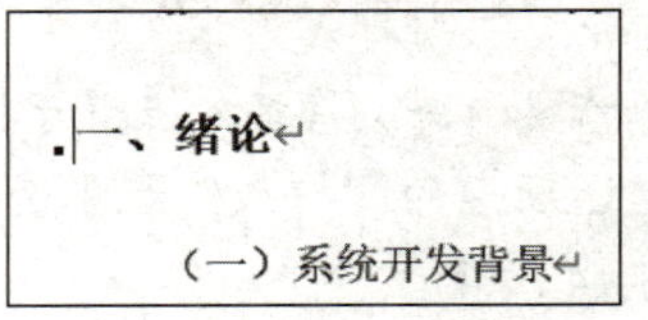

图 5-17　对小标题段落应用系统内置的"标题 2"样式

步骤 6▶ 使用修改"标题 1"样式的方法修改"标题 2"样式的格式为微软雅黑、四号、无加粗、段前间距和段后间距均为 12 磅、1.5 倍行距（设置段落间距和行距时，需单击"修改样式"对话框中的"格式"按钮，在展开的列表中选择"段落"选项，然后在打开的对话框中设置）。

步骤 7▶ 为文档中带有编号"(一)"至"(四)"的段落应用系统内置的"标题 3"样式，然后修改"标题 3"样式的格式为黑体、小四号、无加粗、段前间距和段后间距均为 6 磅、1.5 倍行距。

2. 新建样式

步骤 1▶ 新建"图片"样式。将插入点置于要应用样式的任意图片所在段落中，如"图 1　网页结构图"所在段落的上一行中，即 SmartArt 图形所在段落，然后单击"样式"任务窗格左下角的"新建样式"按钮（见图 5-18），打开"根据格式设置创建新样式"对话框。

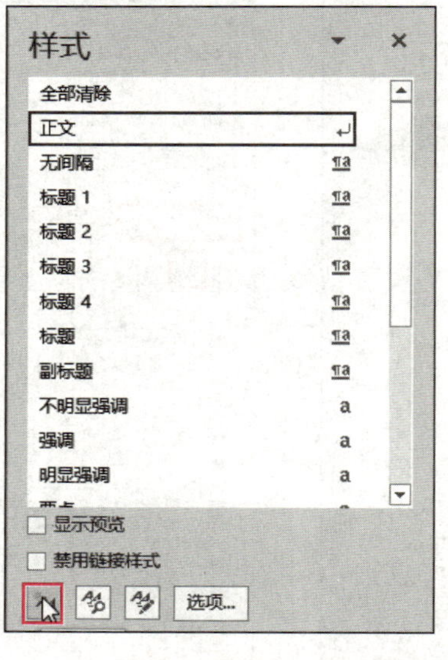

图 5-18　单击"新建样式"按钮

步骤 2▶　在“名称”编辑框中输入新样式的名称“图片”；在“样式类型”下拉列表中选择“段落”选项，设置样式的类型为段落；在“样式基准”下拉列表中选择“正文”选项（表示新样式中未定义的段落格式与字符格式均与其相同），设置样式的基准为正文；在“后续段落样式”下拉列表中选择“正文”选项，设置应用该样式的段落后面新建段落的缺省样式为正文；设置样式的对齐方式为居中对齐，如图 5-19 所示。

步骤 3▶　单击“根据格式设置创建新样式”对话框左下角的“格式”按钮，在展开的列表中选择“段落”选项，打开“段落”对话框。在其中设置样式的段落格式为无缩进、段前间距 0.5 行、单倍行距，如图 5-20 所示。

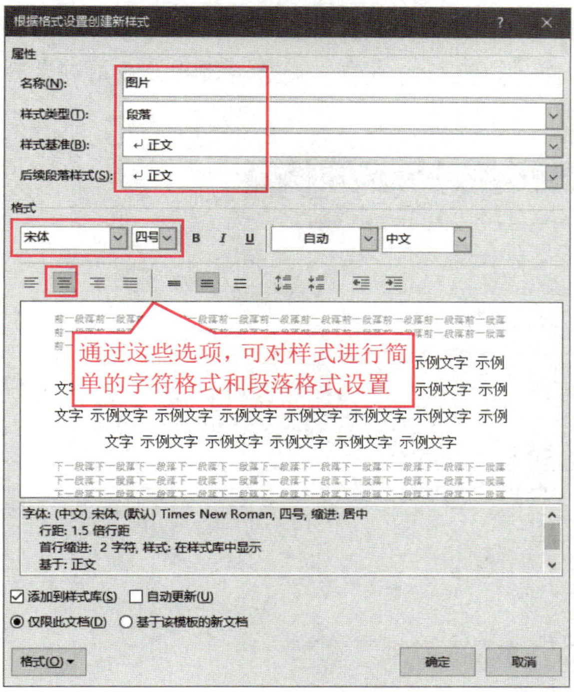

图 5-19　设置“图片”样式的属性和对齐方式

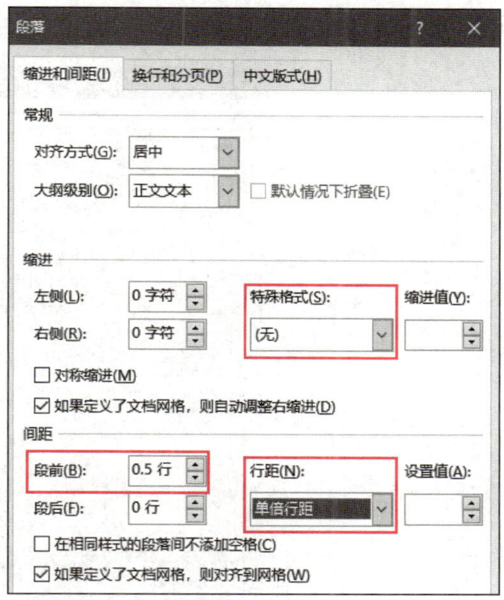

图 5-20　设置“图片”样式的段落格式

步骤 4▶　单击“确定”按钮，返回“根据格式设置创建新样式”对话框，在对话框的预览框中可以看到“图片”样式的效果，其下方列出了样式所包含的格式。

步骤 5▶　单击“确定”按钮关闭“根据格式设置创建新样式”对话框。此时在“样式”任务窗格和“样式”组中都会显示新创建的样式“图片”。参照应用系统内置样式的方法，将其应用到文档中图片所在段落，效果如图 5-21 所示。

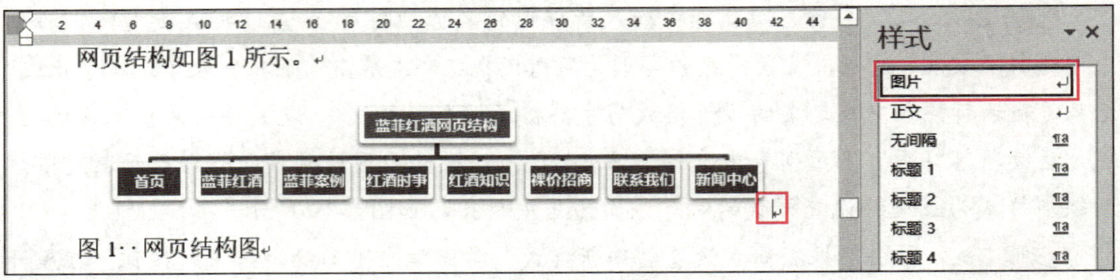

图 5-21　应用新建的“图片”样式

步骤 6▶　新建“图注”样式。将插入点置于“图 1　网页结构图”文本所在段落，然后使用与新建“图片”样式相同的方法新建“图注”样式：小五号、居中对齐、段前间距和段后间距均为 0.5 行、无缩进、单倍行距，如图 5-22 所示。最后将该样式应用到文档中所有图片下方的注释文本所在段落。

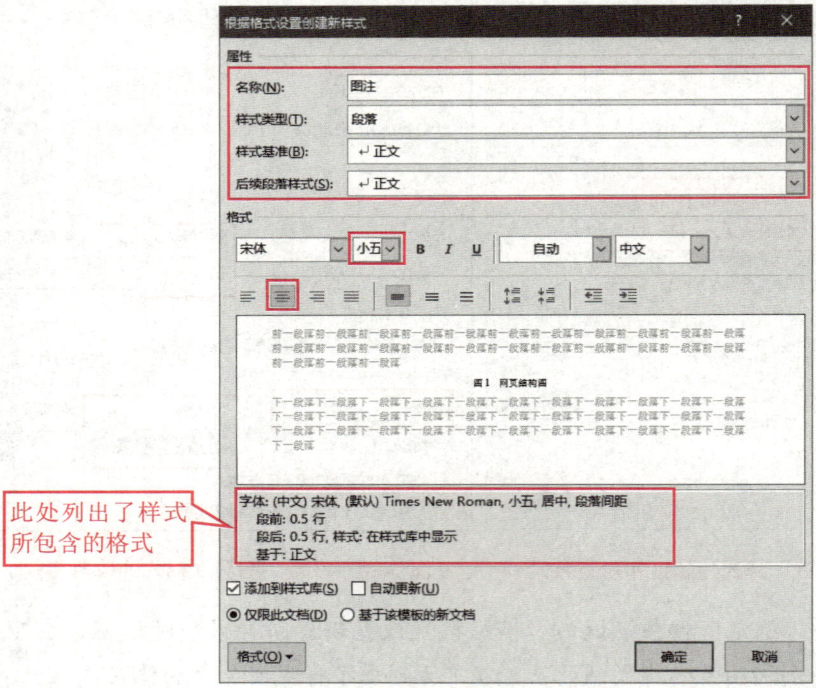

图 5-22　新建“图注”样式

四、提取目录

步骤 1▶　在文档第 2 节的空白页中单击，然后在插入点处输入文本“目录”，并设置其格式为黑体、一号、居中对齐、无缩进，文本间用两个空格分隔，最后在“目录”文本的下方插入一个无格式的空段落，如图 5-23 所示。

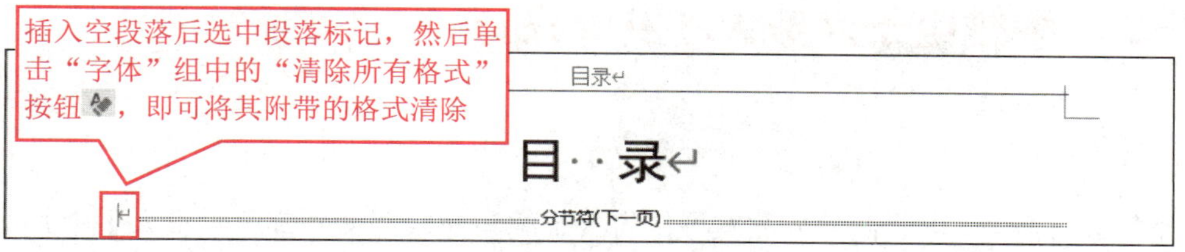

图 5-23　设置“目录”文本的格式后插入无格式的空段落

步骤 2▶ 保持插入点在空段落中，然后单击“引用”选项卡“目录”组中的“目录”按钮，在展开的列表中选择“自定义目录”选项，打开“目录”对话框，设置目录是否显示页码及页码的对齐方式、制表符前导符和显示级别等，此处均保持默认设置，如图 5-24 所示。

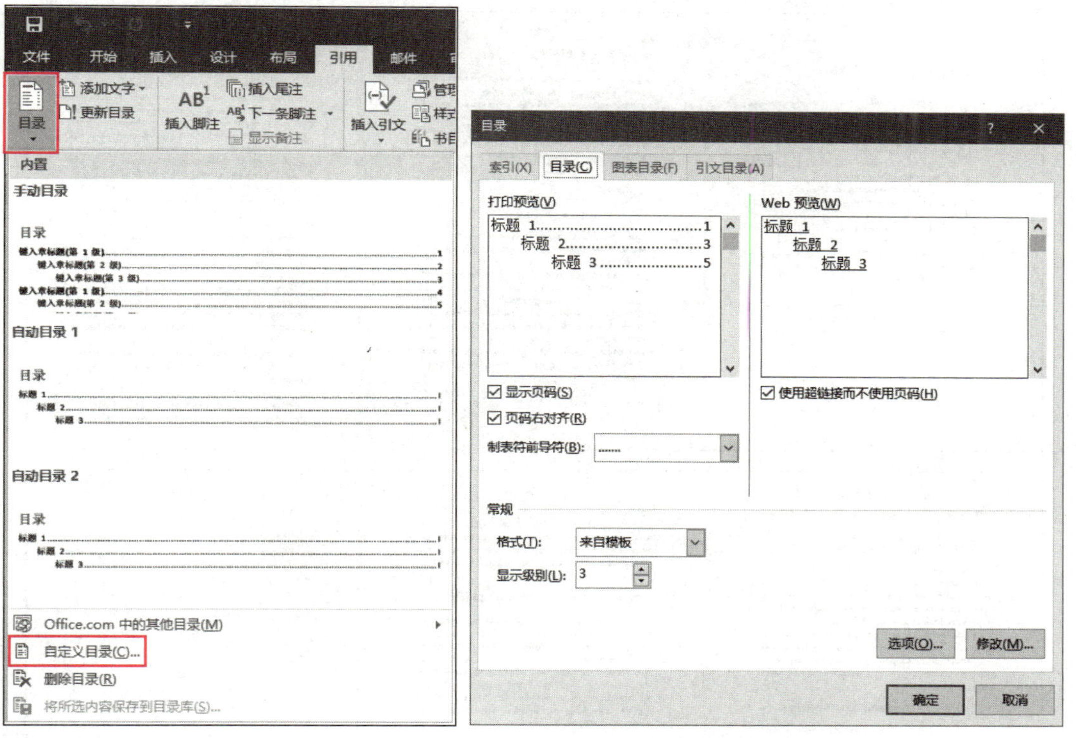

图 5-24　设置目录选项

步骤 3▶ 单击“确定”按钮，Word 将搜索文档中 3 级及以上的标题，以及标题所在的页码，并把它们编制成目录。设置目录内容的格式为小四、1.5 倍行距，完成目录的提取及设置。至此，毕业论文编排完毕（最终效果见图 5-1），最后保存文档。

任务二　编排电子商务人才发展报告

情景引入

经各部门努力，电子商务人才发展报告终于编写完成并交到部门负责人手中。现在请你使用 Word 的大纲视图组织文档结构，然后将各部门编写的正文内容复制到相应标题下，并对文档进行编排。

作品展示

本任务制作的电子商务人才发展报告效果如图 5-25 所示。最终效果参见本书配套素材“素材与实例”/“项目五”/“任务二”/“电子商务人才发展报告”文档。

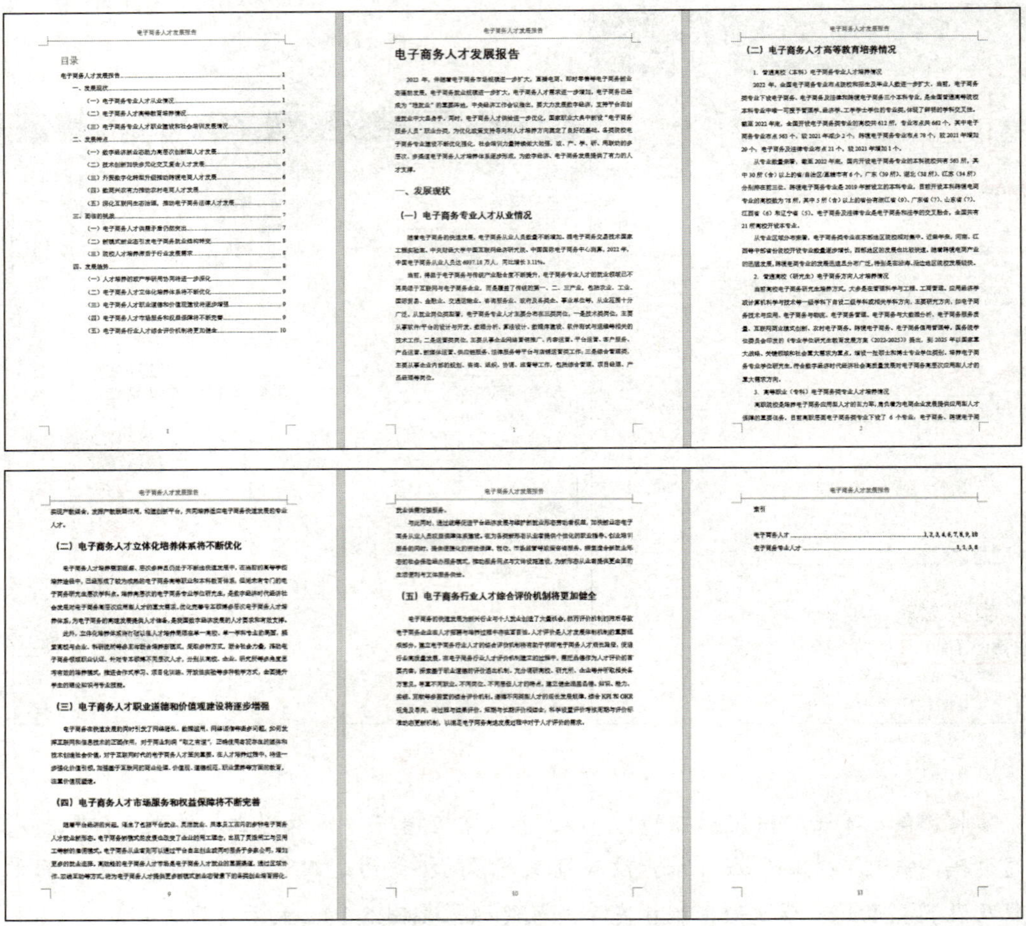

图 5-25　电子商务人才发展报告编排效果（部分）

拓展阅读

发展农村电商，助力乡村振兴

电子商务在服务民生、促进消费、带动就业、推动经济转型升级等方面发挥着非常重要的作用。如今，农村电商作为市场下沉的重要一环，已然蜕变为电商行业发展的崭新热土，潜力巨大、前景广阔。鲜为人知的土特产，触网走出大山；农民自己当主播，带火“网红”农货。发展农村电商，是实现乡村振兴的重要举措。

近年来，为推动农村电商高质量发展，我国陆续出台了一系列政策措施，如搭建多层次农村电商综合服务平台、加快农村现代物流配送体系建设、培育多元化新型农村电商主体、开展多种形式的农村电商促销活动、巩固拓展电子商务进农村综合示范政策成效等。从人才需求规模看，农村电商人才缺口依然较大。目前，我国已经形成多层次（如本科教育、职业教育、社会培训等）的电子商务人才培养方式，以及包括“农村电子商务”在内的比较完备的电子商务学科及专业群。

（资料来源：人民网，有改动）

请思考：我们该如何为农村电商发展和乡村振兴尽一份心、出一份力？

制作思路

首先新建空白文档并使用大纲视图组织文档结构，然后使用样式编排文档，为文档设置页眉和页脚，标记并插入索引，最后为文档提取目录。

任务实施

一、使用大纲视图组织文档结构

扫一扫　组织文档结构、修改样式

步骤 1▶ 新建空白文档，并在“Word 选项”对话框中清除 Word 的自动编号功能。单击“视图”选项卡“文档视图”组中的“大纲视图”按钮，切换到大纲视图模式，可看到功能区出现“大纲”选项卡。

步骤 2▶ 输入标题文本“电子商务人才发展报告”，可看到输入的标题文本被 Word 自动赋予“1 级”大纲级别，如图 5-26 所示。

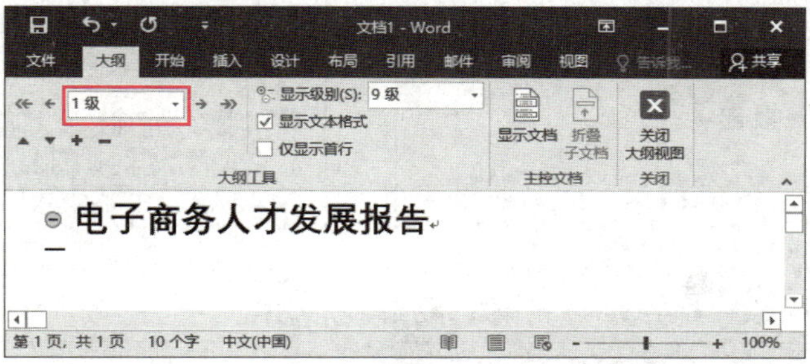

图 5-26　新建空白文档并输入标题文本

步骤 3▶ 按“Enter”键换段，然后输入下一个标题文本“一、发展现状”。

步骤 4▶ 使用同样的方法依次输入所有标题文本，效果如图 5-27 所示。

步骤 5▶ 按住“Ctrl”键选择带有编号“一、”至“四、”的标题文本，然后在“大纲级别”下拉列表中选择“2 级”选项（见图 5-28），设置这些标题的级别为 2 级。

步骤 6▶ 使用同样的方法选择带有编号“(一)”至“(五)”的标题文本，然后单击两次“降级”按钮→，设置这些标题的级别为 3 级，效果如图 5-29 所示。

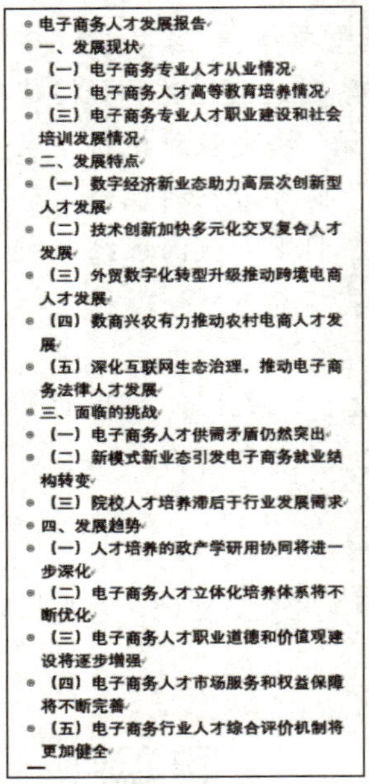

图 5-27　输入所有标题文本

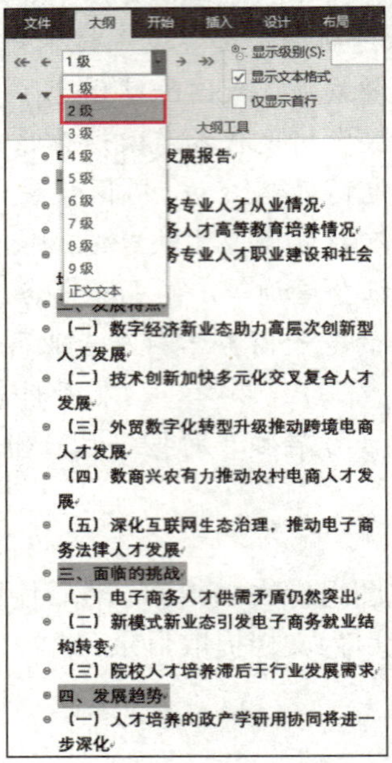

图 5-28　选择“2 级”选项

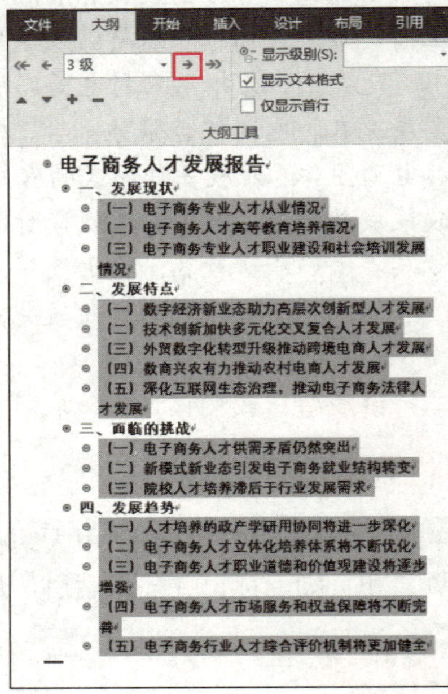

图 5-29　设置 3 级标题

步骤 7▶ 单击“大纲”选项卡“关闭”组中的“关闭大纲视图”按钮，切换到页面视图模式，然后在“电子商务人才发展报告”标题下方输入内容，如图 5-30 所示。

步骤 8▶ 打开本书配套素材“素材与实例”/“项目五”/“任务二”/“电子商务人才发展报告（文本）”文档，将其中的内容复制到新文档的相应标题下，如图 5-31 所示。

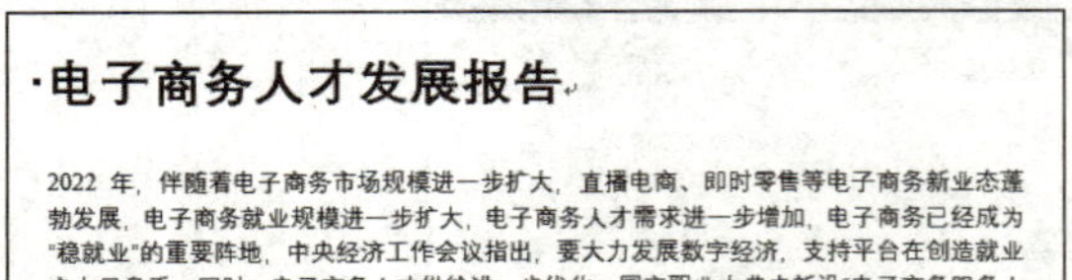

电子商务人才发展报告

2022 年，伴随着电子商务市场规模进一步扩大，直播电商、即时零售等电子商务新业态蓬勃发展，电子商务就业规模进一步扩大，电子商务人才需求进一步增加，电子商务已经成为“稳就业”的重要阵地，中央经济工作会议指出，要大力发展数字经济，支持平台在创造就业中大显身手。同时，电子商务人才供给进一步优化，国家职业大典中新设“电子商务服务人员”职业分类，为优化政策支持导向和人才培养方向奠定了良好的基础。各类院校电子商务专业建设不断优化强化，社会培训力量持续做大做强，政、产、学、研、用联动的多层次、多渠道电子商务人才培养体系逐步形成，为数字经济、电子商务发展提供了有力的人才支撑。

图 5-30　在标题下输入内容

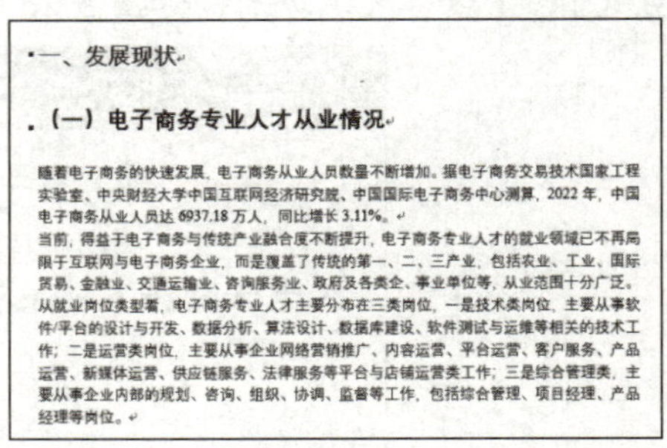

一、发展现状

（一）电子商务专业人才从业情况

随着电子商务的快速发展，电子商务从业人员数量不断增加。据电子商务交易技术国家工程实验室、中央财经大学中国互联网经济研究院、中国国际电子商务中心测算，2022 年，中国电子商务从业人员达 6937.18 万人，同比增长 3.11%。

当前，得益于电子商务与传统产业融合度不断提升，电子商务专业人才的就业领域已不再局限于互联网与电子商务企业，而是覆盖了传统的第一、二、三产业，包括农业、工业、国际贸易、金融业、交通运输业、咨询服务业、政府及各类企、事业单位等，从业范围十分广泛。

从就业岗位类型看，电子商务专业人才主要分布在三类岗位，一是技术类岗位，主要从事软件/平台的设计与开发、数据分析、算法设计、数据库建设、软件测试与运维等相关的技术工作；二是运营类岗位，主要从事企业网络营销推广、内容运营、平台运营、客户服务、产品运营、新媒体运营、供应链服务、法律服务等平台与店铺运营类工作；三是综合管理类，主要从事企业内部的规划、咨询、组织、协调、监督等工作，包括综合管理、项目经理、产品经理等岗位。

图 5-31　复制素材文档中的内容到相应标题下

步骤 9▶ 按“Ctrl+S”组合键，将文档以“电子商务人才发展报告”为名保存。

二、修改样式

步骤 1▶ 将插入点置于“电子商务人才发展报告”文本所在段落，然后右击“开始”选项卡“样式”组中的“标题 1”样式，在弹出的快捷菜单中选择“修改”选项，打开“修改样式”对话框。在“样式基准”下拉列表中选择“(无样式)”选项，如图 5-32 所示。

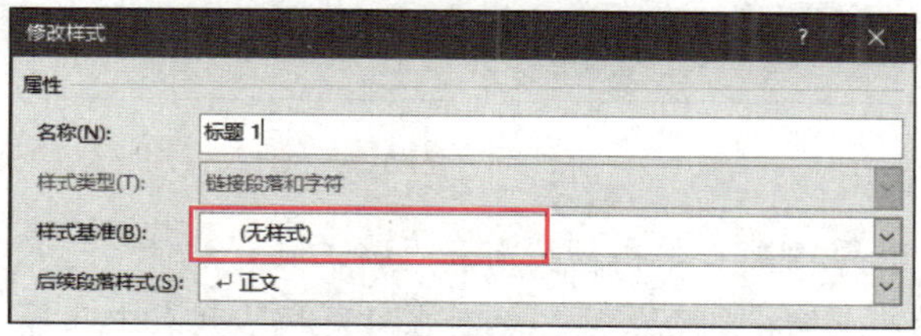

图 5-32　修改“标题 1”样式的“样式基准”为“(无样式)”

步骤 2▶ 使用同样的方法修改“标题 2”和“标题 3”的“样式基准”为无样式。

> **提示**　“标题 1”“标题 2”“标题 3”样式的“样式基准”默认为“正文”，此处将其修改为“(无样式)”是为防止后面修改“正文”样式时这些标题样式也随之发生改变。

步骤 3▶ 将插入点置于文档的任意正文段落，然后右击“开始”选项卡“样式”组中的“正文”样式，在弹出的快捷菜单中选择“修改”选项，打开“修改样式”对话框。在其中修改样式的中文字体为宋体、西文字体为 Times New Roman、首行缩进 2 字符、1.5 倍行距，最后单击“确定”按钮，如图 5-33 所示。

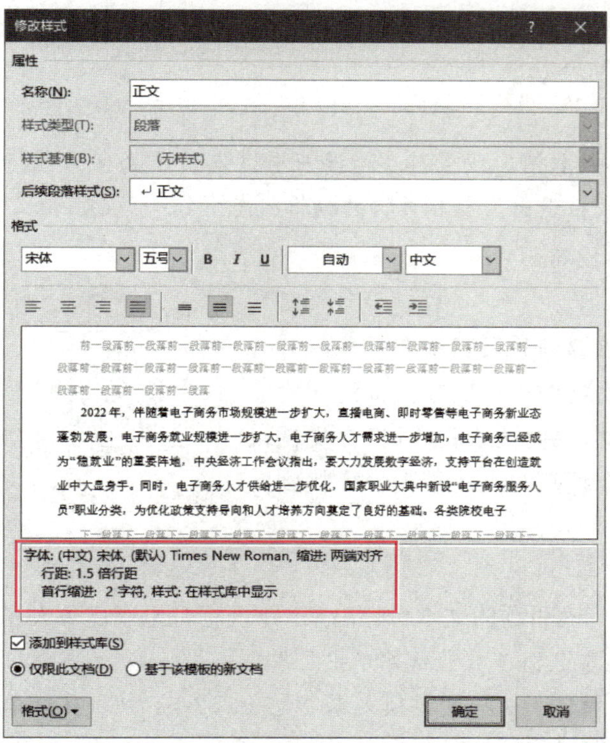

图 5-33　修改“正文”样式

三、设置页眉和页脚

步骤 1▶ 单击“插入”选项卡“页眉和页脚”组中的“页眉”按钮，在展开的列表中选择“编辑页眉”选项，然后在页眉区输入文本“电子商务人才发展报告”，设置其字号为五号，并取消首行缩进格式，如图 5-34 所示。

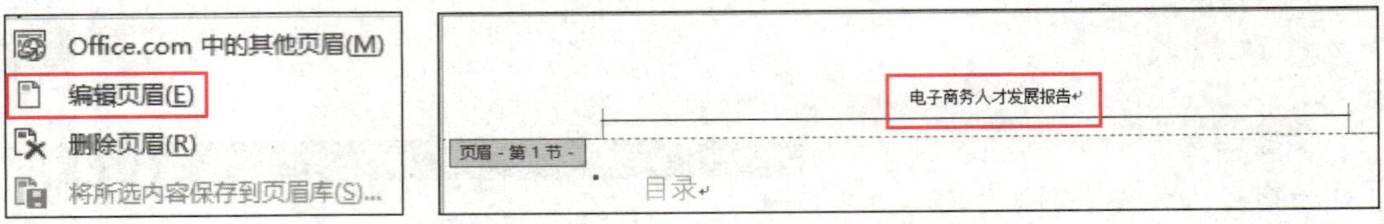

图 5-34 输入页眉文本并设置其格式

步骤 2▶ 单击“页眉和页脚工具 设计”选项卡“导航”组中的“转至页脚”按钮，将插入点切换到页脚区，然后在“页码”列表中选择“页面底端”/“普通数字 2”选项（见图 5-35），系统自动为文档的每一页添加页码。

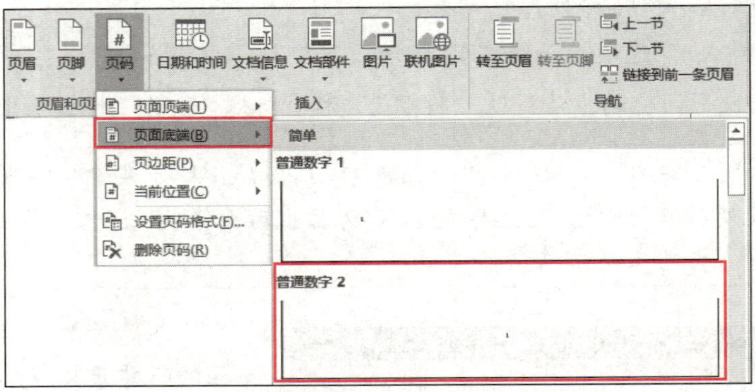

图 5-35 选择页码样式

步骤 3▶ 将页码的首行缩进格式取消，设置其字号为五号（与页眉的字号保持一致），然后删除页码下方的空段落，最后退出页眉和页脚的编辑状态。

四、创建索引

创建索引、提取目录

索引的主要作用是列出文档的重要信息及其所在页码，方便读者快速查找。创建索引就是将文档中出现的重点词汇（索引项）提取出来，按笔画或拼音分类，并标记每个词汇在文档中的页码。这样，当用户要查找某个词汇时，可根据索引找到它所在的位置。

1. 标记索引项

要创建索引，首先须将文档中作为索引项的文本标记出来。下面标记电子商务人才发展报告文档中的索引项“电子商务人才”和“电子商务专业人才”。

步骤 1▶ 继续在打开的文档中操作。选择索引项文本“电子商务人才”，然后单击“引用”选项卡“索引”组中的“标记索引项”按钮，如图 5-36 所示。

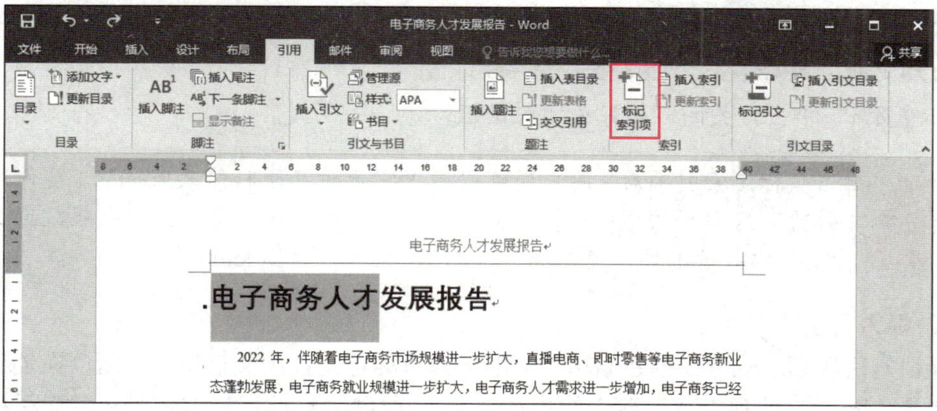

图 5-36　选择文本后单击“标记索引项”按钮

步骤 2▶　打开“标记索引项”对话框，可看到选择的文本自动出现在“主索引项”编辑框中，如图 5-37 所示。

步骤 3▶　在对话框的“选项”设置区有 3 个单选钮，其中“当前页”为默认选项，表示创建索引后将在索引项右侧显示其所在的页码；在“页码格式”设置区可以将页码格式设置为加粗和倾斜，此处选中“加粗”复选框。

步骤 4▶　单击“标记全部”按钮，标记文档中所有与选择的索引项完全一致的文本，此时 Word 2016 将在文档中插入一个具有隐藏文字格式的 XE（索引项）域作为索引标记，如图 5-38 所示。

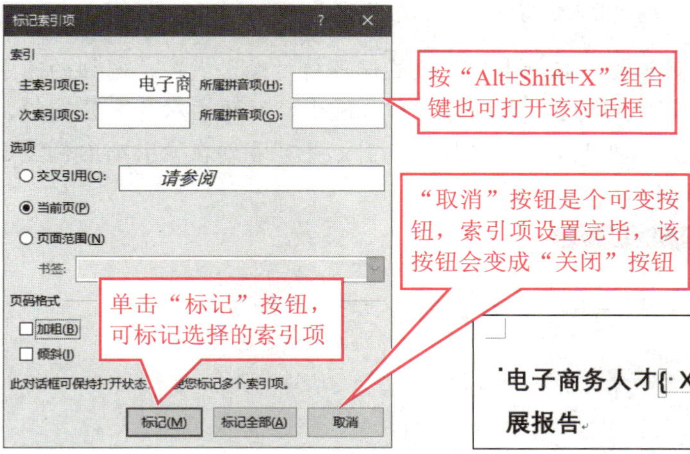

图 5-37　“标记索引项”对话框

图 5-38　标记索引项

提示　如果未显示索引标记，可单击“开始”选项卡“段落”组中的“显示/隐藏编辑标记”按钮。

步骤 5▶　保持“标记索引项”对话框的打开状态，选择文本“电子商务专业人才”，然后单击“标记索引项”对话框的任意位置，如标题栏，此时“主索引项”编辑框中的内容会自动更新，最后单击“标记全部”按钮。

步骤 6▶ 单击“关闭”按钮关闭对话框。

> **提示** 标记索引项后，用户还可以根据需要对其进行修改或删除。要修改索引项，只需修改 XE（索引项）域中的文本即可；要删除索引项，可选中 XE（索引项）域，包括括号（{}），然后按“Delete”键。

2. 插入索引

标记索引项后，就可以创建索引了。由于索引标记也占用文档空间，所以在创建索引前须单击“开始”选项卡“段落”组中的“显示/隐藏编辑标记”按钮隐藏索引标记，否则会导致索引中的页码错误。

步骤 1▶ 继续在打开的文档中操作。在文档末尾插入一个分页符，并保持插入点在新页中，然后输入文本“索引”，按“Enter”键在其下方插入一个空段落，如图 5-39（a）所示。

步骤 2▶ 保持插入点在空段落中，单击“引用”选项卡“索引”组中的“插入索引”按钮，如图 5-39（b）所示。

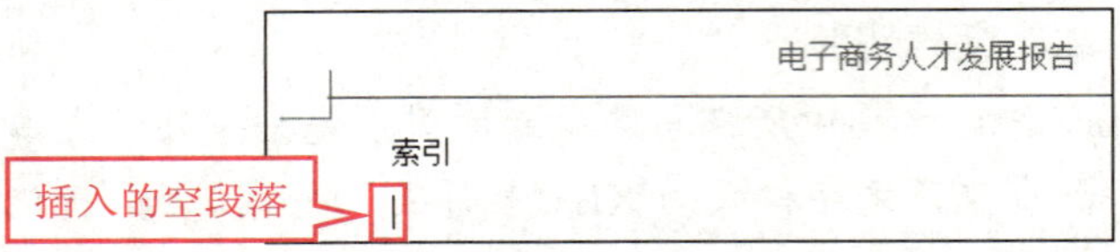

（a）

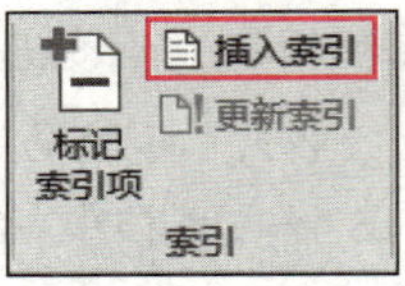

（b）

图 5-39 确定插入位置后单击“插入索引”按钮

步骤 3▶ 打开“索引”对话框，在“类型”设置区保持“缩进式”单选钮的选中状态，然后将“栏数”编辑框中的数字“2”修改为“1”，选中“页码右对齐”复选框，其他保持默认，单击“确定”按钮，即可在新页中插入索引，并可看到在索引项右侧显示其所在的页码且页码右对齐，如图 5-40 所示。

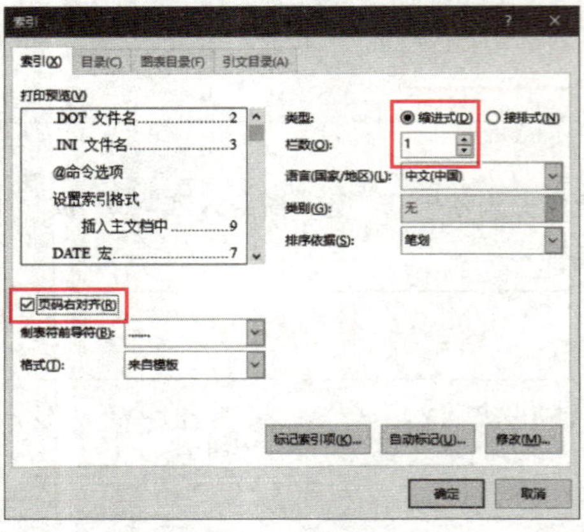

图 5-40 插入索引

3．更新索引

如果更改了索引项或索引项所在的页码发生了变化，应及时更新索引。方法是，右击要更新的索引，在弹出的快捷菜单中选择“更新域”选项（见图 5-41），或将插入点置于索引中后按“F9”键。

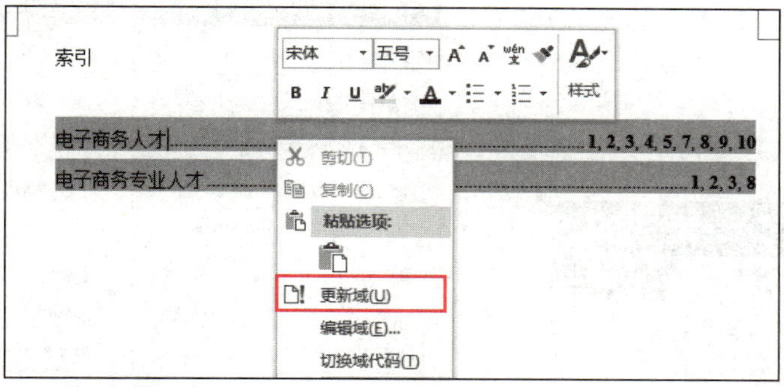

图 5-41　选择“更新域”选项

五、提取目录

步骤 1▶ 在文档的开始位置插入一个“下一页”分节符。

步骤 2▶ 将插入点置于新页中，然后在“目录”列表中选择“自动目录 1”选项，即可在新页中插入目录，如图 5-42 所示。

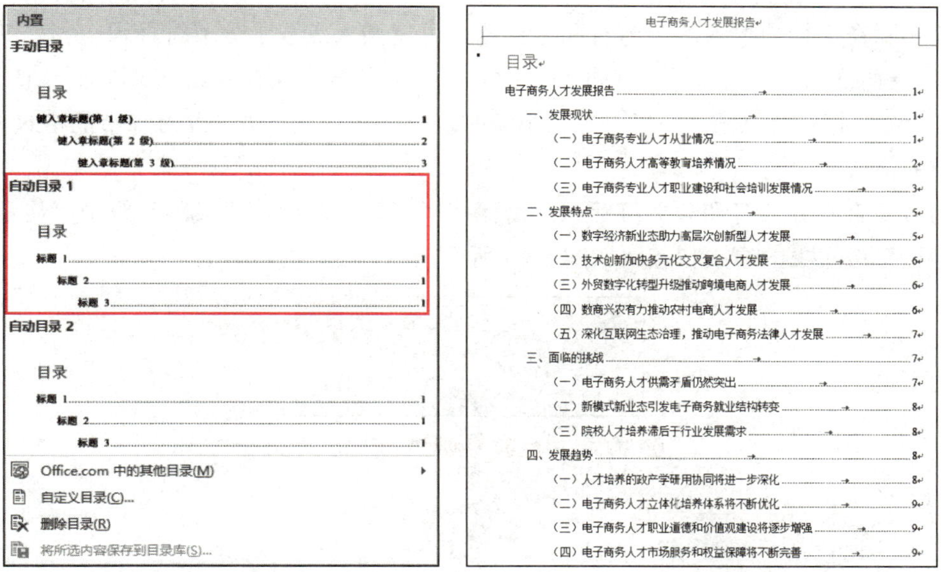

图 5-42　选择目录样式及目录效果

步骤 3▶ 将插入点置于文档第 2 节的页脚处，然后单击“链接到前一条页眉”按钮，取消其选中状态（见图 5-43），将正文和目录页的页脚链接断开，然后在“页码格式”对话框分别设置正文的页码从“1”开始，目录页的页码编号格式为“Ⅰ,Ⅱ,Ⅲ,…”，页码从“Ⅰ”开始，如图 5-44 所示。至此，电子商务人才发展报告编排完毕（最终效果见图 5-25），最后保存文档。

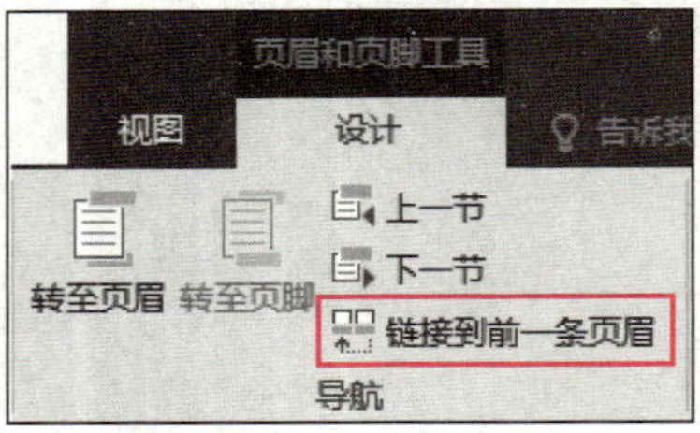

图 5-43　断开第 2 节与第 1 节页脚的链接

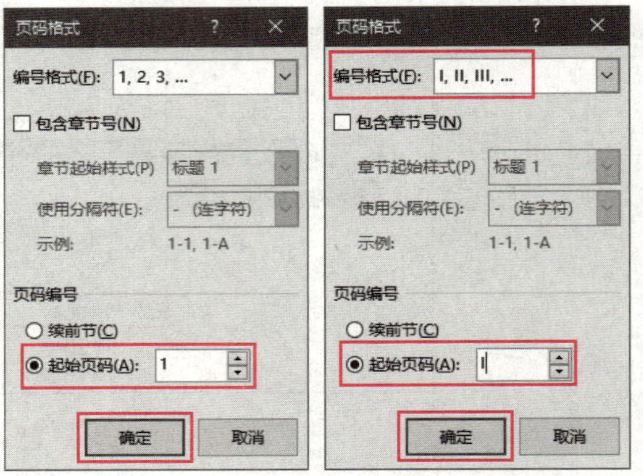

图 5-44　设置正文和目录页的页码格式

Word 高效办公技巧

一、删除分节符和分页符

要删除在文档中插入的分节符和分页符，可将插入点置于分节符标识或分页符标识的左侧，然后按“Delete”键。因为分节符中保存着该分节符前一节的页面设置、分栏、行距等格式，所以删除分节符时也将删除这些格式，此时该节的格式将使用下一节的格式。

为方便查看分节符和分页符标识，需保持“开始”选项卡“段落”组中“显示/隐藏编辑标记”按钮的选中状态，如图 5-45 所示。

图 5-45　“显示/隐藏编辑标记”按钮

二、编辑、删除页眉和页脚

要编辑页眉和页脚，可在页眉区或页脚区双击鼠标，进入页眉和页脚的编辑状态。

要删除设置的页眉和页脚，可进入页眉和页脚的编辑状态后分别将插入点置于页眉区或页脚区，然后在“页眉”或“页脚”列表中选择“删除页眉”或“删除页脚”选项。

三、快速将设置好的文本或段落格式创建为样式

选中设置好格式的文本或段落，然后单击“开始”选项卡“样式”组中的“其他”按钮▾，在展开的列表中选择“创建样式”选项，打开“根据格式设置创建新样式”对话框（见图 5-46），在“名称”编辑框中输入样式名称，单击“确定”按钮，即可在“样式库”和“样式”任务窗格中看到创建的样式。

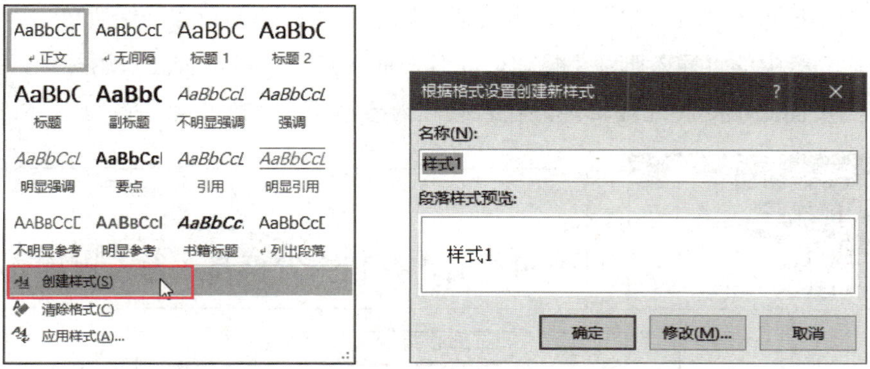

图 5-46　快速创建样式

四、在大纲视图中移动标题位置

要在大纲视图中移动标题位置，可将鼠标指针移到要平级移动的标题前的⊕（或正文段落前的○）符号上，待鼠标指针变成✣形状时，按住鼠标左键向上或向下拖动（见图 5-47），到目标位置后释放鼠标，即可将标题及其内容移到新位置。

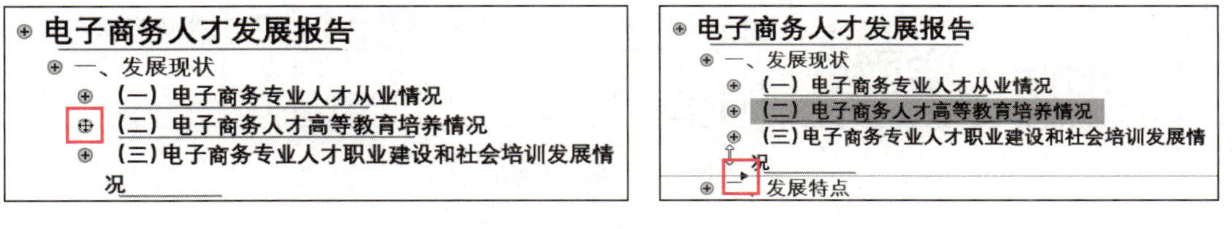

图 5-47　移动标题位置

也可将插入点置于要移动的标题中，然后单击“大纲”选项卡“大纲工具”组中的“上移”按钮▲或“下移”按钮▼，向上或向下移动标题及其内容到新位置。

五、使用脚注和尾注

脚注和尾注的作用完全相同，都是对文档中文本的补充说明，如单词解释、备注说明或提供文档的引用来源等。

通常情况下，脚注位于页面底端，用来说明每页中要注释的内容。尾注一般列于文档结尾处，用来集中解释文档中要注释的内容或标注文档的参考文献等。

脚注和尾注都由两个关联的部分组成，即注释引用标记及相应的注释内容。注释引用标记在正文中，一般是一个上标字符，用来标记脚注或尾注。Word 会自动对脚注或尾注进行编号，在添加、删除或移动注释内容时，Word 会自动对注释引用标记重新编号。

要为文档添加脚注，可首先单击要插入脚注引用标记的位置，然后单击“引用”选项卡“脚注”组中的“插入脚注”按钮，此时在插入点位置显示脚注引用标记，且插入点自动跳转到页面底端的脚注编辑区，输入脚注内容即可，如图 5-48 所示。

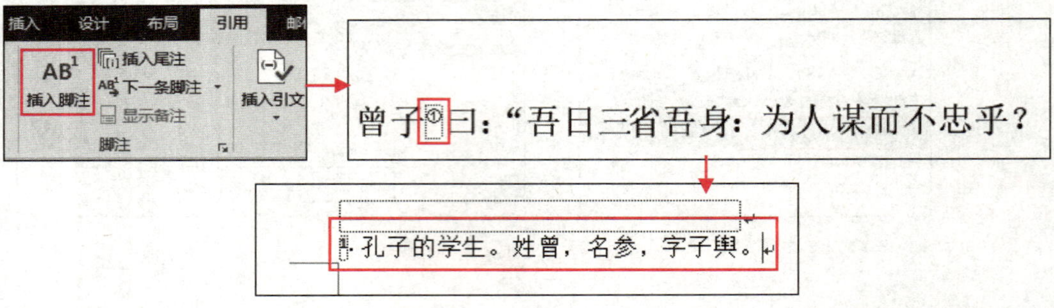

图 5-48　插入脚注

要为文档添加尾注，可首先单击要插入尾注引用标记的位置，然后单击“引用”选项卡“脚注”组中的“插入尾注”按钮，此时在插入点位置显示尾注引用标记，且插入点自动跳转到文档结束位置的尾注编辑区，输入尾注内容即可，如图 5-49 所示。

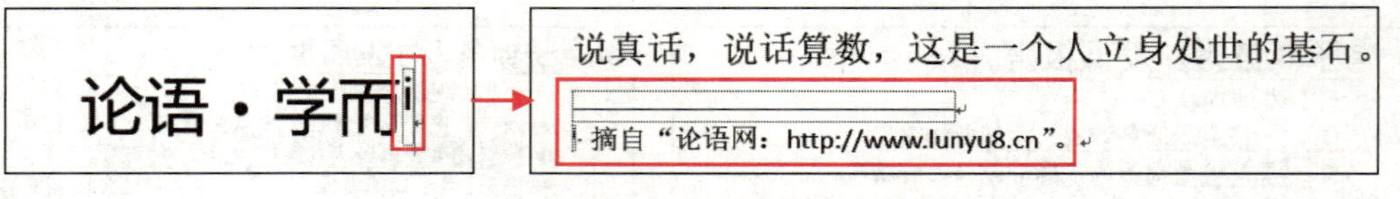

图 5-49　插入尾注

项目总结

本项目主要介绍了使用 Word 2016 编排长文档的方法。学完本项目后，读者应重点掌握以下知识。

（1）为文档设置分页和分节的方法。

（2）为文档设置页眉和页脚的方法。需要注意的是，为文档的不同节设置不同的页眉和页脚时，一定要取消节与节之间的链接。

（3）为文档应用系统内置或自定义样式，以及修改样式的方法。

（4）为文档提取目录的方法。在提取目录前，需要将提取为目录的标题设置标题级别，并为文档设置页码。

（5）使用大纲视图组织文档结构的方法。

（6）为文档中的关键字创建索引的方法。在创建索引前，首先要在文档中标记索引项。由于索引标记也占用文档空间，所以在创建索引前要单击“开始”选项卡“段落”组中的“显示/隐藏编辑标记”按钮隐藏索引标记，否则会导致索引中的页码错误。

课后实训

（1）编排人事管理制度文档，效果如图 5-50 所示。最终效果参见本书配套素材“素材与实例”/“项目五”/“课后实训”/“人事管理制度”文档。

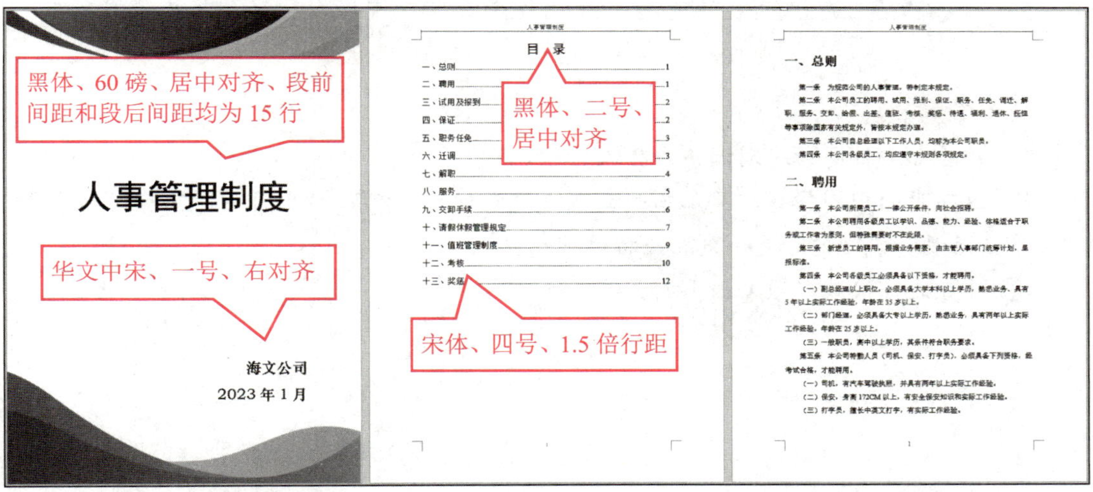

图 5-50　人事管理制度编排效果（部分）

【操作提示】

① 打开本书配套素材“素材与实例”/“项目五”/“课后实训”/“人事管理制度内容”文档。

② 将文档分为封面、目录和正文 3 节。

③ 为文档设置五号、居中对齐的页眉文本“人事管理制度”，在页面底端中部设置字号为五号的页码，封面无页眉和页脚，目录部分和正文部分的页码均从“1”开始。

④ 为文档中带有编号“一、”至“十三、”的段落应用系统内置的“标题 1”样式。

⑤ 为文档提取目录，并设置目录内容的格式为宋体、四号、1.5 倍行距。

⑥ 在文档封面插入本书配套素材“素材与实例”/“项目五”/“课后实训”/“制度

封面”图片，并设置图片大小与页面相等，文字环绕方式为衬于文字下方。

（2）新建“暑期‘三下乡’活动侧记”空白文档，并在大纲视图模式下输入文档大纲，效果如图 5-51 所示。

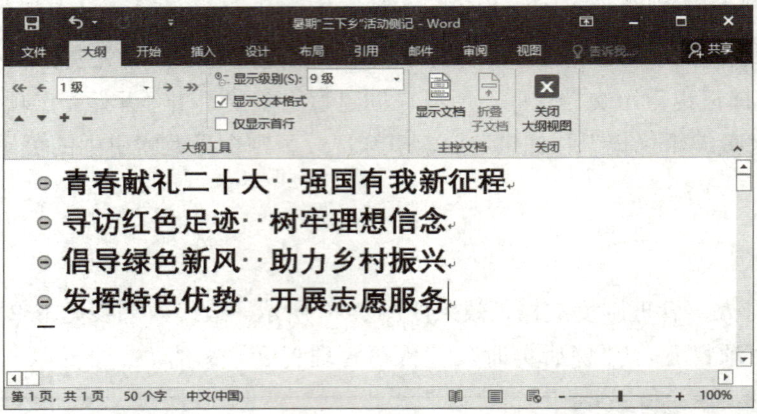

图 5-51 “暑期‘三下乡’活动侧记”大纲

【操作提示】

① 将后 3 个标题的级别调整为 2 级。

② 返回页面视图模式，将本书配套素材“素材与实例”/“项目五”/“课后实训”/“三下乡活动”文档内容复制到相应标题下。

③ 设置文档格式，为文档添加页码。

项目六　使用 Word 的高级功能

项目描述

在本项目中，读者可通过制作水费催缴通知，学习邮件合并功能的使用方法；通过审阅假期实习指南，学习为文档添加批注及修订文档的方法。

学习目标

【知识目标】

- ➢ 了解邮件合并功能在实际工作中的应用。
- ➢ 了解批注的作用，熟悉修订文档的操作。

【能力目标】

- ➢ 能够创建邮件合并需要的主文档和数据源，并将数据源准确地插入主文档的相应位置。
- ➢ 能够利用批注和修订功能对文档进行审阅。

【素质目标】

- ➢ 提升主动学习、主动探索能力，增强学习意识，激发学习热情，丰富学习手段，提高自身修养与内涵。
- ➢ 合理消费，诚实守信。

任务一　制作水费催缴通知

情景引入

某自来水公司的业务员小吴正发愁怎么给每个欠费用户发催缴通知，请你使用 Word 2016 帮助小吴制作一个水费催缴通知。

作品展示

本任务制作的水费催缴通知效果如图 6-1 所示。最终效果参见本书配套素材“素材与实例”/“项目六”/“任务一”/“水费催缴通知（邮件合并）”文档。

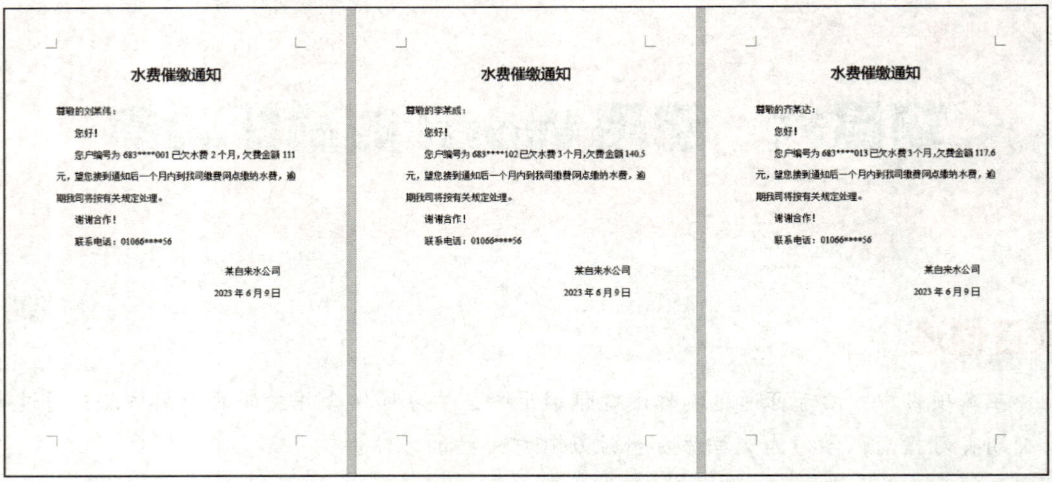

水费催缴通知

尊敬的刘某伟：

您好！

您户编号为 683****001 已欠水费 2 个月，欠费金额 111 元，望您接到通知后一个月内到我司缴费网点缴纳水费，逾期我司将按有关规定处理。

谢谢合作！

联系电话：01066****56

某自来水公司

2023 年 6 月 9 日

水费催缴通知

尊敬的李某成：

您好！

您户编号为 683****102 已欠水费 3 个月，欠费金额 140.5 元，望您接到通知后一个月内到我司缴费网点缴纳水费，逾期我司将按有关规定处理。

谢谢合作！

联系电话：01066****56

某自来水公司

2023 年 6 月 9 日

水费催缴通知

尊敬的齐某达：

您好！

您户编号为 683****013 已欠水费 3 个月，欠费金额 117.6 元，望您接到通知后一个月内到我司缴费网点缴纳水费，逾期我司将按有关规定处理。

谢谢合作！

联系电话：01066****56

某自来水公司

2023 年 6 月 9 日

图 6-1　邮件合并后的水费催缴通知效果（部分）

拓展阅读

按时缴费，做诚实守信好公民

生活缴费通常包括水费、电费、燃气费、宽带费、物业费、暖气费等。按时缴纳这些费用，不仅可以使我们的基本生活需要得到满足，同时也是一种义务和责任。长时间拖欠费用是一种不负责任的行为，会给个人和社会带来一系列的负面影响。例如，过多住户拖欠水费，会导致自来水公司的经营压力增加，影响其正常运营，进而导致服务质量下降。同时，个人如果不按时缴费也会影响自己的信用记录。

如今，我国很多行业和地区都建立了完善的信用体系，通过个人的信用记录来评估其信用状况。如果一个人长期拖欠水电费等基本生活费用，会导致其信用记录受损，信用评级降低，这将给个人未来的购房、借贷、就业等带来不利影响。

（资料来源：光明网，有改动）

请思考：我们平时应如何维护好个人信用，积极参与社会诚信建设？

制作思路

首先利用 Word 2016 创建主文档和数据源，然后在主文档中插入各域，最后将主文档和数据源关联起来，以生成一个新的邮件合并文档。

任务实施

扫一扫

制作水费催缴通知

一、创建主文档和数据源

创建主文档的方法与创建普通文档相同，同样可以对其页面和格式等进行设置。要批量制作水费催缴通知，除了要有主文档外，还需要有欠费人的姓名、用户编号、欠费月数及欠费金额等数据源信息。用户可以在邮件合并中使用多种格式的数据源，如 Outlook 联系人列表、Access 数据库、Word 文档、Excel 电子表格等，本例使用 Word 文档。

步骤 1▶ 创建主文档。新建空白文档，然后输入水费催缴通知中固定不变的内容并设置其格式（见图 6-2），最后将文档以“水费催缴通知（主文档）”为名保存。

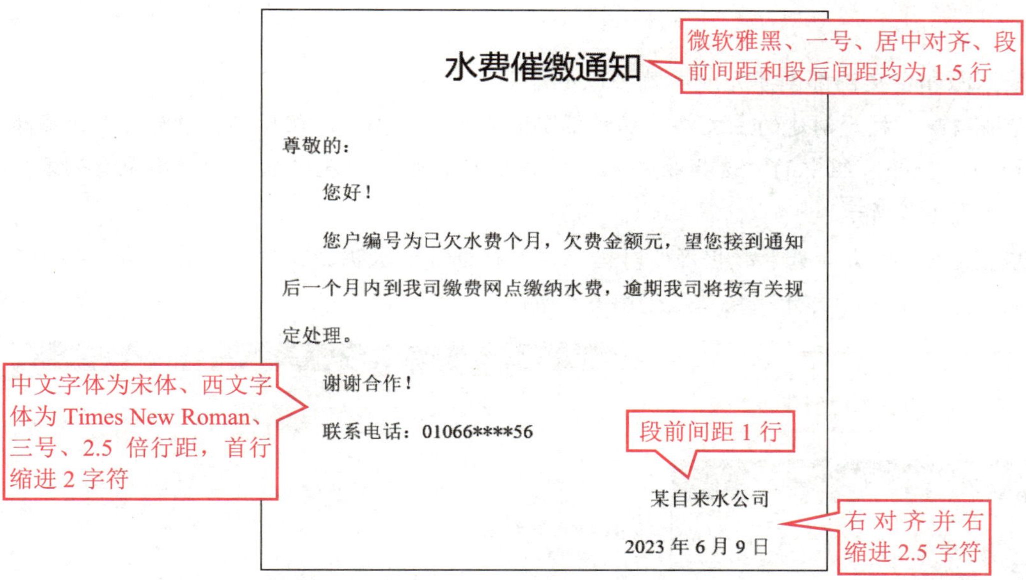

图 6-2　输入主文档内容并设置其格式

步骤 2▶ 创建数据源（文档中变化的内容，此处以 Word 文档为例）。新建空白文档，然后插入一个 4 列 26 行的表格，并在各单元格中输入数据（见图 6-3），其中，第 1 行为标题行，其他行为记录行，最后将文档以“水费催缴通知（数据源）”为名保存到与主文档相同的文件夹中。

姓名	用户编号	欠费月数	欠费金额（元）
刘某伟	683****001	2	111
李某成	683****102	3	140.5
齐某达	683****013	3	117.6
董某军	683****204	4	102
谢某连	683****305	3	102.4
李某兵	683****506	4	142.8
杨某成	683****027	3	133.1
胡某灵	683****308	2	119.9
杨某成	683****809	4	159.1
吴某燕	683****210	4	179.1
明某军	683****101	3	122.1
陈某浩	683****072	3	144.3
马某林	683****213	4	159
吴某颢	683****514	3	121
陈某佳	683****310	3	131
吴某盖	683****616	4	148
宋某江	683****217	4	188.6
林某冲	683****411	3	259
彭某江	683****609	3	100
李某仁	683****702	3	166.5
江某珊	683****821	4	162.8
刘某丽	683****522	3	116.6
杨某丹	683****903	4	222
陈某龙	683****824	4	173.2
黄某仁	683****725	2	88.6

图 6-3　水费催缴通知的数据源

二、邮件合并

数据源和主文档都创建完成后就可以进行邮件合并了。

步骤 1▶ 打开创建的主文档“水费催缴通知（主文档）”，然后单击“邮件”选项卡“开始邮件合并”组中的“选择收件人”按钮，在展开的列表中选择“使用现有列表”选项，如图 6-4 所示。

步骤 2▶ 打开“选取数据源”对话框，选择创建的数据源文件“水费催缴通知（数据源）”，然后单击“打开”按钮，如图 6-5 所示。

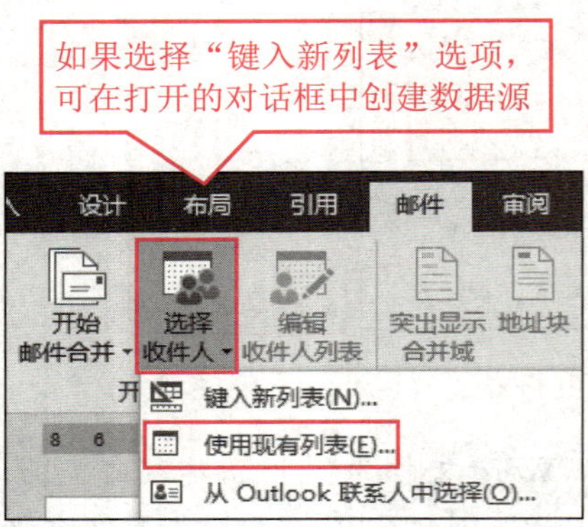

图 6-4　选择“使用现有列表”选项

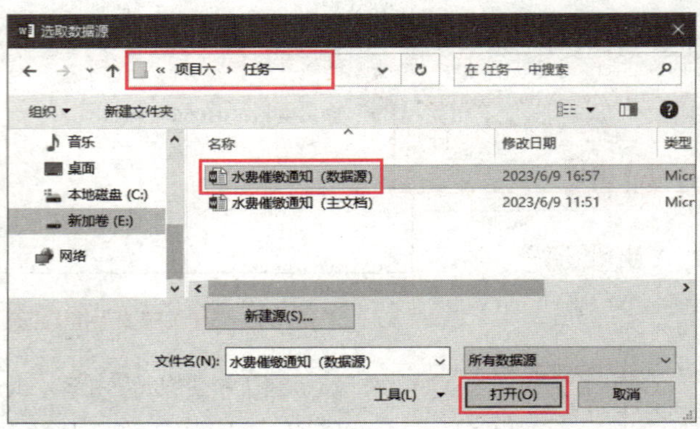

图 6-5　选择数据源文件

步骤 3▶ 将插入点置于文档中第 1 个要插入合并域的位置，即“尊敬的”文本右侧，然后单击“邮件”选项卡“编写和插入域”组中的“插入合并域”下拉按钮，在展开的下拉列表中选择“姓名”选项，插入该域，如图 6-6 所示。

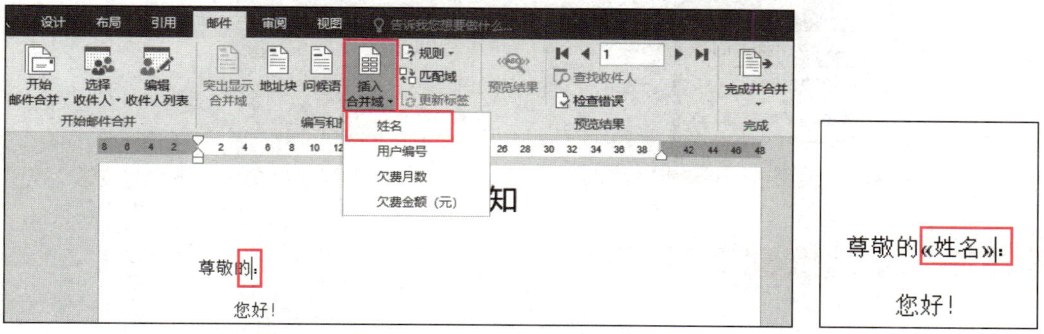

图 6-6　插入“姓名”域

步骤 4▶　使用同样的方法插入“用户编号”“欠费月数”及“欠费金额（元）”域，效果如图 6-7 所示。

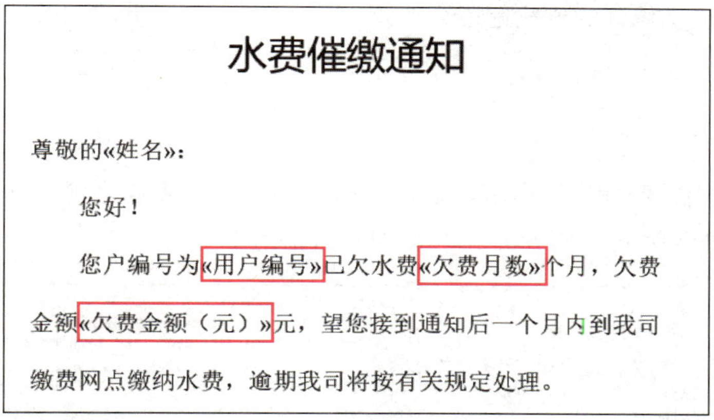
水费催缴通知

尊敬的«姓名»:

您好！

您户编号为«用户编号»已欠水费«欠费月数»个月，欠费金额«欠费金额（元）»元，望您接到通知后一个月内到我司缴费网点缴纳水费，逾期我司将按有关规定处理。

图 6-7　插入“用户编号”“欠费月数”及“欠费金额（元）”域

> **提示**　将邮件合并域插入主文档后，域名称显示在双尖括号“«»”中。双尖括号不会显示在文档中，它们只是用于区分主文档中的域与普通文本。

步骤 5▶　单击“邮件”选项卡“完成”组中的“完成并合并”按钮，在展开的列表中选择“编辑单个文档”选项，如图 6-8 所示。

步骤 6▶　打开“合并到新文档”对话框，保持“全部”单选钮的选中状态，然后单击“确定”按钮，如图 6-9 所示。

步骤 7▶　Word 2016 会根据设置自动合并文档并将全部记录存放到一个新文档中，合并完成的文档份数取决于数据源中记录的条数。最后将新文档以“水费催缴通知（邮件合并）”为名保存。

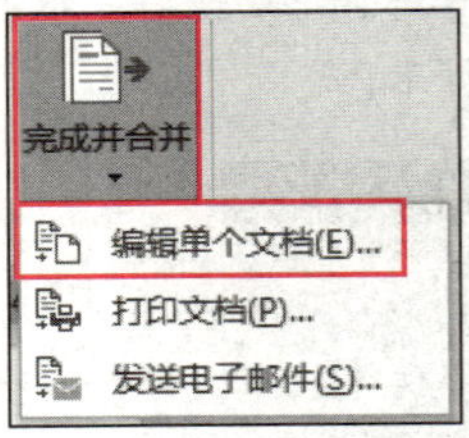

图 6-8　选择“编辑单个文档”选项

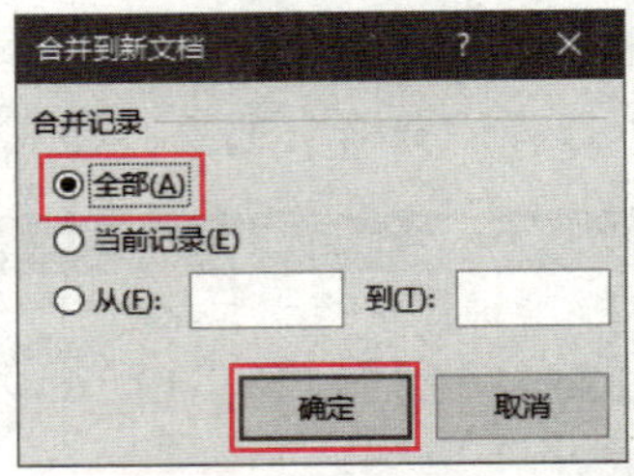

图 6-9　保持默认选项并单击“确定”按钮

任务二　审阅假期实习指南

情景引入

暑假是大学生实习和社会实践的高峰期，为方便同学们寻找实习机会，小芳编写了一篇关于假期实习指南的文档发给老师审阅。老师首先肯定了该文档，然后又提出了一些修改意见，并以批注和修订的方式返还给小芳，让她整理一下，并将修改后的终稿分享给同学们。

作品展示

本任务审阅后的假期实习指南效果如图 6-10 所示。最终效果参见本书配套素材“素材与实例”/“项目六”/“任务二”/“假期实习指南”文档。

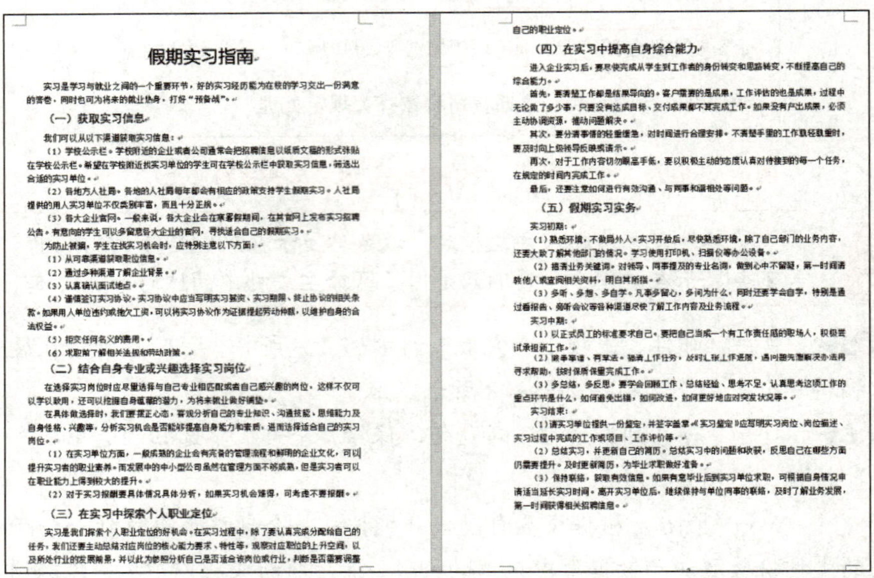

假期实习指南

实习是学习与就业之间的一个重要环节，好的实习经历能为在校的学习交出一份满意的答卷，同时也可为将来的就业热身，打好“预备战”。

（一）获取实习信息

我们可以从以下渠道获取实习信息：

（1）学校公示栏。学校附近的企业或者公司通常会把招聘信息以纸质文稿的形式张贴在学校公示栏。希望在学校附近找实习单位的学生可在学校公示栏中获取实习信息，筛选出合适的实习单位。

（2）各地方人社局。各地的人社局每年都会有相应的政策支持学生假期实习。人社局提供的用人实习单位不仅类别丰富，而且十分正规。

（3）各大企业官网。一般来说，各大企业会在寒暑假期间，在其官网上发布实习招聘公告。有意向的学生可以多留意各大企业的官网，寻找适合自己的假期实习。

为防止被骗，学生在找实习机会时，应特别注意以下方面：

（1）从可靠渠道获取职位信息。

（2）通过多种渠道了解企业背景。

（3）认真确认面试地点。

（4）谨慎签订实习协议。实习协议中应当写明实习薪资、实习期限、终止协议的相关条款。如果用人单位违约或拖欠工资，可以将实习协议作为证据提起劳动仲裁，以维护自身的合法权益。

（5）拒交任何名义的费用。

（6）求职前了解相关法规和劳动政策。

（二）结合自身专业或兴趣选择实习岗位

在选择实习岗位时应尽量选择与自己专业相匹配或者自己感兴趣的岗位，这样不仅可以学以致用，还可以挖掘自身蕴藏的潜力，为将来就业做好铺垫。

在具体做选择时，我们要摆正心态，客观分析自己的专业知识、沟通技能、思维能力及自身性格、兴趣等，分析实习机会是否能够提高自身能力和素质，进而选择适合自己的实习岗位。

（1）在实习单位方面，一般成熟的企业会有完备的管理流程和鲜明的企业文化，可以提升实习者的职业素养。而发展中的中小型公司虽然在管理方面不够成熟，但是实习者可以在职业能力上得到较大的提升。

（2）对于实习报酬要具体情况具体分析，如果实习机会难得，可考虑不要报酬。

（三）在实习中探索个人职业定位

实习是我们探索个人职业定位的好机会。在实习过程中，除了要认真完成分配给自己的任务，我们还要主动总结对应岗位的核心能力要求、特性等，观察对应职位的上升空间，以及所处行业的发展前景，并以此为参照分析自己是否适合该岗位或行业，判断是否需要调整自己的职业定位。

（四）在实习中提高自身综合能力

进入企业实习后，要尽快完成从学生到工作者的身份转变和思路转变，不断提高自己的综合能力。

首先，要清楚工作都是结果导向的。客户需要的是成果，工作评估的也是成果，过程中无论做了多少事，只要没有达成目标、交付成果都不算完成工作。如果没有产出成果，必须主动协调资源，推动问题解决。

其次，要分清事情的轻重缓急，对时间进行合理安排。不清楚手里的工作孰轻孰重时，要及时向上级领导反映或请示。

再次，对于工作内容切勿眼高手低，要以积极主动的态度认真对待接到的每一个任务，在规定的时间内完成工作。

最后，还要注意如何进行有效沟通、与同事和谐相处等问题。

（五）假期实习实务

实习初期：

（1）熟悉环境，不做局外人。实习开始后，尽快熟悉环境，除了自己部门的业务内容，还要大致了解其他部门的情况。学习使用打印机、扫描仪等办公设备。

（2）搞清业务关键词。对领导、同事提及的专业名词，做到心中不留疑，第一时间请教他人或查阅相关资料，明白其所指。

（3）多听、多想、多自学。凡事多留心，多问为什么，同时还要学会自学，特别是通过看报告、旁听会议等各种渠道尽快了解工作内容及业务流程。

实习中期：

（1）以正式员工的标准要求自己。要把自己当成一个有工作责任感的职场人，积极尝试承担新工作。

（2）[illegible]。[illegible]工作任务，及时汇报工作进展，遇问题先思索解决办法再寻求帮助，按时保质保量完成工作。

（3）多总结，多反思。要学会回顾工作、总结经验、思考不足。认真思考这项工作的重点环节是什么，如何避免出错，如何改进，如何更好地应对突发状况等。

实习结束：

（1）请实习单位提供一份鉴定，并签字盖章。《实习鉴定》应写明实习岗位、岗位描述、实习过程中完成的工作或项目、工作评价等。

（2）总结实习，并更新自己的简历。总结实习中的问题和收获，反思自己在哪些方面仍需要提升。及时更新简历，为毕业求职做好准备。

（3）保持联络，获取有效信息。如果有意毕业后到实习单位求职，可根据自身情况申请适当延长实习时间。离开实习单位后，继续保持与单位同事的联络，及时了解业务发展，第一时间获得相关招聘信息。

图 6-10　审阅后的假期实习指南效果

制作思路

老师打开小芳编写的假期实习指南，首先使用批注对文档进行了肯定，并提出一些修改建议，然后在修订模式下对文档进行修订，修订完毕将文档返还给小芳。小芳根据老师的修改建议修改了文档，又认真查看了老师修订的地方，觉得非常有道理，于是接受了对文档的所有修订。

任务实施

扫一扫

审阅假期实习指南

一、为文档添加批注

步骤 1▶ 打开本书配套素材“素材与实例”/“项目六”/“任务二”/“假期实习指南内容”文档。

步骤 2▶ 开始阅读文档，选中要添加批注的文本或将插入点置于要添加批注的位置，如“假期实习指南”文本右侧，然后单击“审阅”选项卡“批注”组中的“新建批注”按钮，如图 6-11 所示。

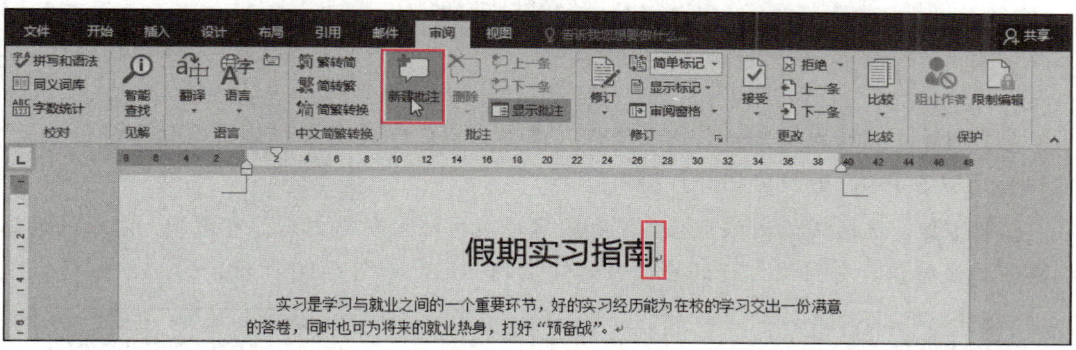

图 6-11　确定插入点后单击“新建批注”按钮

步骤 3▶ 在文档窗口右侧打开的批注框中输入批注内容，如图 6-12 所示。

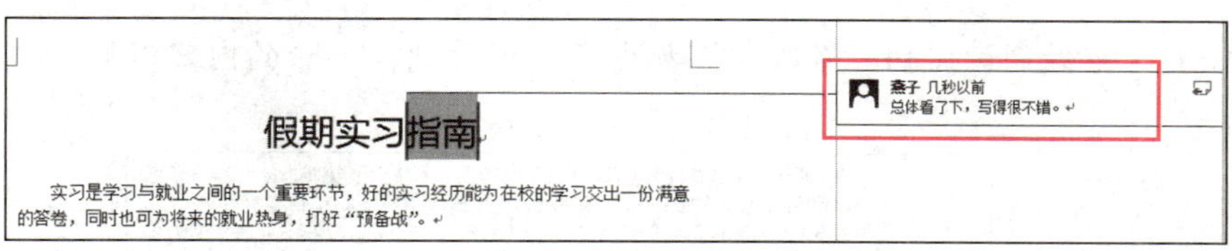

图 6-12　输入批注内容

步骤 4▶ 继续阅读文档并提出修改建议，如为“(一)”下的“招工”一词添加批注，如图 6-13 所示。

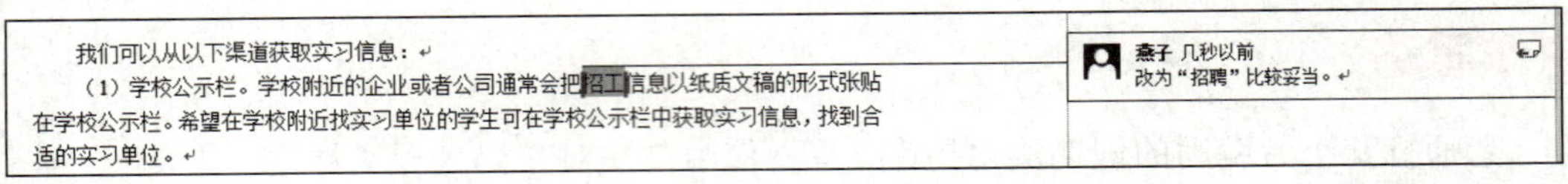

图 6-13　为“招工”文本添加批注

步骤 5▶ 使用同样的方法为“(一)”下的其他文本添加批注，然后单击“审阅”选项卡“修订”组的“显示以供审阅”下拉按钮▾，在展开的下拉列表中选择“所有标记”选项，显示文档中的所有批注内容，如图 6-14 所示。

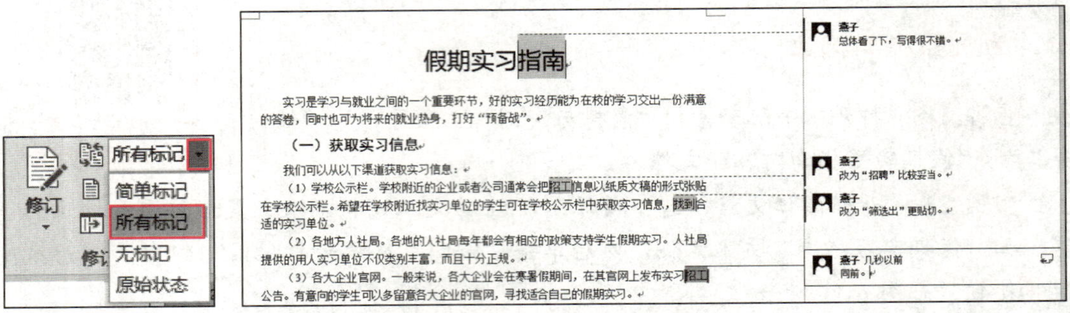

图 6-14　显示所有批注内容

二、修订文档

步骤 1▶ 继续在打开的文档中操作。单击“审阅”选项卡“修订”组中的“修订”按钮（见图 6-15），进入文档修订模式。

步骤 2▶ 继续阅读文档，在要添加内容的地方输入所需内容。可看到，添加的内容以单下画线标识，并且修订行的左侧显示外框线标记，如图 6-16 所示。

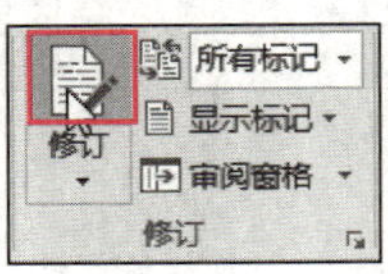

图 6-15　单击“修订”按钮

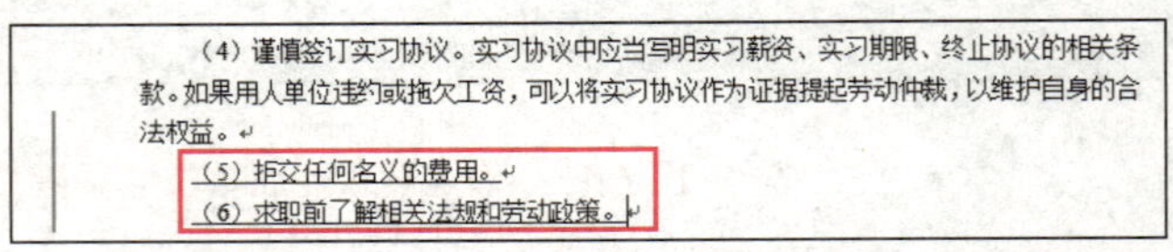

图 6-16　在修订模式下添加内容

步骤 3▶ 继续阅读文档，修改或添加内容。可看到，删除的内容以删除线标识，如图 6-17 所示。

修订过的文档，在修订行的左侧默认会显示外框线标记，利用这一特点很容易判断文档是否修订过

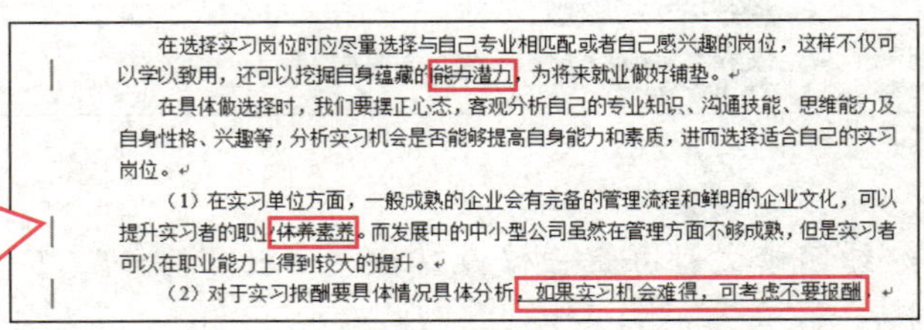

图 6-17　在修订模式下修改内容

步骤 4▶ 继续阅读文档，并以同样的方式完成全文的修订，如图 6-18 所示。

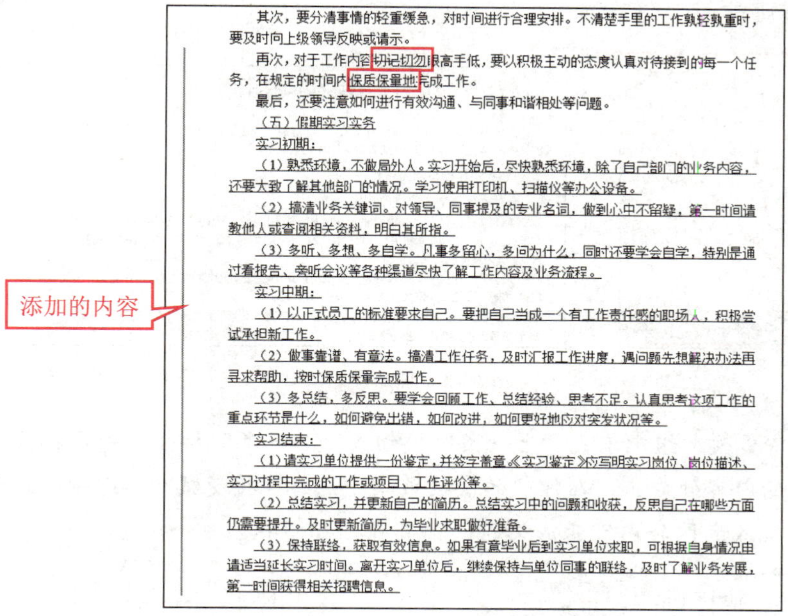

其次，要分清事情的轻重缓急，对时间进行合理安排。不清楚手里的工作孰轻孰重时，要及时向上级领导反映或请示。

再次，对于工作内容切记切勿眼高手低，要以积极主动的态度认真对待接到的每一个任务，在规定的时间内保质保量地完成工作。

最后，还要注意如何进行有效沟通、与同事和谐相处等问题。

（五）假期实习实务

实习初期：

（1）熟悉环境，不做局外人。实习开始后，尽快熟悉环境，除了自己部门的业务内容，还要大致了解其他部门的情况。学习使用打印机、扫描仪等办公设备。

（2）搞清业务关键词。对领导、同事提及的专业名词，做到心中不留疑，第一时间请教他人或查阅相关资料，明白其所指。

（3）多听、多想、多自学。凡事多留心，多问为什么，同时还要学会自学，特别是通过看报告、旁听会议等各种渠道尽快了解工作内容及业务流程。

实习中期：

（1）以正式员工的标准要求自己。要把自己当成一个有工作责任感的职场人，积极尝试承担新工作。

（2）做事靠谱、有章法。搞清工作任务，及时汇报工作进度，遇问题先想解决办法再寻求帮助，按时保质保量完成工作。

（3）多总结，多反思。要学会回顾工作、总结经验、思考不足。认真思考这项工作的重点环节是什么，如何避免出错，如何改进，如何更好地应对突发状况等。

实习结束：

（1）请实习单位提供一份鉴定，并签字盖章《实习鉴定》应写明实习岗位、岗位描述、实习过程中完成的工作或项目、工作评价等。

（2）总结实习，并更新自己的简历。总结实习中的问题和收获，反思自己在哪些方面仍需要提升。及时更新简历，为毕业求职做好准备。

（3）保持联络，获取有效信息。如果有意毕业后到实习单位求职，可根据自身情况申请适当延长实习时间。离开实习单位后，继续保持与单位同事的联络，及时了解业务发展，第一时间获得相关招聘信息。

图 6-18　修订文档其他内容

步骤 5▶ 文档修订完毕，再次单击“修订”组中的“修订”按钮，退出修订模式。

三、接受修订

审阅后的文档最终返还到小芳手中，她仔细查看了老师审阅过的地方，觉得非常有道理，于是按批注中的建议修改文档，并接受修订的地方，最后整理出终稿。

步骤 1▶ 打开审阅过的文档，然后在“审阅”选项卡的“批注”组中单击“上一条”按钮或“下一条”按钮，查看各条批注。根据批注中的建议，对文档进行修改。本例均按批注建议修改文档，效果如图 6-19 所示。

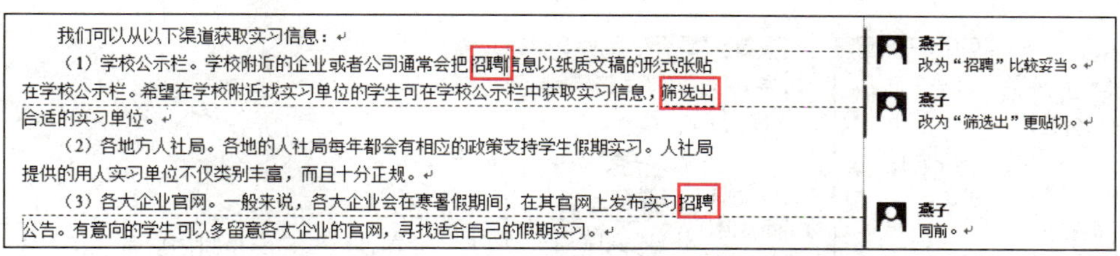

我们可以从以下渠道获取实习信息：

（1）学校公示栏。学校附近的企业或者公司通常会把招聘信息以纸质文稿的形式张贴在学校公示栏。希望在学校附近找实习单位的学生可在学校公示栏中获取实习信息，筛选出合适的实习单位。

（2）各地方人社局。各地的人社局每年都会有相应的政策支持学生假期实习。人社局提供的用人实习单位不仅类别丰富，而且十分正规。

（3）各大企业官网。一般来说，各大企业会在寒暑假期间，在其官网上发布实习招聘公告。有意向的学生可以多留意各大企业的官网，寻找适合自己的假期实习。

燕子　改为“招聘”比较妥当。

燕子　改为“筛选出”更贴切。

燕子　同前。

图 6-19　按批注建议修改文档

步骤 2▶ 接受批注建议后将批注删除。将插入点置于批注的文本区或右侧的批注框中，然后单击“批注”组中的“删除”下拉按钮，在展开的下拉列表中选择“删除文档中的所有批注”选项，将文档中的所有批注删除，此时可看到文档窗口右侧的批注框消失，如图 6-20 所示。

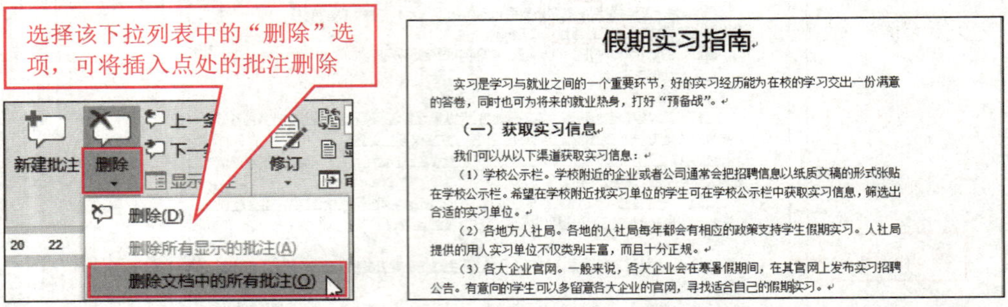

图 6-20　删除文档中的所有批注

步骤 3▶　在“更改”组中单击“上一条”按钮或“下一条”按钮，查看各条修订内容。在要接受插入的内容处右击，在弹出的快捷菜单中选择“接受插入”选项，此时可看到修订操作生效，插入的两条内容变成文档的一部分，如图 6-21 所示。

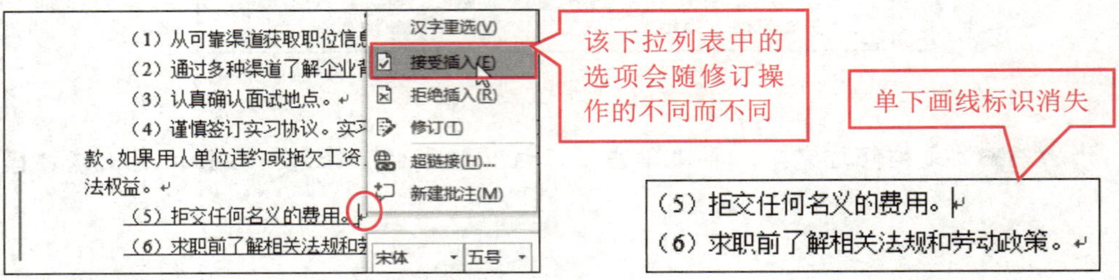

图 6-21　接受插入的内容

步骤 4▶　继续查看文档的其他修订，逐条进行确认，即接受或拒绝修订。在要接受删除文本的左侧右击，在弹出的快捷菜单中选择“接受删除”选项；在要接受插入文本的左侧右击，在弹出的快捷菜单中选择“接受插入”选项，可看到修订操作生效，如图 6-22 所示。

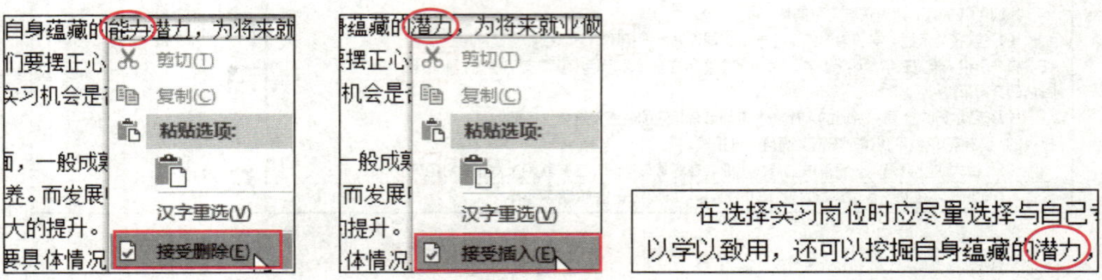

图 6-22　接受修订

> **提示**　在接受或拒绝修订时，建议在删除或插入文本的左侧或中间位置右击，再在弹出的快捷菜单中选择相应选项。

步骤 5▶　使用同样的方法全部接受对文档所做的修订，得到文档的最终效果。

Word 高效办公技巧

一、分批合并数据源数量大的文件

如果数据源数量比较大，在邮件合并的过程中可能会出错。为避免出错，用户可以先合并其中的一部分，然后再合并其余部分。为此可在“合并到新文档”对话框选中“”单选钮（见图 6-23），然后在“从”和“到”编辑框中输入要合并的记录数，单击“确定”按钮后重复此操作，并修改“从”和“到”编辑框中的数据，将所有记录合并。

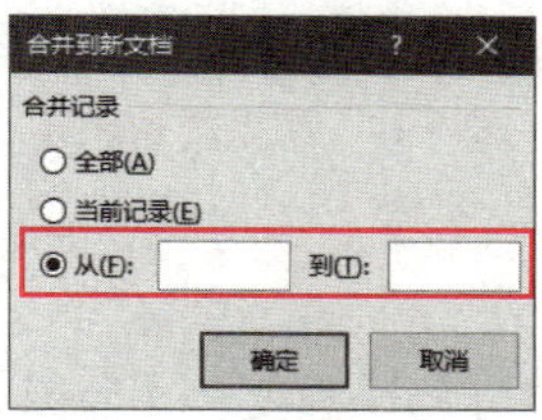

图 6-23　批量合并邮件

二、在一页纸上打印多个邮件

利用 Word 2016 的邮件合并功能批量处理邮件时，即使邮件内容只占几行，在打印时也要用整页纸，这样比较浪费纸张。造成这种结果的原因是，每个邮件之间默认有一个“下一页”分节符，使下一个邮件被指定到另一页。为节约纸张，可通过设置在一页纸上打印多个短小邮件。

步骤 1▶　将数据源和主文档合并到新建的文档中，然后打开“查找和替换”对话框，在“替换”选项卡单击“更多”按钮，展开该对话框，此时该按钮变成“更少”按钮。

步骤 2▶　在“查找内容”编辑框中单击，然后单击“特殊格式”按钮，在展开的列表中选择“分节符”选项；在“替换为”编辑框中单击，然后在“特殊格式”列表中选择“手动换行符”选项，如图 6-24 所示。

步骤 3▶　单击“全部替换”按钮，在打开的提示对话框中单击“确定”按钮，最后关闭“查找和替换”对话框即可。

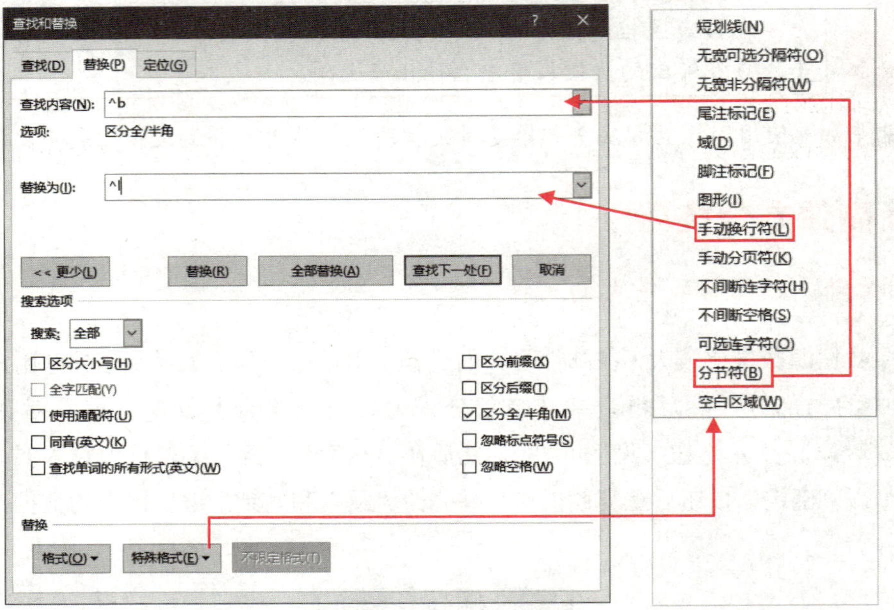

图 6-24　高级替换操作

三、区分不同修订者

如果多人使用同一台计算机修订同一篇文档，为标识修订者的身份，可为其设置不同的用户名称。

步骤 1▶ 单击“审阅”选项卡“修订”组右下角的对话框启动器按钮，打开“修订选项”对话框，单击“更改用户名”按钮（见图 6-25），打开“Word 选项”对话框。

步骤 2▶ 在对话框左侧选择“常规”选项，在对话框右侧的“用户名”编辑框和“缩写”编辑框中分别输入修订者的用户名和缩写，单击“确定”按钮即可，如图 6-26 所示。

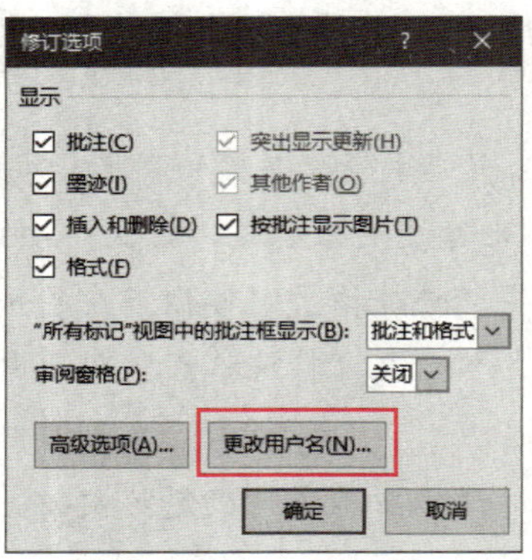

图 6-25　单击“更改用户名”按钮

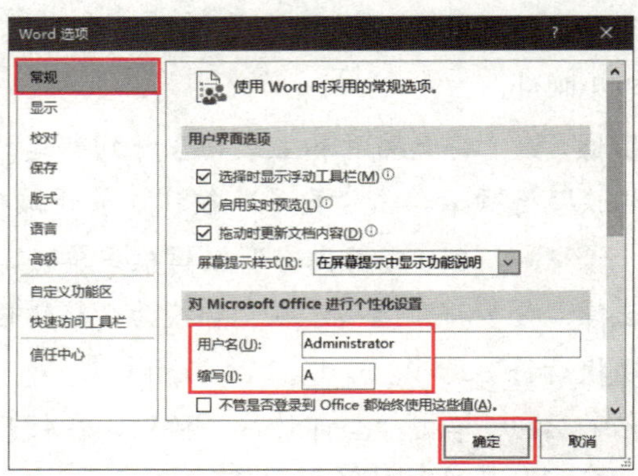

图 6-26　标识修订者

四、设置修订选项

在 Word 2016 中，当在文档中启用修订功能后，用户对文档修改后将显示修订标记，不同类型的修改显示的标记也不同。用户可以自定义修订标记，以便更好地识别和区分。为此，可打开“修订选项”对话框，单击“高级选项”按钮，打开“高级修订选项”对话框，如图 6-27 所示。用户可在该对话框中根据需要设置标记的格式、移动跟踪、表格单元格突出显示、格式和批注框。设置完毕单击“确定”按钮即可。

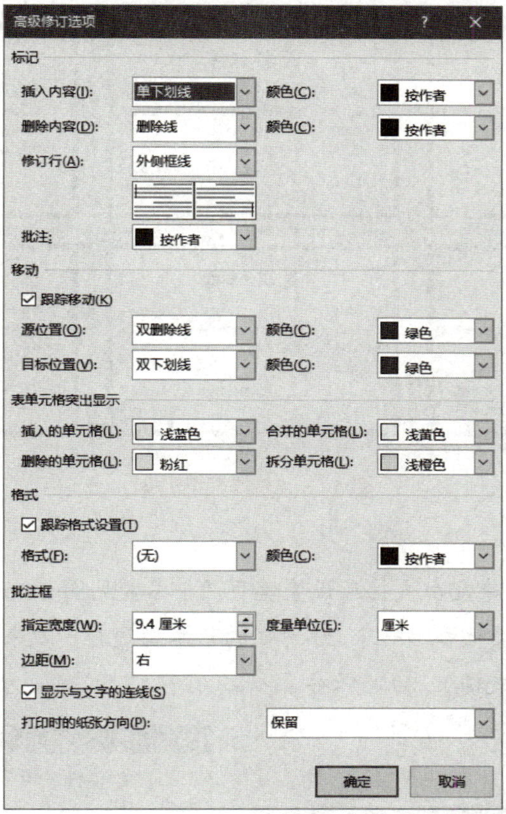

图 6-27　设置修订选项

项目总结

本项目主要介绍了文档的高级编排方法。学完本项目后，读者应重点掌握以下知识。

（1）利用 Word 2016 的邮件合并功能批量制作通知、证书、公文、信件等的方法。在进行邮件合并前，要先创建好主文档，数据源可以提前创建，也可以在邮件合并时创建。

（2）为文档添加批注的方法，方便审阅者在文档中插入对某些内容的建议或意见。

（3）对文档进行修订并设置修订选项的方法，以突出显示审阅者对文档所做的修改。文档原作者可以接受或拒绝审阅者对文档进行的修改。

课后实训

（1）批量制作获奖证书，效果如图 6-28 所示。最终效果参见本书配套素材“素材与实例”/“项目六”/“课后实训”/“获奖证书（邮件合并）”文档。

图 6-28　获奖证书效果

【操作提示】

① 创建主文档。新建空白文档后设置其页面（参数见图 6-29），然后在文档中输入文本并进行编辑，接着为文档添加一个 20 磅粗的艺术型边框，效果如图 6-30 所示。最后将文档以“获奖证书（主文档）”为名保存。

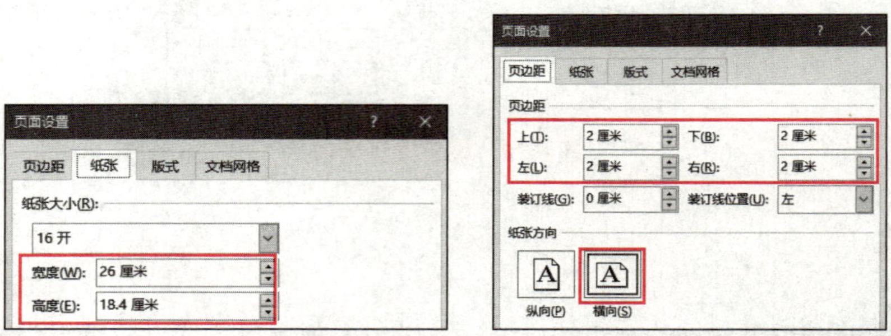

图 6-29　设置主文档页面

② 创建数据源。此处以现有 Excel 文件“获奖证书（数据源）”/“Sheet1”工作表中的数据为例，如图 6-31 所示。

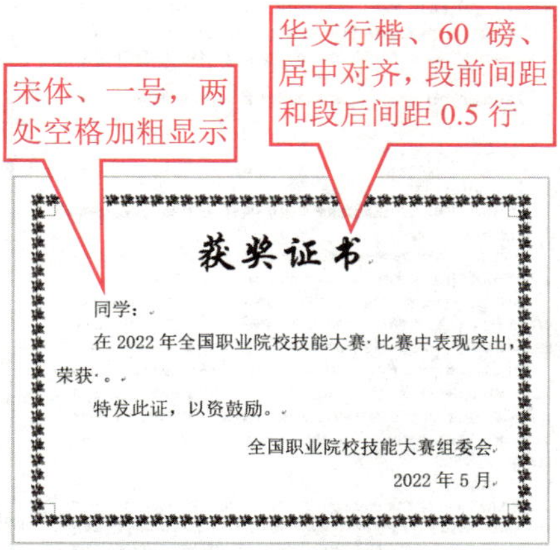

图 6-30　主文档效果

图 6-31　数据源文件

③ 邮件合并。

（2）批量制作信封。

【操作提示】

① 使用 Excel 2016 创建收信人信息工作簿（后面选择生成信封方式时会用到该工作簿文件），其中包含姓名、地址和邮政编码。

② 单击“邮件”选项卡“创建”组中的“中文信封”按钮，在打开的“信封制作向导”对话框中依次设置信封样式、生成信封的方式和数量（选择“基于地址簿文件，生成批量信封”单选钮），从创建的收信人工作簿中获取并匹配收信人信息。

③ 输入寄信人信息。

（3）审阅物流部年度工作计划（带修订标记，方便查看修订内容），效果如图 6-32 所示。最终效果参见本书配套素材“素材与实例”/“项目六”/“课后实训”/“物流部年度工作计划”文档。

【操作提示】

① 打开本书配套素材“素材与实例”/“项目六”/“课后实训”/“物流部年度工作计划内容”文档。

② 参照图 6-32，利用批注方式对文档的第 1 页内容提出修改建议。

③ 参照图 6-32，在修订模式下对文档的第 2 页到第 4 页内容进行修订。

④ 根据批注建议手动修改文档，然后删除批注标记。

⑤ 接受对文档所做的所有修订。

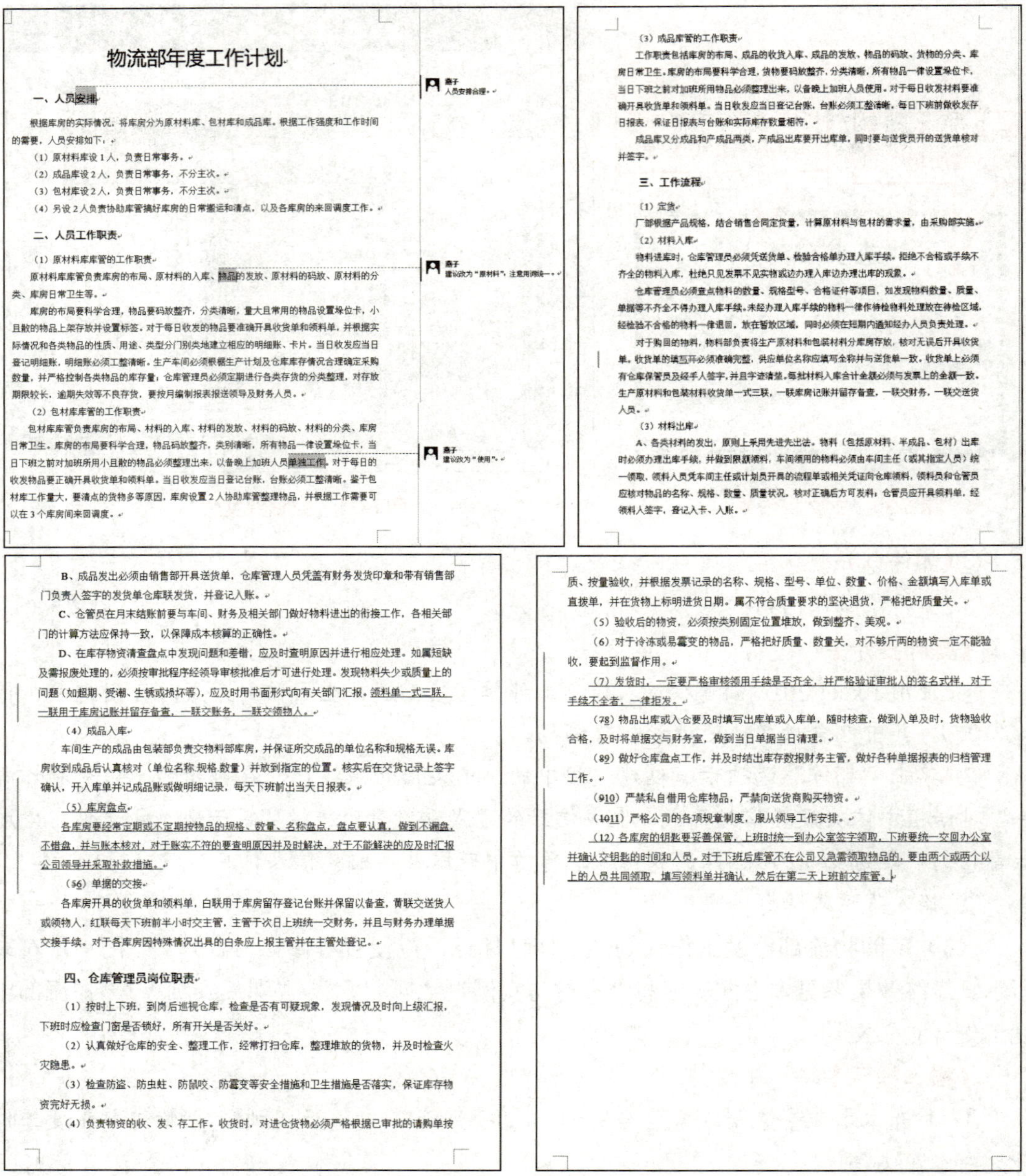

物流部年度工作计划

一、人员安排

燕子
人员安排合理。

根据库房的实际情况，将库房分为原材料库、包材库和成品库。根据工作强度和工作时间的需要，人员安排如下：

（1）原材料库设 1 人，负责日常事务。

（2）成品库设 2 人，负责日常事务，不分主次。

（3）包材库设 2 人，负责日常事务，不分主次。

（4）另设 2 人负责协助库管搞好库房的日常搬运和清点，以及各库房的来回调度工作。

二、人员工作职责

（1）原材料库库管的工作职责

原材料库库管负责库房的布局、原材料的入库、物品的发放、原材料的码放、原材料的分类、库房日常卫生等。

燕子
建议改为“原材料”，注意用词统一。

库房的布局要科学合理，物品要码放整齐，分类清晰，量大且常用的物品设置垛位卡，小且散的物品上架存放并设置标签。对于每日收发的物品要准确开具收货单和领料单，并根据实际情况和各类物品的性质、用途、类型分门别类地建立相应的明细账、卡片。当日收发应当日登记明细账，明细账必须工整清晰。生产车间必须根据生产计划及仓库库存情况合理确定采购数量，并严格控制各类物品的库存量；仓库管理员必须定期进行各类存货的分类整理，对存放期限较长，逾期失效等不良存货，要按月编制报表报送领导及财务人员。

（2）包材库库管的工作职责

包材库库管负责库房的布局、材料的入库、材料的发放、材料的码放、材料的分类、库房日常卫生。库房的布局要科学合理，物品码放整齐，类别清晰，所有物品一律设置垛位卡，当日下班之前对加班所用小且散的物品必须整理出来，以备晚上加班人员单独工作。对于每日的收发物品要正确开具收货单和领料单。当日收发应当日登记台账，台账必须工整清晰。鉴于包材库工作量大，要清点的货物多等原因，库房设置 2 人协助库管整理物品，并根据工作需要可以在 3 个库房间来回调度。

燕子
建议改为“使用”。

（3）成品库管的工作职责

工作职责包括库房的布局、成品的收货入库、成品的发放、物品的码放、货物的分类、库房日常卫生。库房的布局要科学合理，货物要码放整齐，分类清晰，所有物品一律设置垛位卡，当日下班之前对加班所用物品必须整理出来，以备晚上加班人员使用。对于每日收发材料要准确开具收货单和领料单。当日收发应当日登记台账，台账必须工整清晰，每日下班前做收发存日报表，保证日报表与台账和实际库存数量相符。

成品库又分成品和产成品两类，产成品出库要开出库单，同时要与送货员开的送货单核对并签字。

三、工作流程

（1）定货

厂部根据产品规格，结合销售合同定货量，计算原材料与包材的需求量，由采购部实施。

（2）材料入库

物料进库时，仓库管理员必须凭送货单、检验合格单办理入库手续。拒绝不合格或手续不齐全的物料入库，杜绝只见发票不见实物或边办理入库边办理出库的现象。

仓库管理员必须查点物料的数量、规格型号、合格证件等项目，如发现物料数量、质量、单据等不齐全不得办理入库手续。未经办理入库手续的物料一律作待检物料处理放在待检区域，经检验不合格的物料一律退回，放在暂放区域，同时必须在短期内通知经办人员负责处理。

对于购回的物料，物料部负责将生产原材料和包装材料分库房存放，核对无误后开具收货单。收货单的填写开必须准确完整，供应单位名称应填写全称并与送货单一致。收货单上必须有仓库保管员及经手人签字，并且字迹清楚。每批材料入库合计金额必须与发票上的金额一致。生产原材料和包装材料收货单一式三联，一联库房记账并留存备查，一联交财务，一联交送货人员。

（3）材料出库

A、各类材料的发出，原则上采用先进先出法。物料（包括原材料、半成品、包材）出库时必须办理出库手续，并做到限额领料，车间领用的物料必须由车间主任（或其指定人员）统一领取，领料人员凭车间主任或计划员开具的流程单或相关凭证向仓库领料，领料员和仓管员应核对物品的名称、规格、数量、质量状况，核对正确后方可发料；仓管员应开具领料单，经领料人签字，登记入卡、入账。

B、成品发出必须由销售部开具送货单，仓库管理人员凭盖有财务发货印章和带有销售部门负责人签字的发货单仓库联发货，并登记入账。

C、仓管员在月末结账前要与车间、财务及相关部门做好物料进出的衔接工作，各相关部门的计算方法应保持一致，以保障成本核算的正确性。

D、在库存物资清查盘点中发现问题和差错，应及时查明原因并进行相应处理。如属短缺及需报废处理的，必须按审批程序经领导审核批准后才可进行处理。发现物料失少或质量上的问题（如超期、受潮、生锈或损坏等），应及时用书面形式向有关部门汇报。<u>领料单一式三联，一联用于库房记账并留存备查，一联交账务，一联交领物人。</u>

（4）成品入库

车间生产的成品由包装部负责交物料部库房，并保证所交成品的单位名称和规格无误。库房收到成品后认真核对（单位名称.规格.数量）并放到指定的位置。核实后在交货记录上签字确认，开入库单并记成品账或做明细记录，每天下班前出当天日报表。

<u>（5）库房盘点</u>

<u>各库房要经常定期或不定期按物品的规格、数量、名称盘点，盘点要认真，做到不漏盘，不错盘，并与账本核对，对于账实不符的要查明原因并及时解决，对于不能解决的应及时汇报公司领导并采取补救措施。</u>

（~~5~~<u>6</u>）单据的交接

各库房开具的收货单和领料单，白联用于库房留存登记台账并保留以备查，黄联交送货人或领物人，红联每天下班前半小时交主管，主管于次日上班统一交财务，并且与财务办理单据交接手续。对于各库房因特殊情况出具的白条应上报主管并在主管处登记。

四、仓库管理员岗位职责

（1）按时上下班，到岗后巡视仓库，检查是否有可疑现象，发现情况及时向上级汇报，下班时应检查门窗是否锁好，所有开关是否关好。

（2）认真做好仓库的安全、整理工作，经常打扫仓库，整理堆放的货物，并及时检查火灾隐患。

（3）检查防盗、防虫蛀、防鼠咬、防霉变等安全措施和卫生措施是否落实，保证库存物资完好无损。

（4）负责物资的收、发、存工作。收货时，对进仓货物必须严格根据已审批的请购单按质、按量验收，并根据发票记录的名称、规格、型号、单位、数量、价格、金额填写入库单或直拨单，并在货物上标明进货日期。属不符合质量要求的坚决退货，严格把好质量关。

（5）验收后的物资，必须按类别固定位置堆放，做到整齐、美观。

（6）对于冷冻或易霉变的物品，严格把好质量、数量关，对不够斤两的物资一定不能验收，要起到监督作用。

<u>（7）发货时，一定要严格审核领用手续是否齐全，并严格验证审批人的签名式样，对于手续不全者，一律拒发。</u>

（~~7~~<u>8</u>）物品出库或入仓要及时填写出库单或入库单，随时核查，做到入单及时，货物验收合格，及时将单据交与财务室，做到当日单据当日清理。

（~~8~~<u>9</u>）做好仓库盘点工作，并及时结出库存数报财务主管，做好各种单据报表的归档管理工作。

（~~9~~<u>10</u>）严禁私自借用仓库物品，严禁向送货商购买物资。

（~~10~~<u>11</u>）严格公司的各项规章制度，服从领导工作安排。

<u>（12）各库房的钥匙要妥善保管，上班时统一到办公室签字领取，下班要统一交回办公室并确认交钥匙的时间和人员。对于下班后库管不在公司又急需领取物品的，要由两个或两个以上的人员共同领取，填写领料单并确认，然后在第二天上班前交库管。</u>

图 6-32　物流部年度工作计划审阅后的效果

项目七　使用 Excel 制作常用电子表格

项目描述

在本项目中，读者可通过制作员工档案表、报销单、电商部员工业绩表，学习在 Excel 2016 中输入并编辑数据、调整工作表结构及输入公式计算数据等的方法。

学习目标

【知识目标】

- 熟悉输入与编辑数据的操作。
- 了解数据有效性的作用。
- 熟悉调整工作表结构和设置工作表格式的操作。
- 了解条件格式的作用。

【能力目标】

- 能够利用常规方法和快捷方法输入并编辑数据。
- 能够新建、删除和重命名工作表。
- 能够调整行高、列宽和合并单元格。
- 能够根据需要对工作表进行美化。
- 能够利用条件格式突出显示工作表数据。

【素质目标】

- 认识办公软件的重要性，提升借助软件提高工作效率的能力。
- 自觉遵守纪律和法律，按规章制度办事，做到有据可依、有据可查。
- 严谨细致，增强沟通协调能力、保密意识和责任感。

任务一　制作员工档案表

情景引入

公司要秘书小李利用 Excel 2016 制作一张员工档案表，其中包括编号、姓名、性别、出生日期、学历、参加工作时间、职务、基本工资和联系方式。

作品展示

本任务制作的员工档案表效果如图 7-1 所示。最终效果参见本书配套素材“素材与实例”/“项目七”/“任务一”/“员工档案表”工作簿。

员工档案表

制作日期：2023-5-15

编号	姓名	性别	出生日期	学历	参加工作时间	职务	基本工资	联系方式
A001	刘某利	男	1980/2/1	本科	2002/7/1	科长	¥3,000.00	632****
A002	李某华	女	1982/6/12	硕士研究生	2007/6/25	副科长	¥4,000.00	866****
A003	刘某航	男	1981/11/16	本科	2003/11/16	科员	¥3,000.00	467****
A004	范某	女	1981/1/20	硕士研究生	2006/10/20	科员	¥4,000.00	645****
A005	刘某桥	男	1983/7/12	本科	2005/9/12	科员	¥3,000.00	645****
A006	鲁某	男	1984/4/23	本科	2006/12/2	科员	¥3,000.00	645****
A007	梁某玲	女	1985/12/4	硕士研究生	2009/3/13	科员	¥4,000.00	645****
A008	钟某	男	1981/11/15	本科	2003/2/1	科员	¥3,000.00	645****
A009	张某	男	1983/3/26	硕士研究生	2008/5/12	科员	¥4,000.00	645****

图 7-1　制作的员工档案表

拓展阅读

提升专业素质，助力企业向好发展

人力资源管理对于一个企业的长期发展至关重要。良好的人力资源管理，可以帮助企业吸引和留住人才，提升员工的工作效率和工作满意度。只有重视人力资源管理，不断优化管理机制，企业才能在激烈的市场竞争中脱颖而出，实现可持续发展。

员工档案表是企业规范人力资源管理的重要工具。通过建立员工档案表，企业可以及时准确地了解每位员工的基本信息，包括工号、姓名、性别、年龄、联系方式等，为日常管理提供便利。此外，员工档案表还记录了员工的学历、入职时间、职务等重要信息，可以帮助企业对员工进行分类管理，合理安排工作岗位，提升员工的工作效率和工作质量。通过分析员工档案表，企业还可以预测人才需求，及时调整人才结构，为自身的持续发展和壮大提供有力支持。

在制作员工档案表时，要努力做到以下几点。

第一，要严谨细致。员工档案表中的每一个细节都至关重要，任何一点疏忽都可能导致信息不完整或者错误，进而影响日后的管理工作和决策。因此，制作员工档案表时，要具备严谨细致的工作态度，确保每一项信息都得到准确记录。

第二，要加强沟通协调。在制作员工档案表的过程中，可能需要与员工本人进行沟通，确认一些信息的真实性，或者与其他相关部门进行沟通协调，确保信息的准确性和完整性。因此，良好的沟通协调能力也是必不可少的。

第三，要增强保密意识和责任感。员工档案表中的基本信息属于个人隐私信息，要了解相关法律法规，严格遵守信息安全和数据保护方面的规定，妥善保管好员工信息，不将员工信息泄露给未经授权的人员。同时，要对自己的工作负责任，确保企业内部员工信息的安全性和准确性。

总之，制作员工档案表是企业管理中不可或缺的一项工作，需要制作者严谨细致，具备良好的沟通协调能力，增强保密意识和责任感等。只有这样，才能确保员工信息的准确性和完整性，为企业的人力资源管理和决策提供有力支持。

（资料来源：央广网，有改动）

请思考：假如你是某公司人力资源部的一名员工，为了更好地胜任岗位工作和助力公司向好、向优、向新发展，你将如何持续提升自身的专业素质？

制作思路

新建工作簿后首先使用常规方法输入员工档案表基本数据，然后利用填充柄和快捷键输入有规律的数据，接着调整工作表结构并设置单元格格式，最后使用条件格式突出显示相关单元格数据。

任务实施

扫一扫

制作员工档案表

一、使用常规方法输入员工档案表基本数据

步骤 1▶ 启动 Excel 2016，首先新建一个空白工作簿，然后将其以“员工档案表”为名保存。

步骤 2▶ 在“Sheet1”工作表中单击 A1 单元格，输入“员工档案表”文本。

步骤 3▶ 按键盘上的“↓”键，在 A2 单元格中输入制作日期，再次按键盘上的“↓”键，在 A3 单元格中输入第一列的标题。多次按键盘上的“→”键，在 B3 单元格至 I3 单元格中输入各列标题，如图 7-2 所示。

步骤 4▶ 使用常规方法在“姓名”“出生日期”“参加工作时间”“联系方式”列输入数据，如图 7-3 所示。

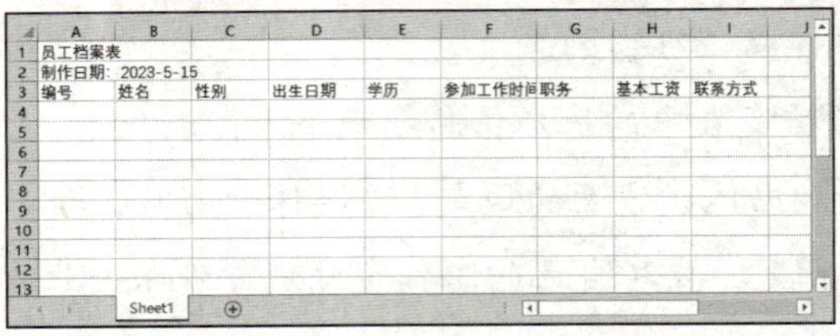

图 7-2　输入标题、制作日期和列标题数据

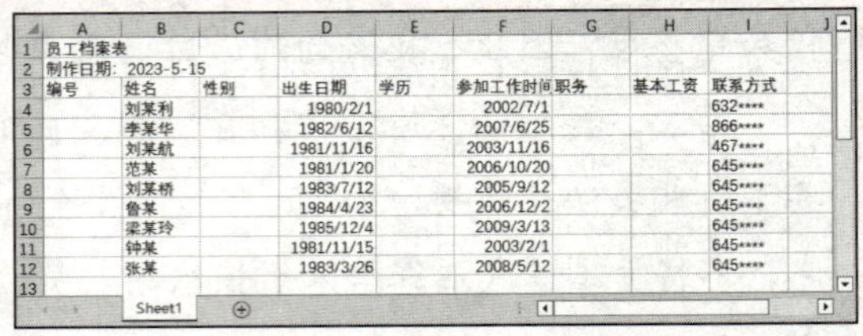

图 7-3　使用常规方法输入数据

二、利用填充柄和快捷键输入有规律的数据

步骤 1▶ 在 A4 单元格中输入“A001”，如图 7-4（a）所示。

步骤 2▶ 将鼠标指针移到 A4 单元格右下角的小方块上，待出现黑色“+”（称为填充柄）时按住鼠标左键向下拖动，至 A12 单元格后释放鼠标，可看到该列紧邻 A4 单元格的其他单元格会自动填充数据，如图 7-4（b）所示。

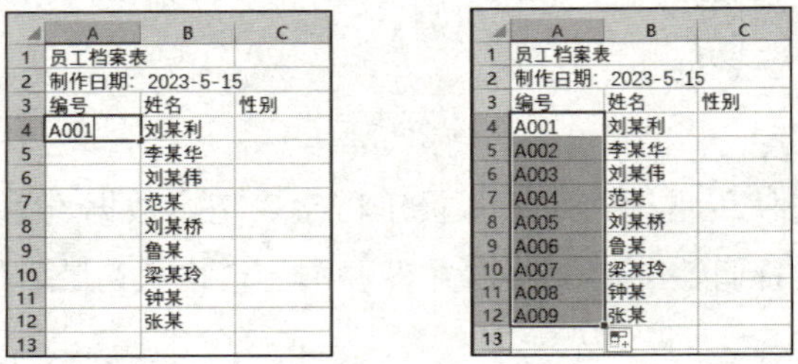

（a）　　　　　　（b）

图 7-4　利用填充柄自动填充数据

步骤 3▶ 单击 C4 单元格，然后按住“Ctrl”键的同时单击 C6、C8、C9、C11、C12 单元格，接着输入“男”，最后按“Ctrl+Enter”组合键，效果如图 7-5 所示。

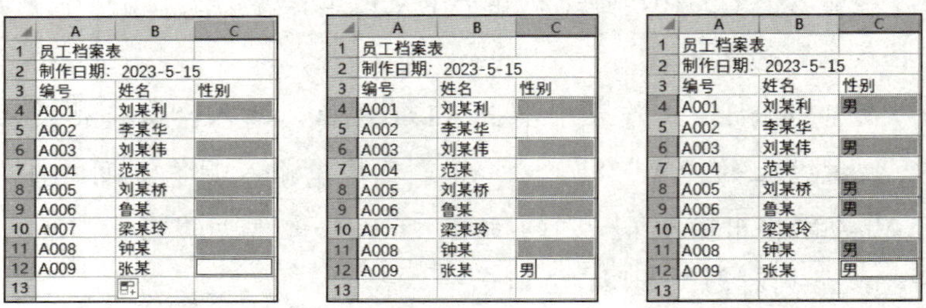

图 7-5　在“性别”列输入数据

步骤 4▶ 使用同样的方法在“性别”列的其他单元格及“学历”“职务”和“基本工资”（假设本科和硕士研究生的基本工资分别为 3 000 元和 4 000 元）列中输入数据，效果如图 7-6 所示。

	A	B	C	D	E	F	G	H	I
1	员工档案表								
2	制作日期：2023-5-15								
3	编号	姓名	性别	出生日期	学历	参加工作时间	职务	基本工资	联系方式
4	A001	刘某利	男	1980/2/1	本科	2002/7/1	科长	3000	632****
5	A002	李某华	女	1982/6/12	硕士研究生	2007/6/25	副科长	4000	866****
6	A003	刘某航	男	1981/11/16	本科	2003/11/16	科员	3000	467****
7	A004	范某	女	1981/1/20	硕士研究生	2006/10/20	科员	4000	645****
8	A005	刘某桥	男	1983/7/12	本科	2005/9/12	科员	3000	645****
9	A006	鲁某	男	1984/4/23	本科	2006/12/2	科员	3000	645****
10	A007	梁某玲	女	1985/12/4	硕士研究生	2009/3/13	科员	4000	645****
11	A008	钟某	男	1981/11/15	本科	2003/2/1	科员	3000	645****
12	A009	张某	男	1983/3/26	硕士研究生	2008/5/12	科员	4000	645****

图 7-6　利用快捷键输入数据

三、编辑工作表数据和工作表

步骤 1▶ 单击要编辑的单元格，如 B6 单元格，然后在单元格或编辑栏中输入新数据“刘某航”，按“Enter”键确认，如图 7-7 所示。

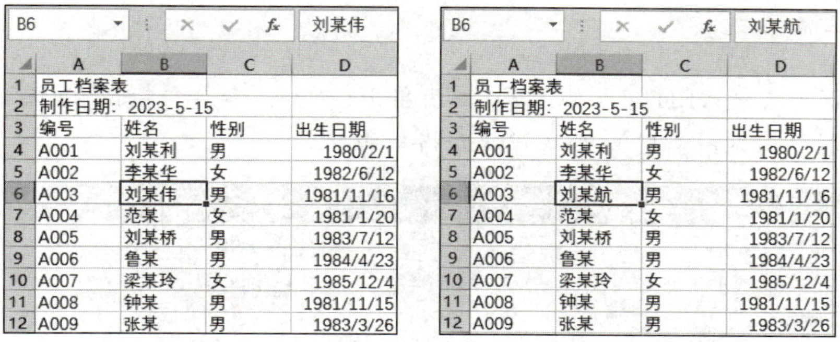

B6　刘某伟

	A	B	C	D
1	员工档案表			
2	制作日期：2023-5-15			
3	编号	姓名	性别	出生日期
4	A001	刘某利	男	1980/2/1
5	A002	李某华	女	1982/6/12
6	A003	刘某伟	男	1981/11/16
7	A004	范某	女	1981/1/20
8	A005	刘某桥	男	1983/7/12
9	A006	鲁某	男	1984/4/23
10	A007	梁某玲	女	1985/12/4
11	A008	钟某	男	1981/11/15
12	A009	张某	男	1983/3/26

B6　刘某航

	A	B	C	D
1	员工档案表			
2	制作日期：2023-5-15			
3	编号	姓名	性别	出生日期
4	A001	刘某利	男	1980/2/1
5	A002	李某华	女	1982/6/12
6	A003	刘某航	男	1981/11/16
7	A004	范某	女	1981/1/20
8	A005	刘某桥	男	1983/7/12
9	A006	鲁某	男	1984/4/23
10	A007	梁某玲	女	1985/12/4
11	A008	钟某	男	1981/11/15
12	A009	张某	男	1983/3/26

图 7-7　编辑工作表数据

步骤 2▶ 双击“Sheet1”工作表标签，或右击“Sheet1”工作表标签，在弹出的快捷菜单中选择“重命名”选项，此时该工作表标签呈高亮显示，即处于可编辑状态，然后输入新的工作表名称，最后单击除该工作表标签以外的任意位置或按“Enter”键重命名工作表，效果如图 7-8 所示。

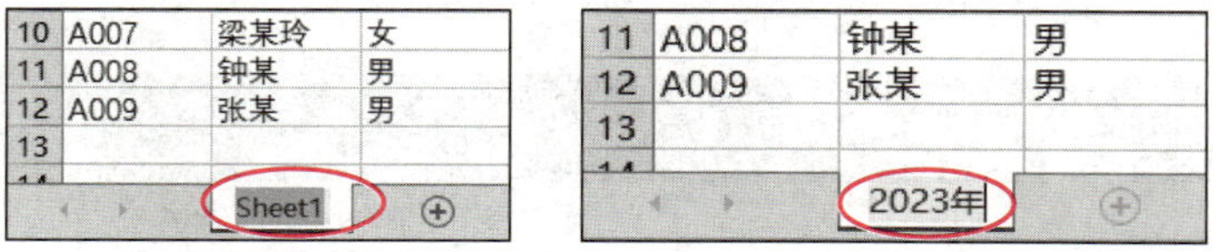

图 7-8　重命名工作表

步骤 3▶ 单击工作表标签右侧的“新工作表”按钮⊕，可在所有工作表之后插入一张新工作表。如果要在所选工作表之前插入一张新工作表，可首先单击该工作表标签，然后单击“开始”选项卡“单元格”组中的“插入”下拉按钮▾，在展开的下拉列表中选择“插入工作表”选项（见图 7-9），可在所选工作表之前插入一张新工作表。

步骤 4▶ 单击要删除的工作表标签，然后单击“单元格”组中的“删除”下拉按钮▾，在展开的下拉列表中选择“删除工作表”选项（见图 7-10），可删除所选工作表。

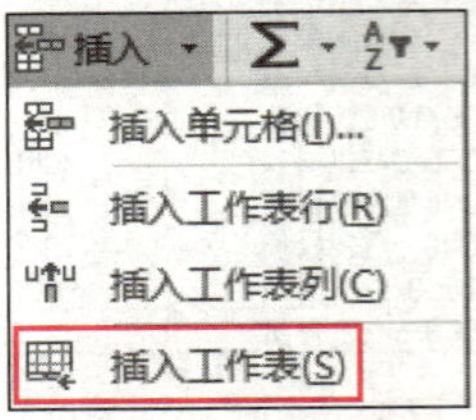

图 7-9　插入工作表

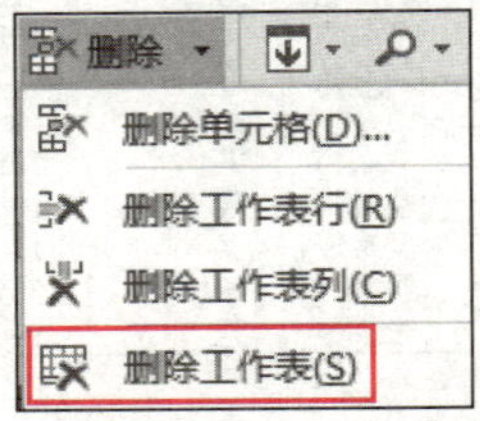

图 7-10　删除工作表

知识库

> 若要删除的工作表中有数据，则在选择“删除工作表”选项后会出现提示对话框，单击“删除”按钮即可删除所选工作表。

四、调整工作表结构

步骤 1▶ 选中 A1:I1 单元格区域，然后单击“开始”选项卡“对齐方式”组中的“合并后居中”按钮（见图 7-11），将所选单元格合并。

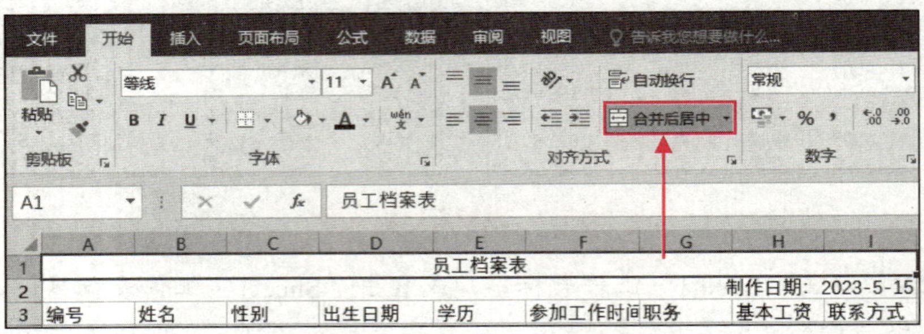

图 7-11　合并单元格

步骤 2▶ 选中 A2:I2 单元格区域，然后单击“合并后居中”按钮，最后单击“右对齐”按钮☰，如图 7-12 所示。

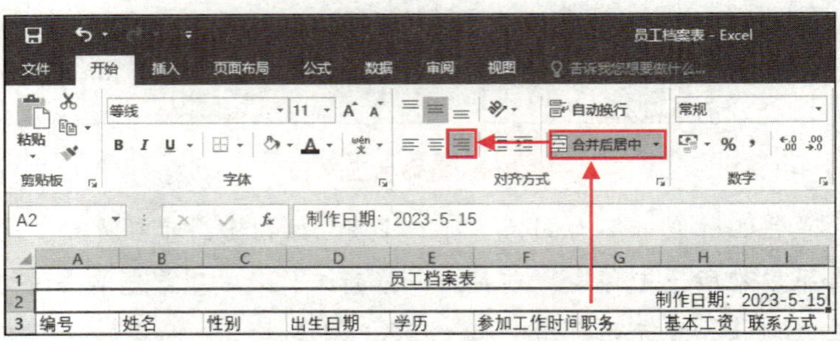

图 7-12　合并单元格并使内容右对齐

步骤 3▶ 将鼠标指针移到 E 列顶端，待鼠标指针变为黑色向下箭头形状时单击，选中该列，然后右击选中的列，在弹出的快捷菜单中选择“列宽”选项，打开“列宽”对话框，在“列宽”编辑框中输入“12”，最后单击“确定”按钮，可看到该列数据完全显示，如图 7-13 所示。

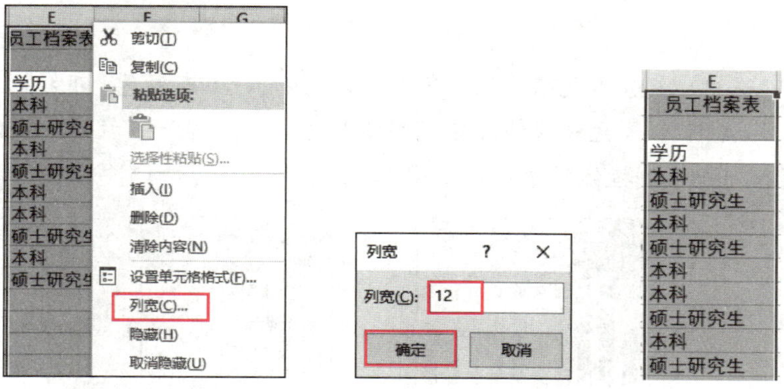

图 7-13　精确调整列宽

步骤 4▶ 将鼠标指针移到 F 列右侧的边框线上，待鼠标指针变为左右双向箭头形状时双击，或按住鼠标左键向右拖动，待大小合适后释放鼠标，将该列数据完全显示。

步骤 5▶ 将鼠标指针移到第 1 行的下方，待鼠标指针变为上下双向箭头形状时向下拖动，待显示高度为 50 像素后释放鼠标，调整第 1 行的行高，如图 7-14 所示。

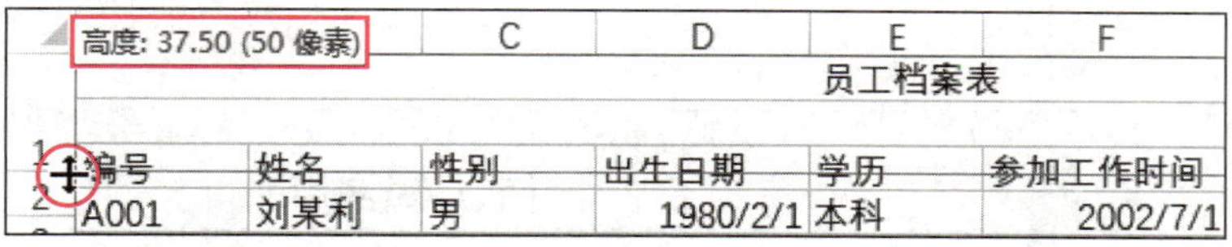

图 7-14　调整行高

步骤 6▶ 使用同样的方法将第 2 行的行高调整为 30 像素，将第 3 行～第 12 行的行高调整为 25 像素。

五、设置单元格格式

步骤 1▶ 选中 A1 单元格，然后在“开始”选项卡的“字体”组中设置文本的字符格式为黑体、24 磅。选中 A2 单元格，设置文本的字号为 14 磅。

步骤 2▶ 选中 A3:I12 单元格区域，然后在“字体”组的“字体”下拉列表中选择“Times New Roman”选项，最后单击“居中”按钮，如图 7-15 所示。

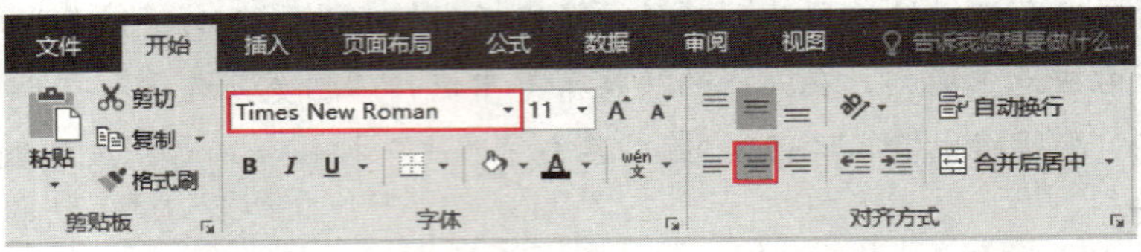

图 7-15 设置文本的字体和对齐方式

步骤 3▶ 选中 A3:I3 单元格区域，在“字体”组的“填充颜色”下拉列表中选择“浅绿”选项。选中 A1:I12 单元格区域，在“字体”组的“边框”下拉列表中依次选择“所有框线”选项和“粗外侧框线”选项，如图 7-16 所示。

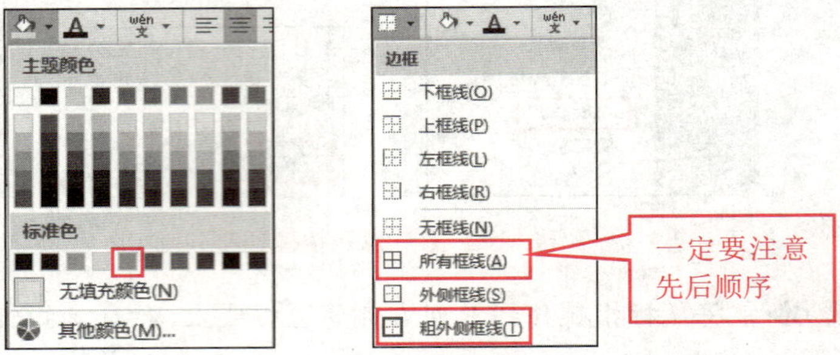

图 7-16 设置填充颜色和边框

步骤 4▶ 选中“基本工资”列，然后单击“开始”选项卡“数字”组中的“数字格式”下拉按钮，在展开的下拉列表中选择“货币”选项（见图 7-17），此时的工作表如图 7-18 所示。

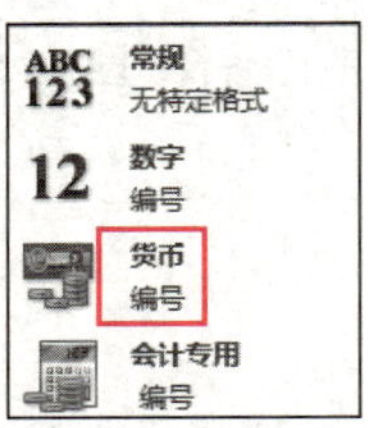

图 7-17 设置货币数字格式

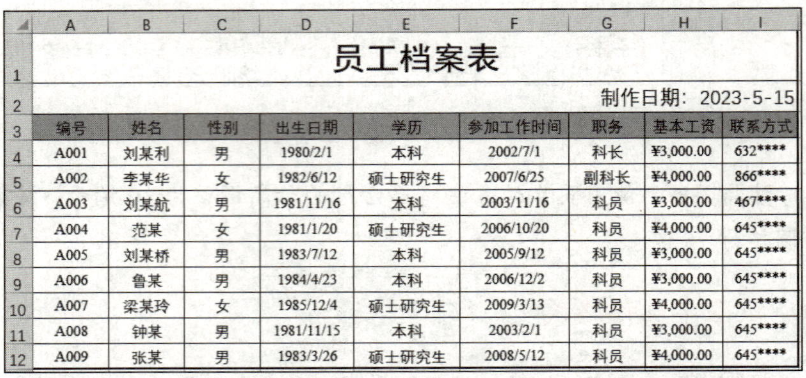

员工档案表

制作日期：2023-5-15

编号	姓名	性别	出生日期	学历	参加工作时间	职务	基本工资	联系方式
A001	刘某利	男	1980/2/1	本科	2002/7/1	科长	¥3,000.00	632****
A002	李某华	女	1982/6/12	硕士研究生	2007/6/25	副科长	¥4,000.00	866****
A003	刘某航	男	1981/11/16	本科	2003/11/16	科员	¥3,000.00	467****
A004	范某	女	1981/1/20	硕士研究生	2006/10/20	科员	¥4,000.00	645****
A005	刘某桥	男	1983/7/12	本科	2005/9/12	科员	¥3,000.00	645****
A006	鲁某	男	1984/4/23	本科	2006/12/2	科员	¥3,000.00	645****
A007	梁某玲	女	1985/12/4	硕士研究生	2009/3/13	科员	¥4,000.00	645****
A008	钟某	男	1981/11/15	本科	2003/2/1	科员	¥3,000.00	645****
A009	张某	男	1983/3/26	硕士研究生	2008/5/12	科员	¥4,000.00	645****

图 7-18 设置格式后的工作表

六、使用条件格式突出显示数据

步骤 1▶ 选中要添加条件格式的单元格区域 H4:H12，然后单击“开始”选项卡“样式”组中的“条件格式”按钮，在展开的列表中选择“突出显示单元格规则”/“等于”

选项，如图 7-19 所示。

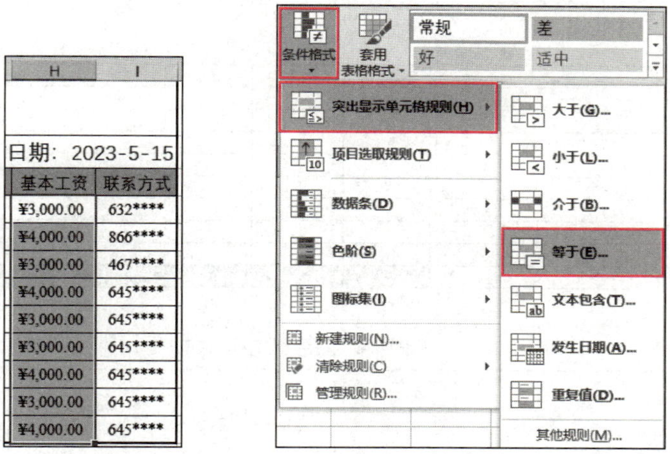

图 7-19　选中单元格区域后选择“突出显示单元格规则”/“等于”选项

步骤 2▶　打开“等于”对话框，在“为等于以下值的单元格设置格式：”编辑框中输入“4000”，在“设置为”列表中选择“浅红填充色深红色文本”选项，然后单击“确定”按钮（见图 7-20），即可将基本工资为 4 000 元的单元格突出显示（最终效果见图 7-1），最后保存工作簿。

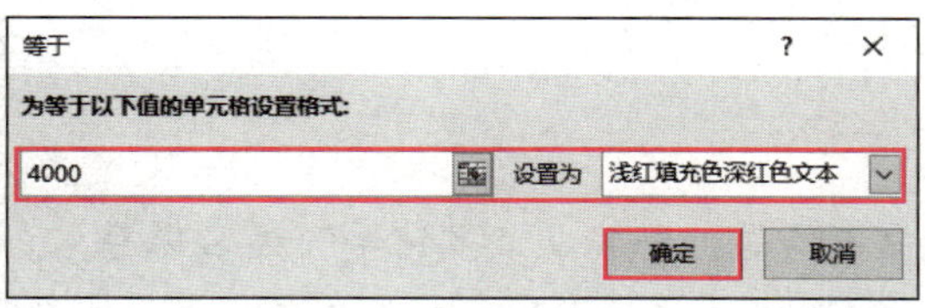

图 7-20　设置条件格式

任务二　制作报销单

情景引入

以前，公司的报销单没有统一的格式，都是员工自己手写。现在，公司让小张利用 Excel 2016 制作一张比较规范的报销单，其中包括一些经常要报销的项目。

作品展示

本任务制作的报销单效果如图 7-21 所示。最终效果参见本书配套素材“素材与实例”/“项目七”/“任务二”/“报销单”工作簿。

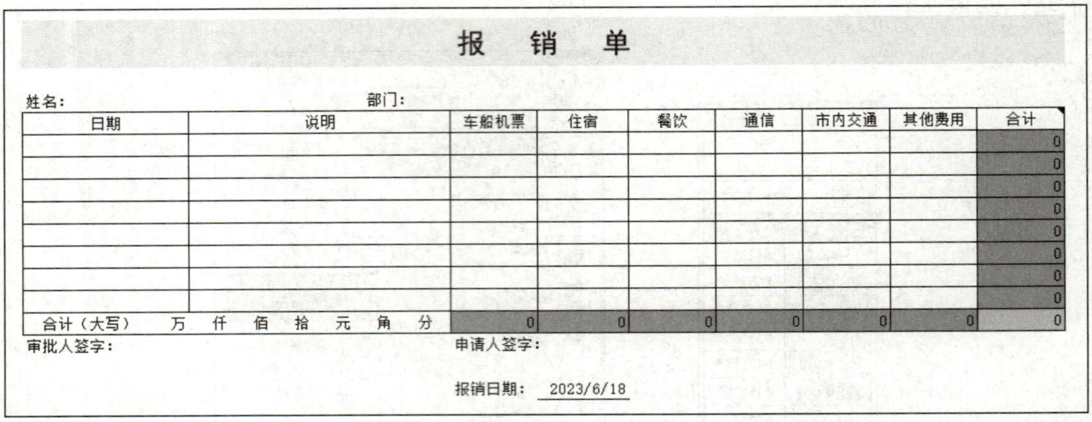

报　销　单

姓名：　　部门：

日期	说明	车船机票	住宿	餐饮	通信	市内交通	其他费用	合计
								0
								0
								0
								0
								0
								0
								0
								0
合计（大写）	万 仟 佰 拾 元 角 分	0	0	0	0	0	0	0

审批人签字：　　申请人签字：

报销日期：2023/6/18

图 7-21　制作的报销单

制作思路

新建工作簿后首先输入报销单基本数据，然后设置报销单格式，如设置字符格式，合并单元格，为单元格添加下画线、边框和底纹，最后在单元格中输入公式，为单元格添加批注，设置打印区域、页边距，取消网格线的显示。

任务实施

扫一扫

制作报销单

一、输入报销单基本数据

步骤 1▶ 新建空白工作簿，将其以“报销单”为名保存。

步骤 2▶ 在“Sheet1”工作表的 B3 单元格中输入“报销单”文本，并分别在输入“报”和“销”文本后按 3 次空格键。

步骤 3▶ 依次在指定单元格中输入所需文本，效果如图 7-22 所示。

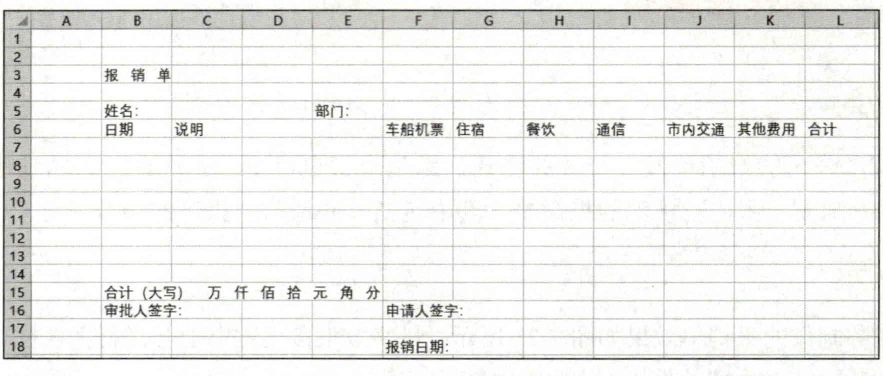

图 7-22　输入报销单基本数据

二、设置报销单格式

步骤 1▶ 设置标题格式。选中 B3:L3 单元格区域，然后单击“开始”选项卡“对齐方式”组中的“合并后居中”按钮，并设置该行的行高为 30，如图 7-23 所示。

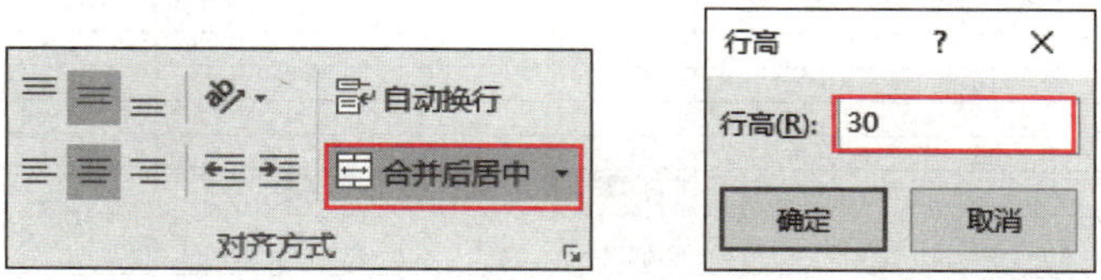

图 7-23 合并单元格后设置行高

步骤 2▶ 设置合并后单元格的字符格式为黑体、18 磅，并为单元格填充颜色［见图 7-24（a）］，此时效果如图 7-24（b）所示。

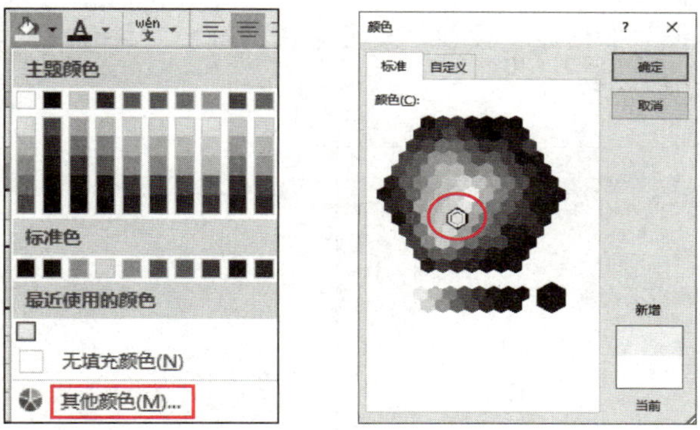

（a）

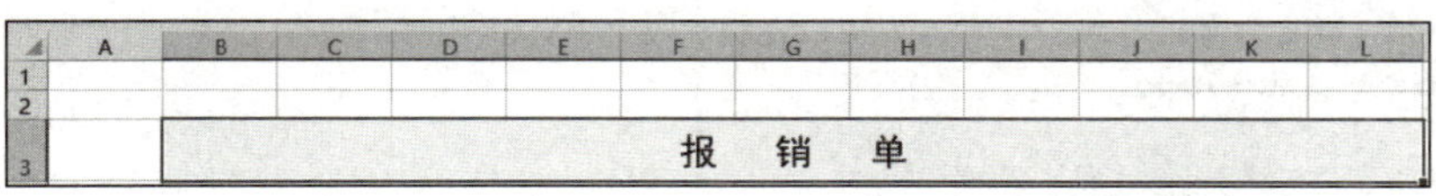

（b）

图 7-24 为标题设置填充颜色

步骤 3▶ 设置其他单元格的字符格式为宋体、10 磅，然后依次合并 C6:E6、C7:E7、…、C14:E14 及 B15:E15 单元格区域，并调整 B 列的列宽，使 B15 单元格中的文本完全显示。

步骤 4▶ 选中 B6:L15 单元格区域，然后在“边框”下拉列表中选择“所有框线”选项，为单元格添加黑色细单实线边框，如图 7-25 所示。

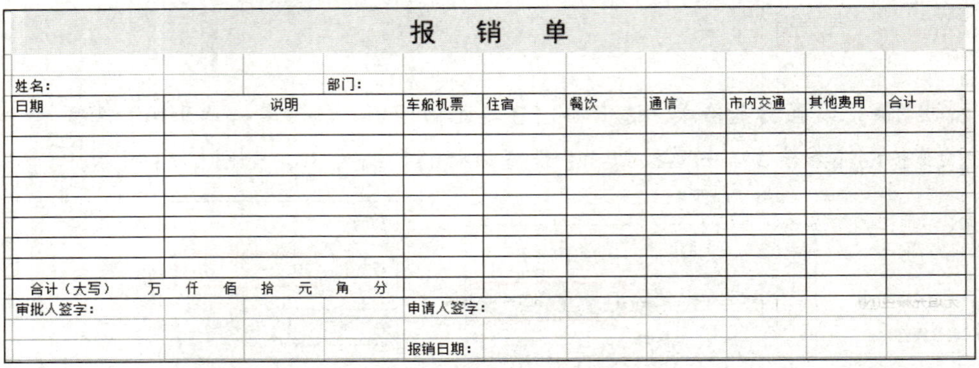

图 7-25　为单元格添加黑色细单实线边框

步骤 5▶ 选中 G18 单元格，在“边框”下拉列表中选择“其他边框”选项，打开“设置单元格格式”对话框并显示“边框”选项卡，在“线条”设置区的“样式”列表中选择细实线样式，然后单击“下框线”按钮，最后单击“确定”按钮，为单元格添加黑色细单实线下边框，如图 7-26 所示。

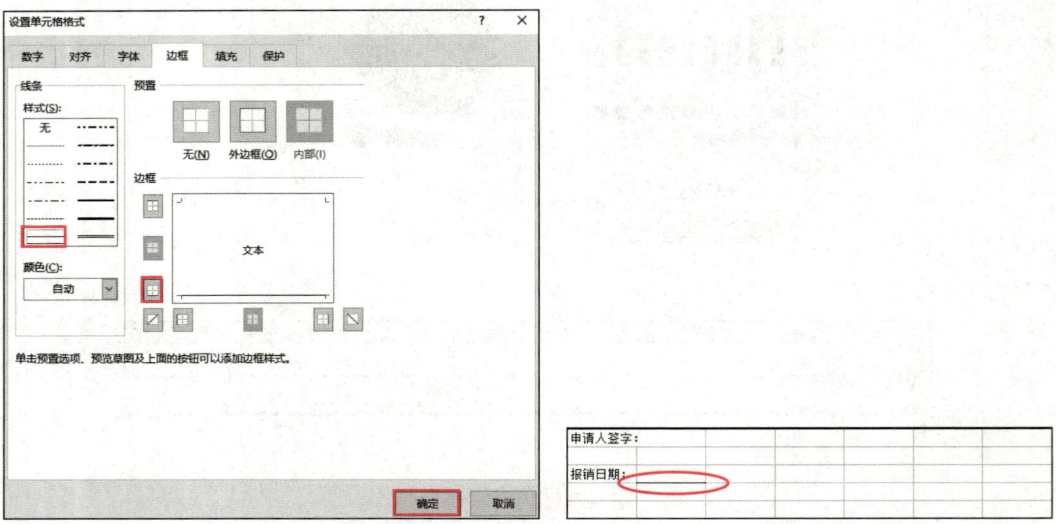

图 7-26　为单元格添加黑色细单实线下边框

步骤 6▶ 为单元格添加底纹。选中 L7:L14 和 F15:K15 单元格区域，在“开始”选项卡“字体”组的“填充颜色”下拉列表中选择“浅绿”选项［见图 7-27（a）］，选中 L15 单元格，在“字体”组的“填充颜色”下拉列表中选择“白色，背景 1，深色 15%”选项［见图 7-27（b）］，效果如图 7-27（c）所示。

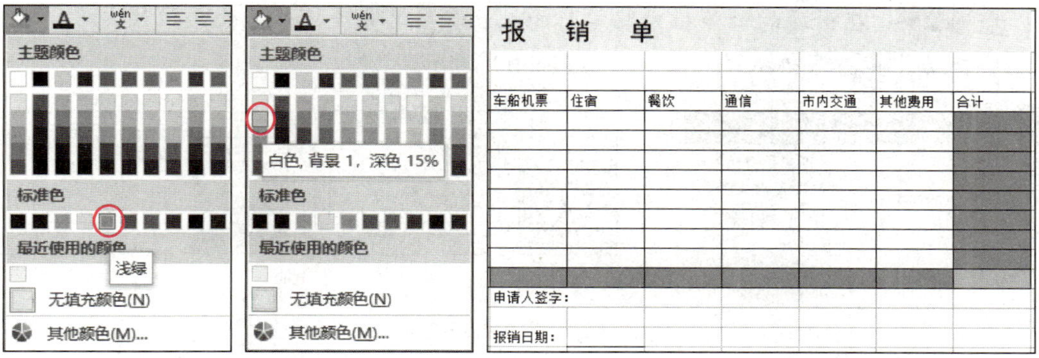

（a）　　（b）　　（c）

图 7-27　为单元格添加底纹

步骤 7▶　将相关单元格的对齐方式设置为居中对齐，如图 7-28 所示。

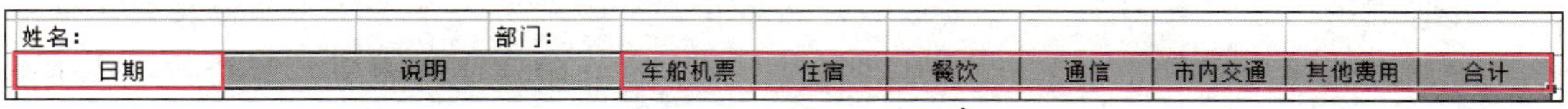

图 7-28　设置单元格的对齐方式

三、在单元格中输入公式

步骤 1▶　单击 L7 单元格，输入求和公式“=SUM(F7:K7)”（见图 7-29），然后按“Enter”键得到计算结果，最后向下拖动 L7 单元格右下角的填充柄至 L14 单元格。

步骤 2▶　单击 F15 单元格，输入求和公式“=SUM(F7:F14)”（见图 7-30），然后按“Enter”键得到计算结果，最后向右拖动 F15 单元格右下角的填充柄至 K15 单元格。

图 7-29　在 L7 单元格中输入求和公式

图 7-30　在 F15 单元格中输入求和公式

步骤 3▶　单击 L15 单元格，输入求和公式“=SUM(L7:L14)”（见图 7-31），然后按“Enter”键得到计算结果。

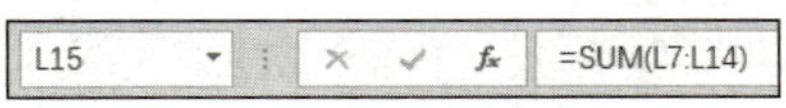

图 7-31　在 L15 单元格中输入求和公式

步骤 4▶　单击 G18 单元格，输入公式“=TODAY()”，然后按“Enter”键得到当前日期，使每次打开该工作簿时，都会显示当前日期（此日期与计算机设置的日期一致）。

四、为单元格添加批注

步骤 1▶　单击 L6 单元格，然后单击“审阅”选项卡“批注”组中的“新建批注”按钮，如图 7-32（a）所示。

步骤 2▶ 在出现的批注框中将首行的批注者姓名删除，然后输入批注文本“填充单元格自动计算，请勿填写。”，如图 7-32（b）所示。

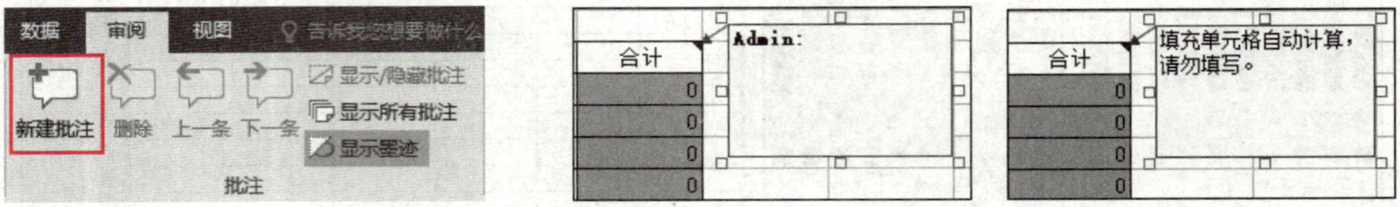

（a）　　（b）

图 7-32　输入批注文本

五、完善工作表

步骤 1▶ 将 A 列的列宽调整为 20 像素。

步骤 2▶ 选中 A1:L18 单元格区域，然后在“页面布局”选项卡“页面设置”组中单击“打印区域”按钮，在展开的列表中选择“设置打印区域”选项，如图 7-33（a）所示。

步骤 3▶ 单击“纸张方向”按钮，在展开的列表中选择“横向”选项，如图 7-33（b）所示。

步骤 4▶ 单击“页面设置”组右下角的对话框启动器按钮，打开“页面设置”对话框，设置工作表的上、下、左、右、页眉和页脚的页边距，并选中“水平”复选框。设置完成后，可单击“打印预览”按钮，查看打印效果，最后单击“确定”按钮，如图 7-34 所示。

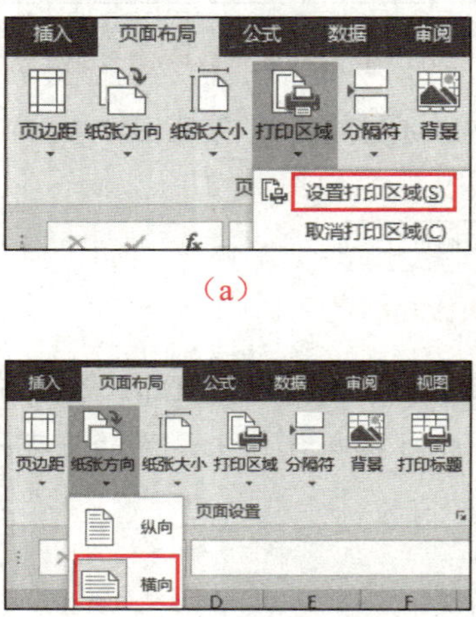

（a）

（b）

图 7-33　设置打印区域和纸张方向

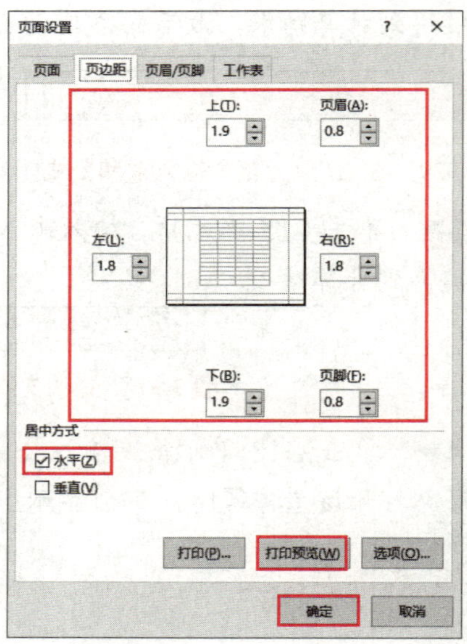

图 7-34　设置页边距和居中方式

步骤 5▶ 切换到“视图”选项卡，在“显示”组中取消选中“网格线”复选框（见图 7-35），取消网格线的显示（最终效果见图 7-21），最后保存工作簿。

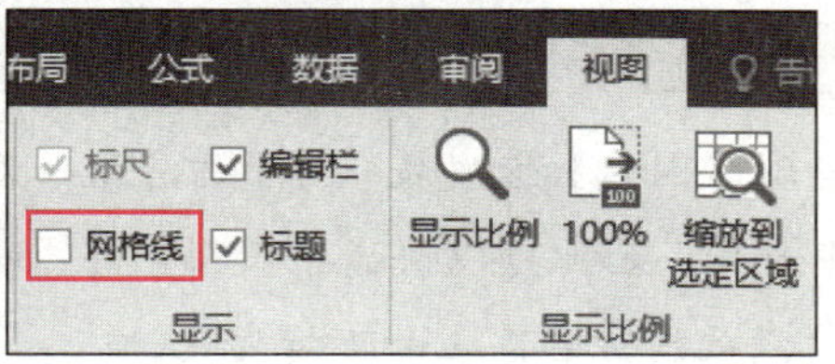

图 7-35　取消选中“网格线”复选框

任务三　制作电商部员工业绩表

情景引入

公司电商部让小李统计每个员工 4 个季度的销售额，然后按规定的奖金比例计算员工的业绩奖金。

作品展示

本任务制作的电商部员工业绩表效果如图 7-36 所示。最终效果参见本书配套素材“素材与实例”/“项目七”/“任务三”/“电商部员工业绩表”工作簿。

电商部员工业绩表

编号	员工姓名	第一季度销售额	奖金比例	业绩奖金	第二季度销售额	奖金比例	业绩奖金	第三季度销售额	奖金比例	业绩奖金	第四季度销售额	奖金比例	业绩奖金
W0001	王某娜	51250	0.05	2562.5	62000	0.05	3100	112130	0.08	8970.4	34250	0	0
W0002	李某清	31280	0	0	43210	0.05	2160.5	99065	0.08	7925.2	189050	0.15	28357.5
W0003	刘某肖	76540	0.05	3827	65435	0.05	3271.75	56870	0.05	2843.5	67540	0.05	3377
W0004	刘某可	55760	0.05	2788	50795	0.05	2539.75	41000	0.05	2050	41000	0.05	2050
W0005	赵某利	56780	0.05	2839	43265	0.05	2163.25	78650	0.05	3932.5	65435	0.05	3271.75
W0006	李某则	34250	0	0	45450	0.05	2272.5	26590	0	0	50795	0.05	2539.75
W0007	贺某新	189050	0.15	28357.5	65080	0.05	3254	35480	0	0	43265	0.05	2163.25
W0008	刘某爱	67540	0.05	3377	59800	0.05	2990	50005	0.05	2500.25	45450	0.05	2272.5
W0009	王某一	45605	0.05	2280.25	55580	0.05	2779	43080	0.05	2154	56870	0.05	2843.5
W0010	贾某元	80870	0.05	4043.5	25790	0	0	60860	0.05	3043	41000	0.05	2050
W0011	孙某	22000	0	0	54300	0.05	2715	60005	0.05	3000.25	78650	0.05	3932.5
W0012	杨某	43680	0.05	2184	88805	0.05	4440.25	65409	0.05	3270.45	26590	0	0

图 7-36　制作的电商部员工业绩表

拓展阅读

立足实际，科学设计员工业绩表

如今，电子商务在全球范围内加速发展，为了适应这一发展趋势，众多企业纷纷组建电商部门。借助电商部门，企业可以快速推出新产品、新服务，尝试新的营销方式和商业模式，以更好地满足消费者需求和市场变化。

对于电商部门（或企业）而言，制作员工业绩表是非常重要的一项工作。员工业绩表可以帮助企业管理层更加清晰地了解员工的工作表现，并据此评估员工的工作能力，制订激励措施，以及进行绩效考核和晋升。

在制作员工业绩表时，需要具备相应的意识和能力。首先，员工业绩表的设计应该基于客观指标和数据；其次，员工业绩表应该具有一定的灵活性，能够根据员工的具体工作情况进行调整和修改。另外，员工业绩表的内容应该尽量简明扼要，避免采用过于繁杂的指标和考评体系，以免员工因业绩压力过大而产生不必要的焦虑。

（资料来源：中国国际电子商务网，有改动）

请思考：假如你是一名电商部门主管，为了激发部门员工的工作积极性和潜力，促进员工成长和企业发展，你将如何设计员工业绩表？

制作思路

新建工作簿后首先输入电商部员工业绩表基本数据，然后格式化工作表，最后利用公式计算业绩奖金。

任务实施

一、输入电商部员工业绩表基本数据

扫一扫

制作电商部员工业绩表

步骤 1▶ 新建空白工作簿，将其以“电商部员工业绩表”为名保存。

步骤 2▶ 首先在“Sheet1”工作表中输入所需数据，然后选中 C2、F2、I2 和 L2 单元格，单击“开始”选项卡“对齐方式”组中的“自动换行”按钮，效果如图 7-37 所示。

	A	B	C	D	E	F	G	H	I	J	K	L	M	N
1	电商部员工业绩表													
2	编号	员工姓名	第一季度销售额	奖金比例	业绩奖金	第二季度销售额	奖金比例	业绩奖金	第三季度销售额	奖金比例	业绩奖金	第四季度销售额	奖金比例	业绩奖金
3		王某娜	51250	0.05		62000	0.05		112130	0.08		34250	0	
4		李某清	31280	0		43210	0.05		99065	0.08		189050	0.15	
5		刘某肖	76540	0.05		65435	0.05		56870	0.05		67540	0.05	
6		刘某可	55760	0.05		50795	0.05		41000	0.05		41000	0.05	
7		赵某利	56780	0.05		43265	0.05		78650	0.05		65435	0.05	
8		李某则	34250	0		45450	0.05		26590	0		50795	0.05	
9		贺某新	189050	0.15		65080	0.05		35480	0		43265	0.05	
10		刘某爱	67540	0.05		59800	0.05		50005	0.05		45450	0.05	
11		王某一	45605	0.05		55580	0.05		43080	0.05		56870	0.05	
12		贾某元	80870	0.05		25790	0		60860	0.05		41000	0.05	
13		孙某	22000	0		54300	0.05		60005	0.05		78650	0.05	
14		杨某	43680	0.05		88805	0.05		65409	0.05		26590	0	

图 7-37　输入电商部员工业绩表基本数据

步骤 3▶　在 A3 单元格中输入“W0001”，然后向下拖动 A3 单元格右下角的填充柄至 A14 单元格，自动填充“编号”列数据，效果如图 7-38 所示。

	A	B	C	D	E	F	G	H	I	J	K	L	M	N
1	电商部员工业绩表													
2	编号	员工姓名	第一季度销售额	奖金比例	业绩奖金	第二季度销售额	奖金比例	业绩奖金	第三季度销售额	奖金比例	业绩奖金	第四季度销售额	奖金比例	业绩奖金
3	W0001	王某娜	51250	0.05		62000	0.05		112130	0.08		34250	0	
4	W0002	李某清	31280	0		43210	0.05		99065	0.08		189050	0.15	
5	W0003	刘某肖	76540	0.05		65435	0.05		56870	0.05		67540	0.05	
6	W0004	刘某可	55760	0.05		50795	0.05		41000	0.05		41000	0.05	
7	W0005	赵某利	56780	0.05		43265	0.05		78650	0.05		65435	0.05	
8	W0006	李某则	34250	0		45450	0.05		26590	0		50795	0.05	
9	W0007	贺某新	189050	0.15		65080	0.05		35480	0		43265	0.05	
10	W0008	刘某爱	67540	0.05		59800	0.05		50005	0.05		45450	0.05	
11	W0009	王某一	45605	0.05		55580	0.05		43080	0.05		56870	0.05	
12	W0010	贾某元	80870	0.05		25790	0		60860	0.05		41000	0.05	
13	W0011	孙某	22000	0		54300	0.05		60005	0.05		78650	0.05	
14	W0012	杨某	43680	0.05		88805	0.05		65409	0.05		26590	0	
15														

图 7-38　自动填充“编号”列数据

二、格式化工作表

步骤 1▶　选中 A1:N1 单元格区域，然后单击“对齐方式”组中的“合并后居中”按钮，将所选单元格区域合并，接着在“字体”组中设置文本的字体为隶书，字号为 20 磅，字形为加粗，最后将该行的行高调整为 30，如图 7-39 所示。

图 7-39　合并单元格区域并设置文本字符格式和行高

步骤 2▶　在“字体”组中设置 A2:N2 单元格区域文本的字体为微软雅黑，单元格的填充颜色为浅绿色，对齐方式为居中对齐。

步骤 3▶　选中 A2:N14 单元格区域，然后在“边框”下拉列表中选择“所有框线”选项，为所选单元格区域添加边框，如图 7-40 所示。

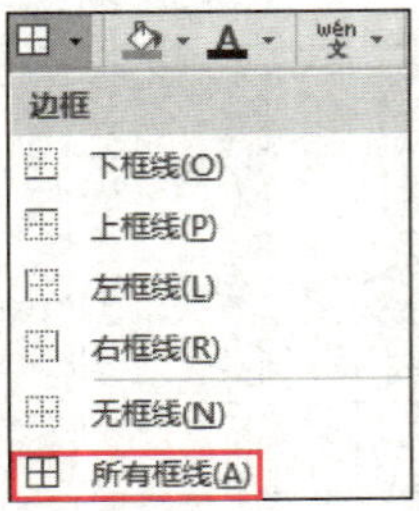

电商部员工业绩表

编号	员工姓名	第一季度销售额	奖金比例	业绩奖金	第二季度销售额	奖金比例	业绩奖金	第三季度销售额	奖金比例	业绩奖金	第四季度销售额	奖金比例	业绩奖金
W0001	王某娜	51250	0.05		62000	0.05		112130	0.08		34250	0	
W0002	李某清	31280	0		43210	0.05		99065	0.08		189050	0.15	
W0003	刘某肖	76540	0.05		65435	0.05		56870	0.05		67540	0.05	
W0004	刘某可	55760	0.05		50795	0.05		41000	0.05		41000	0.05	
W0005	赵某利	56780	0.05		43265	0.05		78650	0.05		65435	0.05	
W0006	李某则	34250	0		45450	0.05		26590	0		50795	0.05	
W0007	贺某新	189050	0.15		65080	0.05		35480	0		43265	0.05	
W0008	刘某爱	67540	0.05		59800	0.05		50005	0.05		45450	0.05	
W0009	王某一	45605	0.05		55580	0.05		43080	0.05		56870	0.05	
W0010	贾某元	80870	0.05		25790	0		60860	0.05		41000	0.05	
W0011	孙某	22000	0		54300	0.05		60005	0.05		78650	0.05	
W0012	杨某	43680	0.05		88805	0.05		65409	0.05		26590	0	

图 7-40　为所选单元格区域添加边框

三、计算业绩奖金

步骤 1▶ 单击 E3 单元格，然后输入乘法运算公式“=C3*D3”，最后向下拖动 E3 单元格右下角的填充柄至 E14 单元格，计算所有员工第一季度的业绩奖金，效果如图 7-41 所示。

E3 　=C3*D3

编号	员工姓名	第一季度销售额	奖金比例	业绩奖金	第二季度销售额	奖金比例
W0001	王某娜	51250	0.05	2562.5	62000	0.05
W0002	李某清	31280	0	0	43210	0.05
W0003	刘某肖	76540	0.05	3827	65435	0.05
W0004	刘某可	55760	0.05	2788	50795	0.05
W0005	赵某利	56780	0.05	2839	43265	0.05
W0006	李某则	34250	0	0	45450	0.05
W0007	贺某新	189050	0.15	28357.5	65080	0.05
W0008	刘某爱	67540	0.05	3377	59800	0.05
W0009	王某一	45605	0.05	2280.25	55580	0.05
W0010	贾某元	80870	0.05	4043.5	25790	0
W0011	孙某	22000	0	0	54300	0.05
W0012	杨某	43680	0.05	2184	88805	0.05

图 7-41　计算所有员工第一季度的业绩奖金

步骤 2▶ 分别在 H3、K3 和 N3 单元格中输入乘法运算公式（见图 7-42），然后分别向下拖动单元格右下角的填充柄至第 14 行的单元格，计算所有员工其他 3 个季度的业绩奖金（最终效果见图 7-36），最后保存工作簿。

图 7-42　输入乘法运算公式

Excel 高效办公技巧

一、在单元格中输入 0 值

要在单元格中输入 0 值，可选择要输入 0 值的单元格或单元格区域，然后在“数字格式”下拉列表中选择“文本”选项，如图 7-43 所示。

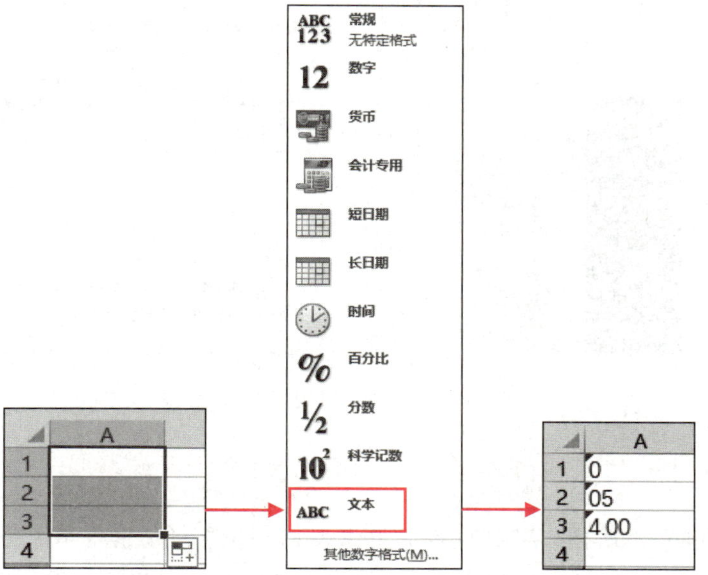

图 7-43　在单元格中输入 0 值

二、全选工作表中的数据

要全选工作表中的数据，可单击工作表左上角行与列交汇区域的“全选”按钮◢，如图 7-44 所示。

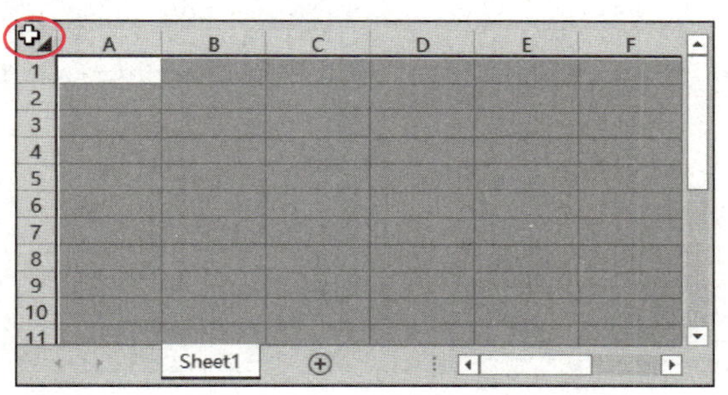

图 7-44　全选工作表中的数据

三、一次打开多个工作簿

要一次打开多个工作簿，可单击“文件”按钮，在打开的界面中选择“打开”/“浏览”选项，打开“打开”对话框，然后配合“Shift”键或“Ctrl”键选择要打开的多个工作簿，最后单击“打开”按钮，如图 7-45 所示。

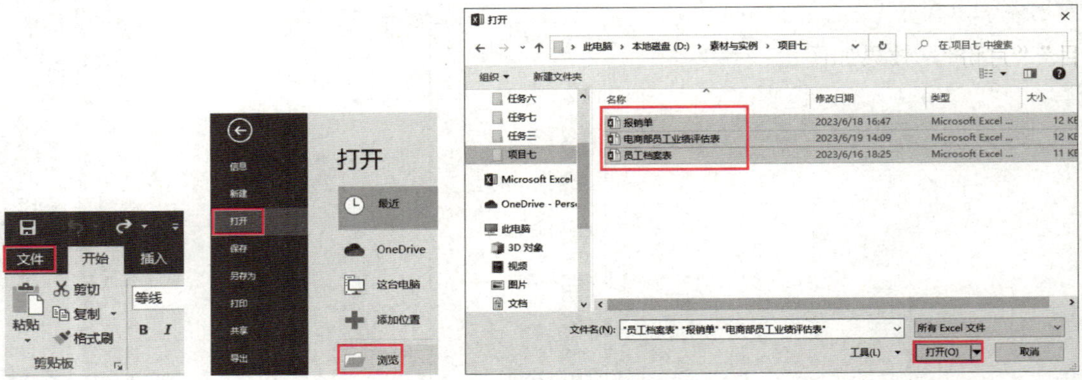

图 7-45　一次打开多个工作簿

四、同时编辑同一个工作簿中的多个工作表相同位置的数据

要同时编辑同一个工作簿中的多个工作表相同位置的数据，可打开工作簿后按住“Shift”键或“Ctrl”键的同时依次单击工作表底部的工作表标签，选中要同时进行编辑操作的多个工作表，此时标题栏会显示“工作组”字样，在单元格中编辑数据，即可在选中的多个工作表的相同位置同时编辑数据，如图 7-46 所示。

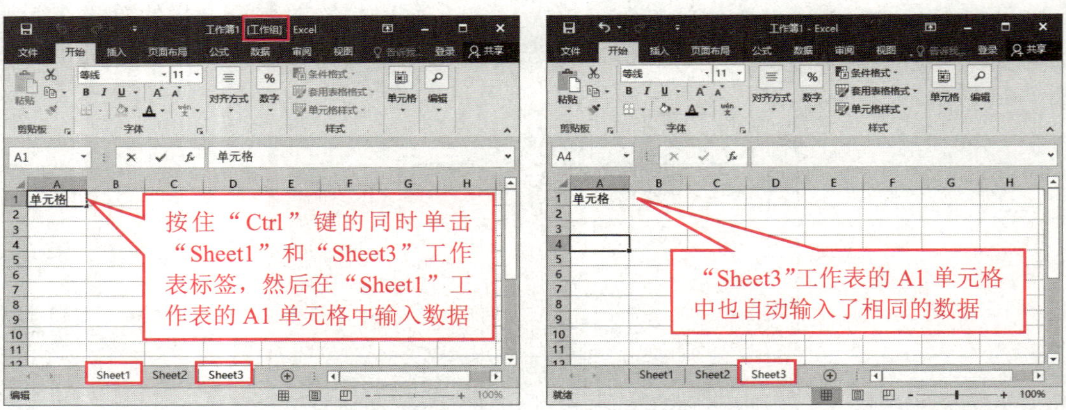

图 7-46　同时编辑同一个工作簿中的多个工作表相同位置的数据

五、在单元格中绘制斜线

要在单元格中绘制斜线，可调整行高后选中要绘制斜线的单元格［见图 7-47（a）］，然后单击“开始”选项卡“对齐方式”组右下角的对话框启动器按钮，打开“设置单元格格式”对话框，在“对齐”选项卡的“垂直对齐”下拉列表中选择“靠上”选项，并选中“自动换行”复选框［见图 7-47（b）］，接着在“边框”选项卡中单击“对角线”按钮，最后单击“确定”按钮，如图 7-47（c）所示。设置完成后可在单元格中输入文本，如“项目”“月份”，效果如图 7-47（d）所示。

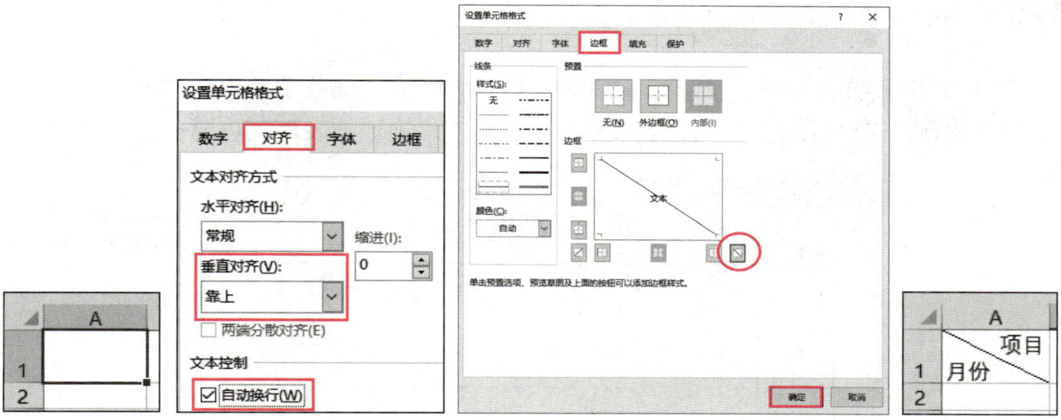

（a）　　（b）　　（c）　　（d）

图 7-47　在单元格中绘制斜线

六、选中不连续的单元格

要选中不连续的单元格，可在按住“Ctrl”键的同时依次单击要选择的单元格，如图 7-48 所示。

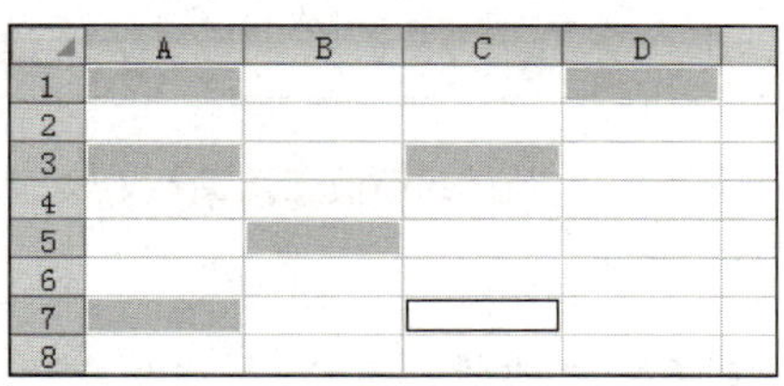

图 7-48　选中不连续的单元格

项目总结

本项目主要介绍了 Excel 2016 的基本操作。学完本项目后，读者应重点掌握以下知识。

（1）在单元格中输入数据的方法，如常规方法、利用填充柄自动填充数据、利用快捷键输入相同数据。

（2）设置单元格格式的方法，如设置字符格式、对齐方式、边框和底纹等。

（3）利用鼠标拖动及“行高”和“列宽”对话框调整单元格行高和列宽的方法。

（4）利用条件格式突出显示单元格的方法。

（5）为单元格添加批注的方法。

（6）在单元格中输入简单公式计算工作表数据的方法。

课后实训

（1）制作新员工培训计划表，效果如图 7-49 所示。最终效果参见本书配套素材“素材与实例”/“项目七”/“课后实训”/“新员工培训计划表”工作簿。

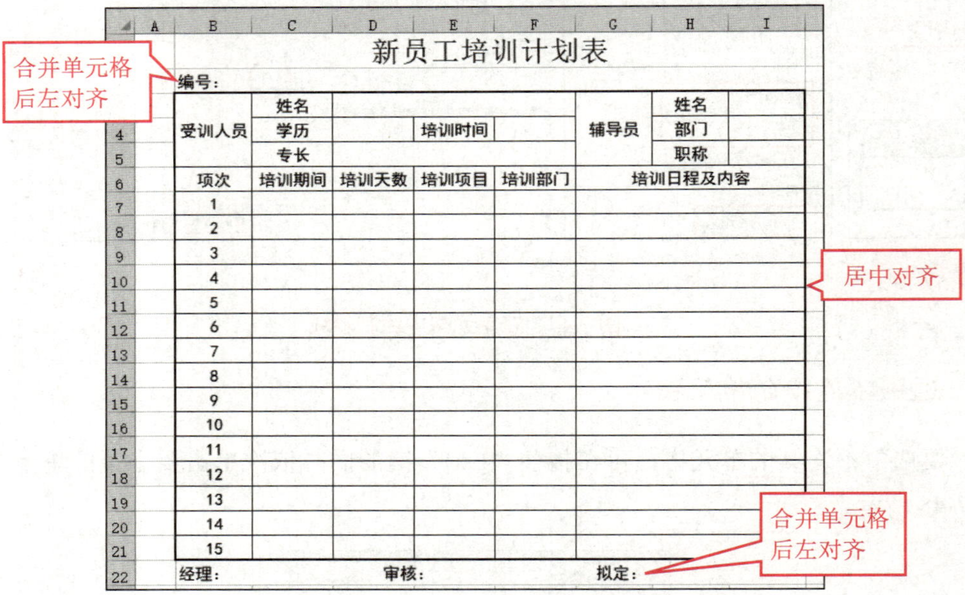

图 7-49　制作的新员工培训计划表

【操作提示】

① 新建“新员工培训计划表”工作簿，参照图 7-49 在“Sheet1”工作表中输入数据。

② 合并单元格并为单元格添加边框。

③ 设置单元格的字符格式，其中表题的字符格式为汉仪行楷简、20 磅，其他单元格的字符格式为黑体、12 磅。

④ 设置单元格的对齐方式。

⑤ 设置行高，其中除第 1 行的行高为 34 像素外，其他行的行高均为 24 像素。

⑥ 调整 A 列的列宽为 38 像素。

（2）制作公司报价单，效果如图 7-50 所示。最终效果参见本书配套素材“素材与实例”/“项目七”/“课后实训”/“公司报价单”工作簿。

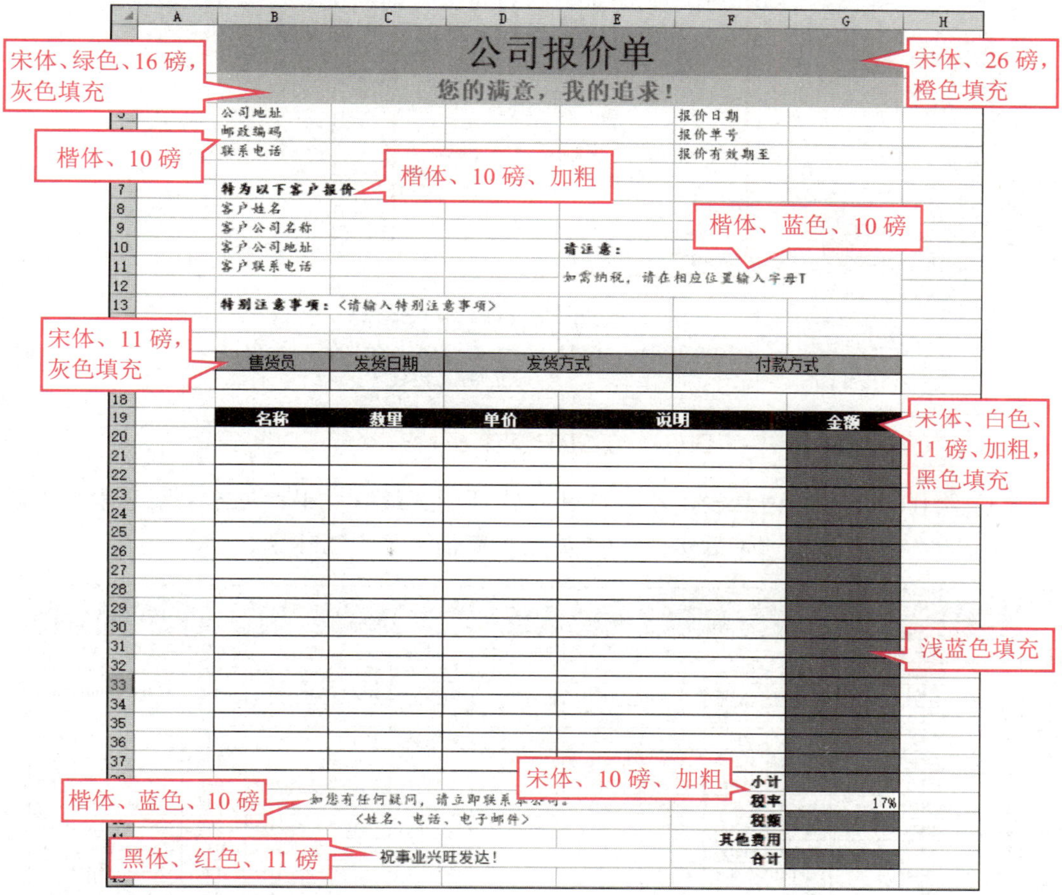

图 7-50　制作的公司报价单

【操作提示】

① 新建“公司报价单”工作簿，参照图 7-50 在“Sheet1”工作表中输入数据。

② 合并单元格，并设置单元格的字符格式和对齐方式。

③ 为单元格添加边框和底纹。

④ 调整 B 列至 G 列的列宽为 102 像素。

⑤ 设置工作表的打印区域为 B1:G42 单元格区域，页边距和居中方式的设置如图 7-51 所示。

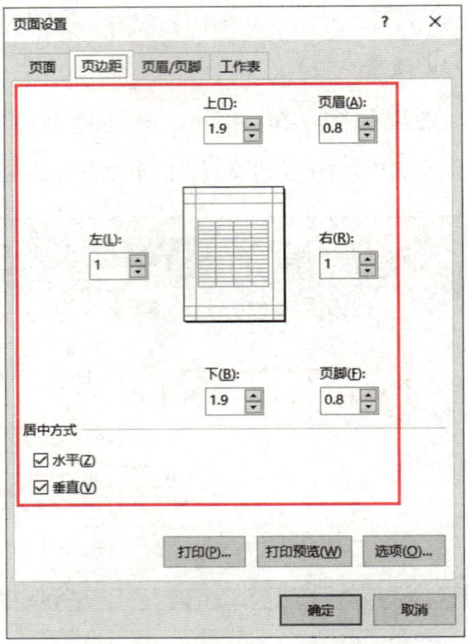

图 7-51　设置页边距和居中方式

（3）制作员工档案信息表，效果如图 7-52 所示。最终效果参见本书配套素材“素材与实例”/“项目七”/“课后实训”/“员工档案信息表”工作簿。

员工档案信息表

工号	姓名	性别	籍贯	部门	职务	职称	参加工作日期	出生日期	身份证号码	第一学历	办公电话	联系电话
4009001	张某英	女	山东省	行政部	经理	工程师	1995/7/1	1974/7/6	37012519740706****	本科	402****	1370543****
4009002	王某兴	男	山东省	销售部	职员	工程师	1984/5/1	1963/5/7	37021119630507****	本科	402****	1397885****
4009003	马某民	男	北京市	人事部	职员	工程师	1990/7/2	1968/7/7	11052219680707****	本科	402****	1331955****
4009004	王某霞	女	山东省	销售部	职员	技师	2000/5/3	1979/9/9	37010219790909****	专科	402****	1388711****
4009005	王某梅	女	湖南省	研发部	职员	高级工程师	1994/2/4	1971/2/9	43010219710209****	本科	402****	1397311****
4009006	王某磊	男	湖北省	销售部	职员	技术员	2004/1/5	1983/1/10	42010219830110****	专科	402****	1367733****
4009007	艾某敏	女	北京市	行政部	职员	技师	2000/7/6	1979/12/12	11010119791212****	专科	402****	1357485****
4009008	刘某明	男	湖南省	销售部	职员	技师	2002/9/7	1981/9/12	43010319810912****	专科	402****	1318711****
4009009	刘某历	男	江苏省	行政部	职员	工程师	1997/8/8	1976/8/13	32020519760813****	专科	402****	1397585****
4009010	刘某强	男	上海市	人事部	副经理	工程师	2002/7/9	1980/2/14	31010219800214****	本科	402****	1378755****
4009011	刘某凤	女	重庆市	研发部	副经理	高级工程师	1992/7/10	1971/12/16	50062519711216****	专科	402****	1354895****
4009012	刘某鹏	男	四川省	研发部	职员	高级工程师	1995/8/9	1973/1/13	51033019730113****	专科	402****	1386789****
4009013	孙某婷	女	湖南省	财务部	副经理	工程师	1992/8/10	1969/9/8	43030019690908****	本科	402****	1895433****
4009014	朱某雅	女	湖南省	销售部	职员	工程师	1991/8/11	1970/12/9	43010119701209****	专科	402****	1340809****
4009015	朱某花	女	湖南省	研发部	职员	工程师	1995/5/1	1974/12/30	43010319741230****	专科	402****	1375431****
4009016	陈某敏	女	山东省	行政部	副经理	工程师	1996/6/1	1974/8/13	37020519740813****	本科	402****	1385434****
4009017	陈某华	男	山东省	客服部	职员	工程师	1997/7/1	1975/2/14	37010219750214****	本科	402****	1340807****
4009018	彭某华	男	山东省	研发部	职员	高级工程师	1992/7/1	1970/2/9	37010219700209****	本科	402****	1350806****

图 7-52　制作的员工档案信息表

【操作提示】

① 新建“员工档案信息表”工作簿，参照图 7-52 在“Sheet1”工作表中输入数据。在输入“部门”和“职务”列数据时，可先设置数据的有效性，以“部门”列为例，方法是选中 F3:F20 单元格区域，单击“数据”选项卡“数据工具”组中的“数据验证”按钮，

然后在打开的“数据验证”对话框中进行设置，设置方法如图 7-53（a）、图 7-53（b）和图 7-53（c）所示。数据有效性设置完成后，单击此列中的单元格会出现下拉列表，用户可在下拉列表中选择要输入的文本，如图 7-53（d）所示。使用同样的方法设置“职务”列的数据有效性，如图 7-54 所示。

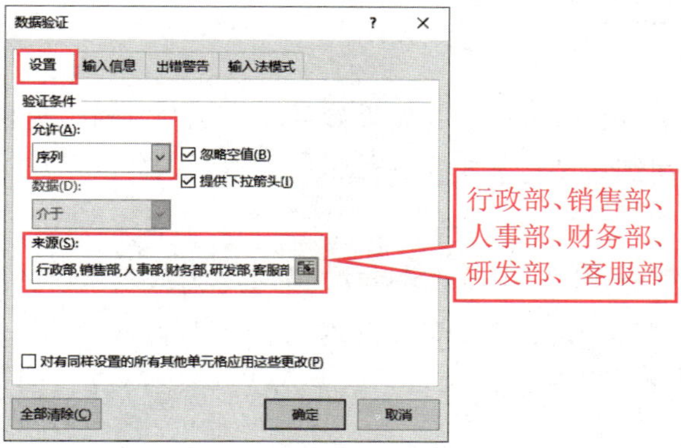

（a）

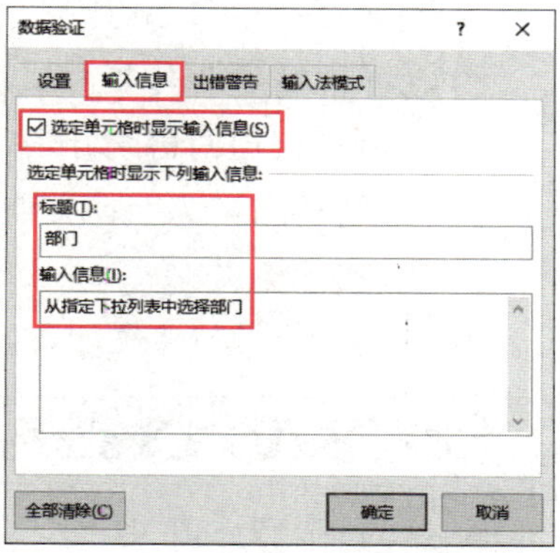

（b）

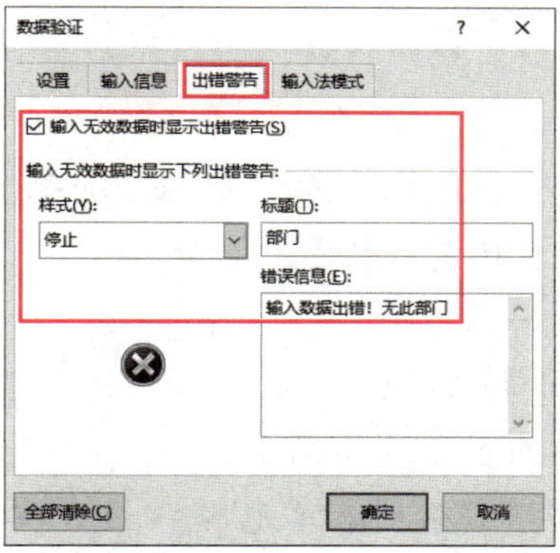

（c）

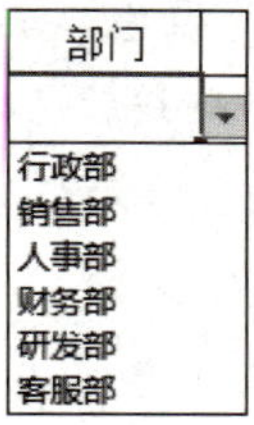

（d）

图 7-53　设置“部门”列的数据有效性

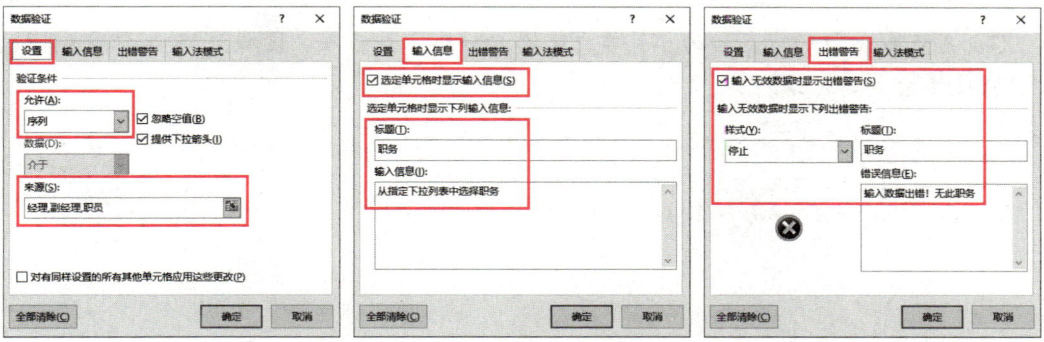

图 7-54　设置“职务”列的数据有效性

② 合并单元格，并设置表题的字符格式为宋体、24 磅，填充颜色为浅绿色。

③ 设置单元格的对齐方式为居中对齐。

④ 将 A 列的列宽调整为 20 像素；将 H 列至 K 列及 N 列的列宽调整为最合适，即将鼠标指针移到指定列的右边框线处，待鼠标指针变为左右双向箭头形状时双击。

⑤ 将第 2 行～第 20 行的行高调整为 26 像素。

⑥ 为单元格添加外粗内细的边框。

（4）制作公司销售统计表，效果如图 7-55 所示。最终效果参见本书配套素材“素材与实例”/“项目七”/“课后实训”/“公司销售统计表”工作簿。

【操作提示】

① 新建“公司销售统计表”工作簿，参照图 7-56 在“Sheet1”工作表中输入数据。

	A	B	C	D	E	F	G
1	某有限公司销售统计表						
2							单位：万元
3	区域 时间	公司总部	成都	重庆	武汉	西安	平均销售额
4	1月	¥126.0	¥76.0	¥75.0	¥58.0	¥79.0	¥82.8
5	2月	¥300.0	¥81.0	¥60.0	¥248.0	¥98.0	¥157.4
6	3月	¥320.0	¥100.0	¥85.0	¥230.0	¥106.0	¥168.2
7	4月	¥112.0	¥75.0	¥70.0	¥360.0	¥145.0	¥152.4
8	5月	¥130.0	¥80.0	¥98.0	¥470.0	¥120.0	¥179.6
9	6月	¥156.0	¥56.0	¥120.0	¥479.0	¥170.0	¥196.2
10	上半年合计	¥1,144.0	¥468.0	¥508.0	¥1,845.0	¥718.0	

图 7-55　制作的公司销售统计表

	A	B	C	D	E	F	G
1	某有限公司销售统计表						
2	单位：万元						
3		公司总部	成都	重庆	武汉	西安	平均销售额
4	1月	126	76	75	58	79	
5	2月	300	81	60	248	98	
6	3月	320	100	85	230	106	
7	4月	112	75	70	360	145	
8	5月	130	80	98	470	120	
9	6月	156	56	120	479	170	
10	上半年合计						

图 7-56　输入工作表数据

② 合并单元格，并设置表题的字符格式为方正姚体、24 磅、加粗、跨列居中、底端对齐，填充颜色为橙色，其他单元格的字符格式为宋体、12 磅。

③ 将第 2 行合并后底端右对齐。

④ 将 B4:G10 单元格区域使用人民币符号（¥）格式表示，并保留一位小数，对齐方式为底端居中对齐。

⑤ 计算平均销售额与上半年合计。分别在 G4 单元格和 B10 单元格中输入公式“=(B4+C4+D4+E4+F4)/5”和“=B4+B5+B6+B7+B8+B9”，然后利用填充柄将公式复制到其他相关单元格。

⑥ 为 A3:G10 单元格区域添加边框。

⑦ 调整第 3 行的行高后为 A3 单元格添加斜线，并输入“区域”“时间”，然后设置该行的对齐方式为底端对齐。

项目八　使用 Excel 计算表格数据

项目描述

Excel 2016 强大的计算功能主要依赖于其公式和函数，利用公式和函数可以对表格中的数据进行各种计算和处理，从而提高制作复杂表格的工作效率及计算准确率。在本项目中，读者可通过计算水电费开支表、学生成绩一览表、员工考核表和员工工资表数据，学习公式和函数的使用方法。

学习目标

【知识目标】

- 了解组合工作表的作用。
- 掌握 Excel 公式和函数的使用方法。
- 熟悉自定义数字格式和使用公式、函数计算工作表数据的操作。

【能力目标】

- 能够利用组合工作表功能在多个工作表的相同位置输入和编辑相同数据。
- 能够根据需要自定义单元格区域的数字格式。
- 能够使用公式和函数计算工作表数据。

【素质目标】

- 提升自主学习常用工具软件的能力。
- 提升自身的操作能力、思维能力和创新能力，做到举一反三、触类旁通。

任务一　计算水电费开支表数据

情景引入

小陈是房东，他的租客有 10 个人，已经连续两个月没交水电费了。为此，他统计了所有户主这两个月的电费和水费，准备上门收缴。

作品展示

本任务制作的水电费开支表和计算的数据如图 8-1 所示。最终效果参见本书配套素材“素材与实例”/“项目八”/“任务一”/“水电费开支表（计算）”工作簿。

8月水电费									
门牌号	户主	电费				水费			
		上月表底	本月表底	用电量	电费	上月表底	本月表底	用水量	水费
0101	何某生	239	334	95	42.75	454	477	23	40.25
0102	王某	123	189	66	29.7	453	487	34	59.5
0103	李某	122	175	53	23.85	322	443	121	211.75
0104	钟某绪	333	398	65	29.25	33	78	45	78.75
0105	罗某婷	432	544	112	50.4	234	288	54	94.5
0106	江某	23	65	42	18.9	221	288	67	117.25
0107	胡某星	124	343	219	98.55	321	354	33	57.75
0108	张某莲	324	456	132	59.4	33	78	45	78.75
0109	廖某南	246	301	55	24.75	105	176	71	124.25
0110	曾某龙	225	334	109	49.05	256	302	46	80.5
		电费合计			426.6	水费合计			943.25
电费单价	0.45	水费单价	1.75						

9月水电费									
门牌号	户主	电费				水费			
		上月表底	本月表底	用电量	电费	上月表底	本月表底	用水量	水费
0101	何某生	334	365	31	13.95	477	501	24	42
0102	王某	189	226	37	16.65	487	521	34	59.5
0103	李某	175	208	33	14.85	443	478	35	61.25
0104	钟某绪	398	425	27	12.15	78	99	21	36.75
0105	罗某婷	544	569	25	11.25	288	311	23	40.25
0106	江某	65	76	11	4.95	288	324	36	63
0107	胡某星	343	364	21	9.45	354	386	32	56
0108	张某莲	456	471	15	6.75	78	101	23	40.25
0109	廖某南	301	326	25	11.25	176	204	28	49
0110	曾某龙	334	375	41	18.45	302	328	26	45.5
		电费合计			119.7	水费合计			493.5
电费单价	0.45	水费单价	1.75						

8~9月水电费合计	
电费合计	546.3
水费合计	1436.75

图 8-1　计算的水电费开支表数据

制作思路

新建工作簿后首先重命名并新建工作表，然后将工作表组合，在组合的其中一个工作表中输入基本数据并格式化，取消组合后修改另一个工作表中的数据，接着完善其他工作表，最后在各工作表中输入公式计算工作表数据。

任务实施

扫一扫

计算水电费开支表数据

一、输入工作表基本数据

步骤 1▶ 新建空白工作簿，然后将其以“水电费开支表”为名保存，最后将“Sheet1”工作表重命名为“8 月”，并新建“9 月”和“合计”工作表。

步骤 2▶ 单击“8 月”工作表标签，然后按住“Ctrl”键的同时单击“9 月”工作表标签，将“8 月”和“9 月”工作表组合，最后在“8 月”工作表中输入数据并格式化，效果如图 8-2 所示。

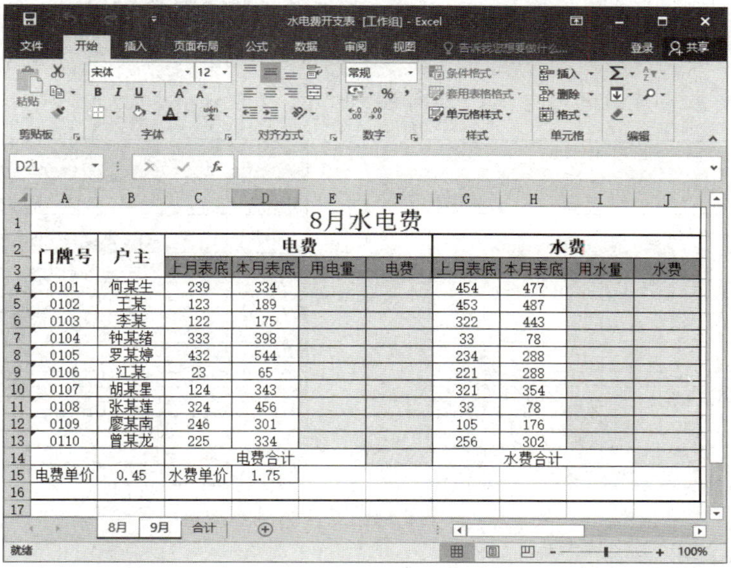

图 8-2　在组合工作表中输入数据

步骤 3▶　右击组合的任意工作表标签，在弹出的快捷菜单中选择“取消组合工作表”选项，取消工作表的组合，然后修改“9 月”工作表中的数据，效果如图 8-3 所示。

步骤 4▶　首先在“合计”工作表中输入数据（见图 8-4），然后保存工作簿，最后将工作簿另存为“水电费开支表（计算）”。

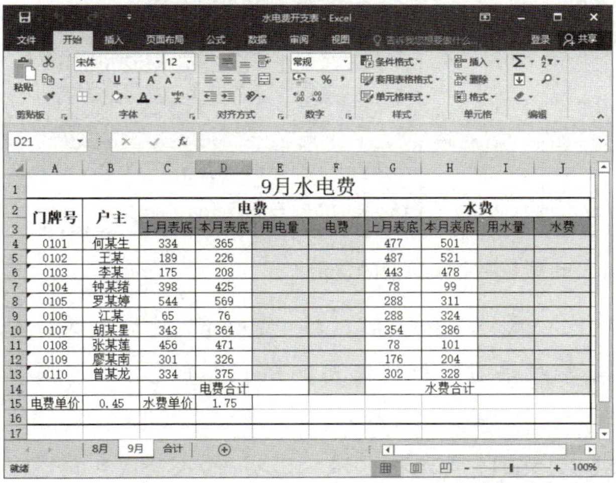

图 8-3　修改“9 月”工作表数据

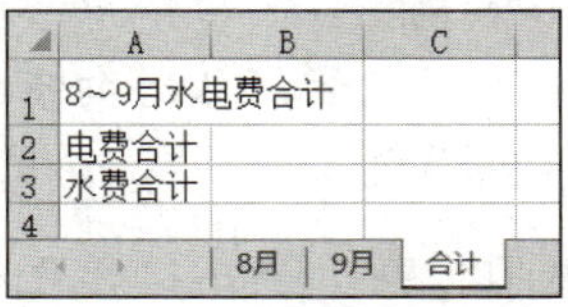

图 8-4　在“合计”工作表中输入数据

二、计算工作表数据

步骤 1▶ 在“8 月”工作表中单击 E4 单元格，输入公式“=D4-C4”，按“Enter”键得到第一个户主 8 月份的用电量，然后向下拖动 E4 单元格右下角的填充柄至 E13 单元格，计算其他户主 8 月份的用电量，如图 8-5 所示。

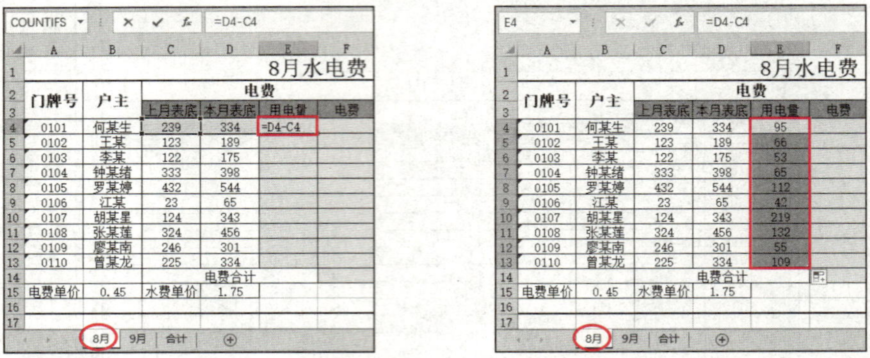

图 8-5　计算各户主 8 月份的用电量

步骤 2▶ 单击 F4 单元格，根据 A15:B15 单元格区域的说明，输入公式“=E4*$B$15”，按“Enter”键得到第一个户主 8 月份的电费，然后向下拖动 F4 单元格右下角的填充柄至 F13 单元格，计算其他户主 8 月份的电费，如图 8-6 所示。

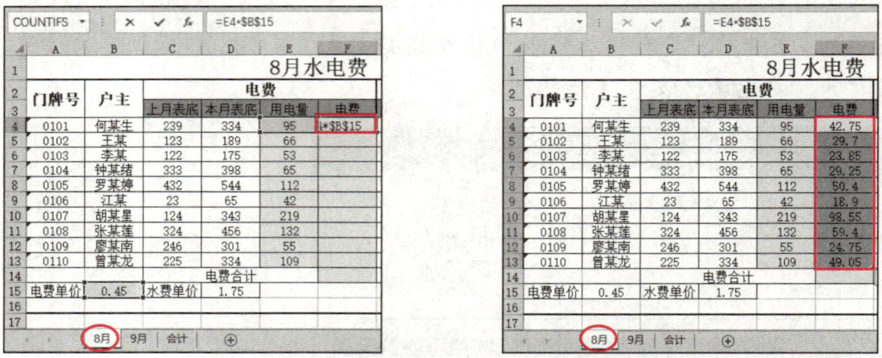

图 8-6　计算各户主 8 月份的电费

步骤 3▶ 单击 I4 单元格，输入公式“=H4-G4”，按“Enter”键得到第一个户主 8 月份的用水量，然后向下拖动 I4 单元格右下角的填充柄至 I13 单元格，计算其他户主 8 月份的用水量，如图 8-7 所示。

步骤 4▶ 单击 J4 单元格，根据 C15:D15 单元格区域的说明，输入公式“=I4*$D$15”，按“Enter”键得到第一个户主 8 月份的水费，然后向下拖动 J4 单元格右下角的填充柄至 J13 单元格，计算其他户主 8 月份的水费，如图 8-8 所示。

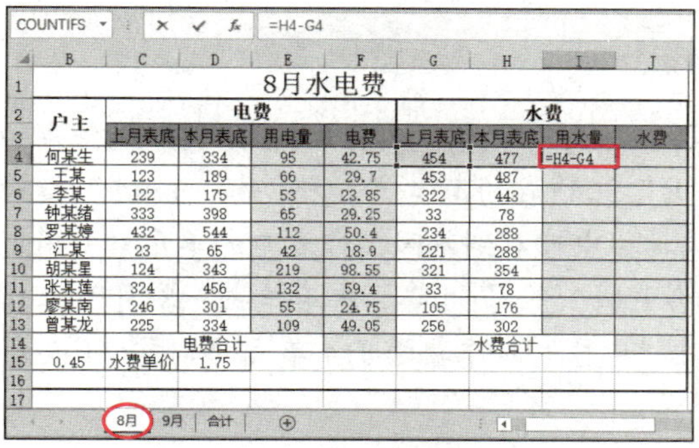

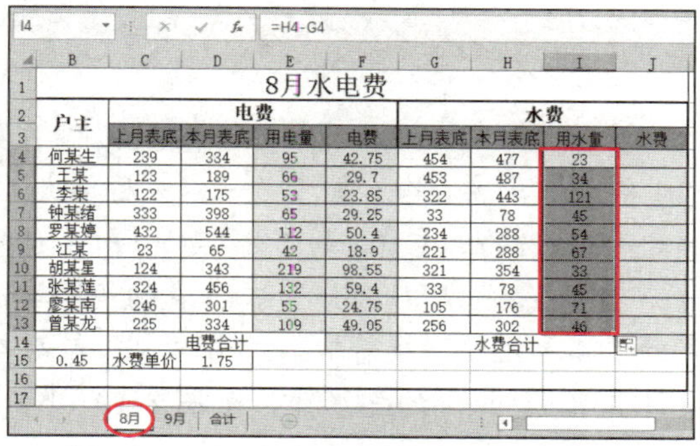

图 8-7 计算各户主 8 月份的用水量

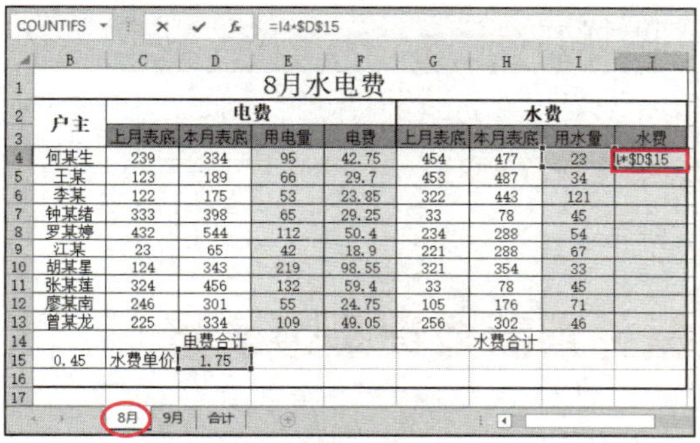

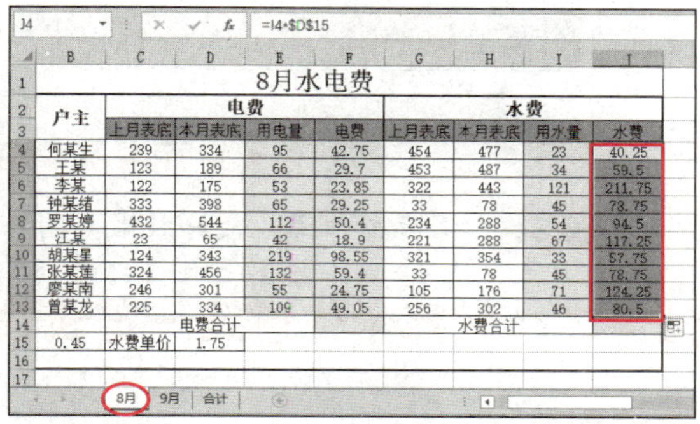

图 8-8 计算各户主 8 月份的水费

步骤 5▶ 单击 F14 单元格，然后单击“开始”选项卡“编辑”组中的“自动求和”按钮 Σ，按“Enter”键计算 8 月份的总电费。单击 J14 单元格，使用同样的方法计算 8 月份的总水费。

步骤 6▶ 使用同样的方法在“9 月”工作表中计算各户主 9 月份的用电量、电费、用水量和水费，以及总电费和总水费，计算结果如图 8-9 所示。

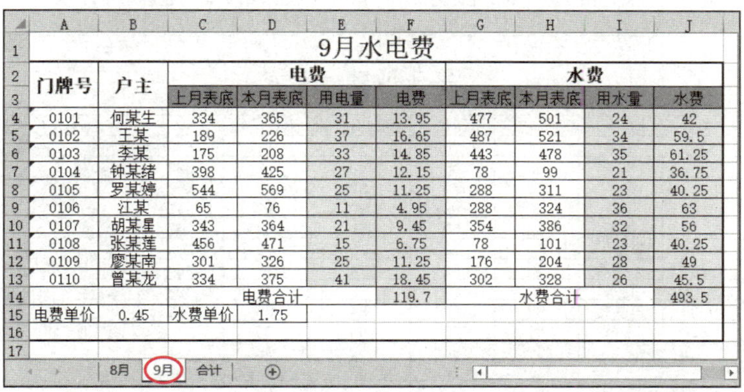

	A	B	C	D	E	F	G	H	I	J
1	9月水电费									
2	门牌号	户主	电费				水费			
3			上月表底	本月表底	用电量	电费	上月表底	本月表底	用水量	水费
4	0101	何某生	334	365	31	13.95	477	501	24	42
5	0102	王某	189	226	37	16.65	487	521	34	59.5
6	0103	李某	175	208	33	14.85	443	478	35	61.25
7	0104	钟某绪	398	425	27	12.15	78	99	21	36.75
8	0105	罗某婷	544	569	25	11.25	288	311	23	40.25
9	0106	江某	65	76	11	4.95	288	324	36	63
10	0107	胡某星	343	364	21	9.45	354	386	32	56
11	0108	张某莲	456	471	15	6.75	78	101	23	40.25
12	0109	廖某南	301	326	25	11.25	176	204	28	49
13	0110	曾某龙	334	375	41	18.45	302	328	26	45.5
14			电费合计			119.7	水费合计			493.5
15	电费单价	0.45	水费单价	1.75						

图 8-9 各户主 9 月份的用电量、电费、用水量、水费及总电费和总水费

三、计算总电费和总水费

步骤 1▶ 在“合计”工作表的 B2 单元格中输入等号“=”，然后单击“8 月”工作表的 F14 单元格，接着输入加号“+”，最后单击“9 月”工作表的 F14 单元格，按“Enter”键计算 8～9 月份的总电费，如图 8-10（a）所示（从编辑栏中可看到不同工作表中的单元格引用）。

步骤 2▶ 在“合计”工作表的 B3 单元格中输入等号“=”，然后单击“8 月”工作表的 J14 单元格，接着输入加号“+”，最后单击“9 月”工作表的 J14 单元格，按“Enter”键计算 8～9 月份的总水费，如图 8-10（b）所示。

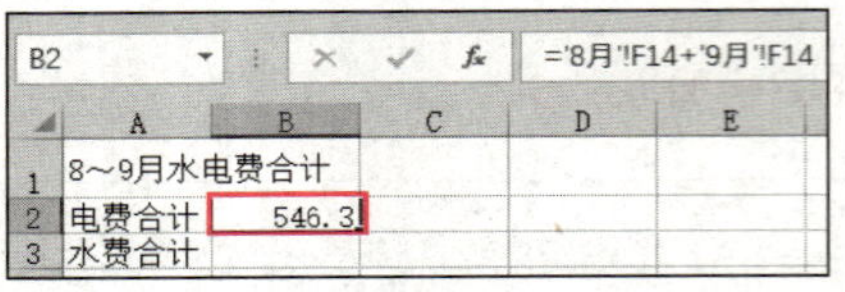

（a）

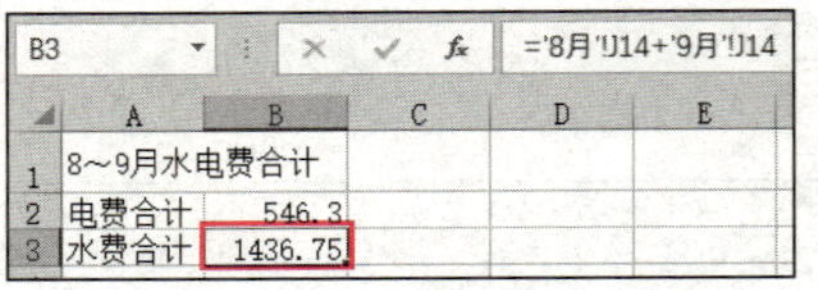

（b）

图 8-10 计算 8～9 月份的总电费和总水费

步骤 3▶ 保存工作簿，最终效果如图 8-1 所示。

任务二 计算学生成绩一览表数据并判断成绩是否及格

情景引入

老师让小郭制作学生成绩一览表，然后计算学生的总分，科目的最高分、平均分，最后根据比例系数计算学生的综合分，并根据综合分判断成绩是否及格。

作品展示

本任务制作的学生成绩一览表和计算的数据如图 8-11 所示。最终效果参见本书配套素材“素材与实例”/“项目八”/“任务二”/“学生成绩一览表（计算）”工作簿。

学生成绩一览表

2023/4/10

学号	姓名	高等数学	英语	计算机基础	思想品德	总分	综合分	是否及格
09201	高某	85	70	90	91	336	82.7	及格
09202	李某	62	45	48	68	223	55.3	不及格
09203	金某	56	73	87	72	288	70.5	及格
09204	白某	90	88	90	93	361	90	及格
09205	张某	68	69	56	64	257	65.1	及格
09206	李某芳	87	70	75	72	304	76.5	及格
09207	王某浩	45	72	74	75	266	64.9	及格
09208	赵某	75	56	83	78	292	71.5	及格
09209	李某红	82	84	84	85	335	83.6	及格
09210	朱某	66	73	64	65	268	67.5	及格
最高分		90	88	90	93	361		
平均分		71.6	70	75.1	76.3	293		
比例系数		0.3	0.3	0.2	0.2			

图 8-11 计算的学生成绩一览表数据

拓展阅读

成绩的作用

对于学生而言，成绩是衡量自己学习质量和水平的重要指标。首先，通过各科成绩及总分，可以清楚地知道自己在哪些科目上表现较好，哪些科目需要加强；其次，通过单科目的最高分和平均分，可以更好地了解科目的难易程度，自己在该科目上的表现是否超过了大多数同学，或者是否还有提升的空间。

此外，成绩也可以帮助学校、家长等更好地了解学生的学习状况和表现。同时，成绩合格率也可以反映学校的教学质量和水平，有助于学校进行教学改进，不断提升教学效果。

（资料来源：微信公众号“光明社教育家”，有改动）

请思考： 成绩表不是简单的数字堆砌，其中蕴含着“大学问”。除了密切关注成绩，我们还可以采取哪些方法不断增强学习动力和积极性？

制作思路

新建工作簿后首先在工作表中输入基本数据并格式化，然后依次计算总分、最高分、平均分和综合分，最后根据综合分判断成绩是否及格。

任务实施

一、输入工作表基本数据

步骤 1▶ 新建空白工作簿，将其以“学生成绩一览表”为名保存。

步骤 2▶ 在“Sheet1”工作表中输入数据并格式化，效果如图 8-12 所示。

步骤 3▶ 首先保存工作簿，然后将工作簿另存为“学生成绩一览表（计算）”。

扫一扫

计算学生成绩一览表数据并判断成绩是否及格

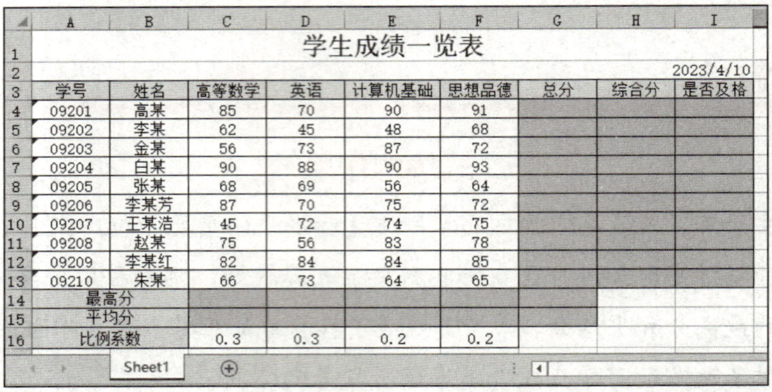

	A	B	C	D	E	F	G	H	I
1	学生成绩一览表								
2									2023/4/10
3	学号	姓名	高等数学	英语	计算机基础	思想品德	总分	综合分	是否及格
4	09201	高某	85	70	90	91			
5	09202	李某	62	45	48	68			
6	09203	金某	56	73	87	72			
7	09204	白某	90	88	90	93			
8	09205	张某	68	69	56	64			
9	09206	李某芳	87	70	75	72			
10	09207	王某浩	45	72	74	75			
11	09208	赵某	75	56	83	78			
12	09209	李某红	82	84	84	85			
13	09210	朱某	66	73	64	65			
14	最高分								
15	平均分								
16	比例系数		0.3	0.3	0.2	0.2			

图 8-12　输入数据并格式化

二、计算总分、最高分和平均分

步骤 1▶ 单击 G4 单元格，然后单击“开始”选项卡“编辑”组中的“自动求和”按钮 Σ，按“Enter”键计算第一个学生的总分，如图 8-13 所示。

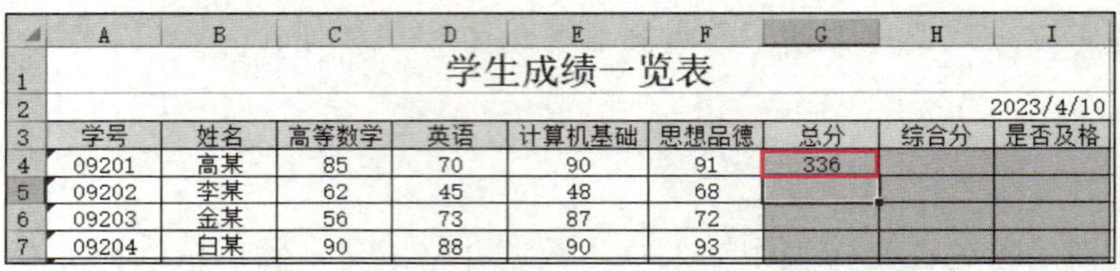

	A	B	C	D	E	F	G	H	I
1	学生成绩一览表								
2									2023/4/10
3	学号	姓名	高等数学	英语	计算机基础	思想品德	总分	综合分	是否及格
4	09201	高某	85	70	90	91	336		
5	09202	李某	62	45	48	68			
6	09203	金某	56	73	87	72			
7	09204	白某	90	88	90	93			

图 8-13　计算第一个学生的总分

步骤 2▶ 向下拖动 G4 单元格右下角的填充柄至 G13 单元格，计算其他学生的总分。

步骤 3▶ 单击 C14 单元格，然后单击“编辑”组中的“自动求和”下拉按钮▾，在展开的下拉列表中选择“最大值”选项［见图 8-14（a）］，按“Enter”键计算“高等数学”科目的最高分，如图 8-14（b）所示。

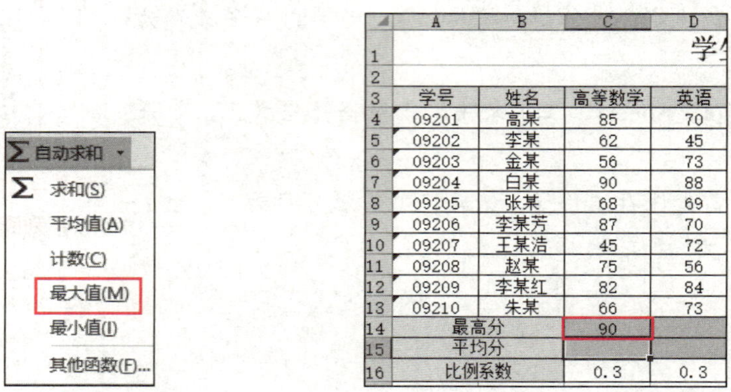

	A	B	C	D
1				学
2				
3	学号	姓名	高等数学	英语
4	09201	高某	85	70
5	09202	李某	62	45
6	09203	金某	56	73
7	09204	白某	90	88
8	09205	张某	68	69
9	09206	李某芳	87	70
10	09207	王某浩	45	72
11	09208	赵某	75	56
12	09209	李某红	82	84
13	09210	朱某	66	73
14	最高分		90	
15	平均分			
16	比例系数		0.3	0.3

（a）　　（b）

图 8-14　计算“高等数学”科目的最高分

步骤 4▶ 向右拖动 C14 单元格右下角的填充柄至 G14 单元格，计算其他科目和总分的最高分。

步骤 5▶ 单击 C15 单元格，在“自动求和”下拉列表中选择“平均值”选项，然后在工作表中选择求平均值的单元格区域 C4:C13［见图 8-15（a）］，按“Enter”键计算“高等数学”科目的平均分，如图 8-15（b）所示。

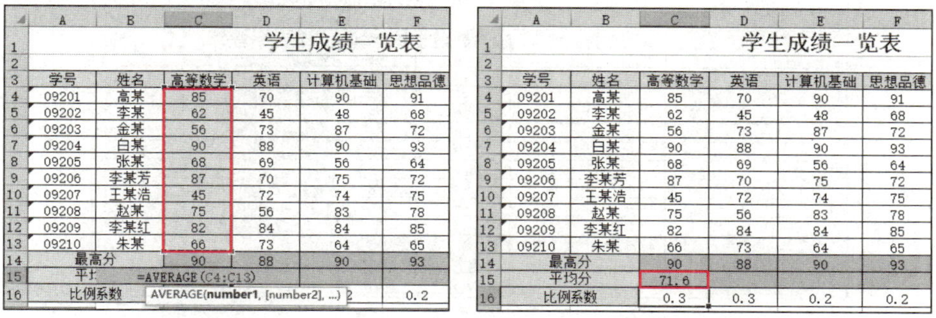

学生成绩一览表

学号	姓名	高等数学	英语	计算机基础	思想品德
09201	高某	85	70	90	91
09202	李某	62	45	48	68
09203	金某	56	73	87	72
09204	白某	90	88	90	93
09205	张某	68	69	56	64
09206	李某芳	87	70	75	72
09207	王某浩	45	72	74	75
09208	赵某	75	56	83	78
09209	李某红	82	84	84	85
09210	朱某	66	73	64	65
最高分		90	88	90	93
平均		=AVERAGE(C4:C13)			
比例系数		AVERAGE(number1, [number2], ...)		2	0.2

（a）

学生成绩一览表

学号	姓名	高等数学	英语	计算机基础	思想品德
09201	高某	85	70	90	91
09202	李某	62	45	48	68
09203	金某	56	73	87	72
09204	白某	90	88	90	93
09205	张某	68	69	56	64
09206	李某芳	87	70	75	72
09207	王某浩	45	72	74	75
09208	赵某	75	56	83	78
09209	李某红	82	84	84	85
09210	朱某	66	73	64	65
最高分		90	88	90	93
平均分		71.6			
比例系数		0.3	0.3	0.2	0.2

（b）

图 8-15　计算“高等数学”科目的平均分

步骤 6▶ 向右拖动 C15 单元格右下角的填充柄至 G15 单元格，计算其他科目和总分的平均分。

三、计算综合分并判断成绩是否及格

步骤 1▶ 根据比例系数，在 H4 单元格中输入公式“=C4*$C$16+D4*$D$16+E4*$E$16+F4*$F$16”，按“Enter”键计算第一个学生的综合分，如图 8-16 所示。

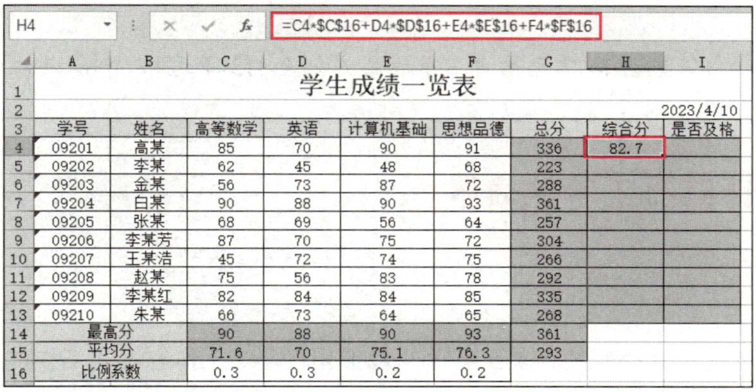

H4　=C4*$C$16+D4*$D$16+E4*$E$16+F4*$F$16

学生成绩一览表　2023/4/10

学号	姓名	高等数学	英语	计算机基础	思想品德	总分	综合分	是否及格
09201	高某	85	70	90	91	336	82.7	
09202	李某	62	45	48	68	223		
09203	金某	56	73	87	72	288		
09204	白某	90	88	90	93	361		
09205	张某	68	69	56	64	257		
09206	李某芳	87	70	75	72	304		
09207	王某浩	45	72	74	75	266		
09208	赵某	75	56	83	78	292		
09209	李某红	82	84	84	85	335		
09210	朱某	66	73	64	65	268		
最高分		90	88	90	93	361		
平均分		71.6	70	75.1	76.3	293		
比例系数		0.3	0.3	0.2	0.2			

图 8-16　计算第一个学生的综合分

步骤 2▶ 向下拖动 H4 单元格右下角的填充柄至 H13 单元格，计算所有学生的综合分。

步骤 3▶ 假设综合分大于等于 60 分为及格，小于 60 分为不及格，则在 I4 单元格中输入公式 “=IF(H4>=60,"及格","不及格")”，按 “Enter” 键判断第一个学生的成绩是否及格，如图 8-17 所示。

I4 =IF(H4>=60,"及格","不及格")

	A	B	C	D	E	F	G	H	I
1	学生成绩一览表								
2									2023/4/10
3	学号	姓名	高等数学	英语	计算机基础	思想品德	总分	综合分	是否及格
4	09201	高某	85	70	90	91	336	82.7	及格
5	09202	李某	62	45	48	68	223	55.3	
6	09203	金某	56	73	87	72	288	70.5	
7	09204	白某	90	88	90	93	361	90	
8	09205	张某	68	69	56	64	257	65.1	
9	09206	李某芳	87	70	75	72	304	76.5	
10	09207	王某浩	45	72	74	75	266	64.9	
11	09208	赵某	75	56	83	78	292	71.5	
12	09209	李某红	82	84	84	85	335	83.6	
13	09210	朱某	66	73	64	65	268	67.5	
14	最高分		90	88	90	93	361		
15	平均分		71.6	70	75.1	76.3	293		
16	比例系数		0.3	0.3	0.2	0.2			

图 8-17 判断第一个学生的成绩是否及格

> **提示**
>
> IF 函数用于根据给定的条件对数值进行判断并返回不同的结果，其语法格式如下。
>
> IF(logical_test,value_if_true,value_if_false)
>
> 其中，logical_test 表示计算结果为 “TRUE” 或 “FALSE” 的任意值或表达式，它用比较运算符（=、>、<、>=、<=、<>）连接；value_if_true 表示 logical_test 为 “TRUE” 时返回的值，可以是常量或表达式；value_if_false 表示 logical_test 为 “FALSE” 时返回的值，也可以是常量或表达式。

步骤 4▶ 向下拖动 I4 单元格右下角的填充柄至 I13 单元格，判断其他学生的成绩是否及格（最终效果见图 8-11），最后保存工作簿。

任务三 计算员工考核表数据

情景引入

又到年末，公司让小张统计员工各个季度的出勤量、工作态度和工作能力数据，并据此计算季度和年度考核数据，然后按年度总成绩排名，并根据排名计算奖金。

作品展示

本任务制作的员工考核表和计算的数据如图 8-18 所示。最终效果参见本书配套素材

“素材与实例”/“项目八”/“任务三”/“员工考核表”工作簿。

	A	B	C	D	E	F
1	第一季度考核表					
2	编号	姓名	出勤量	工作态度	工作能力	季度总成绩
3	0001	刘某	80	80	79	79.5
4	0002	王某利	92	92	94	93
5	0003	张某	99	96	86	91.6
6	0004	贺某娜	86	88	90	88.6
7	0005	李某新	96	99	98	97.9
8	0006	齐某	98	98	94	96
9	0007	焦某	95	96	98	96.8
10	0008	马某芳	96	100	99	98.7
11	0009	吴某	89	90	98	93.8

	A	B	C	D	E	F
1	第二季度考核表					
2	编号	姓名	出勤量	工作态度	工作能力	季度总成绩
3	0001	刘某	89	84	78	82
4	0002	王某利	98	88	90	91
5	0003	张某	95	94	92	93.2
6	0004	贺某娜	94	89	95	93
7	0005	李某新	98	94	100	97.8
8	0006	齐某	100	92	95	95.1
9	0007	焦某	98	99	100	99.3
10	0008	马某芳	97	98	100	98.8
11	0009	吴某	99	94	99	97.5

	A	B	C	D	E	F
1	第三季度考核表					
2	编号	姓名	出勤量	工作态度	工作能力	季度总成绩
3	0001	刘某	95	82	77	82.1
4	0002	王某利	94	94	98	96
5	0003	张某	96	94	89	91.9
6	0004	贺某娜	92	90	92	91.4
7	0005	李某新	99	98	99	98.7
8	0006	齐某	98	97	94	95.7
9	0007	焦某	100	97	96	97.1
10	0008	马某芳	100	96	95	96.3
11	0009	吴某	93	95	94	94.1

	A	B	C	D	E	F
1	第四季度考核表					
2	编号	姓名	出勤量	工作态度	工作能力	季度总成绩
3	0001	刘某	82	88	82	83.8
4	0002	王某利	92	92	90	91
5	0003	张某	97	92	93	93.5
6	0004	贺某娜	95	91	93	92.8
7	0005	李某新	100	100	98	99
8	0006	齐某	99	93	96	95.7
9	0007	焦某	99	98	99	98.7
10	0008	马某芳	98	97	99	98.2
11	0009	吴某	100	96	95	96.3

	A	B	C	D	E	F	G	H
1	年度考核表							
2	编号	姓名	出勤量	工作态度	工作能力	年度总成绩	排名	奖金
3	0001	刘某	86.5	83.5	79	81.85	9	1000
4	0002	王某利	94	91.5	93	92.75	6	2000
5	0003	张某	96.75	94	90	92.55	7	1000
6	0004	贺某娜	91.75	89.5	92.5	91.45	8	1000
7	0005	李某新	98.25	97.75	98.75	98.35	1	3000
8	0006	齐某	98.75	95	94.75	95.625	4	2000
9	0007	焦某	98	97.5	98.25	97.975	3	3000
10	0008	马某芳	97.75	97.75	98.25	98	2	3000
11	0009	吴某	95.25	93.75	96.5	95.425	5	2000
12								
13								
14						排名	奖金标准	
15						1	3000	
16						4	2000	
17						7	1000	

图 8-18 计算的员工考核表数据

制作思路

新建工作簿后首先制作出勤量统计表、绩效表、季度考核表和年度考核表，然后利用函数及通过直接引用单元格计算各季度考核数据，接着计算年度考核数据，最后在年度考核表中按年度总成绩排名，并根据排名计算奖金。

任务实施

一、制作出勤量统计表、绩效表、季度考核表和年度考核表

步骤 1▶ 新建空白工作簿，将其以“员工考核表”为名保存。

步骤 2▶ 制作出勤量统计表。将“Sheet1”工作表重命名为“出勤量统计表”，然后在 A1 单元格中输入标题文本“出勤量统计表”，在 A2 和 B2 单元格中输入列标题“编号”和“姓名”。

扫一扫

计算员工考核表数据

步骤 3▶ 在 C2 单元格中输入“第一季度”文本后按“Alt+Enter”组合键换行，然后输入“出勤量”文本，效果如图 8-19 所示。使用同样的方法输入其他列的列标题。

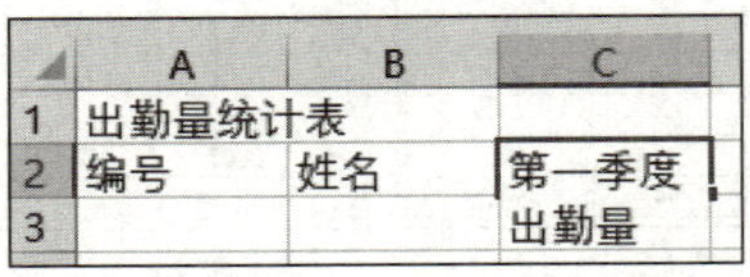

图 8-19　输入换行列标题文本

步骤 4▶ 选中 A3:A11 单元格区域，然后单击“开始”选项卡“数字”组右下角的对话框启动器按钮，打开“设置单元格格式”对话框，接着在“分类”列表框中选择“自定义”选项，在“类型”编辑框中输入“0000”，最后单击“确定”按钮，如图 8-20 所示。

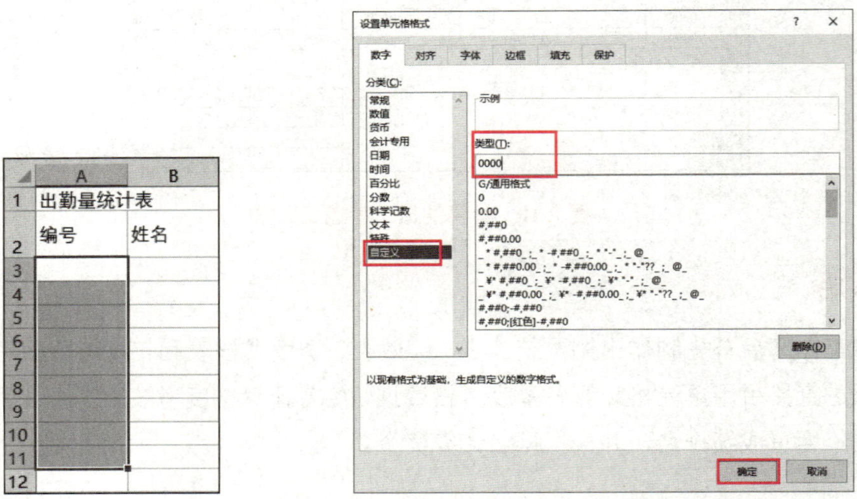

图 8-20　自定义单元格区域的数字格式

步骤 5▶ 在 A3 单元格中输入“0001”，然后向下拖动 A3 单元格右下角的填充柄至 A11 单元格，单击“自动填充选项”按钮，在展开的列表中选中“填充序列”单选

钮，即可得到“编号”列数据，如图 8-21 所示。

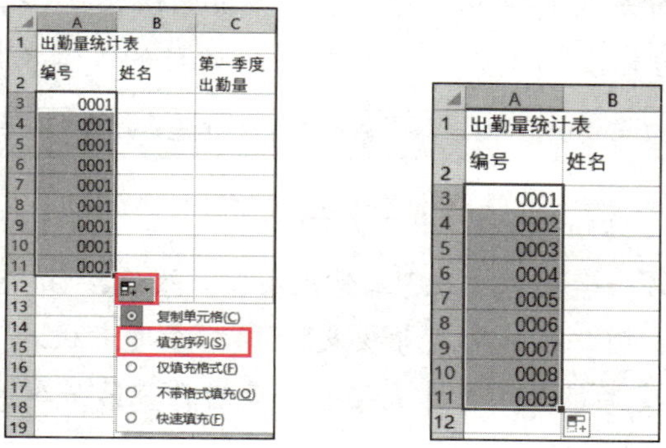

图 8-21 输入“编号”列数据

步骤 6▶ 在其他单元格中输入数据并格式化表格。至此，出勤量统计表制作完毕，效果如图 8-22 所示。

出勤量统计表					
编号	姓名	第一季度出勤量	第二季度出勤量	第三季度出勤量	第四季度出勤量
0001	刘某	80	89	95	82
0002	王某利	92	98	94	92
0003	张某	99	95	96	97
0004	贺某娜	86	94	92	95
0005	李某新	96	98	99	100
0006	齐某	98	100	98	99
0007	焦某	95	98	100	99
0008	马某芳	96	97	100	98
0009	吴某	89	99	93	100

图 8-22 制作的出勤量统计表

步骤 7▶ 制作绩效表。新建“Sheet2”工作表并将其重命名为“绩效表”，然后参照制作出勤量统计表的方法制作绩效表，效果如图 8-23 所示。

绩效表									
编号	姓名	第一季度工作态度	第一季度工作能力	第二季度工作态度	第二季度工作能力	第三季度工作态度	第三季度工作能力	第四季度工作态度	第四季度工作能力
0001	刘某	80	79	84	78	82	77	88	82
0002	王某利	92	94	88	90	94	98	92	90
0003	张某	96	86	94	92	94	89	92	93
0004	贺某娜	88	90	89	95	90	92	91	93
0005	李某新	99	98	94	100	98	99	100	98
0006	齐某	98	94	92	95	97	94	93	96
0007	焦某	96	98	99	100	97	96	98	99
0008	马某芳	100	99	98	100	96	95	97	99
0009	吴某	90	98	94	99	95	94	96	95

图 8-23 制作的绩效表

步骤 8▶ 制作季度考核表和年度考核表。新建“Sheet3”“Sheet4”“Sheet5”“Sheet6”“Sheet7”工作表，并分别将其重命名为“第一季度考核表”“第二季度考核表”“第三季度考核表”“第四季度考核表”和“年度考核表”，此时的工作表标签如图 8-24 所示。

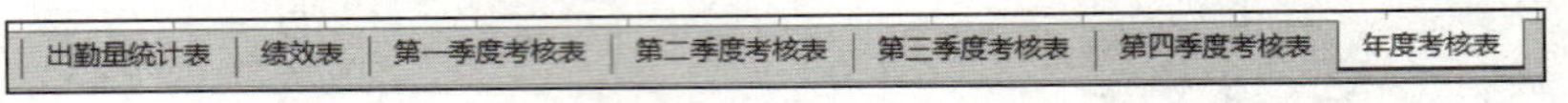

图 8-24　工作表标签

步骤 9▶ 单击“第一季度考核表”工作表标签，然后按住“Shift”键的同时单击“年度考核表”工作表标签，将“第一季度考核表”“第二季度考核表”“第三季度考核表”“第四季度考核表”和“年度考核表”工作表组合，最后在“第一季度考核表”工作表中输入数据并格式化，如图 8-25 所示。

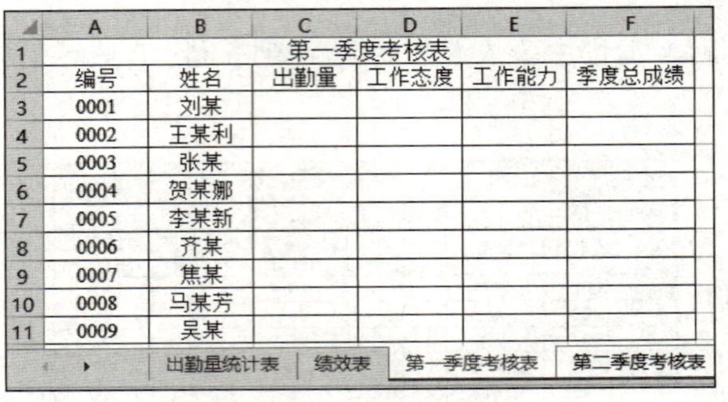

	A	B	C	D	E	F
1	第一季度考核表					
2	编号	姓名	出勤量	工作态度	工作能力	季度总成绩
3	0001	刘某				
4	0002	王某利				
5	0003	张某				
6	0004	贺某娜				
7	0005	李某新				
8	0006	齐某				
9	0007	焦某				
10	0008	马某芳				
11	0009	吴某				

图 8-25　在组合工作表中输入数据

步骤 10▶ 取消工作表的组合，然后分别修改“第二季度考核表”“第三季度考核表”“第四季度考核表”工作表 A1 单元格中的季度期数。

步骤 11▶ 将“年度考核表”工作表 A1 单元格中的内容修改为“年度考核表”，将 F2 单元格中的内容修改为“年度总成绩”，然后在 F 列之后添加“排名”和“奖金”列，最后格式化表格，效果如图 8-26 所示。

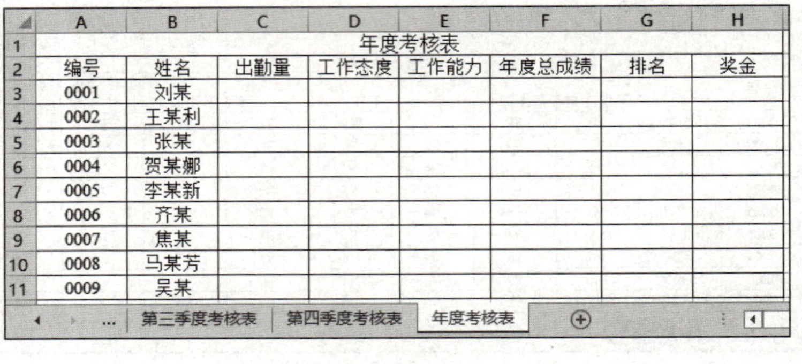

	A	B	C	D	E	F	G	H
1	年度考核表							
2	编号	姓名	出勤量	工作态度	工作能力	年度总成绩	排名	奖金
3	0001	刘某						
4	0002	王某利						
5	0003	张某						
6	0004	贺某娜						
7	0005	李某新						
8	0006	齐某						
9	0007	焦某						
10	0008	马某芳						
11	0009	吴某						

图 8-26　制作的年度考核表

二、计算季度考核表数据

步骤 1▶ 利用函数计算第一季度考核数据。在“第一季度考核表”工作表的 C3 单元格中输入公式“=INDEX(出勤量统计表!C2:F11,2,1)”，在 D3 单元格中输入公式“=INDEX(绩效表!C2:J11,2,1)”，在 E3 单元格中输入公式“=INDEX(绩效表!D2:J11,2,1)”，在 F3 单元格中输入公式“=C3*20%+D3*30%+E3*50%”，计算编号为“0001”的员工第一季度的出勤量、工作态度、工作能力和季度总成绩数据（“季度总成绩”列中数据的计算依据是“出勤量的 20%、工作态度的 30%、工作能力的 50%之和”）。

提示

INDEX 函数用于返回表格或单元格区域中的值或值的引用。INDEX 函数有以下两种形式。

（1）数组形式，即返回指定单元格或单元格数组的值。此时，INDEX 函数的语法格式如下。

INDEX(array,row_num,[column_num])

其中，array 表示单元格区域或数组常量；row_num 表示选择数组中的某行，函数从该行返回数值；column_num 表示选择数组中的某列，函数从该列返回数值。

（2）引用形式，即返回对指定单元格的引用。此时，INDEX 函数的语法格式如下。

INDEX(reference,row_num,[column_num],[area_num])

其中，reference 表示对一个或多个单元格区域的引用；row_num 表示引用中某行的行号，函数从该行返回一个引用；column_num 表示引用中某列的列标，函数从该列返回一个引用；area_num 表示选择要返回 row_num 和 column_num 的交叉点的引用区域，选择的第一个引用区域的编号为 1，第二个引用区域的编号为 2，依此类推。

步骤 2▶ 向下拖动 C3:F3 单元格区域右下角的填充柄至 F11 单元格，计算其他员工第一季度考核数据，效果如图 8-27 所示。

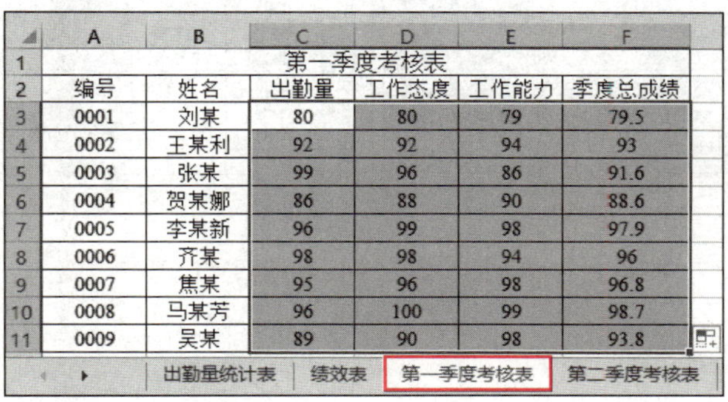

	A	B	C	D	E	F
1			第一季度考核表			
2	编号	姓名	出勤量	工作态度	工作能力	季度总成绩
3	0001	刘某	80	80	79	79.5
4	0002	王某利	92	92	94	93
5	0003	张某	99	96	86	91.6
6	0004	贺某娜	86	88	90	88.6
7	0005	李某新	96	99	98	97.9
8	0006	齐某	98	98	94	96
9	0007	焦某	95	96	98	96.8
10	0008	马某芳	96	100	99	98.7
11	0009	吴某	89	90	98	93.8

图 8-27 复制公式计算员工第一季度考核数据

步骤 3▶ 通过直接引用单元格计算第二季度考核数据。在“第二季度考核表”工作表的 C3 单元格中输入公式“=出勤量统计表!D3”，在 D3 单元格中输入公式“=绩效表!E3”，在 E3 单元格中输入公式“=绩效表!F3”，在 F3 单元格中输入公式“=C3*20%+D3*30%+E3*50%”，计算编号为“0001”的员工第二季度的出勤量、工作态度、工作能力和季度总成绩数据。

> **提示** 输入前 3 个公式时，可先输入“=”，然后单击要引用的工作表标签，最后单击要引用的单元格即可。

步骤 4▶ 向下拖动 C3:F3 单元格区域右下角的填充柄至 F11 单元格，计算其他员工第二季度考核数据，效果如图 8-28 所示。

	A	B	C	D	E	F
1	第二季度考核表					
2	编号	姓名	出勤量	工作态度	工作能力	季度总成绩
3	0001	刘某	89	84	78	82
4	0002	王某利	98	88	90	91
5	0003	张某	95	94	92	93.2
6	0004	贺某娜	94	89	95	93
7	0005	李某新	98	94	100	97.8
8	0006	齐某	100	92	95	95.1
9	0007	焦某	98	99	100	99.3
10	0008	马某芳	97	98	100	98.8
11	0009	吴某	99	94	99	97.5

出勤量统计表 | 绩效表 | 第一季度考核表 | 第二季度考核表

图 8-28 复制公式计算员工第二季度考核数据

步骤 5▶ 通过直接引用单元格计算第三季度和第四季度的考核数据，效果如图 8-29 所示。

	A	B	C	D	E	F
1	第三季度考核表					
2	编号	姓名	出勤量	工作态度	工作能力	季度总成绩
3	0001	刘某	95	82	77	82.1
4	0002	王某利	94	94	98	96
5	0003	张某	96	94	89	91.9
6	0004	贺某娜	92	90	92	91.4
7	0005	李某新	99	98	99	98.7
8	0006	齐某	98	97	94	95.7
9	0007	焦某	100	97	96	97.1
10	0008	马某芳	100	96	95	96.3
11	0009	吴某	93	95	94	94.1

... 第二季度考核表 | 第三季度考核表 | 第四季度考核表 | 年度

	A	B	C	D	E	F
1	第四季度考核表					
2	编号	姓名	出勤量	工作态度	工作能力	季度总成绩
3	0001	刘某	82	88	82	83.8
4	0002	王某利	92	92	90	91
5	0003	张某	97	92	93	93.5
6	0004	贺某娜	95	91	93	92.8
7	0005	李某新	100	100	98	99
8	0006	齐某	99	93	96	95.7
9	0007	焦某	99	98	99	98.7
10	0008	马某芳	98	97	99	98.2
11	0009	吴某	100	96	95	96.3

... 第二季度考核表 | 第三季度考核表 | 第四季度考核表 | 年度

图 8-29 计算员工第三季度和第四季度考核数据

三、计算年度考核表数据

步骤 1▶ 计算年度考核数据。分别在“年度考核表”工作表的 C3、D3、E3、F3 单元格中输入如图 8-30 所示的公式，计算编号为“0001”的员工年度考核数据。

C3　=(出勤量统计表!C3+出勤量统计表!D3+出勤量统计表!E3+出勤量统计表!F3)/4

D3　=(绩效表!C3+绩效表!E3+绩效表!G3+绩效表!I3)/4

E3　=(绩效表!D3+绩效表!F3+绩效表!H3+绩效表!J3)/4

F3　=C3*20%+D3*30%+E3*50%

图 8-30　输入公式计算编号为“0001”的员工年度考核数据

步骤 2▶ 向下拖动 C3:F3 单元格右下角的填充柄至 F11 单元格，计算其他员工的年度考核数据，如图 8-31 所示。

	A	B	C	D	E	F	G	H
1	年度考核表							
2	编号	姓名	出勤量	工作态度	工作能力	年度总成绩	排名	奖金
3	0001	刘某	86.5	83.5	79	81.85		
4	0002	王某利	94	91.5	93	92.75		
5	0003	张某	96.75	94	90	92.55		
6	0004	贺某娜	91.75	89.5	92.5	91.45		
7	0005	李某新	98.25	97.75	98.75	98.35		
8	0006	齐某	98.75	95	94.75	95.625		
9	0007	焦某	98	97.5	98.25	97.975		
10	0008	马某芳	97.75	97.75	98.25	98		
11	0009	吴某	95.25	93.75	96.5	95.425		

… 第三季度考核表 第四季度考核表 年度考核表

图 8-31　复制公式计算员工年度考核数据

步骤 3▶ 根据年度总成绩排名。在 G3 单元格中输入公式“=RANK(F3,$F$3:$F$11)”，计算编号为“0001”的员工年度总成绩排名，然后向下拖动 G3 单元格右下角的填充柄至 G11 单元格，计算其他员工年度总成绩排名，如图 8-32 所示。

	A	B	C	D	E	F	G
1	年度考核表						
2	编号	姓名	出勤量	工作态度	工作能力	年度总成绩	排名
3	0001	刘某	86.5	83.5	79	81.85	9
4	0002	王某利	94	91.5	93	92.75	6
5	0003	张某	96.75	94	90	92.55	7
6	0004	贺某娜	91.75	89.5	92.5	91.45	8
7	0005	李某新	98.25	97.75	98.75	98.35	1
8	0006	齐某	98.75	95	94.75	95.625	4
9	0007	焦某	98	97.5	98.25	97.975	3
10	0008	马某芳	97.75	97.75	98.25	98	2
11	0009	吴某	95.25	93.75	96.5	95.425	5

… 第三季度考核表 第四季度考核表 年度考核表

图 8-32　计算所有员工年度总成绩排名

> **提示**
>
> RANK 函数用于返回一个数值在数值列表中的排名，其语法格式如下。
>
> RANK(number,ref,order)
>
> 其中，number 为需要排序的数值；ref 为要排序的单元格区域；order 为排序方式，如果为“0”或缺省，则按降序排名，即数值越大，排名结果数值越小；如果不为“0”，则按升序排名，即数值越大，排名结果数值越大。

步骤 4▶ 根据排名计算奖金。在 F14:G17 单元格区域输入排名和奖金标准之间的关系数据，如图 8-33 所示。

排名	奖金标准
1	3000
4	2000
7	1000

图 8-33 排名与奖金标准之间的关系数据

步骤 5▶ 在 H3 单元格中输入公式“=LOOKUP(G3,$F$15:$F$17,$G$15:$G$17)”，计算编号为“0001”的员工的奖金，然后向下拖动 H3 单元格右下角的填充柄至 H11 单元格，计算其他员工的奖金（见图 8-34），最后保存工作簿，最终效果如图 8-18 所示。

	A	B	C	D	E	F	G	H
1	年度考核表							
2	编号	姓名	出勤量	工作态度	工作能力	年度总成绩	排名	奖金
3	0001	刘某	86.5	83.5	79	81.85	9	1000
4	0002	王某利	94	91.5	93	92.75	6	2000
5	0003	张某	96.75	94	90	92.55	7	1000
6	0004	贺某娜	91.75	89.5	92.5	91.45	8	1000
7	0005	李某新	98.25	97.75	98.75	98.35	1	3000
8	0006	齐某	98.75	95	94.75	95.625	4	2000
9	0007	焦某	98	97.5	98.25	97.975	3	3000
10	0008	马某芳	97.75	97.75	98.25	98	2	3000
11	0009	吴某	95.25	93.75	96.5	95.425	5	2000
12								
13								
14						排名	奖金标准	
15						1	3000	
16						4	2000	
17						7	1000	

第三季度考核表 | 第四季度考核表 | 年度考核表

图 8-34 计算所有员工的奖金

> **提示**
>
> LOOKUP 函数用于返回向量或数组中的数值，且要求数值必须按升序排序。LOOKUP 函数有以下两种形式。
>
> （1）向量形式。此时，LOOKUP 函数的语法格式如下。
>
> LOOKUP(lookup_value,lookup_vector,[result_vector])
>
> 其中，lookup_value 表示要查找的值；lookup_vector 表示作为查找参考的单一列或行范围；result_vector 表示与 lookup_vector 中匹配的值相关联的单一列或行范围。

（2）数组形式。此时，LOOKUP 函数的语法格式如下。

LOOKUP(lookup_value,array)

其中，lookup_value 表示要查找的值；array 表示要在其中查找 lookup_value 的范围。

任务四　计算员工工资表数据

情景引入

小高从人事部获取了员工工资数据，并建立了“员工工资表”工作簿，准备以后用它来管理员工工资，从而自动完成相关的统计工作，确保工资核算的准确性，提高工资的管理效率。

作品展示

本任务制作的员工工资表和计算的数据如图 8-35 所示。最终效果参见本书配套素材“素材与实例”/“项目八”/“任务四”/“员工工资表”工作簿。

考勤表					
编号	姓名	所属部门	职工类别	请假天数	扣款
0001	刘某	财务部	管理人员	2	200
0002	李某华	财务部	管理人员	0	0
0003	刘某伟	车间	工人	1.5	150
0004	范某	供应部	工人	1	100
0005	刘某桥	销售部	工人	0.5	50
0006	鲁某	车间	工人	0	0
0007	梁某玲	销售部	工人	0	0
0008	钟某	车间	工人	3	300
0009	张某	财务部	管理人员	2.5	250
假设请一天假扣100元，请半天假扣50元。					

基本工资表				
编号	姓名	所属部门	职工类别	基本工资
0001	刘某	财务部	管理人员	5200
0002	李某华	财务部	管理人员	5100
0003	刘某伟	车间	工人	4500
0004	范某	供应部	工人	3700
0005	刘某桥	销售部	工人	4100
0006	鲁某	车间	工人	4000
0007	梁某玲	销售部	工人	4300
0008	钟某	车间	工人	4600
0009	张某	财务部	管理人员	5300

奖金表				
编号	姓名	所属部门	职工类别	奖金
0001	刘某	财务部	管理人员	1000
0002	李某华	财务部	管理人员	1000
0003	刘某伟	车间	工人	900
0004	范某	供应部	工人	800
0005	刘某桥	销售部	工人	850
0006	鲁某	车间	工人	900
0007	梁某玲	销售部	工人	850
0008	钟某	车间	工人	900
0009	张某	财务部	管理人员	1000

补贴表				
编号	姓名	所属部门	职工类别	补贴
0001	刘某	财务部	管理人员	780
0002	李某华	财务部	管理人员	765
0003	刘某伟	车间	工人	630
0004	范某	供应部	工人	481
0005	刘某桥	销售部	工人	451
0006	鲁某	车间	工人	560
0007	梁某玲	销售部	工人	473
0008	钟某	车间	工人	644
0009	张某	财务部	管理人员	795

工资发放明细表

单位：广州某公司										2023/4/10
编号	姓名	所属部门	职工类别	基本工资	奖金	补贴	应发工资	缺勤扣款	应扣所得税	实发工资
0001	刘某	财务部	管理人员	5200	1000	780	6980	200	59.4	6720.6
0002	李某华	财务部	管理人员	5100	1000	765	6865	0	55.95	6809.05
0003	刘某伟	车间	工人	4500	900	630	6030	150	30.9	5849.1
0004	范某	供应部	工人	3700	800	481	4981	100	0	4881
0005	刘某桥	销售部	工人	4100	850	451	5401	50	12.03	5338.97
0006	鲁某	车间	工人	4000	900	560	5460	0	13.8	5446.2
0007	梁某玲	销售部	工人	4300	850	473	5623	0	18.69	5604.31
0008	钟某	车间	工人	4600	900	644	6144	300	34.32	5809.68
0009	张某	财务部	管理人员	5300	1000	795	7095	250	62.85	6782.15

编号	姓名	所属部门	职工类别	基本工资	奖金	补贴	应发工资	缺勤扣款	应扣所得税	实发工资
0001	刘某	财务部	管理人员	5200	1000	780	6980	200	59.4	6720.6
编号	姓名	所属部门	职工类别	基本工资	奖金	补贴	应发工资	缺勤扣款	应扣所得税	实发工资
0002	李某华	财务部	管理人员	5100	1000	765	6865	0	55.95	6809.05
编号	姓名	所属部门	职工类别	基本工资	奖金	补贴	应发工资	缺勤扣款	应扣所得税	实发工资
0003	刘某伟	车间	工人	4500	900	630	6030	150	30.9	5849.1
编号	姓名	所属部门	职工类别	基本工资	奖金	补贴	应发工资	缺勤扣款	应扣所得税	实发工资
0004	范某	供应部	工人	3700	800	481	4981	100	0	4881
编号	姓名	所属部门	职工类别	基本工资	奖金	补贴	应发工资	缺勤扣款	应扣所得税	实发工资
0005	刘某桥	销售部	工人	4100	850	451	5401	50	12.03	5338.97
编号	姓名	所属部门	职工类别	基本工资	奖金	补贴	应发工资	缺勤扣款	应扣所得税	实发工资
0006	鲁某	车间	工人	4000	900	560	5460	0	13.8	5446.2
编号	姓名	所属部门	职工类别	基本工资	奖金	补贴	应发工资	缺勤扣款	应扣所得税	实发工资
0007	梁某玲	销售部	工人	4300	850	473	5623	0	18.69	5604.31
编号	姓名	所属部门	职工类别	基本工资	奖金	补贴	应发工资	缺勤扣款	应扣所得税	实发工资
0008	钟某	车间	工人	4600	900	644	6144	300	34.32	5809.68
编号	姓名	所属部门	职工类别	基本工资	奖金	补贴	应发工资	缺勤扣款	应扣所得税	实发工资
0009	张某	财务部	管理人员	5300	1000	795	7095	250	62.85	6782.15

工资条

图 8-35　计算的员工工资表数据

制作思路

新建工作簿后首先制作考勤表和基本工资表，然后根据基本工资表数据计算奖金表数据，根据奖金表和基本工资表数据计算补贴表数据，根据补贴表数据计算工资发放明细表中的部分数据，接着利用公式和函数计算工资发放明细表中的其他数据，最后制作工资条。

任务实施

一、制作考勤表和基本工资表

扫一扫

计算员工工资表数据

步骤 1▶ 新建空白工作簿，将其以“员工工资表”为名保存。

步骤 2▶ 将“Sheet1”工作表重命名为“考勤表”，然后新建“Sheet2”“Sheet3”“Sheet4”“Sheet5”“Sheet6”工作表，并分别将其重命名为“基本工资表”“奖金表”“补贴表”“工资发放明细表”“工资条”。

步骤 3▶ 分别在“考勤表”和“基本工资表”工作表中输入数据并格式化。

步骤 4▶ 在“考勤表”工作表的 F3 单元格中输入公式“=E3*100”（根据 A13 单元格中的提示进行计算），然后向下拖动 F3 单元格右下角的填充柄至 F11 单元格，计算考勤扣款。制作的两个工作表效果如图 8-36 所示。

	A	B	C	D	E	F
1	考勤表					
2	编号	姓名	所属部门	职工类别	请假天数	扣款
3	0001	刘某	财务部	管理人员	2	200
4	0002	李某华	财务部	管理人员	0	0
5	0003	刘某伟	车间	工人	1.5	150
6	0004	范某	供应部	工人	1	100
7	0005	刘某桥	销售部	工人	0.5	50
8	0006	鲁某	车间	工人	0	0
9	0007	梁某玲	销售部	工人	0	0
10	0008	钟某	车间	工人	3	300
11	0009	张某	财务部	管理人员	2.5	250
12						
13	假设请一天假扣100元，请半天假扣50元。					

考勤表　基本工资表　奖金表　补贴表　…

	A	B	C	D	E
1	基本工资表				
2	编号	姓名	所属部门	职工类别	基本工资
3	0001	刘某	财务部	管理人员	5200
4	0002	李某华	财务部	管理人员	5100
5	0003	刘某伟	车间	工人	4500
6	0004	范某	供应部	工人	3700
7	0005	刘某桥	销售部	工人	4100
8	0006	鲁某	车间	工人	4000
9	0007	梁某玲	销售部	工人	4300
10	0008	钟某	车间	工人	4600
11	0009	张某	财务部	管理人员	5300

考勤表　基本工资表　奖金表　补贴表

图 8-36　制作的考勤表和基本工资表

二、计算奖金表和补贴表数据

步骤 1▶ 制作奖金表并计算数据。在“奖金表”工作表中制作表格［见图 8-37（a）］，然后分别在 A3、B3、C3、D3 单元格中输入如图 8-37（b）所示的公式，将基本工资表数据引用到奖金表中。

	A	B	C	D	E
1	奖金表				
2	编号	姓名	所属部门	职工类别	奖金
3					
4					
5					
6					
7					
8					
9					
10					
11					

（a）

A3　=基本工资表!A3

B3　=基本工资表!B3

C3　=基本工资表!C3

D3　=基本工资表!D3

（b）

图 8-37　制作奖金表并引用数据

步骤 2▶ 假设以所属部门确定奖金，即所属部门为财务部的员工，奖金为 1 000 元；所属部门为车间的员工，奖金为 900 元；所属部门为供应部的员工，奖金为 800 元；其他部门的员工，奖金为 850 元。根据奖金标准，在 E3 单元格中输入如图 8-38 所示的公式，计算编号为“0001”的员工的奖金。

COUNTIFS　=IF(C3="财务部",1000,IF(C3="车间",900,IF(C3="供应部",800,850)))

图 8-38　输入公式计算奖金

步骤 3▶ 向下拖动 A3:E3 单元格区域右下角的填充柄至 E11 单元格，引用基本工资表数据并计算其他员工的奖金，如图 8-39 所示。

	A	B	C	D	E
1	奖金表				
2	编号	姓名	所属部门	职工类别	奖金
3	0001	刘某	财务部	管理人员	1000
4	0002	李某华	财务部	管理人员	1000
5	0003	刘某伟	车间	工人	900
6	0004	范某	供应部	工人	800
7	0005	刘某桥	销售部	工人	850
8	0006	鲁某	车间	工人	900
9	0007	梁某玲	销售部	工人	850
10	0008	钟某	车间	工人	900
11	0009	张某	财务部	管理人员	1000

图 8-39 复制公式引用基本工资表数据并计算奖金

步骤 4▶ 制作补贴表并计算数据。在“补贴表”工作表中制作表格［见图 8-40（a）］，然后分别在 A3、B3、C3、D3 单元格中输入如图 8-40（b）所示的公式，将奖金表数据引用到补贴表中。

	A	B	C	D	E
1	补贴表				
2	编号	姓名	所属部门	职工类别	补贴
3					
4					
5					
6					
7					
8					
9					
10					
11					

（a）

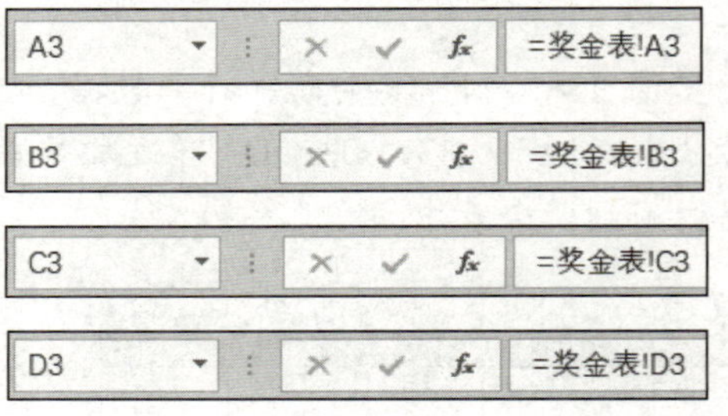

（b）

图 8-40 制作补贴表并引用数据

步骤 5▶ 假设以所属部门和基本工资确定补贴，即所属部门为财务部的员工，补贴为其基本工资的 15%；所属部门为车间的员工，补贴为其基本工资的 14%；所属部门为供应部的员工，补贴为其基本工资的 13%；其他部门的员工，补贴为其基本工资的 11%。根据补贴标准，在 E3 单元格中输入如图 8-41 所示的公式，计算编号为“0001”的员工的补贴。

步骤 6▶ 向下拖动 A3:E3 单元格区域右下角的填充柄至 E11 单元格，引用奖金表数据并计算其他员工的补贴，如图 8-42 所示。

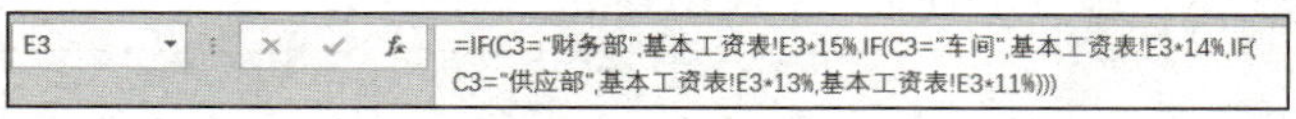

图 8-41　输入公式计算补贴

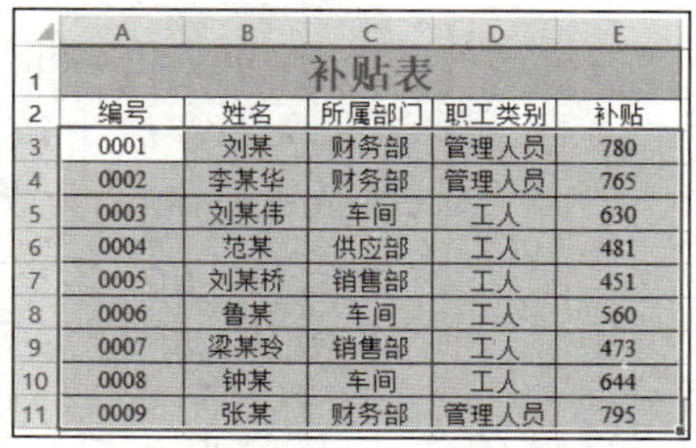

补贴表				
编号	姓名	所属部门	职工类别	补贴
0001	刘某	财务部	管理人员	780
0002	李某华	财务部	管理人员	765
0003	刘某伟	车间	工人	630
0004	范某	供应部	工人	481
0005	刘某桥	销售部	工人	451
0006	鲁某	车间	工人	560
0007	梁某玲	销售部	工人	473
0008	钟某	车间	工人	644
0009	张某	财务部	管理人员	795

图 8-42　复制公式引用奖金表数据并计算补贴

三、计算工资发放明细表数据

步骤 1▶　制作工资发放明细表。在"工资发放明细表"工作表中制作表格，如图 8-43 所示。

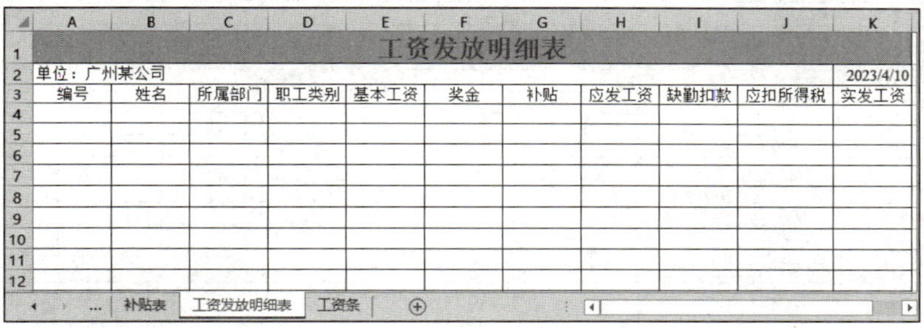

工资发放明细表										
单位：广州某公司										2023/4/10
编号	姓名	所属部门	职工类别	基本工资	奖金	补贴	应发工资	缺勤扣款	应扣所得税	实发工资

图 8-43　制作工资发放明细表

步骤 2▶　分别在 A4、B4、C4、D4、E4、F4、G4 单元格中输入如图 8-44 所示的公式，将补贴表数据引用到工资发放明细表中，并根据"编号"列数据填充"基本工资""奖金"和"补贴"列数据，然后向下拖动 A4:G4 单元格区域右下角的填充柄至 G12 单元格，引用补贴表中的数据并填充其他员工的基本工资、奖金和补贴。

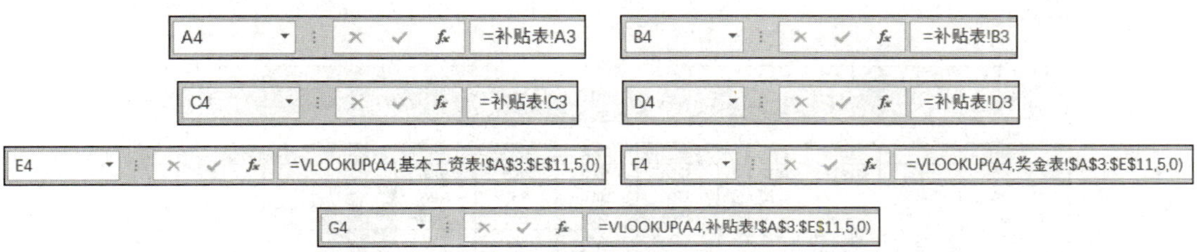

图 8-44　输入公式计算数据

> **提示**
>
> VLOOKUP 函数用于在表格或数值数组的首列查找指定的数值，并由此返回表格或数组当前行中指定列的数值，其语法格式如下。
>
> VLOOKUP(lookup_value,table_array,col_index_num,[range_lookup])

其中，lookup_value 表示要查找的值，它可以为数值或引用；table_array 用于指示要查找的区域，查找值必须位于该区域的最左列；col_index_num 为相对列号，最左列为 1，其右边一列为 2，依此类推；range_lookup 表示逻辑值，指明 VLOOKUP 函数查找时是精确匹配（FALSE 或 0）还是近似匹配（TRUE、1 或省略）。

步骤 3▶ 计算应发工资。在 H4 单元格中输入如图 8-45（a）所示的公式，计算编号为“0001”的员工的应发工资，然后向下拖动 H4 单元格右下角的填充柄至 H12 单元格，计算其他员工的应发工资，如图 8-45（b）所示。

H4 =SUM(E4:G4)

（a）

	A	B	C	D	E	F	G	H	I	J	K
1	工资发放明细表										
2	单位：广州某公司										2023/4/10
3	编号	姓名	所属部门	职工类别	基本工资	奖金	补贴	应发工资	缺勤扣款	应扣所得税	实发工资
4	0001	刘某	财务部	管理人员	5200	1000	780	6980			
5	0002	李某华	财务部	管理人员	5100	1000	765	6865			
6	0003	刘某伟	车间	工人	4500	900	630	6030			
7	0004	范某	供应部	工人	3700	800	481	4981			
8	0005	刘某桥	销售部	工人	4100	850	451	5401			
9	0006	鲁某	车间	工人	4000	900	560	5460			
10	0007	梁某玲	销售部	工人	4300	850	473	5623			
11	0008	钟某	车间	工人	4600	900	644	6144			
12	0009	张某	财务部	管理人员	5300	1000	795	7095			

补贴表 | 工资发放明细表 | 工资条

（b）

图 8-45 计算应发工资

步骤 4▶ 计算缺勤扣款。在 I4 单元格中输入如图 8-46（a）所示的公式，计算编号为“0001”的员工的缺勤扣款，然后向下拖动 I4 单元格右下角的填充柄至 I12 单元格，计算其他员工的缺勤扣款，如图 8-46（b）所示。

I4 =考勤表!F3

（a）

	A	B	C	D	E	F	G	H	I	J	K
1	工资发放明细表										
2	单位：广州某公司										2023/4/10
3	编号	姓名	所属部门	职工类别	基本工资	奖金	补贴	应发工资	缺勤扣款	应扣所得税	实发工资
4	0001	刘某	财务部	管理人员	5200	1000	780	6980	200		
5	0002	李某华	财务部	管理人员	5100	1000	765	6865	0		
6	0003	刘某伟	车间	工人	4500	900	630	6030	150		
7	0004	范某	供应部	工人	3700	800	481	4981	100		
8	0005	刘某桥	销售部	工人	4100	850	451	5401	50		
9	0006	鲁某	车间	工人	4000	900	560	5460	0		
10	0007	梁某玲	销售部	工人	4300	850	473	5623	0		
11	0008	钟某	车间	工人	4600	900	644	6144	300		
12	0009	张某	财务部	管理人员	5300	1000	795	7095	250		

补贴表 | 工资发放明细表 | 工资条

（b）

图 8-46 计算缺勤扣款

步骤 5▶ 计算应扣所得税。在 J4 单元格中输入如图 8-47（a）所示的公式，计算编号为“0001”的员工的应扣所得税，然后向下拖动 J4 单元格右下角的填充柄至 J12 单元格，计算其他员工的应扣所得税，如图 8-47（b）所示。

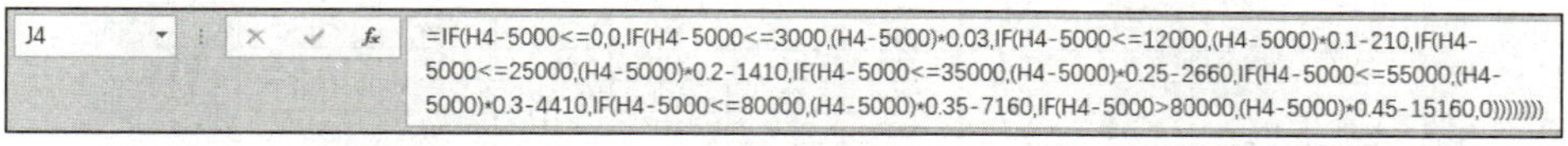

（a）

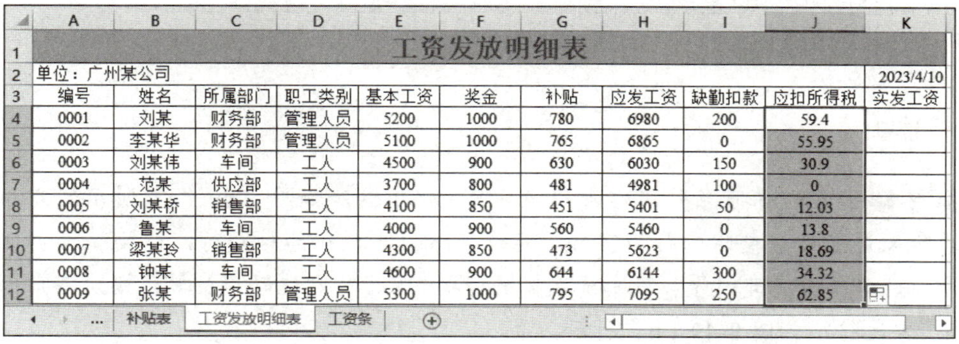

工资发放明细表

单位：广州某公司　　2023/4/10

编号	姓名	所属部门	职工类别	基本工资	奖金	补贴	应发工资	缺勤扣款	应扣所得税	实发工资
0001	刘某	财务部	管理人员	5200	1000	780	6980	200	59.4	
0002	李某华	财务部	管理人员	5100	1000	765	6865	0	55.95	
0003	刘某伟	车间	工人	4500	900	630	6030	150	30.9	
0004	范某	供应部	工人	3700	800	481	4981	100	0	
0005	刘某桥	销售部	工人	4100	850	451	5401	50	12.03	
0006	鲁某	车间	工人	4000	900	560	5460	0	13.8	
0007	梁某玲	销售部	工人	4300	850	473	5623	0	18.69	
0008	钟某	车间	工人	4600	900	644	6144	300	34.32	
0009	张某	财务部	管理人员	5300	1000	795	7095	250	62.85	

补贴表　工资发放明细表　工资条

（b）

图 8-47　计算应扣所得税

> **提示**
>
> 自 2019 年 1 月 1 日起，个人所得税起征点为每月 5 000 元。
>
> 个人所得税=［税前收入（总工资–社保）–起征点］×税率–速算扣除数。
>
> 个人所得税税率如表 8-1 所示。

表 8-1　个人所得税税率表

级数	全月应纳税所得额	税率	速算扣除数
1	不超过 3 000 元	3%	0 元
2	超过 3 000 元至 12 000 元	10%	210 元
3	超过 12 000 元至 25 000 元	20%	1 410 元
4	超过 25 000 元至 35 000 元	25%	2 660 元
5	超过 35 000 元至 55 000 元	30%	4 410 元
6	超过 55 000 元至 80 000 元	35%	7 160 元
7	超过 80 000 元	45%	15 160 元

步骤 6▶ 计算实发工资。在 K4 单元格中输入公式“=H4–I4–J4”，计算编号为“0001”的员工的实发工资，然后向下拖动 K4 单元格右下角的填充柄至 K12 单元格，计算其他员工的实发工资，如图 8-48 所示。

工资发放明细表										
单位：广州某公司										2023/4/10
编号	姓名	所属部门	职工类别	基本工资	奖金	补贴	应发工资	缺勤扣款	应扣所得税	实发工资
0001	刘某	财务部	管理人员	5200	1000	780	6980	200	59.4	6720.6
0002	李某华	财务部	管理人员	5100	1000	765	6865	0	55.95	6809.05
0003	刘某伟	车间	工人	4500	900	630	6030	150	30.9	5849.1
0004	范某	供应部	工人	3700	800	481	4981	100	0	4881
0005	刘某桥	销售部	工人	4100	850	451	5401	50	12.03	5338.97
0006	鲁某	车间	工人	4000	900	560	5460	0	13.8	5446.2
0007	梁某玲	销售部	工人	4300	850	473	5623	0	18.69	5604.31
0008	钟某	车间	工人	4600	900	644	6144	300	34.32	5809.68
0009	张某	财务部	管理人员	5300	1000	795	7095	250	62.85	6782.15

补贴表　工资发放明细表　工资条

图 8-48　计算实发工资

四、制作工资条

步骤 1▶　在“工资条”工作表的 A1 单元格中输入如图 8-49（a）所示的公式（该公式的含义是能被 3 整除的行为空行，能被 3 除余 1 的行为标题行，能被 3 除余 2 的行为编号、姓名、所属部门等各项工资数据的行），然后向右拖动 A1 单元格右下角的填充柄至 K1 单元格，如图 8-49（b）所示。

```
A1
=IF(MOD(ROW(),3)=0,"",IF(MOD(ROW(),3)=1,工资发放明细表!A$3,INDEX(工资发放明细表!$A:$K,INT((ROW()+10)/3),COLUMN())))
```

（a）

	A	B	C	D	E	F	G	H	I	J	K
1	编号	姓名	所属部门	职工类别	基本工资	奖金	补贴	应发工资	缺勤扣款	应扣所得税	实发工资
2											

（b）

图 8-49　输入并复制公式

提示

（1）MOD 函数用于返回两个数值表达式做除法运算后的余数，其语法格式如下。

MOD(number,divisor)

其中，number 为被除数；divisor 为除数，如果 divisor 为零，MOD 函数的返回值为 number。

MOD 函数可以使用 INT 函数来表示，即 MOD(n,d) = n − d*INT(n/d)。

（2）ROW 函数用于返回一个引用的行号，其语法格式如下。

ROW(reference)

其中，reference 为需要得到其行号的单元格或单元格区域，如果省略 reference，则是对 ROW 函数所在单元格的引用。

（3）COLUMN 函数用于返回一个引用的列号，其语法格式如下。

COLUMN(reference)

> 其中，reference 为需要得到其列号的单元格或单元格区域，如果省略 reference，则是对 COLUMN 函数所在单元格的引用。

步骤 2▶ 向下拖动 A1:K1 单元格区域右下角的填充柄至 K26 单元格，显示所有员工的工资数据，如图 8-50 所示。

	A	B	C	D	E	F	G	H	I	J	K
1	编号	姓名	所属部门	职工类别	基本工资	奖金	补贴	应发工资	缺勤扣款	应扣所得税	实发工资
2	0001	刘某	财务部	管理人员	5200	1000	780	6980	200	59.4	6720.6
3											
4	编号	姓名	所属部门	职工类别	基本工资	奖金	补贴	应发工资	缺勤扣款	应扣所得税	实发工资
5	0002	李某华	财务部	管理人员	5100	1000	765	6865	0	55.95	6809.05
6											
7	编号	姓名	所属部门	职工类别	基本工资	奖金	补贴	应发工资	缺勤扣款	应扣所得税	实发工资
8	0003	刘某伟	车间	工人	4500	900	630	6030	150	30.9	5849.1
9											
10	编号	姓名	所属部门	职工类别	基本工资	奖金	补贴	应发工资	缺勤扣款	应扣所得税	实发工资
11	0004	范某	供应部	工人	3700	800	481	4981	100	0	4881
12											
13	编号	姓名	所属部门	职工类别	基本工资	奖金	补贴	应发工资	缺勤扣款	应扣所得税	实发工资
14	0005	刘某桥	销售部	工人	4100	850	451	5401	50	12.03	5338.97
15											
16	编号	姓名	所属部门	职工类别	基本工资	奖金	补贴	应发工资	缺勤扣款	应扣所得税	实发工资
17	0006	鲁某	车间	工人	4000	900	560	5460	0	13.8	5446.2
18											
19	编号	姓名	所属部门	职工类别	基本工资	奖金	补贴	应发工资	缺勤扣款	应扣所得税	实发工资
20	0007	梁某玲	销售部	工人	4300	850	473	5623	0	18.69	5604.31
21											
22	编号	姓名	所属部门	职工类别	基本工资	奖金	补贴	应发工资	缺勤扣款	应扣所得税	实发工资
23	0008	钟某	车间	工人	4600	900	644	6144	300	34.32	5809.68
24											
25	编号	姓名	所属部门	职工类别	基本工资	奖金	补贴	应发工资	缺勤扣款	应扣所得税	实发工资
26	0009	张某	财务部	管理人员	5300	1000	795	7095	250	62.85	6782.15

... 补贴表 | 工资发放明细表 | 工资条

图 8-50　复制公式显示所有员工的工资数据

步骤 3▶ 格式化表格，如设置字符格式、添加边框、设置对齐方式等（见图 8-51），最后保存工作簿，最终效果如图 8-35 所示。

	A	B	C	D	E	F	G	H	I	J	K
1	编号	姓名	所属部门	职工类别	基本工资	奖金	补贴	应发工资	缺勤扣款	应扣所得税	实发工资
2	0001	刘某	财务部	管理人员	5200	1000	780	6980	200	59.4	6720.6
3											
4	编号	姓名	所属部门	职工类别	基本工资	奖金	补贴	应发工资	缺勤扣款	应扣所得税	实发工资
5	0002	李某华	财务部	管理人员	5100	1000	765	6865	0	55.95	6809.05
6											
7	编号	姓名	所属部门	职工类别	基本工资	奖金	补贴	应发工资	缺勤扣款	应扣所得税	实发工资
8	0003	刘某伟	车间	工人	4500	900	630	6030	150	30.9	5849.1
9											
10	编号	姓名	所属部门	职工类别	基本工资	奖金	补贴	应发工资	缺勤扣款	应扣所得税	实发工资
11	0004	范某	供应部	工人	3700	800	481	4981	100	0	4881
12											
13	编号	姓名	所属部门	职工类别	基本工资	奖金	补贴	应发工资	缺勤扣款	应扣所得税	实发工资
14	0005	刘某桥	销售部	工人	4100	850	451	5401	50	12.03	5338.97
15											
16	编号	姓名	所属部门	职工类别	基本工资	奖金	补贴	应发工资	缺勤扣款	应扣所得税	实发工资
17	0006	鲁某	车间	工人	4000	900	560	5460	0	13.8	5446.2
18											
19	编号	姓名	所属部门	职工类别	基本工资	奖金	补贴	应发工资	缺勤扣款	应扣所得税	实发工资
20	0007	梁某玲	销售部	工人	4300	850	473	5623	0	18.69	5604.31
21											
22	编号	姓名	所属部门	职工类别	基本工资	奖金	补贴	应发工资	缺勤扣款	应扣所得税	实发工资
23	0008	钟某	车间	工人	4600	900	644	6144	300	34.32	5809.68
24											
25	编号	姓名	所属部门	职工类别	基本工资	奖金	补贴	应发工资	缺勤扣款	应扣所得税	实发工资
26	0009	张某	财务部	管理人员	5300	1000	795	7095	250	62.85	6782.15

... 补贴表 | 工资发放明细表 | 工资条

图 8-51　格式化表格

Excel 高效办公技巧

一、不相邻单元格的求和

在要放置计算结果的单元格中输入“=”，然后单击“开始”选项卡“编辑”组中的“自动求和”按钮Σ，此时出现公式“=SUM(…)”[见图 8-52（a）]，接着依次单击要进行计算的单元格，且各单元格之间以逗号分隔[见图 8-52（b）]，最后按“Enter”键确认，计算结果如图 8-52（c）所示。

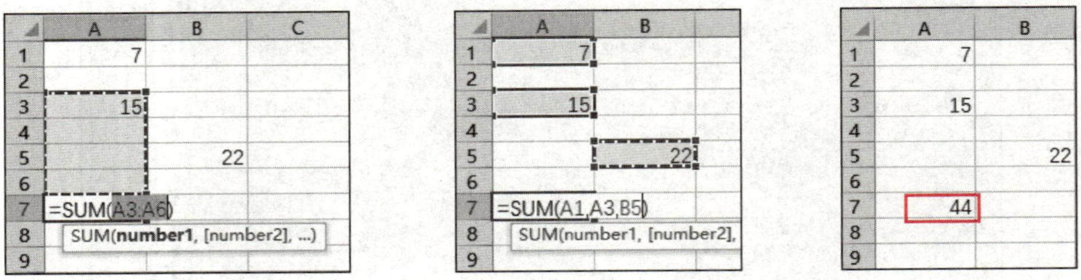

（a）　（b）　（c）

图 8-52　不相邻单元格的求和

二、显示单元格中的公式

要在单元格中显示公式而非计算结果，可单击工作表的任意单元格，然后单击“公式”选项卡“公式审核”组中的“显示公式”按钮，即可在单元格中显示公式，如图 8-53 所示。

H 就业指导	I 平均分	J 级别
90	=AVERAGE(C2:H2)	=IF(I2>=90,"优",IF(I2>=80,"良",IF(I2>=60,"中","不及格")))
81	=AVERAGE(C3:H3)	=IF(I3>=90,"优",IF(I3>=80,"良",IF(I3>=60,"中","不及格")))
84	=AVERAGE(C4:H4)	=IF(I4>=90,"优",IF(I4>=80,"良",IF(I4>=60,"中","不及格")))
85	=AVERAGE(C5:H5)	=IF(I5>=90,"优",IF(I5>=80,"良",IF(I5>=60,"中","不及格")))
83	=AVERAGE(C6:H6)	=IF(I6>=90,"优",IF(I6>=80,"良",IF(I6>=60,"中","不及格")))
81	=AVERAGE(C7:H7)	=IF(I7>=90,"优",IF(I7>=80,"良",IF(I7>=60,"中","不及格")))
81	=AVERAGE(C8:H8)	=IF(I8>=90,"优",IF(I8>=80,"良",IF(I8>=60,"中","不及格")))
78	=AVERAGE(C9:H9)	=IF(I9>=90,"优",IF(I9>=80,"良",IF(I9>=60,"中","不及格")))
84	=AVERAGE(C10:H10)	=IF(I10>=90,"优",IF(I10>=80,"良",IF(I10>=60,"中","不及格")))
82	=AVERAGE(C11:H11)	=IF(I11>=90,"优",IF(I11>=80,"良",IF(I11>=60,"中","不及格")))
80	=AVERAGE(C12:H12)	=IF(I12>=90,"优",IF(I12>=80,"良",IF(I12>=60,"中","不及格")))
77	=AVERAGE(C13:H13)	=IF(I13>=90,"优",IF(I13>=80,"良",IF(I13>=60,"中","不及格")))
79	=AVERAGE(C14:H14)	=IF(I14>=90,"优",IF(I14>=80,"良",IF(I14>=60,"中","不及格")))
79	=AVERAGE(C15:H15)	=IF(I15>=90,"优",IF(I15>=80,"良",IF(I15>=60,"中","不及格")))
79	=AVERAGE(C16:H16)	=IF(I16>=90,"优",IF(I16>=80,"良",IF(I16>=60,"中","不及格")))
69	=AVERAGE(C17:H17)	=IF(I17>=90,"优",IF(I17>=80,"良",IF(I17>=60,"中","不及格")))
81	=AVERAGE(C18:H18)	=IF(I18>=90,"优",IF(I18>=80,"良",IF(I18>=60,"中","不及格")))
81	=AVERAGE(C19:H19)	=IF(I19>=90,"优",IF(I19>=80,"良",IF(I19>=60,"中","不及格")))
85	=AVERAGE(C20:H20)	=IF(I20>=90,"优",IF(I20>=80,"良",IF(I20>=60,"中","不及格")))
84	=AVERAGE(C21:H21)	=IF(I21>=90,"优",IF(I21>=80,"良",IF(I21>=60,"中","不及格")))
84	=AVERAGE(C22:H22)	=IF(I22>=90,"优",IF(I22>=80,"良",IF(I22>=60,"中","不及格")))
60	=AVERAGE(C23:H23)	=IF(I23>=90,"优",IF(I23>=80,"良",IF(I23>=60,"中","不及格")))
80	=AVERAGE(C24:H24)	=IF(I24>=90,"优",IF(I24>=80,"良",IF(I24>=60,"中","不及格")))

图 8-53　显示单元格中的公式

三、粘贴特殊格式

将工作表中的内容粘贴到其他位置时，可以在“粘贴选项”列表中选择粘贴格式，如图 8-54 所示。

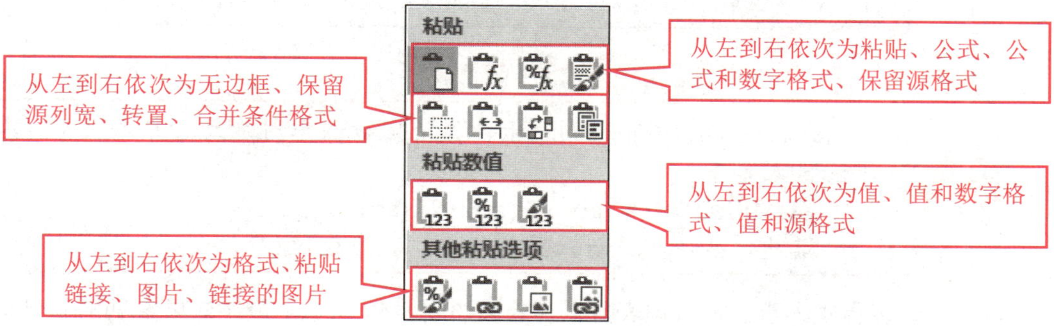

图 8-54　“粘贴选项”列表

项目总结

本项目主要介绍了公式和函数的使用方法。学完本项目后，读者应重点掌握以下知识。

（1）在单元格中输入公式及利用填充柄复制公式的方法。要输入公式，必须先输入“=”，然后输入表达式。

（2）使用常用函数计算工作表数据的方法。

课后实训

（1）计算股票成交情况表数据，效果如图 8-55 所示。最终效果参见本书配套素材“素材与实例”/“项目八”/“课后实训”/“股票成交情况表（计算）”工作簿。

	A	B	C	D
1	名称	股票价格	成交量	成交金额
2	700027	10.33	957	9885.81
3	800928	10.66	1195	12738.7
4	700911	10.32	1680	17337.6
5	800628	10.58	1014	10728.12
6	800320	10.69	1309	13993.21
7	700112	10.68	1413	15090.84
8	701211	10.98	1433	15734.34
9	800000	10.11	1213	12263.43
10	700001	10.55	1069	11277.95
11				
12	总成交金额		119050	
13	"7"开头成交总金额		69326.54	
14	"8"开头成交总金额		49723.46	

图 8-55　计算后的工作表数据

【操作提示】

① 打开本书配套素材“素材与实例”/“项目八”/“课后实训”/“股票成交情况表”工作簿。

② 在表格下方输入要进行计算的说明文字（图 8-55 标注框中的文字）。

③ 分别在 C12、C13、C14 单元格中输入如图 8-56 所示的公式。

④ 将工作簿另存为“股票成交情况表（计算）”。

C12 =SUM(D2:D10)

C13 =SUMPRODUCT((LEFT(A2:A10)="7")*(B2:B10)*(C2:C10))

C14 =SUMPRODUCT((LEFT(A2:A10)="8")*(B2:B10)*(C2:C10))

图 8-56 输入公式

> **提示**
>
> SUMPRODUCT 函数用于计算给定数组中对应元素乘积之和，其语法格式如下。
>
> SUMPRODUCT(array1,[array2],[array3],...)
>
> 其中，array1、array2、array3、...为数组。

（2）计算员工人事工资管理表数据，效果如图 8-57 所示。最终效果参见本书配套素材“素材与实例”/“项目八”/“课后实训”/“员工人事工资管理表（计算）”工作簿。

	A	B	C	D	E	F	G	H	I	J	K	L	M	N	O
1	员工人事工资管理表														
2	序号	部门	姓名	年龄	性别	职务	职称	学历	参加工作时间	籍贯	出生日期	婚否	联系电话	基本工资	工龄
3	0001	人力资源部	赵某	56	女	统计	高级经济师	本科	1989年6月6日	北京市	1967/10/23	已婚	6400****	6100	34
4	0002	人力资源部	李某可	57	女	统计	助理统计师	大专	1987年10月31日	山东省	1966/04/01	已婚	6503****	5840	35
5	0003	人力资源部	陈某伟	59	男	部长	高级经济师	硕士研究生	1989年7月15日	四川省	1964/08/25	已婚	6303****	6800	33
6	0004	人力资源部	刘某利	58	男	科员	无	中专	1983年8月1日	陕西省	1965/07/13	已婚	6465****	4060	39
7	0005	财务部	钱某	55	女	财务总监	高级会计师	本科	1991年7月20日	甘肃省	1968/07/04	未婚	6601****	5860	31
8	0006	财务部	曾某	56	男	会计	会计师	本科	1989年5月16日	江苏省	1967/09/10	已婚	6603****	4750	34
9	0007	财务部	李某莫	57	男	出纳	助理会计师	本科	1989年6月10日	北京市	1966/12/15	已婚	6924****	4110	34
10	0008	行政部	周某新	50	女	部长	工程师	本科	1996年7月30日	湖北省	1973/08/30	已婚	6381****	4120	26
11	0009	行政部	林某	58	男	副部长	经济师	本科	1987年12月7日	山东省	1965/09/13	已婚	6887****	4400	35
12	0010	行政部	王某航	55	女	科员	无	大专	1989年9月11日	陕西省	1968/10/12	已婚	6591****	3800	33
13	0011	行政部	牛某乐	56	男	科员	助理工程师	本科	1990年7月17日	天津市	1967/03/08	已婚	6217****	4700	32
14	0012	行政部	焦某	48	男	内勤	无	高中	1993年2月22日	北京市	1975/02/16	未婚	6436****	3800	30
15	0013	物流部	齐某	45	男	外勤	无	中专	1996年4月10日	北京市	1978/11/03	未婚	6722****	3500	27
16	0014	物流部	吴某容	52	男	部长	高级工程师	硕士研究生	1995年7月31日	黑龙江省	1971/03/15	未婚	6701****	6800	27
17	0015	物流部	李某想	46	男	项目监察	工程师	本科	1999年8月14日	北京市	1977/04/18	未婚	6326****	5200	23
18	0016	物流部	常某	57	女	项目主管	高级工程师	硕士研究生	1991年3月17日	四川省	1966/07/16	已婚	6525****	6900	32
19	0017	物流部	贾某	57	男	业务员	工程师	本科	1988年9月18日	安徽省	1966/05/24	已婚	6576****	5250	34
20	0018	物流部	姜某	53	女	业务员	无	大专	1991年4月3日	北京市	1970/06/13	已婚	6762****	4300	32
21	0019	物流部	李某浩	58	男	业务员	助理工程师	大专	1986年12月8日	湖北省	1965/03/21	已婚	6302****	4820	36
22	0020	物流部	段某	48	男	项目主管	工程师	本科	1997年5月6日	北京市	1975/04/16	未婚	6427****	5000	26
23	0021	物流部	于某	47	男	项目监察	工程师	本科	1998年7月13日	四川省	1976/08/09	未婚	6592****	5000	24
24	0022	物流部	高某状	51	男	业务员	助理经济师	本科	1994年11月21日	北京市	1972/11/30	已婚	6596****	4600	28
25	0023	物流部	黄某	59	女	内勤	无	高中	1982年12月15日	陕西省	1964/12/10	已婚	6819****	3800	40
26	0024	物流部	贺某	59	女	项目主管	高级经济师	本科	1986年7月15日	天津市	1964/5/8	已婚	6458****	6860	36
27	0025	市场部	王某钦	55	男	主管	经济师	本科	1990年7月6日	重庆市	1968/1/6	已婚	6366****	5000	32
28	0026	市场部	张某梦	53	女	业务员	助理经济师	中专	1988年8月9日	四川省	1970/5/9	已婚	6589****	4050	34
29	0027	市场部	夏某	45	女	业务员	无	高中	1996年12月10日	湖南省	1978/5/23	未婚	6478****	3700	26
30	0028	市场部	白某笑	58	男	外勤	工程师	本科	1987年6月30日	四川省	1965/8/5	已婚	6879****	4500	35
31	0029	市场部	牛某鑫	53	男	主管	经济师	硕士研究生	1995年7月18日	重庆市	1970/3/15	已婚	6971****	6000	27
32	0030	市场部	钱某江	53	女	部长	高级经济师	本科	1992年8月1日	山东省	1970/10/18	已婚	6758****	7000	30

图 8-57 计算年龄和工龄

【操作提示】

① 打开本书配套素材“素材与实例”/“项目八”/“课后实训”/“员工人事工资管理表”工作簿。

② 根据出生日期计算年龄。在 D3 单元格中输入公式“=YEAR(TODAY())-YEAR(K3)”，计算序号为“0001”的员工的年龄，然后向下拖动 D3 单元格右下角的填充柄至 D32 单元格，计算其他员工的年龄。

③ 工龄是指职工以工资收入为主要或全部生活来源的工作时间。在 O3 单元格中输入公式“=DATEDIF(I3,TODAY(),"Y")”，计算序号为“0001”的员工的工龄，然后向下拖动 O3 单元格右下角的填充柄至 O32 单元格，计算其他员工的工龄。

④ 将工作簿另存为“员工人事工资管理表（计算）”。

> **提示**
>
> DATEDIF 函数用于计算两个日期之间的年数、月数和天数，其语法格式如下。
>
> DATEDIF(date1,date2,code)
>
> 其中，date1 表示开始日期；date2 表示结束日期；code 表示返回两个日期的参数代码，具体如下。
>
> “Y”表示返回两个日期之间的年数。
>
> “M”表示返回两个日期之间的月数。
>
> “D”表示返回两个日期之间的天数。
>
> “YM”表示忽略两个日期的年和天，返回月之间的月数。
>
> “YD”表示忽略两个日期的年，返回月和日之间的天数。
>
> “MD”表示忽略两个日期的年和月，返回日之间的天数。

（3）计算成绩评定表数据，效果如图 8-58 所示。最终效果参见本书配套素材“素材与实例”/“项目八”/“课后实训”/“成绩评定表（级别）”工作簿。

J2　=IF(I2>=90,"优",IF(I2>=80,"良",IF(I2>=60,"中","不及格")))

	A	B	C	D	E	F	G	H	I	J
1	学号	姓名	国际贸易	网络营销	ERP	网站建设与管理	英语2	就业指导	平均分	级别
2	04416005	韦某碧	95	89	93	84	92	90	90.50	优
3	04416003	莫某秀	88	73	84	82	99	81	84.50	良
4	04416008	翟某树	96	96	95	82	98	84	91.83	优
5	04416019	黄某艳	78	80	75	85	81	85	80.67	良
6	04416020	陈某萍	69	77	79	79	78	83	77.50	中
7	04416021	梁某宏	72	74	75	62	78	81	73.67	中
8	04416022	马某梅	70	76	77	84	75	81	77.17	中
9	04416023	赖某	74	71	73	63	77	78	72.67	中
10	04416024	李某明	72	66	85	66	80	84	75.50	中
11	04416025	何某倩	74	75	74	79	79	82	77.17	中
12	04416026	陈某	74	55	65	72	87	80	72.17	中
13	04416027	黄某云	87	66	45	79	81	77	72.50	中
14	04416029	刘某兰	68	78	75	81	65	79	74.33	中
15	04416030	刘某萍	71	75	45	78	80	79	71.33	中
16	04416031	钟某恩	77	55	64	75	75	79	70.83	中
17	04416032	周某强	90	51	95	61	86	69	75.33	中
18	04416033	陈某红	82	70	65	70	89	81	76.17	中
19	04416034	陈某旺	80	70	65	74	82	81	75.33	中
20	04416035	梁某媚	80	68	95	70	74	85	78.67	中
21	04416036	覃某凤	68	83	88	85	87	84	82.50	良
22	04416010	李某琴	89	75	80	60	94	84	80.33	良
23	04416025	何某倩	60	60	60	60	50	60	58.33	不及格
24	04416004	申某兆	85	67	86	82	92	80	82.00	良
25	成绩评定条件（以平均分为依据）:90-100分为优,80-90分为良,60-80分为中,60分以下为不及格。									

图 8-58　计算平均分并判断考试成绩级别

【操作提示】

① 打开本书配套素材“素材与实例”/“项目八”/“课后实训”/“成绩评定表”工作簿。

② 首先计算每个学生的平均分，然后根据 A25 单元格中的判断条件，在 J2 单元格中输入公式“=IF(I2>=90,“优”,IF(I2>=80,“良”,IF(I2>=60,“中”,“不及格”)))”（见图 8-58）判断第一个学生的考试成绩级别。

③ 向下拖动 J2 单元格右下角的填充柄至 J24 单元格，判断其他学生的考试成绩级别。

④ 将工作簿另存为“成绩评定表（级别）”。

（4）使用公式计算表格数据，效果如图 8-59 所示。最终效果参见本书配套素材“素材与实例”/“项目八”/“课后实训”/“引用计算（结果）”工作簿。

	A	B	C	D	E	F	G	H	I	J
1	75	74	54	85						编写能计算出与左列（I列）结果一致的公式（必须能利用自动填充功能）
2	74	76	85	79		A$4+A$6=	142		148	148
3	84	83	46	90		$A4+A6=	142		150	150
4	64	92	87	84		A4+$A$6-$D4*A$6=	-6410		157	157
5	95	84	75	83		$B$2+$A$6=	154		166	166
6	78	82	67	82		C4*D$5=	7221		158	158

图 8-59　引用计算示例

【操作提示】

① 打开本书配套素材“素材与实例”/“项目八”/“课后实训”/“引用计算”工作簿。

② 根据 F 列各单元格中的说明，分别在其右侧（G 列）的单元格中输入相应公式。例如，在 G2 单元格中输入公式“=A$4+A$6”，计算引用数据的值，如图 8-60（a）所示。使用同样的方法计算其他单元格中的数据，结果如图 8-60（b）所示。

G2　=A$4+A$6

	A	B	C	D	E	F	G
1	75	74	54	85			
2	74	76	85	79		A$4+A$6=	142
3	84	83	46	90		$A4+A6=	
4	64	92	87	84		A4+$A$6-$D4*A$6=	
5	95	84	75	83		$B$2+$A$6=	
6	78	82	67	82		C4*D$5=	

（a）

G6　=C4*D$5

	A	B	C	D	E	F	G
1	75	74	54	85			
2	74	76	85	79		A$4+A$6=	142
3	84	83	46	90		$A4+A6=	142
4	64	92	87	84		A4+$A$6-$D4*A$6=	-6410
5	95	84	75	83		$B$2+$A$6=	154
6	78	82	67	82		C4*D$5=	7221

（b）

图 8-60　混合引用计算

③ 根据 J1 单元格中的说明，在 J2 单元格中输入公式“=$A$2+B1”，然后向下拖动 J2 单元格右下角的填充柄至 J6 单元格。

④ 将工作簿另存为“引用计算（结果）”。

项目九　使用 Excel 管理和分析表格数据

项目描述

Excel 2016 不仅提供了公式和函数对工作表数据进行计算和处理，还提供了排序、筛选、分类汇总、合并计算，以及数据透视表和图表等功能来管理和分析工作表中的数据。在本项目中，读者可通过管理和分析员工人事工资管理表、员工资料表、空调销售表数据，合并计算生产和销售情况表数据，制作员工工资柱形图和运输成本饼图，学习使用 Excel 2016 管理和分析表格数据的方法。

学习目标

【知识目标】

- 理解 Excel 中筛选和分类汇总的含义。
- 熟悉对数据进行排序、筛选、分类汇总和合并计算的方法。
- 了解数据透视表和图表的功能。
- 熟悉使用数据透视表和图表分析数据的方法。

【能力目标】

- 能够根据要求对工作表数据进行排序、筛选和分类汇总。
- 能够利用合并计算功能将多个工作表中的数据进行汇总。
- 能够利用数据透视表和图表对工作表中的数据进行分析。

【素质目标】

- 提升自身分析问题、解决问题的能力。
- 自觉培养责任感、使命感、创新精神和专注精神。
- 不断学习、实践和总结，全面提升信息素养。

任务一　管理和分析员工人事工资管理表数据

情景引入

领导提出了几个查看员工人事工资管理表数据的条件，要小王将这些数据筛选出来，并汇总各部门的基本工资合计。

作品展示

本任务管理和分析后的员工人事工资管理表数据如图 9-1 所示。最终效果参见本书配套素材“素材与实例”/“项目九”/“任务一”/“员工人事工资管理表（管理）”工作簿。

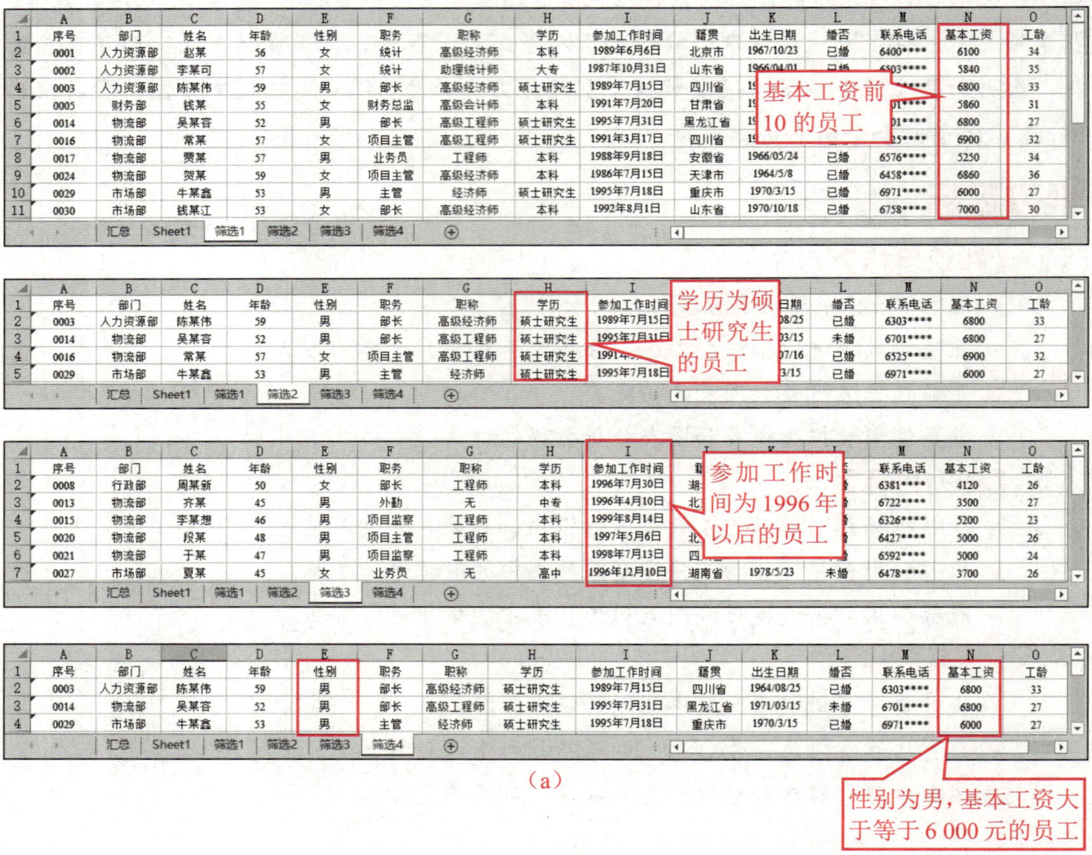

（a）

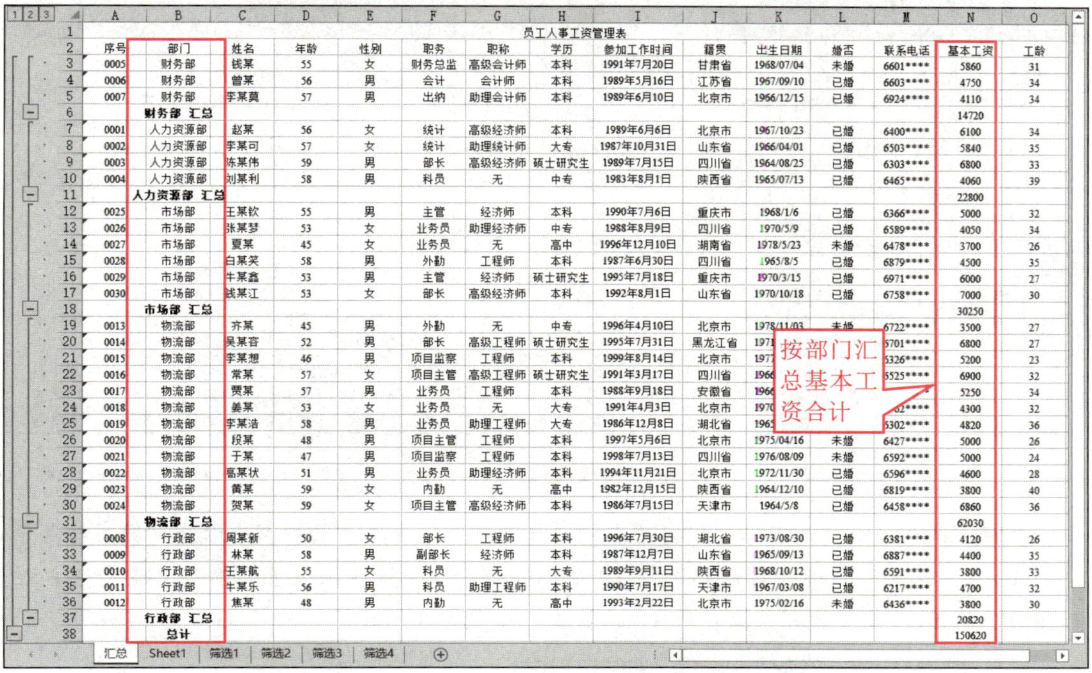

	A	B	C	D	E	F	G	H	I	J	K	L	M	N	O
1								员工人事工资管理表							
2	序号	部门	姓名	年龄	性别	职务	职称	学历	参加工作时间	籍贯	出生日期	婚否	联系电话	基本工资	工龄
3	0005	财务部	钱某	55	女	财务总监	高级会计师	本科	1991年7月20日	甘肃省	1968/07/04	未婚	6601****	5860	31
4	0006	财务部	曾某	56	男	会计	会计师	本科	1989年5月16日	江苏省	1967/09/10	已婚	6603****	4750	34
5	0007	财务部	李某莫	57	男	出纳	助理会计师	本科	1989年6月10日	北京市	1966/12/15	已婚	6924****	4110	34
6		财务部 汇总												14720	
7	0001	人力资源部	赵某	56	女	统计	高级经济师	本科	1989年6月6日	北京市	1967/10/23	已婚	6400****	6100	34
8	0002	人力资源部	李某可	57	女	统计	助理统计师	大专	1987年10月31日	山东省	1966/04/01	已婚	6503****	5840	35
9	0003	人力资源部	陈某伟	59	男	部长	高级经济师	硕士研究生	1989年7月15日	四川省	1964/08/25	已婚	6303****	6800	33
10	0004	人力资源部	刘某利	58	男	科员	无	中专	1983年8月1日	陕西省	1965/07/13	已婚	6465****	4060	39
11		人力资源部 汇总												22800	
12	0025	市场部	王某钦	55	男	主管	经济师	本科	1990年7月6日	重庆市	1968/1/6	已婚	6366****	5000	32
13	0026	市场部	张某梦	53	女	业务员	助理经济师	中专	1988年8月9日	四川省	1970/5/9	已婚	6589****	4050	34
14	0027	市场部	夏某	45	女	业务员	无	高中	1996年12月10日	湖南省	1978/5/23	未婚	6478****	3700	26
15	0028	市场部	白某笑	58	男	外勤	工程师	本科	1987年6月30日	四川省	1965/8/5	已婚	6879****	4500	35
16	0029	市场部	牛某鑫	53	男	主管	经济师	硕士研究生	1995年7月18日	重庆市	1970/3/15	已婚	6971****	6000	27
17	0030	市场部	钱某江	53	女	部长	高级经济师	本科	1992年8月1日	山东省	1970/10/18	已婚	6758****	7000	30
18		市场部 汇总												30250	
19	0013	物流部	齐某	45	男	外勤	无	中专	1996年4月10日	北京市	1978/11/03	未婚	6722****	3500	27
20	0014	物流部	吴某容	52	男	部长	高级工程师	硕士研究生	1995年7月31日	黑龙江省	1971		701****	6800	27
21	0015	物流部	李某想	46	男	项目监察	工程师	本科	1999年8月14日	北京市	1977		326****	5200	23
22	0016	物流部	常某	57	女	项目主管	高级工程师	硕士研究生	1991年3月17日	四川省	1966		525****	6900	32
23	0017	物流部	贾某	57	男	业务员	工程师	本科	1988年9月18日	安徽省	1966		[illegible]	5250	34
24	0018	物流部	姜某	53	女	业务员	无	大专	1991年4月3日	北京市	1970		2****	4300	32
25	0019	物流部	李某浩	58	男	业务员	助理工程师	大专	1986年12月8日	湖北省	1965		302****	4820	36
26	0020	物流部	段某	48	男	项目主管	工程师	本科	1997年5月6日	北京市	1975/04/16	未婚	6427****	5000	26
27	0021	物流部	于某	47	男	项目监察	工程师	本科	1998年7月13日	四川省	1976/08/09	未婚	6592****	5000	24
28	0022	物流部	高某状	51	男	业务员	助理经济师	本科	1994年11月21日	北京市	1972/11/30	已婚	6596****	4600	28
29	0023	物流部	黄某	59	女	内勤	无	高中	1982年12月15日	陕西省	1964/12/10	已婚	6819****	3800	40
30	0024	物流部	贺某	59	女	项目主管	高级经济师	本科	1986年7月15日	天津市	1964/5/8	已婚	6458****	6860	36
31		物流部 汇总												62030	
32	0008	行政部	周某新	50	女	部长	工程师	本科	1996年7月30日	湖北省	1973/08/30	已婚	6381****	4120	26
33	0009	行政部	林某	58	男	副部长	经济师	本科	1987年12月7日	山东省	1965/09/13	已婚	6887****	4400	35
34	0010	行政部	王某航	55	女	科员	无	大专	1989年9月11日	陕西省	1968/10/12	已婚	6591****	3800	33
35	0011	行政部	牛某乐	56	男	科员	助理工程师	本科	1990年7月17日	天津市	1967/03/08	已婚	6217****	4700	32
36	0012	行政部	焦某	48	男	内勤	无	高中	1993年2月22日	北京市	1975/02/16	未婚	6436****	3800	30
37		行政部 汇总												20820	
38		总计												150620	

（b）

图 9-1　管理和分析后的员工人事工资管理表数据

制作思路

打开素材文件，首先对工作表数据进行自动筛选，筛选出基本工资前 10 的员工，学历为硕士研究生的员工，以及 1996 年以后参加工作的员工，然后进行高级筛选，筛选出性别为男、基本工资大于等于 6 000 元的员工，最后汇总各部门的基本工资合计。其中，筛选和分类汇总结果均放在新工作表中。

任务实施

一、自动筛选数据

扫一扫

管理和分析员工人事工资管理表数据

步骤 1▶ 打开本书配套素材“素材与实例”/“项目九”/“任务一”/“员工人事工资管理表”工作簿，新建 4 个工作表，分别重命名为“筛选 1”“筛选 2”“筛选 3”和“筛选 4”。

步骤 2▶ 在“Sheet1”工作表中单击任意非空单元格，然后单击“数据”选项卡“排序和筛选”组中的“筛选”按钮，如图 9-2 所示。

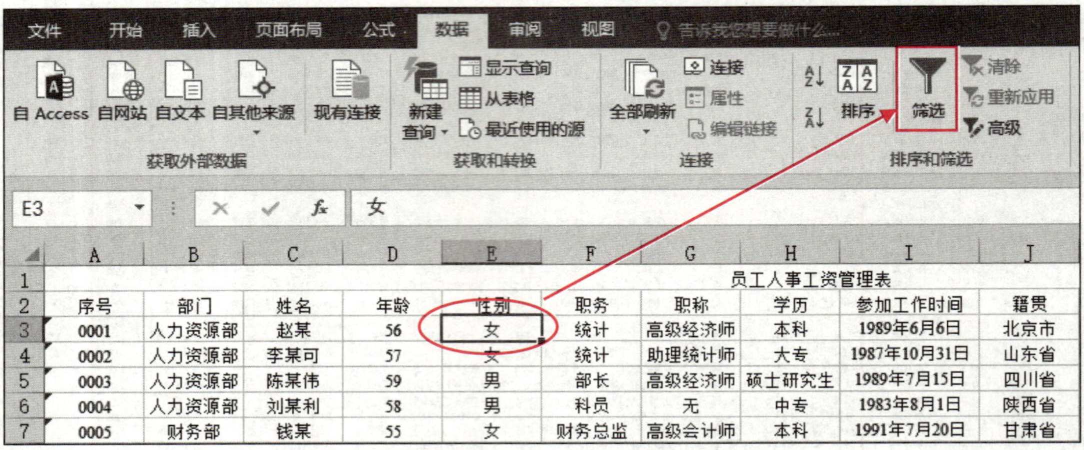

图 9-2　单击"筛选"按钮

步骤 3▶ 单击"基本工资"标题右侧的筛选按钮，在展开的列表中选择"数字筛选"/"前 10 项"选项，打开"自动筛选前 10 个"对话框，保持默认设置，单击"确定"按钮，如图 9-3 所示。筛选出基本工资前 10 的员工，如图 9-4 所示。

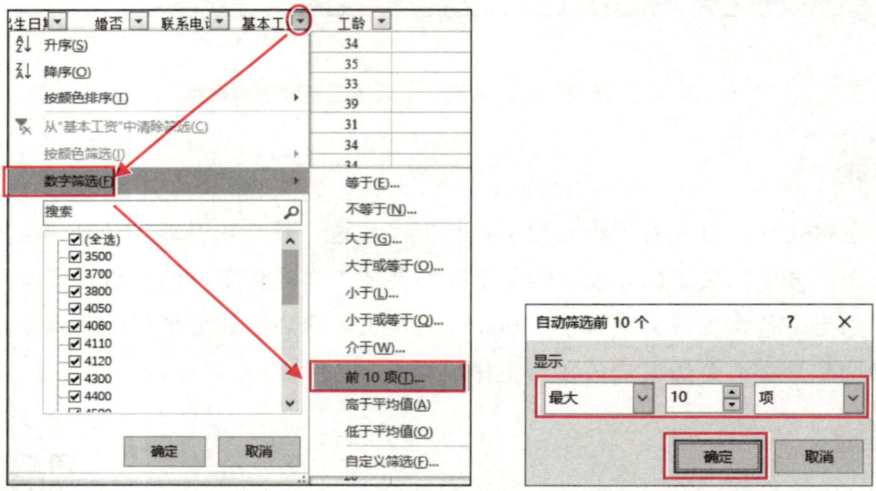

图 9-3　设置基本工资筛选条件

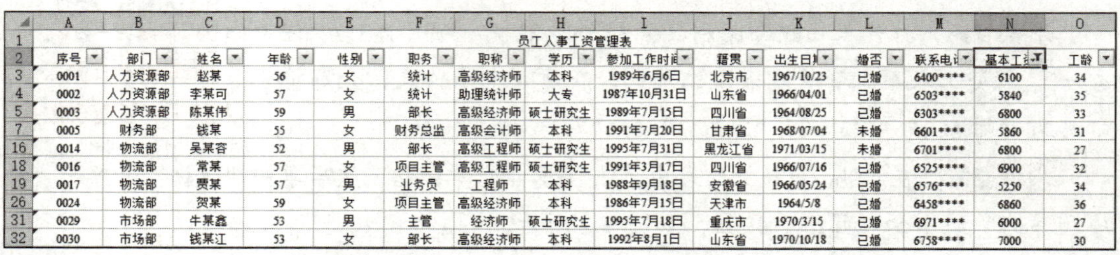

图 9-4　基本工资前 10 的员工

步骤 4▶ 将自动筛选结果复制到“筛选 1”工作表中。

步骤 5▶ 在“Sheet1”工作表中单击“筛选”按钮，取消自动筛选，然后再次单击“筛选”按钮。

步骤 6▶ 单击“学历”标题右侧的筛选按钮，在展开的列表中取消选中“全选”复选框，只选中“硕士研究生”复选框，然后单击“确定”按钮，如图 9-5 所示。筛选出学历为硕士研究生的员工，如图 9-6 所示。

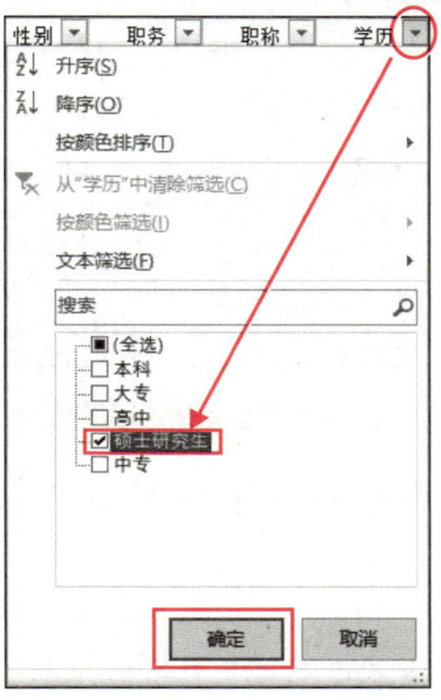

图 9-5　设置学历筛选条件

	A	B	C	D	E	F	G	H	I	J	K	L	M	N	O
1	员工人事工资管理表														
2	序号	部门	姓名	年龄	性别	职务	职称	学历	参加工作时间	籍贯	出生日期	婚否	联系电话	基本工资	工龄
5	0003	人力资源部	陈某伟	59	男	部长	高级经济师	硕士研究生	1989年7月15日	四川省	1964/08/25	已婚	6303****	6800	33
16	0014	物流部	吴某容	52	男	部长	高级工程师	硕士研究生	1995年7月31日	黑龙江省	1971/03/15	未婚	6701****	6800	27
18	0016	物流部	常某	57	女	项目主管	高级工程师	硕士研究生	1991年3月17日	四川省	1966/07/16	已婚	6525****	6900	32
31	0029	市场部	牛某鑫	53	男	主管	经济师	硕士研究生	1995年7月18日	重庆市	1970/3/15	已婚	6971****	6000	27

图 9-6　学历为硕士研究生的员工

步骤 7▶ 将自动筛选结果复制到“筛选 2”工作表中。

步骤 8▶ 在“Sheet1”工作表中单击“筛选”按钮，取消自动筛选，然后再次单击“筛选”按钮。

步骤 9▶ 单击“参加工作时间”标题右侧的筛选按钮，在展开的列表中选择“日期筛选”/“之后”选项，打开“自定义自动筛选方式”对话框，在“在以下日期之后”右侧的编辑框中输入“1996 年 1 月 1 日”，然后单击“确定”按钮，如图 9-7 所示。筛选出 1996 年以后参加工作的员工，如图 9-8 所示。

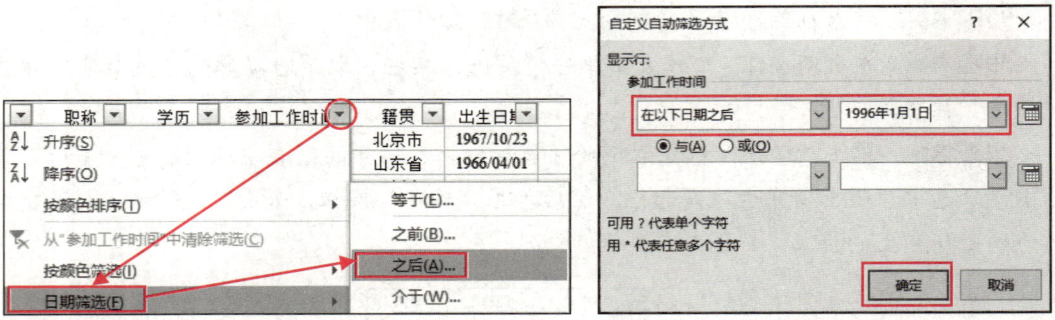

图 9-7　设置参加工作时间筛选条件

	A	B	C	D	E	F	G	H	I	J	K	L	M	N	O
1	员工人事工资管理表														
2	序号	部门	姓名	年龄	性别	职务	职称	学历	参加工作时间	籍贯	出生日	婚否	联系电	基本工	工龄
10	0008	行政部	周某新	50	女	部长	工程师	本科	1996年7月30日	湖北省	1973/08/30	已婚	6381****	4120	26
15	0013	物流部	齐某	45	男	外勤	无	中专	1996年4月10日	北京市	1978/11/03	未婚	6722****	3500	27
17	0015	物流部	李某想	46	男	项目监察	工程师	本科	1999年8月14日	北京市	1977/04/18	未婚	6326****	5200	23
22	0020	物流部	段某	48	男	项目主管	工程师	本科	1997年5月6日	北京市	1975/04/16	未婚	6427****	5000	26
23	0021	物流部	于某	47	男	项目监察	工程师	本科	1998年7月13日	四川省	1976/08/09	未婚	6592****	5000	24
29	0027	市场部	夏某	45	女	业务员	无	高中	1996年12月10日	湖南省	1978/5/23	未婚	6478****	3700	26

图 9-8　1996 年以后参加工作的员工

步骤 10▶　将自动筛选结果复制到"筛选 3"工作表中。

二、高级筛选数据

步骤 1▶　在"Sheet1"工作表中单击"筛选"按钮，取消自动筛选。

步骤 2▶　在工作表的空白单元格中输入筛选条件，然后单击"排序和筛选"组中的"高级"按钮，如图 9-9 所示。

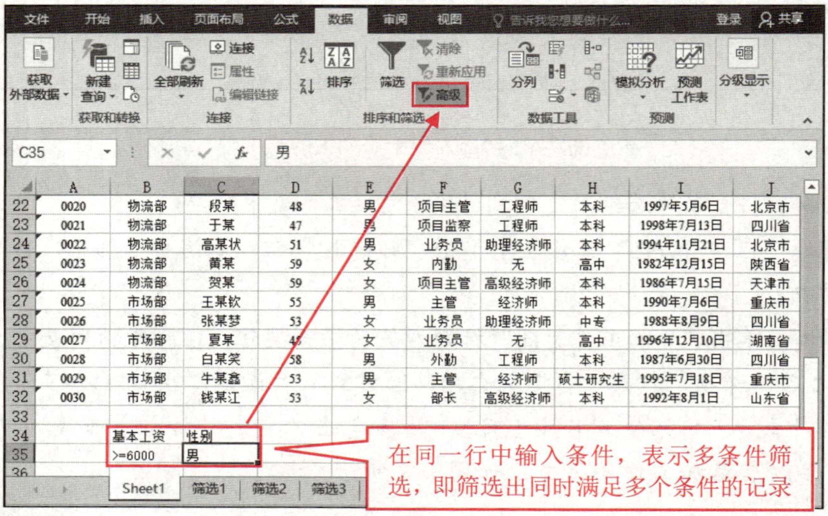

图 9-9　输入筛选条件并单击"高级"按钮

> **提示**
> 条件区域与数据区域之间至少要有一个空列或空行，而且条件可以是两个或两个以上的多个条件。此外，筛选条件中的列标签一定要与数据表中的列标签一致，否则无法筛选。

步骤 3▶ 打开"高级筛选"对话框，确认"列表区域"编辑框中的单元格引用是否正确，此处保持默认，然后选中"将筛选结果复制到其他位置"单选钮。

步骤 4▶ 在"条件区域"编辑框中单击，在工作表中选择步骤 2 输入的条件，释放鼠标，返回"高级筛选"对话框，然后在"复制到"编辑框中单击，在工作表中单击 A37 单元格，最后单击"确定"按钮，如图 9-10 所示。筛选出性别为男、基本工资大于等于 6 000 元的员工，如图 9-11 所示。

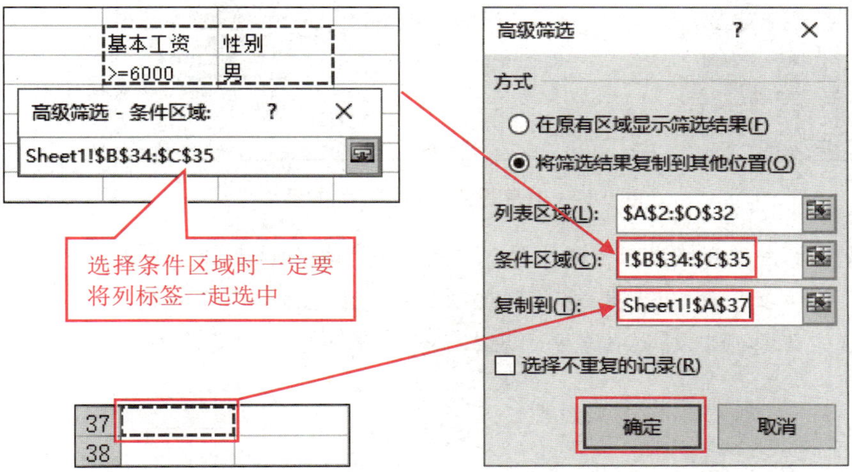

图 9-10　选择筛选条件和设置筛选结果复制位置

37	序号	部门	姓名	年龄	性别	职务	职称	学历	参加工作时间	籍贯	出生日期	婚否	联系电话	基本工资	工龄
38	0003	人力资源部	陈某伟	59	男	部长	高级经济师	硕士研究生	1989年7月15日	四川省	1964/08/25	已婚	6303****	6800	33
39	0014	物流部	吴某容	52	男	部长	高级工程师	硕士研究生	1995年7月31日	黑龙江省	1971/03/15	未婚	6701****	6800	27
40	0029	市场部	牛某鑫	53	男	主管	经济师	硕士研究生	1995年7月18日	重庆市	1970/3/15	已婚	6971****	6000	27

图 9-11　性别为男、基本工资大于等于 6 000 元的员工

步骤 5▶ 将高级筛选结果剪切到"筛选 4"工作表中。

三、分类汇总数据

分类汇总用于对工作表中的数据按类别进行统计处理，无须建立公式，Excel 会自动对各类别数据进行求和、求平均值、统计个数、求最大值（最小值）和求总体方差等多种计算，并且分级显示汇总结果。

进行分类汇总的工作表必须包含列标签，且分类汇总前必须先对单列或多列数据进行排序，使同类别的数据集中在一起。

分类汇总分为简单分类汇总、嵌套分类汇总和多重分类汇总 3 种。下面简单分类汇总各部门的基本工资合计，其他两种汇总方式在后面的任务中学习。

步骤 1▶ 建立“Sheet1”工作表的副本，重命名为“汇总”，并删除上节中输入的筛选条件。

步骤 2▶ 在“汇总”工作表中单击“部门”列的任意非空单元格，然后单击“数据”选项卡“排序和筛选”组中的“升序”按钮 A↓Z，如图 9-12 所示。

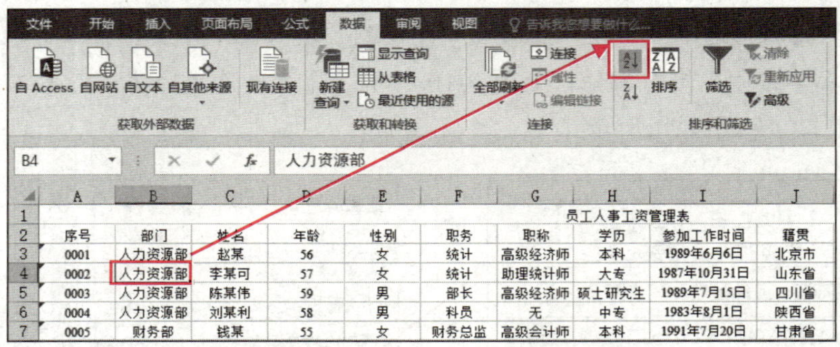

图 9-12 升序排序“部门”列数据

步骤 3▶ 单击“分级显示”组中的“分类汇总”按钮，打开“分类汇总”对话框，在“分类字段”下拉列表中选择“部门”选项，在“汇总方式”下拉列表中选择“求和”选项，在“选定汇总项”列表中选中“基本工资”复选框，然后单击“确定”按钮，如图 9-13 所示。

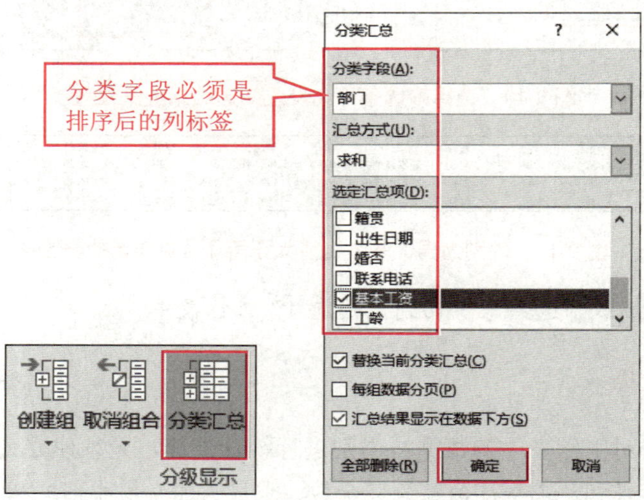

图 9-13 设置分类汇总项

步骤 4▶ 此时“汇总”工作表中生成的分类汇总结果如图 9-1（b）所示。将工作簿另存为“员工人事工资管理表（管理）”。

任务二　管理和分析员工资料表数据

情景引入

公司让小胡将员工资料表中的数据按部门和职称进行基本工资求和的嵌套分类汇总，然后创建按学历查看的数据透视表，并筛选出学历为大专的员工基本工资数据。

作品展示

本任务管理和分析后的员工资料表数据如图 9-14 所示。最终效果参见本书配套素材“素材与实例”/“项目九”/“任务二”中的“员工资料表（嵌套分类汇总）”和“员工资料表（数据透视表）”工作簿。

	A	B	C	D	E	F	G	H
1	姓名	部门	性别	籍贯	出生年月	学历	职称	基本工资
2	毕某海	财务科	男	河南省	1975/6/30	大专	助理会计师	4300
3	张某敏	财务科	女	江西省	1981/3/21	大专	助理会计师	4700
4	谭某晶	财务科	男	江西省	1982/12/10	本科	助理会计师	4600
5							助理会计师 汇	13600
6		财务科 汇总						13600
7	周某华	二队	男	重庆市	1982/3/24	大专	政工师	4900
8	孙某家	二队	男	福建省	1984/8/19	高中	政工师	4500
9							政工师 汇总	9400
10	赖某翔	二队	男	辽宁省	1972/8/18	大专	高级政工师	5800
11							高级政工师 汇	5800
12		二队 汇总						15200
13	李某华	加油站	女	四川省	1979/1/13	大专	助理工程师	4500
14							助理工程师 汇	4500
15	陈某东	加油站	男	安徽省	1978/2/15	大专	经济师	5800
16	董某拓	加油站	女	广东省	1980/7/21	大专	经济师	4800
17	章某彬	加油站	男	浙江省	1983/8/20	大专	经济师	5200
18							经济师 汇总	15800
19		加油站 汇总						20300
20	田某玲	三队	女	北京市	1980/1/25	大专	经济师	5200
21							经济师 汇总	5200
22	齐某鹏	三队	男	海南省	1976/12/11	大专	高级政工师	6000
23							高级政工师 汇	6000
24		三队 汇总						11200
25	甘某明	一队	女	广东省	1977/4/26	大专	经济师	5500
26	曾某龙	一队	男	河南省	1982/5/17	大专	经济师	5000
27							经济师 汇总	10500
28		一队 汇总						10500
29	白某梅	运输科	女	山东省	1979/4/28	中专	助理工程师	4200
30							助理工程师 汇	4200
31	郭某晓	运输科	女	安徽省	1984/11/28	大专	政工师	4500
32							政工师 汇总	4500
33	易某红	运输科	女	吉林省	1977/2/11	大专	经济师	5500
34							经济师 汇总	5500
35	史某云	运输科	男	江西省	1975/6/19	高中	高级政工师	5500
36	孙某空	运输科	男	江苏省	1973/8/15	高中	高级政工师	5000
37	吴某波	运输科	男	黑龙江省	1975/4/23	大专	高级政工师	5600
38							高级政工师 汇	16100
39		运输科 汇总						30300
40	胡某因	助理室	女	上海市	1984/9/20	大专	助理工程师	5200
41	马某海	助理室	女	广东省	1983/6/30	中专	助理工程师	4000
42							助理工程师 汇	9200
43	王某丽	助理室	女	山东省	1981/12/2	中专	经济师	4800
44							经济师 汇总	4800
45	姜某凡	助理室	男	安徽省	1985/10/12	本科	高级政工师	5900
46							高级政工师 汇	5900
47		助理室 汇总						19900
48		总计						121000

按部门和职称嵌套分类汇总基本工资合计

（a）

	A	B	C	D	E	F	G	H	I
1	学历	大专							
2									
3	求和项：基本工资	列标签							
4	行标签	财务科	二队	加油站	三队	一队	运输科	助理室	总计
5	毕某海	4300							4300
6	曾某龙					5000			5000
7	陈某东			5800					5800
8	董某拓			4800					4800
9	甘某明					5500			5500
10	郭某晓						4500		4500
11	胡某因							5200	5200
12	赖某翔		5800						5800
13	李某华			4500					4500
14	齐某鹏				6000				6000
15	田某玲				5200				5200
16	吴某波						5600		5600
17	易某红						5500		5500
18	张某敏	4700							4700
19	章某彬			5200					5200
20	周某华		4900						4900
21	总计	9000	10700	20300	11200	10500	15600	5200	82500

按学历查看的数据透视表，图中筛选出了学历为大专的员工基本工资数据

（b）

图 9-14　管理和分析后的员工资料表

拓展阅读

多管齐下，提升数据管理和分析能力

在现代社会，很多企业员工数量庞大，种类复杂，对员工信息或数据进行分类汇总和筛选具有重要意义。这些信息或数据包括但不限于姓名、年龄、籍贯、学历、部门、职称、工资等，对企业的运营和管理起着关键作用。

首先，对员工信息或数据进行分类汇总和筛选，有助于企业更好地了解员工的情况和构成。例如，企业可以清晰地了解员工的人数、部门分布、年龄结构、学历背景、职称分布等重要信息，从而为今后的决策和战略规划提供有力支持。

其次，对员工信息或数据进行分类汇总和筛选，有助于企业进行绩效评估和薪酬管理。通过对员工的职称、工资等数据进行分类整理和分析，企业可以更加客观地评估员工的工作表现，制订合理的薪酬政策，激励员工提高工作绩效，进而提升企业的竞争力。

为了提升数据管理和分析能力，首先要培养逻辑思维能力，因为员工信息通常是庞大而复杂的，需要根据实际需求和背景从中提炼出关键信息，建立起合理的逻辑关系，做出科学的分析和判断；其次要熟练运用数据分析工具和技术，不断实践、总结和优化。

（资料来源：中国经济网，有改动）

请思考：在信息化社会，对于个人来说，具备良好的数据分析能力和信息素养是至关重要的。你打算如何提升自己的数据分析能力和信息素养？

制作思路

打开素材文件，首先对工作表数据进行嵌套分类汇总操作，然后创建数据透视表分析工作表数据。

任务实施

一、嵌套分类汇总数据

扫一扫

管理和分析员工资料表数据

嵌套分类汇总用于对多个分类字段进行汇总。下面将数据按部门和职称进行基本工资求和的嵌套分类汇总。

步骤 1▶ 打开本书配套素材“素材与实例”/“项目九”/“任务二”/“员工资料表”工作簿，在工作表中单击任意非空单元格，然后单击“数据”选项卡“排序和筛选”组中的“排序”按钮，如图 9-15 所示。

图 9-15　单击“排序”按钮

步骤 2▶ 打开“排序”对话框，将主要关键字的“列”设置为“部门”，“排序依据”设置为“数值”，“次序”设置为“升序”；然后单击“添加条件”按钮，添加次要关键字，并将其“列”设置为“职称”，“排序依据”设置为“数值”，“次序”设置为“降序”；最后单击“确定”按钮，如图 9-16 所示。此时工作表中数据的排序结果如图 9-17 所示。

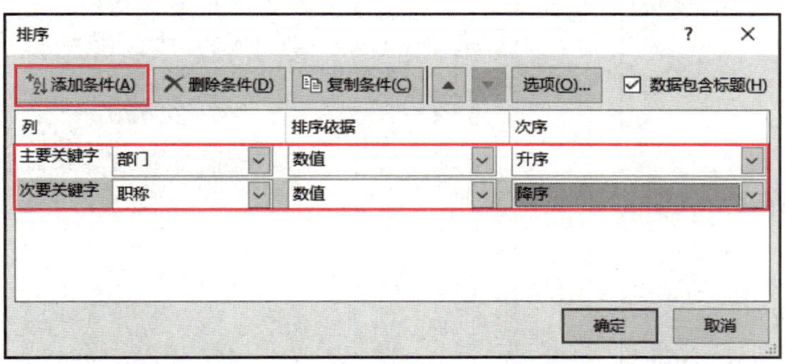

图 9-16　设置排序多关键字条件

	A	B	C	D	E	F	G	H
1	姓名	部门	性别	籍贯	出生年月	学历	职称	基本工资
2	毕某海	财务科	男	河南省	1975/6/30	大专	助理会计师	4300
3	张某敏	财务科	女	江西省	1981/3/21	大专	助理会计师	4700
4	谭某晶	财务科	男	江西省	1982/12/10	本科	助理会计师	4600
5	周某华	二队	男	重庆市	1982/3/24	大专	政工师	4900
6	孙某家	二队	男	福建省	1984/8/19	高中	政工师	4500
7	赖某翔	二队	男	辽宁省	1972/8/18	大专	高级政工师	5800
8	李某华	加油站	女	四川省	1979/1/13	大专	助理工程师	4500
9	陈某东	加油站	男	安徽省	1978/2/15	大专	经济师	5800
10	董某拓	加油站	女	广东省	1980/7/21	大专	经济师	4800
11	章某彬	加油站	男	浙江省	1983/8/20	大专	经济师	5200
12	田某玲	三队	女	北京市	1980/1/25	大专	经济师	5200
13	齐某鹏	三队	男	海南省	1976/12/11	大专	高级政工师	6000
14	甘某明	一队	女	广东省	1977/4/26	大专	经济师	5500
15	曾某龙	一队	男	河南省	1982/5/17	大专	经济师	5000
16	白某梅	运输科	女	山东省	1979/4/28	中专	助理工程师	4200
17	郭某晓	运输科	女	安徽省	1984/11/28	大专	政工师	4500
18	易某红	运输科	女	吉林省	1977/2/11	大专	经济师	5500
19	史某云	运输科	男	江西省	1975/6/19	高中	高级政工师	5500
20	孙某空	运输科	男	江苏省	1973/8/15	高中	高级政工师	5000
21	吴某波	运输科	男	黑龙江省	1975/4/23	大专	高级政工师	5600
22	胡某因	助理室	女	上海市	1984/9/20	大专	助理工程师	5200
23	马某海	助理室	女	广东省	1983/6/30	中专	助理工程师	4000
24	王某丽	助理室	女	山东省	1981/12/2	中专	经济师	4800
25	姜某凡	助理室	男	安徽省	1985/10/12	本科	高级政工师	5900

图 9-17　“部门”和“职称”列排序结果

步骤 3▶ 单击“数据”选项卡“分级显示”组中的“分类汇总”按钮，打开“分类汇总”对话框，设置“分类字段”为“部门”，“汇总方式”为“求和”，“选定汇总项”为“基本工资”，单击“确定”按钮，如图 9-18 所示。此时工作表中数据的分类汇总结果如图 9-19 所示。

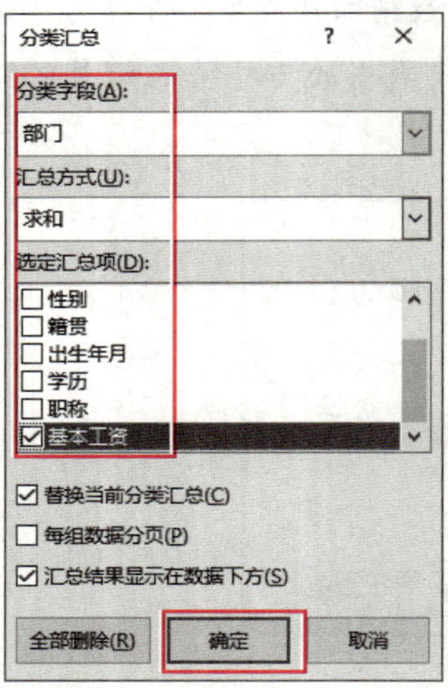

图 9-18　设置第 1 次分类汇总项

	A	B	C	D	E	F	G	H
1	姓名	部门	性别	籍贯	出生年月	学历	职称	基本工资
2	毕某海	财务科	男	河南省	1975/6/30	大专	助理会计师	4300
3	张某敏	财务科	女	江西省	1981/3/21	大专	助理会计师	4700
4	谭某晶	财务科	男	江西省	1982/12/10	本科	助理会计师	4600
5		财务科 汇总						13600
6	周某华	二队	男	重庆市	1982/3/24	大专	政工师	4900
7	孙某家	二队	男	福建省	1984/8/19	高中	政工师	4500
8	赖某翔	二队	男	辽宁省	1972/8/18	大专	高级政工师	5800
9		二队 汇总						15200
10	李某华	加油站	女	四川省	1979/1/13	大专	助理工程师	4500
11	陈某东	加油站	男	安徽省	1978/2/15	大专	经济师	5800
12	董某拓	加油站	女	广东省	1980/7/21	大专	经济师	4800
13	章某彬	加油站	男	浙江省	1983/8/20	大专	经济师	5200
14		加油站 汇总						20300
15	田某玲	三队	女	北京市	1980/1/25	大专	经济师	5200
16	齐某鹏	三队	男	海南省	1976/12/11	大专	高级政工师	6000
17		三队 汇总						11200
18	甘某明	一队	女	广东省	1977/4/26	大专	经济师	5500
19	曾某龙	一队	男	河南省	1982/5/17	大专	经济师	5000
20		一队 汇总						10500
21	白某梅	运输科	女	山东省	1979/4/28	中专	助理工程师	4200
22	郭某晓	运输科	女	安徽省	1984/11/28	大专	政工师	4500
23	易某红	运输科	女	吉林省	1977/2/11	大专	经济师	5500
24	史某云	运输科	男	江西省	1975/6/19	高中	高级政工师	5500
25	孙某空	运输科	男	江苏省	1973/8/15	高中	高级政工师	5000
26	吴某波	运输科	男	黑龙江省	1975/4/23	大专	高级政工师	5600
27		运输科 汇总						30300
28	胡某因	助理室	女	上海市	1984/9/20	大专	助理工程师	5200
29	马某海	助理室	女	广东省	1983/6/30	中专	助理工程师	4000
30	王某丽	助理室	女	山东省	1981/12/2	中专	经济师	4800
31	姜某凡	助理室	男	安徽省	1985/10/12	本科	高级政工师	5900
32		助理室 汇总						19900
33		总计						121000

图 9-19　第 1 次分类汇总结果

步骤 4▶ 再次单击“分类汇总”按钮，打开“分类汇总”对话框，设置“分类字段”为“职称”，“汇总方式”为“求和”，“选定汇总项”为“基本工资”，并取消选中“替换当前分类汇总”复选框，然后单击“确定”按钮，如图 9-20 所示。

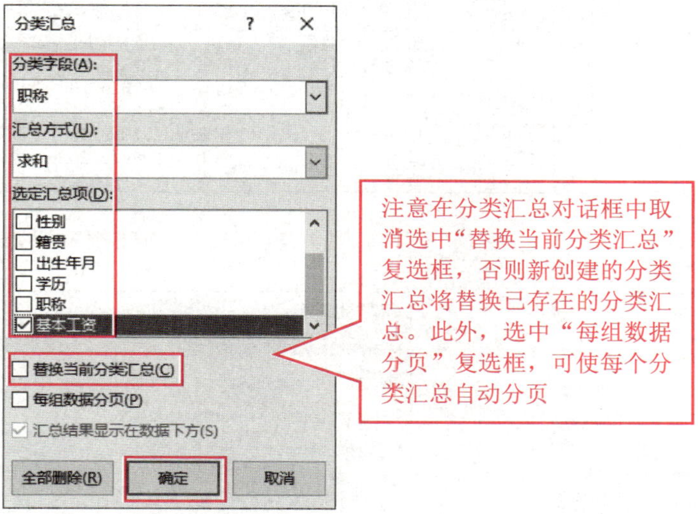

图 9-20　设置嵌套分类汇总项

步骤 5▶ 此时工作表中数据的嵌套分类汇总结果如图 9-14（a）所示。将工作簿另存为“员工资料表（嵌套分类汇总）”。

二、使用数据透视表分析数据

下面首先创建按学历查看的数据透视表，然后筛选出学历为大专的员工基本工资数据。

步骤 1▶ 打开本书配套素材“素材与实例”/“项目九”/“任务二”/“员工资料表”工作簿。

步骤 2▶ 在工作表中单击任意非空单元格，然后单击“插入”选项卡“表格”组中的“数据透视表”按钮，如图 9-21 所示。打开“创建数据透视表”对话框，确认“表/区域”编辑框中的单元格引用，此处保持默认，同时保持“新工作表”单选钮的选中状态，然后单击“确定”按钮，如图 9-22 所示。

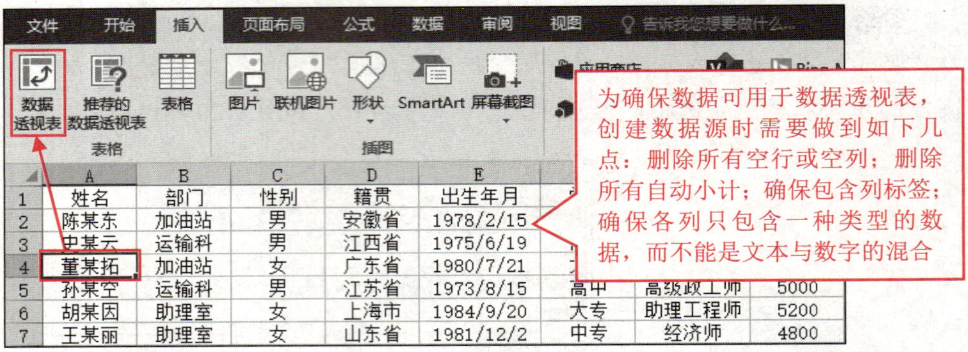

图 9-21 单击“数据透视表”按钮

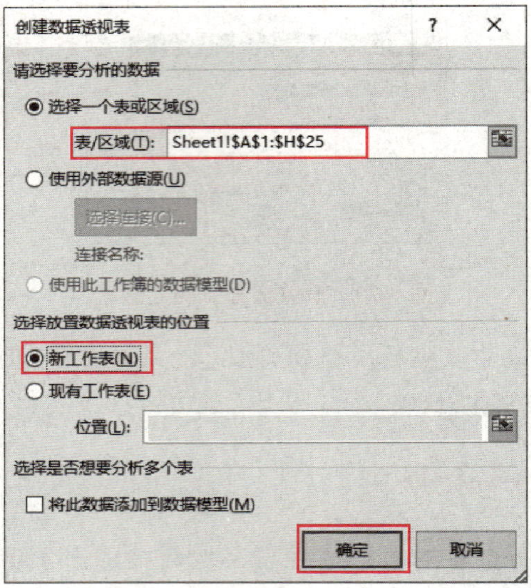

图 9-22 选择要分析的数据区域和放置数据透视表的位置

步骤 3▶ 自动新建工作表放置插入的空白数据透视表，并自动显示“数据透视表工具 分析”选项卡和“数据透视表字段”窗格。

步骤 4▶ 在窗格中将“学历”字段拖到“筛选器”区域，“部门”字段拖到“列”区域，“基本工资”字段拖到“值”区域，“姓名”字段拖到“行”区域，如图 9-23 所示。在新工作表中显示创建好的数据透视表，如图 9-24 所示。

步骤 5▶ 单击数据透视表中“学历”右侧的筛选按钮，在展开的列表中选择“大专”选项，然后单击“确定”按钮，如图 9-25 所示。

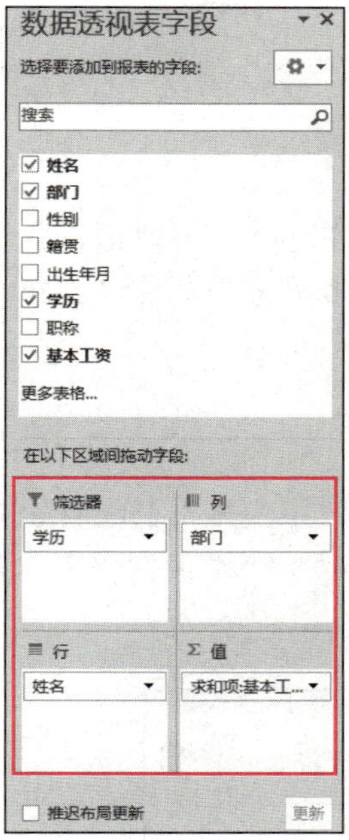

图 9-23　布局字段

	A	B	C	D	E	F	G	H	I
1	学历	(全部)							
2									
3	求和项:基本工资	列标签							
4	行标签	财务科	二队	加油站	三队	一队	运输科	助理室	总计
5	白某梅						4200		4200
6	毕某海	4300							4300
7	曾某龙					5000			5000
8	陈某东			5800					5800
9	董某拓			4800					4800
10	甘某明					5500			5500
11	郭某晓						4500		4500
12	胡某因							5200	5200
13	姜某凡							5900	5900
14	赖某翔		5800						5800
15	李某华			4500					4500
16	马某海							4000	4000
17	齐某鹏				6000				6000
18	史某云						5500		5500
19	孙某家		4500						4500
20	孙某空						5000		5000
21	谭某晶	4600							4600
22	田某玲				5200				5200
23	王某丽							4800	4800
24	吴某波						5600		5600
25	易某红						5500		5500
26	张某敏	4700							4700
27	章某彬			5200					5200
28	周某华		4900						4900
29	总计	13600	15200	20300	11200	10500	30300	19900	121000

图 9-24　数据透视表

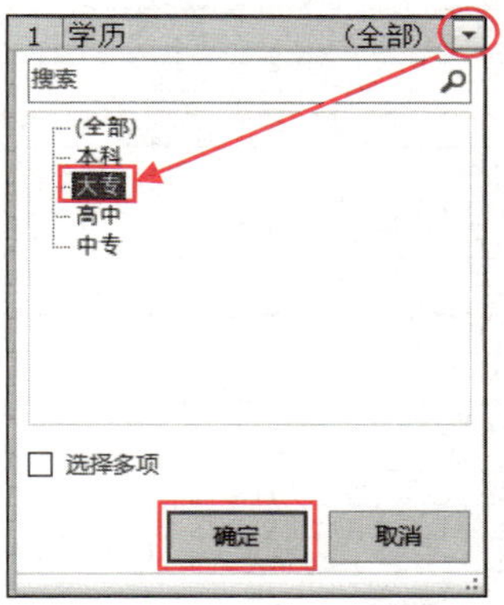

图 9-25　筛选数据

> **提示**　若直接在"数据透视表字段"窗格上方的字段列表区选中字段复选框，默认情况下，非数值字段会添加到"行"区域，数值字段会添加到"值"区域。也可以右击字段名，然后在弹出的快捷菜单中选择要添加到的区域。

步骤 6▶　此时数据透视表只显示大专学历的员工基本工资，如图 9-14（b）所示。将工作簿另存为"员工资料表（数据透视表）"。

任务三　管理和分析空调销售表数据

情景引入

销售部让小刘对空调销售表数据进行管理和分析，如筛选出品牌为海尔，或销售数量大于 30 的记录，按销售员进行销售额求和与销售数量求平均值的多重分类汇总，创建一个按销售员查看的数据透视图。

作品展示

本任务管理和分析后的空调销售表数据如图 9-26 所示。最终效果参见本书配套素材“素材与实例”/“项目九”/“任务三”中的“空调销售表（高级筛选）”“空调销售表（多重分类汇总）”和“空调销售表（数据透视图）”工作簿。

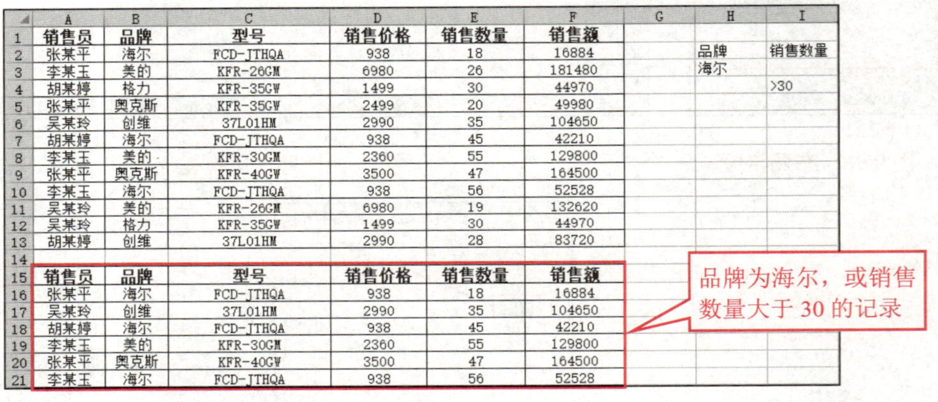

	A	B	C	D	E	F	G	H	I
1	销售员	品牌	型号	销售价格	销售数量	销售额			
2	张某平	海尔	FCD-JTHQA	938	18	16884		品牌	销售数量
3	李某玉	美的	KFR-26GM	6980	26	181480		海尔	
4	胡某婷	格力	KFR-35GW	1499	30	44970			>30
5	张某平	奥克斯	KFR-35GW	2499	20	49980			
6	吴某玲	创维	37L01HM	2990	35	104650			
7	胡某婷	海尔	FCD-JTHQA	938	45	42210			
8	李某玉	美的	KFR-30GM	2360	55	129800			
9	张某平	奥克斯	KFR-40GW	3500	47	164500			
10	李某玉	海尔	FCD-JTHQA	938	56	52528			
11	吴某玲	美的	KFR-26GM	6980	19	132620			
12	吴某玲	格力	KFR-35GW	1499	30	44970			
13	胡某婷	创维	37L01HM	2990	28	83720			
14									
15	销售员	品牌	型号	销售价格	销售数量	销售额			
16	张某平	海尔	FCD-JTHQA	938	18	16884			
17	吴某玲	创维	37L01HM	2990	35	104650			
18	胡某婷	海尔	FCD-JTHQA	938	45	42210			
19	李某玉	美的	KFR-30GM	2360	55	129800			
20	张某平	奥克斯	KFR-40GW	3500	47	164500			
21	李某玉	海尔	FCD-JTHQA	938	56	52528			

（a）

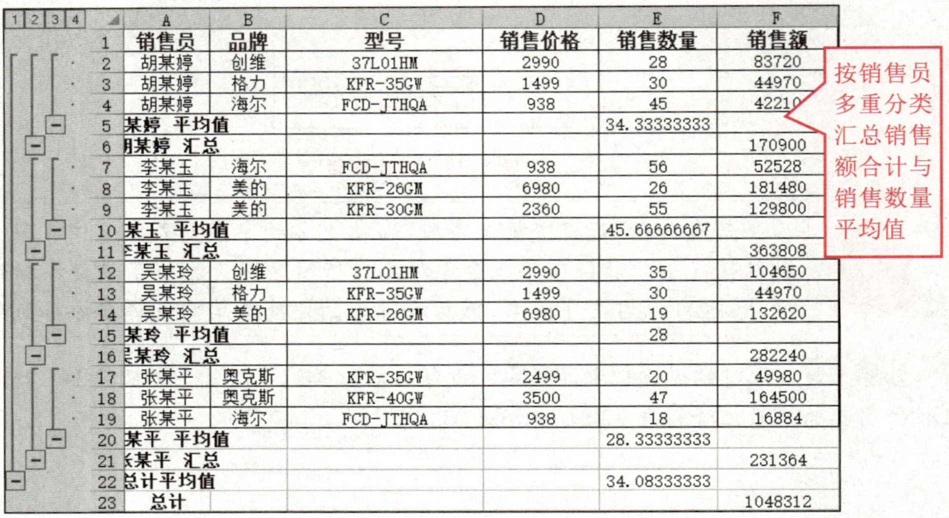

	A	B	C	D	E	F
1	销售员	品牌	型号	销售价格	销售数量	销售额
2	胡某婷	创维	37L01HM	2990	28	83720
3	胡某婷	格力	KFR-35GW	1499	30	44970
4	胡某婷	海尔	FCD-JTHQA	938	45	42210
5	某婷 平均值				34.33333333	
6	某婷 汇总					170900
7	李某玉	海尔	FCD-JTHQA	938	56	52528
8	李某玉	美的	KFR-26GM	6980	26	181480
9	李某玉	美的	KFR-30GM	2360	55	129800
10	某玉 平均值				45.66666667	
11	某玉 汇总					363808
12	吴某玲	创维	37L01HM	2990	35	104650
13	吴某玲	格力	KFR-35GW	1499	30	44970
14	吴某玲	美的	KFR-26GM	6980	19	132620
15	某玲 平均值				28	
16	某玲 汇总					282240
17	张某平	奥克斯	KFR-35GW	2499	20	49980
18	张某平	奥克斯	KFR-40GW	3500	47	164500
19	张某平	海尔	FCD-JTHQA	938	18	16884
20	某平 平均值				28.33333333	
21	某平 汇总					231364
22	总计平均值				34.08333333	
23	总计					1048312

（b）

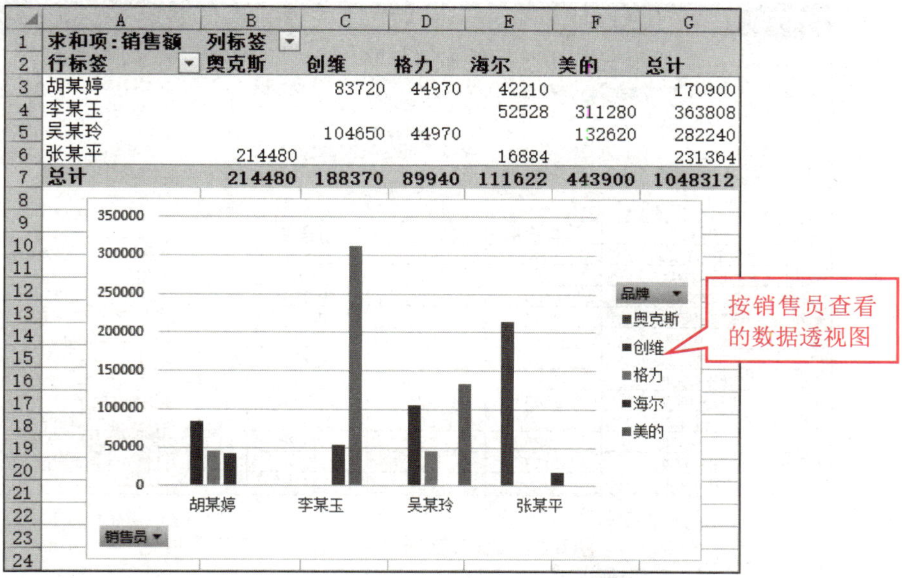

求和项:销售额	列标签					
行标签	奥克斯	创维	格力	海尔	美的	总计
胡某婷		83720	44970	42210		170900
李某玉				52528	311280	363808
吴某玲		104650	44970		132620	282240
张某平	214480			16884		231364
总计	214480	188370	89940	111622	443900	1048312

（c）

图 9-26　管理和分析后的空调销售表数据

制作思路

打开素材文件，首先对工作表数据按要求进行高级筛选和多重分类汇总操作，然后创建数据透视图分析工作表数据。

任务实施

一、高级筛选数据

扫一扫

管理和分析空调销售表数据

下面筛选出品牌为海尔，或销售数量大于 30 的记录。

步骤 1▶ 打开本书配套素材“素材与实例”/“项目九”/“任务三”/“空调销售表”工作簿。

步骤 2▶ 在工作表的空白单元格输入筛选条件，然后单击任意单元格（也可先选中要进行高级筛选的单元格区域），接着单击“数据”选项卡“排序和筛选”组中的“高级”按钮，如图 9-27 所示。

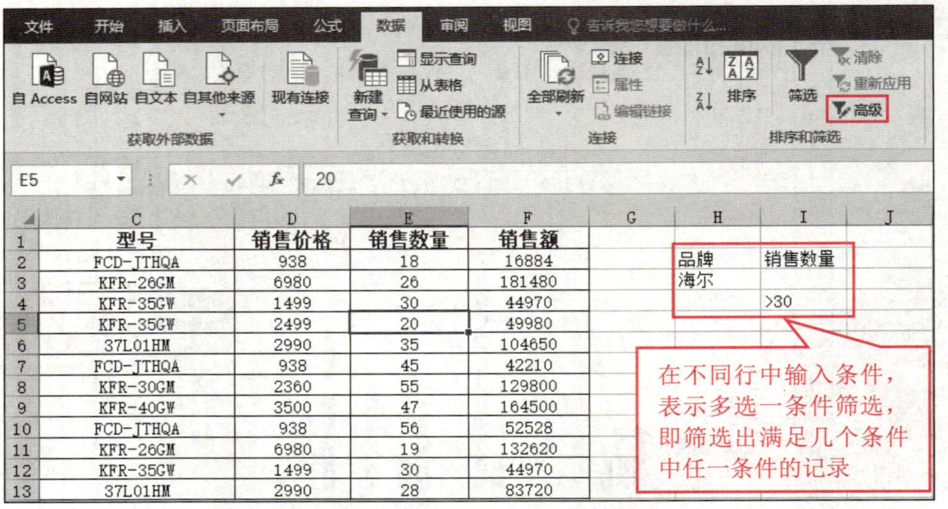

图 9-27 输入筛选条件并单击“高级”按钮

步骤 3▶ 打开“高级筛选”对话框（此时如果出现提示对话框，单击“确定”按钮），确认“列表区域”编辑框中的单元格引用，此时发现“列表区域”中显示的单元格引用不正确，在工作表中重新选择要进行筛选操作的单元格区域，如图 9-28 所示。

步骤 4▶ 设置筛选结果的显示方式，然后在“条件区域”编辑框中单击，在工作表中选择步骤 2 输入的条件，接着在“复制到”编辑框中单击，在工作表中单击空白单元格 A15，最后单击“确定”按钮，如图 9-29 所示。

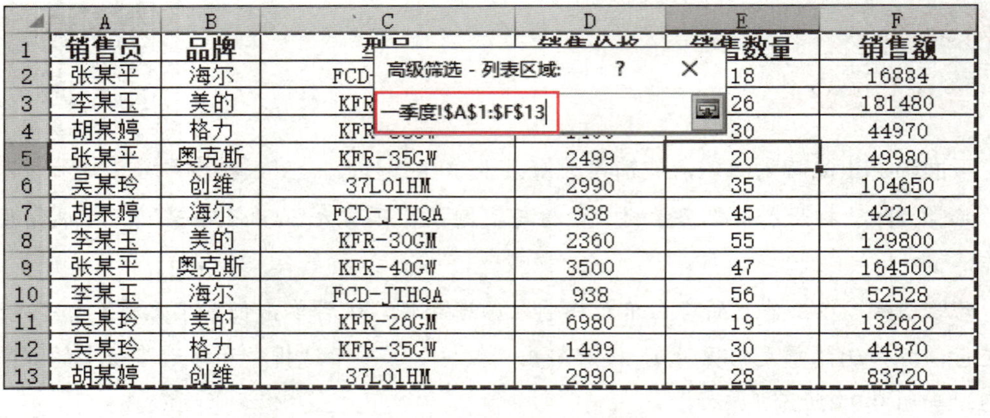

图 9-28 重新选择列表区域

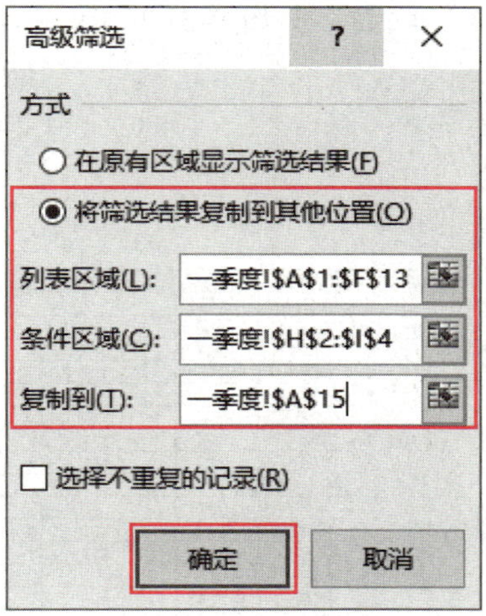

图 9-29　设置高级筛选项

步骤 5▶　此时工作表中数据的高级筛选结果如图 9-26（a）所示。将工作簿另存为“空调销售表（高级筛选）”。

二、多重分类汇总数据

多重分类汇总用于对工作表中的某列数据按两种或两种以上的汇总方式或汇总项进行分类汇总。也就是说，多重分类汇总每次汇总的分类字段都是相同的，而汇总方式或汇总项不同，而且第 2 次汇总是在第 1 次汇总的结果上进行的。

下面将数据按销售员进行销售额求和与销售数量求平均值的多重分类汇总。

步骤 1▶　打开本书配套素材“素材与实例”/“项目九”/“任务三”/“空调销售表”工作簿。对工作表中的“销售员”列进行升序排序，结果如图 9-30 所示。

	A	B	C	D	E	F
1	销售员	品牌	型号	销售价格	销售数量	销售额
2	胡某婷	创维	37L01HM	2990	28	83720
3	胡某婷	格力	KFR-35GW	1499	30	44970
4	胡某婷	海尔	FCD-JTHQA	938	45	42210
5	李某玉	海尔	FCD-JTHQA	938	56	52528
6	李某玉	美的	KFR-26GM	6980	26	181480
7	李某玉	美的	KFR-30GM	2360	55	129800
8	吴某玲	创维	37L01HM	2990	35	104650
9	吴某玲	格力	KFR-35GW	1499	30	44970
10	吴某玲	美的	KFR-26GM	6980	19	132620
11	张某平	奥克斯	KFR-35GW	2499	20	49980
12	张某平	奥克斯	KFR-40GW	3500	47	164500
13	张某平	海尔	FCD-JTHQA	938	18	16884

图 9-30　“销售员”列升序排序结果

步骤 2▶　单击“数据”选项卡“分级显示”组中的“分类汇总”按钮，打开“分类汇总”对话框，设置“分类字段”为“销售员”，“汇总方式”为“求和”，“选定汇总项”

为“销售额”，然后单击“确定”按钮，如图 9-31 所示。

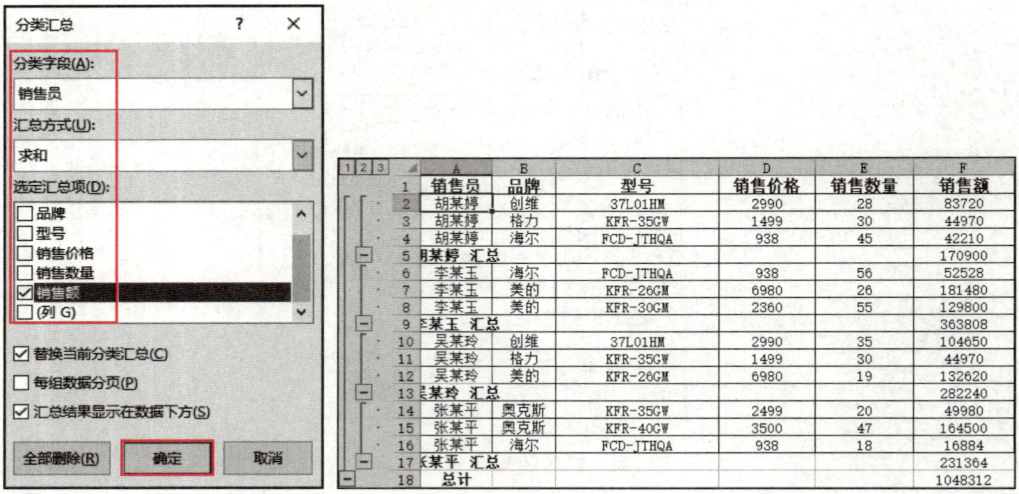

	A	B	C	D	E	F
1	销售员	品牌	型号	销售价格	销售数量	销售额
2	胡某婷	创维	37L01HM	2990	28	83720
3	胡某婷	格力	KFR-35GW	1499	30	44970
4	胡某婷	海尔	FCD-JTHQA	938	45	42210
5	胡某婷 汇总					170900
6	李某玉	海尔	FCD-JTHQA	938	56	52528
7	李某玉	美的	KFR-26GM	6980	26	181480
8	李某玉	美的	KFR-30GM	2360	55	129800
9	李某玉 汇总					363808
10	吴某玲	创维	37L01HM	2990	35	104650
11	吴某玲	格力	KFR-35GW	1499	30	44970
12	吴某玲	美的	KFR-26GM	6980	19	132620
13	吴某玲 汇总					282240
14	张某平	奥克斯	KFR-35GW	2499	20	49980
15	张某平	奥克斯	KFR-40GW	3500	47	164500
16	张某平	海尔	FCD-JTHQA	938	18	16884
17	张某平 汇总					231364
18	总计					1048312

图 9-31　第 1 次分类汇总

步骤 3▶ 再次打开“分类汇总”对话框，分类字段不变，设置“汇总方式”为“平均值”，“选定汇总项”为“销售数量”，取消选中“替换当前分类汇总”复选框，然后单击“确定”按钮，如图 9-32 所示。

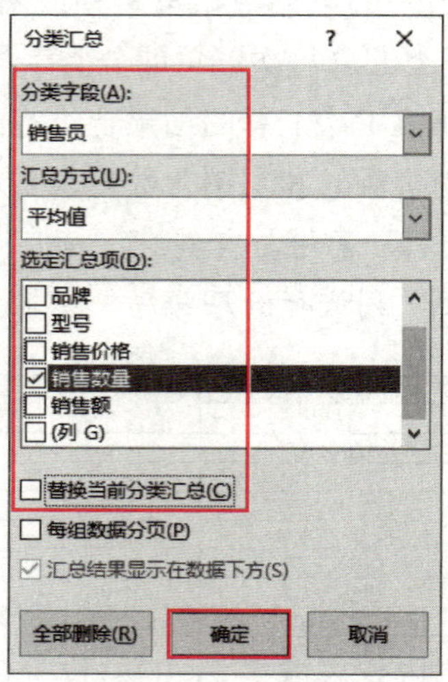

图 9-32　设置第 2 次分类汇总项

步骤 4▶ 此时工作表中数据的多重分类汇总结果如图 9-26（b）所示。将工作簿另存为“空调销售表（多重分类汇总）”。

三、使用数据透视图分析数据

下面创建按销售员查看的数据透视图。

步骤 1▶ 打开本书配套素材“素材与实例”/“项目九”/“任务三”/“空调销售表”工作簿。

步骤 2▶ 在工作表中单击任意非空单元格，然后单击“插入”选项卡“图表”组中的“数据透视图”按钮，打开“创建数据透视图”对话框，确认“表/区域”编辑框中的单元格引用，此处保持默认，同时保持“新工作表”单选钮的选中，然后单击“确定”按钮，如图 9-33 所示。

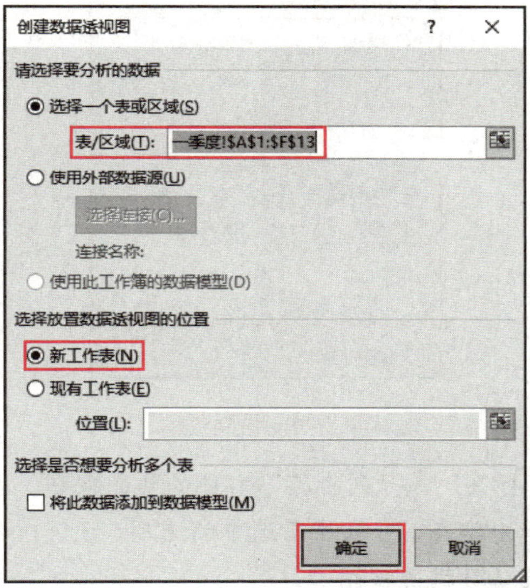

图 9-33　选择要分析的数据区域和放置数据透视图的位置

步骤 3▶ 自动新建工作表放置插入的空白数据透视图，并自动显示“数据透视图工具　分析”选项卡和“数据透视图字段”窗格。

步骤 4▶ 在窗格中将“品牌”字段拖到“图例（系列）”区域，“销售员”字段拖到“轴（类别）”区域，“销售额”字段拖到“值”区域，如图 9-34 所示。在新工作表中显示创建好的数据透视图，同时还显示与之相关联的数据透视表，将数据透视图移到合适位置，如图 9-26（c）所示。

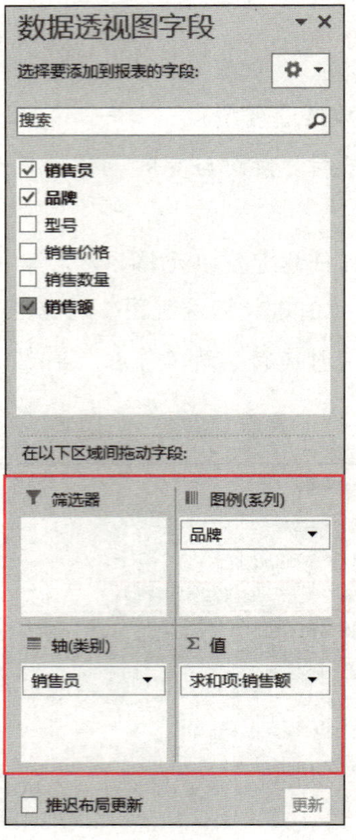

图 9-34　布局字段

步骤 5▶　单击“行标签”或“列标签”右侧的筛选按钮，展开列表，从中选中复选框或取消某些复选框的选中状态，可只显示选中的选项，还可对数据进行排序。最后将工作簿另存为“空调销售表（数据透视图）”。

任务四　合并计算生产和销售情况表数据

情景引入

公司让小悦利用合并计算功能快速计算 3 个分厂数据的合计和平均值，方便日后查看。

作品展示

本任务合并计算后的生产和销售情况表数据如图 9-35 所示。最终效果参见本书配套素材“素材与实例”/“项目九”/“任务四”/“生产和销售情况表（合并计算）”工作簿。

	A	B	C	D	E	F	G	H
1	大新分厂生产和销售情况表					生产和销售情况总表（合计）		
2	产品名称	生产量	销售量			产品名称	生产量	销售量
3	铁矿	154	126			铁矿	1565	1026
4	金矿	0.148	0.12			金矿	1.609	1.065
5	锰矿	214	149			锰矿	1047	814
6	铝矿	541	342			铝矿	1672	1170
7	单位：吨					单位：吨		
8								
9	罗门分厂生产和销售情况表					生产和销售情况总表（平均）		
10	产品名称	生产量	销售量			产品名称	生产量	销售量
11	铁矿	942	746			铁矿	521.6667	342
12	金矿	0.54	0.2			金矿	0.536333	0.355
13	锰矿	584	429			锰矿	349	271.3333
14	铝矿	257	244			铝矿	557.3333	390
15	单位：吨					单位：吨		
16								
17	龙门分厂生产和销售情况表							
18	产品名称	生产量	销售量					
19	铁矿	469	154					
20	金矿	0.921	0.745					
21	锰矿	249	236					
22	铝矿	874	584					
23	单位：吨							

图 9-35　合并计算后的生产和销售情况表数据

制作思路

打开素材文件，首先在源工作表中分别创建显示合计和平均值的表格并进行格式化，然后利用合并计算功能计算合计和平均值。

任务实施

一、计算合计数据

合并计算用于汇总一个或多个数据源中的数据。它可以对各单独工作表中的数据进行求和、求平均值、计数统计和求标准差等计算，并将计算结果放到一个主工作表中。其中，单独工作表可以与主工作表在同一个工作簿中，也可位于其他工作簿中。

扫一扫

合并计算生产和销售情况表数据

要合并计算数据，首先必须为合并数据定义一个目标区，用来显示合并后的数据，此目标区域可位于与数据源相同的工作表中，也可位于其他工作表中；其次需要选择要合并计算的数据源，此数据源可以来自单个工作表、多个工作表或多个工作簿。

步骤 1▶ 打开本书配套素材“素材与实例”/“项目九”/“任务四”/“生产和销售情况表”工作簿，在现有表格的右侧创建两个表格，如图 9-36 所示。

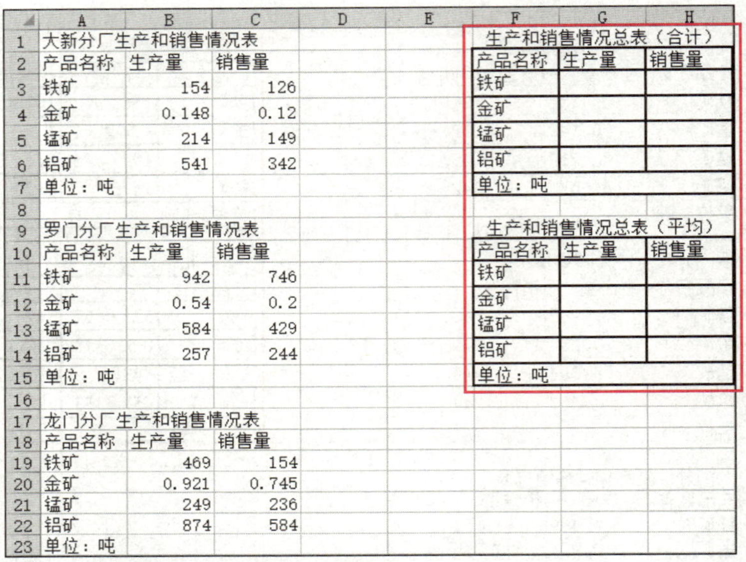

图 9-36 创建的表格

步骤 2▶ 单击 G3 单元格，然后单击“数据”选项卡“数据工具”组中的“合并计算”按钮，打开“合并计算”对话框，在“函数”下拉列表中选择“求和”选项，接着在“引用位置”编辑框中单击，在大新分厂表格中选择要进行合并计算的单元格区域 B3:C6，释放鼠标返回“合并计算”对话框，最后单击“添加”按钮，如图 9-37 所示。

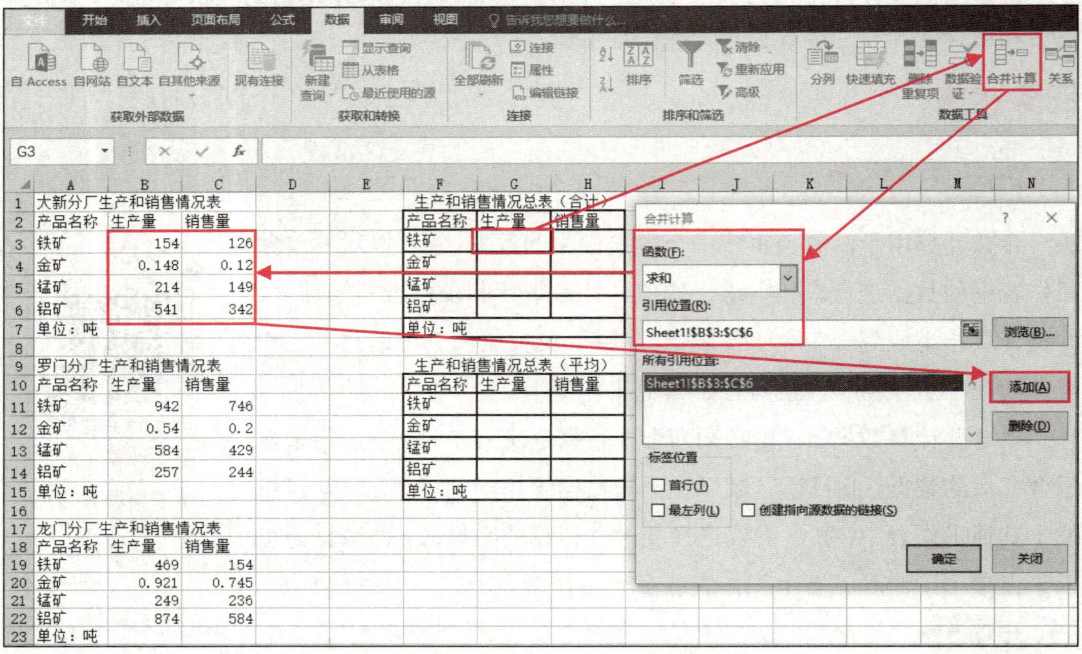

图 9-37 选择第 1 个单元格区域

步骤 3▶ 使用同样的方法分别在罗门和龙门分厂表格中选择要进行合并计算的单元格区域 B11:C14 和 B19:C22，此时的“合并计算”对话框如图 9-38 所示。合并计算得到的生产和销售量合计值结果如图 9-39 所示。

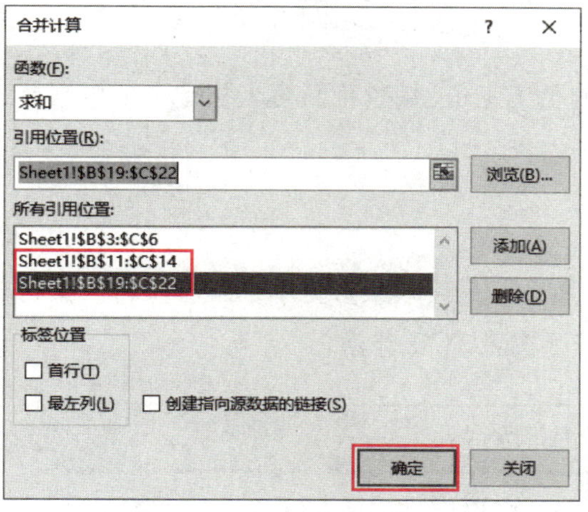

图 9-38　设置计算合计值项

F	G	H
生产和销售情况总表（合计）		
产品名称	生产量	销售量
铁矿	1565	1026
金矿	1.609	1.065
锰矿	1047	814
铝矿	1672	1170
单位：吨		

图 9-39　合并计算得到的生产量和销售量合计结果

二、计算平均数据

步骤 1▶ 单击 G11 单元格，然后打开“合并计算”对话框，设置“函数”为“平均值”。

步骤 2▶ 保持“所有引用位置”列表框中的单元格引用不变（因为要添加的单元格引用与“所有引用位置”列表框中的相同），然后单击“确定”按钮，得到合并计算的生产量和销售量平均值，如图 9-40 所示。将工作簿另存为“生产和销售情况表（合并计算）”。

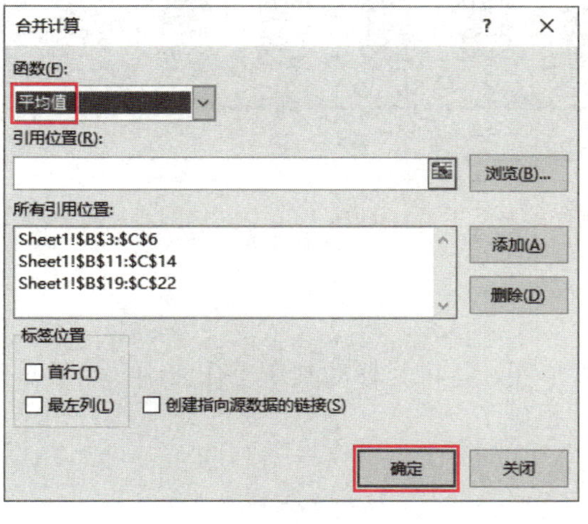

生产和销售情况总表（平均）		
产品名称	生产量	销售量
铁矿	521.6667	342
金矿	0.536333	0.355
锰矿	349	271.3333
铝矿	557.3333	390
单位：吨		

图 9-40　合并计算生产量和销售量平均值

任务五　制作员工工资柱形图

情景引入

经理要以独立柱形图的方式查看 4 月份的员工工资，销售部负责人指定小王根据员工工资表中的实发工资数据制作柱形图。

作品展示

本任务制作的员工工资柱形图如图 9-41 所示。最终效果参见本书配套素材“素材与实例”/“项目九”/“任务五”/“员工工资表（图表）”工作簿。

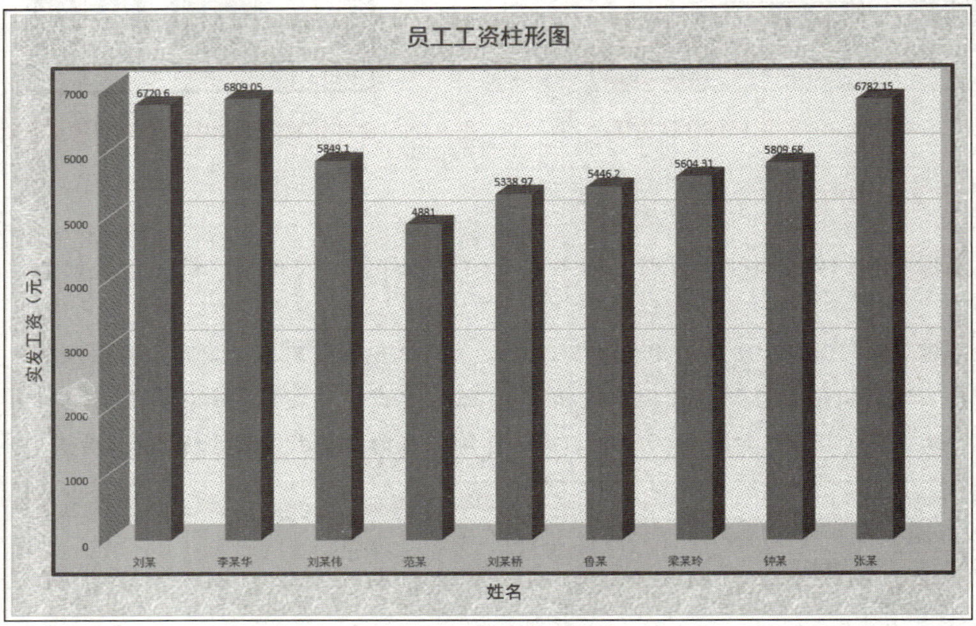

图 9-41　制作的员工工资柱形图

制作思路

打开素材文件，首先根据要求创建柱形图，并将其移动到新工作表中，然后对创建的图表进行编辑和美化。

任务实施

一、创建图表

扫一扫

制作员工工资柱形图

步骤 1▶ 打开本书配套素材“素材与实例”/“项目九”/“任务五”/“员工工资表”工作簿。

步骤 2▶ 切换到“工资发放明细表”工作表，选中单元格区域 B4:B12，然后按住“Ctrl”键的同时选中单元格区域 K4:K12，如图 9-42 所示。

	A	B	C	D	E	F	G	H	I	J	K
1	工资发放明细表										
2	单位：广州某公司										2023/4/10
3	编号	姓名	所属部门	职工类别	基本工资	奖金	补贴	应发工资	缺勤扣款	应扣所得税	实发工资
4	0001	刘某	财务部	管理人员	5200	1000	780	6980	200	59.4	6720.6
5	0002	李某华	财务部	管理人员	5100	1000	765	6865	0	55.95	6809.05
6	0003	刘某伟	车间	工人	4500	900	630	6030	150	30.9	5849.1
7	0004	范某	供应部	工人	3700	800	481	4981	100	0	4881
8	0005	刘某桥	销售部	工人	4100	850	451	5401	50	12.03	5338.97
9	0006	鲁某	车间	工人	4000	900	560	5460	0	13.8	5446.2
10	0007	梁某玲	销售部	工人	4300	850	473	5623	0	18.69	5604.31
11	0008	钟某	车间	工人	4600	900	644	6144	300	34.32	5809.68
12	0009	张某	财务部	管理人员	5300	1000	795	7095	250	62.85	6782.15

图 9-42　选择要创建图表的单元格区域

步骤 3▶ 单击“插入”选项卡“图表”组中的“插入柱形图或条形图”按钮，在展开的列表中选择“三维簇状柱形图”选项，在工作表中自动创建一个三维簇状柱形图，如图 9-43 所示。

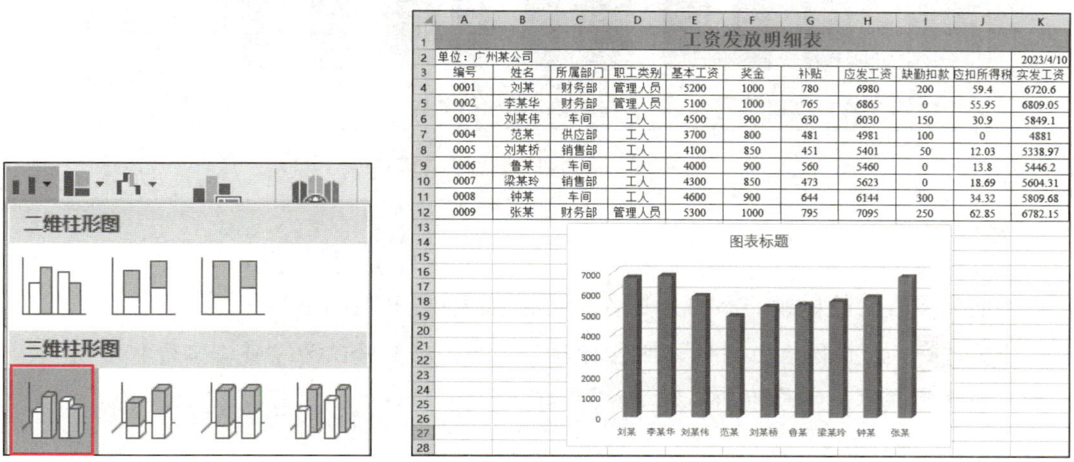

图 9-43　创建三维簇状柱形图

步骤 4▶ 选中图表，单击“图表工具 设计”选项卡“位置”组中的“移动图表”按钮，打开“移动图表”对话框，选中“新工作表”单选钮，然后在其右侧的编辑框中输入新工作表名称，最后单击“确定”按钮，如图 9-44 所示。

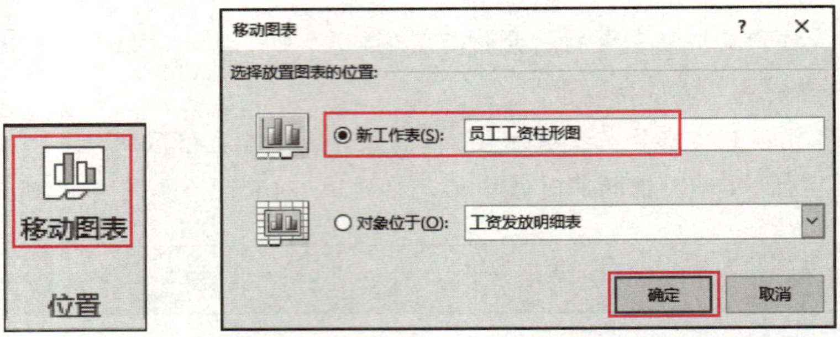

图 9-44 移动图表位置

步骤 5▶ 自动在原工作表的左侧新建工作表以放置创建的图表，如图 9-45 所示。

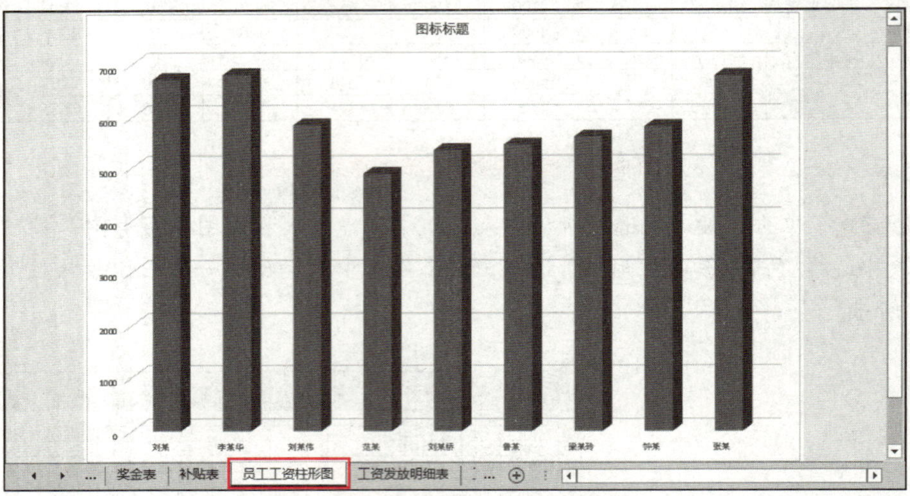

图 9-45 移动图表到新工作表中

二、编辑图表

下面为图表修改标题，添加主要横、纵坐标轴标题和数据标签。

步骤 1▶ 选中图表上方的“图表标题”文字，将其修改为“员工工资柱形图”，并设置其字体为黑体，字号为 18 磅，如图 9-46 所示。

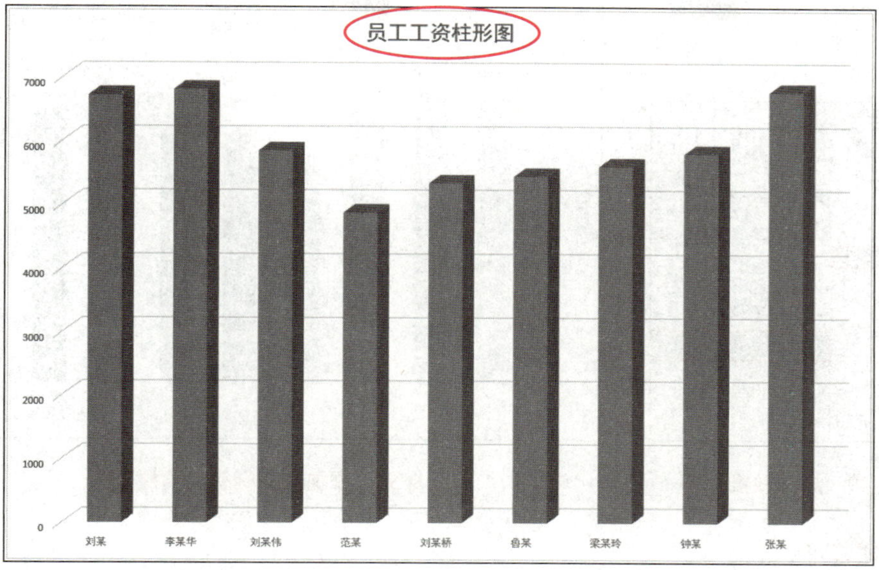

图 9-46　修改图表标题

步骤 2▶　单击“图表工具　设计”选项卡“图表布局”组中的“添加图表元素”按钮，在展开的列表中选择“轴标题”/“主要横坐标轴”选项，如图 9-47 所示。在图表下方的“坐标轴标题”编辑框中输入横坐标轴标题，并设置其字体为黑体，字号为 14 磅，然后使用同样的方法添加纵坐标轴标题，效果如图 9-48 所示。

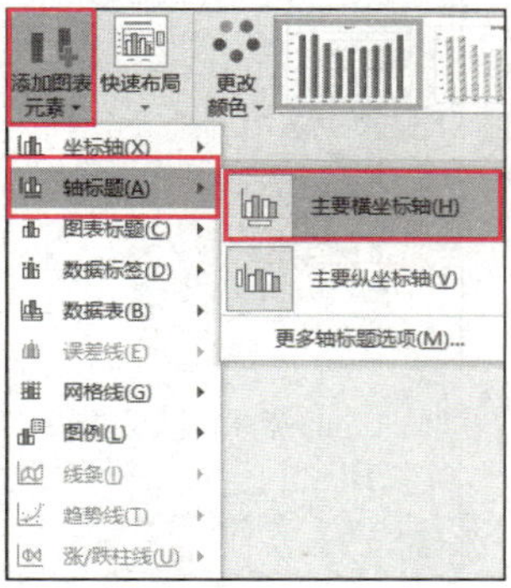

图 9-47　添加横坐标轴标题

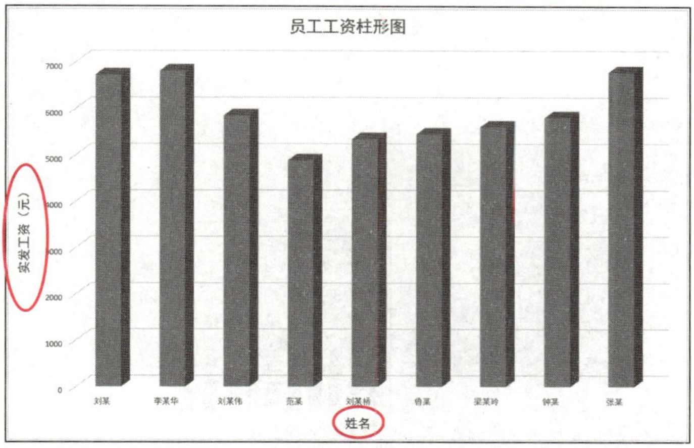

图 9-48　添加坐标轴标题后的柱形图

步骤 3▶　在“图表布局”组的“添加图表元素”列表中选择“数据标签”/“其他数据标签选项”选项，如图 9-49 所示。为柱形图添加数据标签，效果如图 9-50 所示。

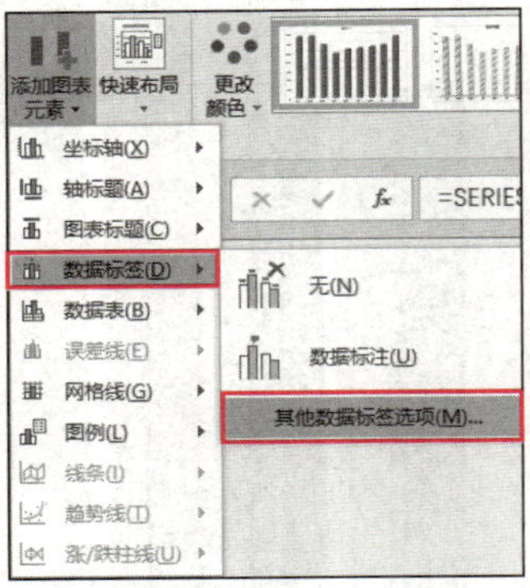

图 9-49　添加数据标签

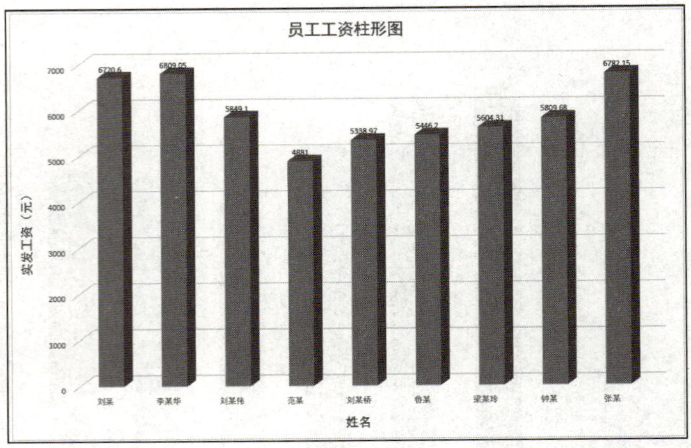

图 9-50　添加数据标签后的柱形图

三、美化图表

步骤 1▶ 单击“图表工具　格式”选项卡“当前所选内容”组中的“图表元素”下拉按钮，在展开的下拉列表中选择“背景墙”选项，然后单击“形状样式”组中的“形状填充”下拉按钮，在展开的下拉列表中选择“纹理”/“其他纹理”选项，打开“设置背景墙格式”任务窗格，在“填充”设置区选中“图案填充”单选钮，在“图案”列表框中选择“小纸屑”图案，如图 9-51 所示。

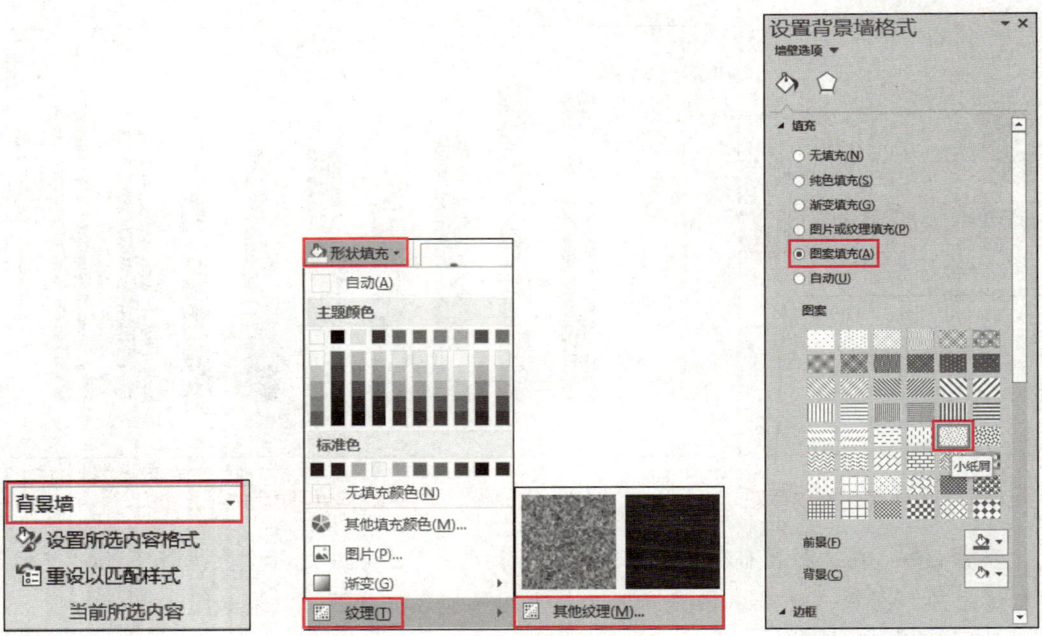

图 9-51　设置背景墙

步骤 2▶ 在“图表元素”下拉列表中选择“绘图区”选项，然后在“形状样式”组的“形状填充”下拉列表中选择“蓝色，个性色 1，淡色 60%”选项，设置绘图区的填充颜色，如图 9-52（a）所示。

步骤 3▶ 在“形状轮廓”下拉列表中分别选择“蓝色”选项和“粗细”/“3 磅”选项，设置绘图区边框的颜色和粗细，如图 9-52（b）所示。

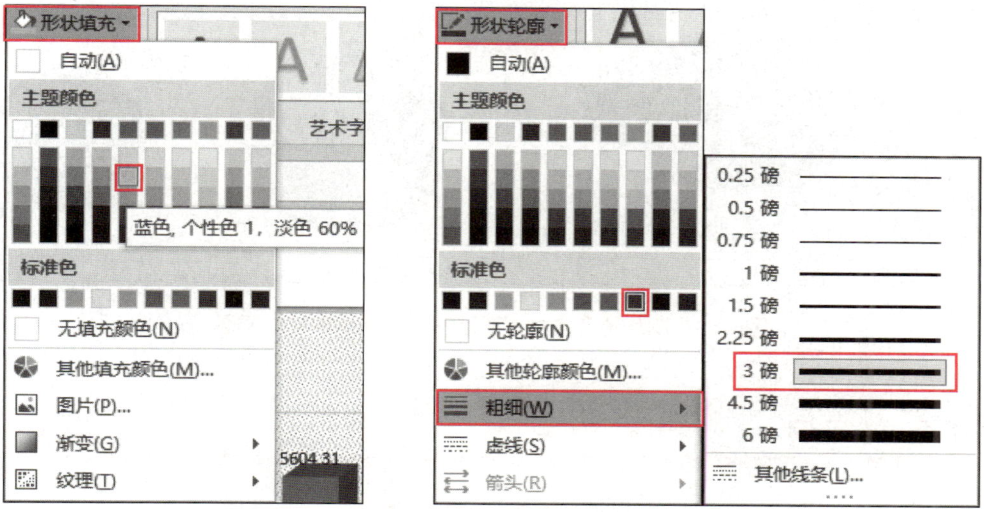

（a）　　　　（b）

图 9-52　设置绘图区

步骤 4▶ 在“图表元素”下拉列表中选择“图表区”选项，然后在“形状样式”组的“形状填充”下拉列表中选择“纹理”/“蓝色面巾纸”选项，此时的图表效果如图 9-41 所示。将工作簿另存为“员工工资表（图表）”。

任务六　制作运输成本饼图

情景引入

某公司有 3 个木材资源区，每个区有 5 个市场，各市场使用火车运输木材的成本各不相同，现在让你分别制作饼图和复合饼图，以便查看各木材资源区和各市场的运输成本所占百分比。

作品展示

本任务制作的各木材资源区和各市场运输成本饼图如图 9-53 所示。最终效果参见本书配套素材“素材与实例”/“项目九”/“任务六”/“运输成本表（图表）”工作簿。

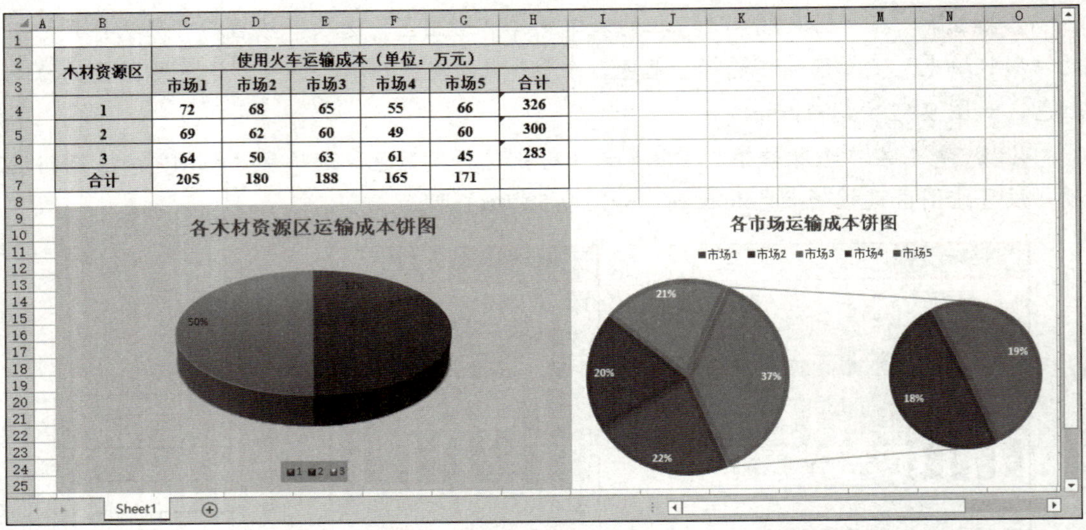

木材资源区	使用火车运输成本（单位：万元）					
	市场1	市场2	市场3	市场4	市场5	合计
1	72	68	65	55	66	326
2	69	62	60	49	60	300
3	64	50	63	61	45	283
合计	205	180	188	165	171	

图 9-53　制作的各木材资源区和各市场运输成本饼图

拓展阅读

用好饼图，事半功倍

饼图是一种常用的数据可视化工具，它将数据以不同比例的扇形呈现在一个圆形图表中，从而直观地展示数据之间的关系和比较结果。饼图之所以能够快速有效地传达信息，关键在于它特别形象直观，具有很强的易读性和易记性。人类的视觉系统对于图形信息的处理速度远快于数字信息，而且相比于冗长的文字描述、一大串数字或表格，观众更容易理解和记住一幅图表，这使得饼图在教育和宣传领域很受欢迎。

制作饼图的意义在于帮助人们更好地理解和分析数据，但也有一些需要注意的问题。首先，数据本身的质量和准确性对于饼图的可靠性至关重要，如果数据来源不可靠或者存在误差，那么制作的饼图也会失真；其次，饼图的设计和呈现方式也需要符合信息传达的需求，不能太复杂或者太简单，要根据受众的认知水平和需求进行调整。

（资料来源：CSDN 社区，有改动）

请思考：国家统计局网站的“数据查询”专题下提供了国内生产总值、居民消费水平等与我们的生活紧密相关的国家经济数据。你能查询到并以饼图呈现自己家乡（省份）的年度经济数据吗？从历年的数据对比中，你感受到了什么？

制作思路

打开素材文件，首先创建各木材资源区运输成本饼图，并进行编辑和美化，然后创建各市场运输成本饼图，并进行编辑和美化。

任务实施

扫一扫

制作各木材资源区运输成本饼图

一、制作各木材资源区运输成本饼图

步骤 1▶ 打开本书配套素材“素材与实例”/“项目九”/“任务六”/“运输成本表”工作簿。

步骤 2▶ 选中要创建图表的单元格区域 B4:B6、H4:H6，如图 9-54 所示。

木材资源区	使用火车运输成本（单位：万元）					
	市场1	市场2	市场3	市场4	市场5	合计
1	72	68	65	55	66	326
2	69	62	60	49	60	300
3	64	50	63	61	45	283
合计	205	180	188	165	171	

图 9-54　选中要创建图表的单元格区域

步骤 3▶ 单击“插入”选项卡“图表”组中的“插入饼图或圆环图”按钮，在展开的列表中选择“三维饼图”选项，在工作表中自动创建一个三维饼图，如图 9-55 所示。

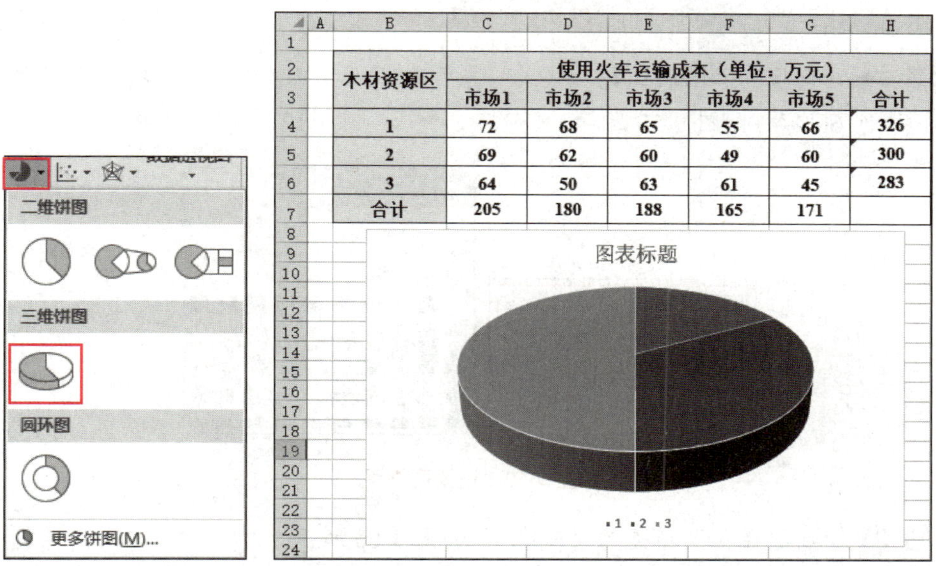

图 9-55　创建饼图

步骤 4▶ 单击"图表工具 设计"选项卡"图表布局"组中的"快速布局"按钮，在展开的列表中选择"布局 6"选项，如图 9-56 所示。

步骤 5▶ 将图表标题修改为"各木材资源区运输成本饼图"，如图 9-57 所示。

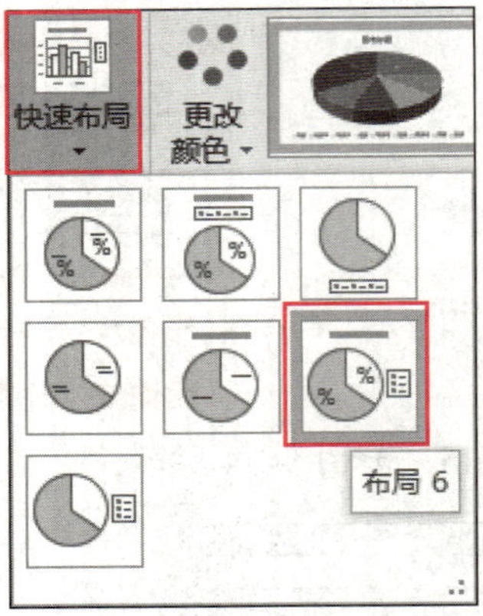

图 9-56 选择布局

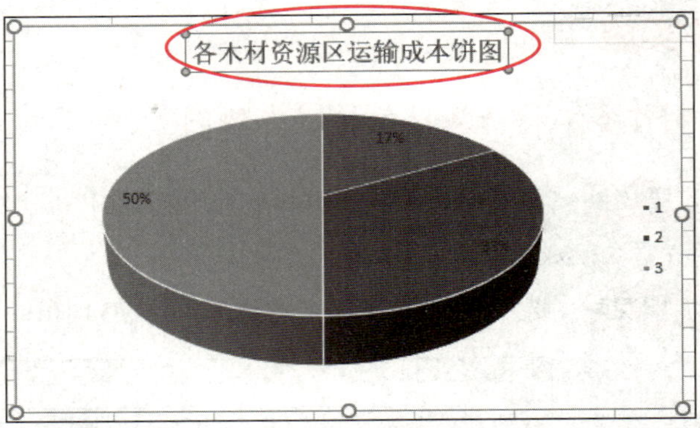

图 9-57 修改图表标题

步骤 6▶ 在"图表样式"下拉列表中选择"样式 10"选项，如图 9-58 所示。

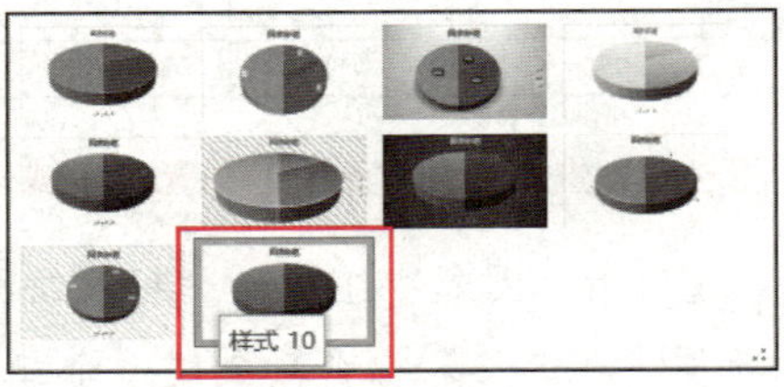

图 9-58 选择图表样式

步骤 7▶ 切换到"图表工具 格式"选项卡，然后将"图表区"填充为"橙色，个性色 6，淡色 60%"，如图 9-59 所示。

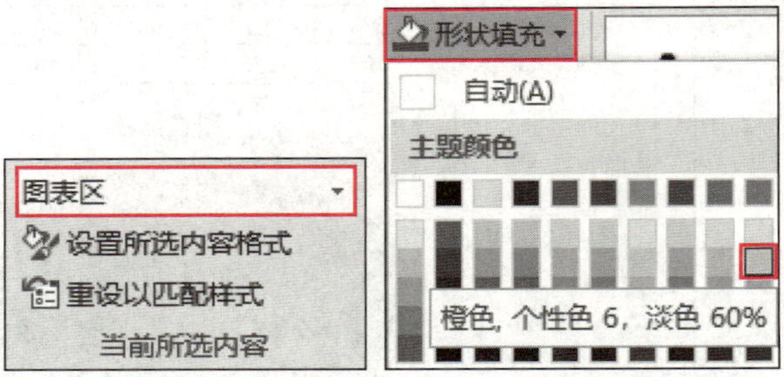

图 9-59 设置图表区

步骤 8▶ 将"图例"填充为"浅绿"，如图 9-60 所示。

步骤 9▶ 将鼠标指针移到图表区，按住鼠标拖动图表到单元格区域 B9:H25（拖动图表区边框的控制点，可放大或缩小图表），效果如图 9-61 所示。

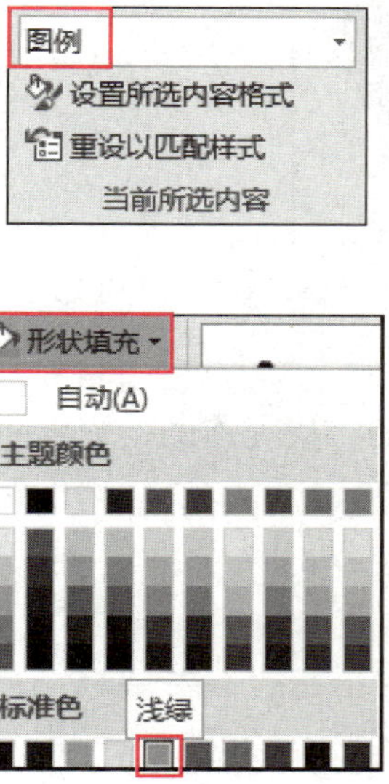

图 9-60　设置图例

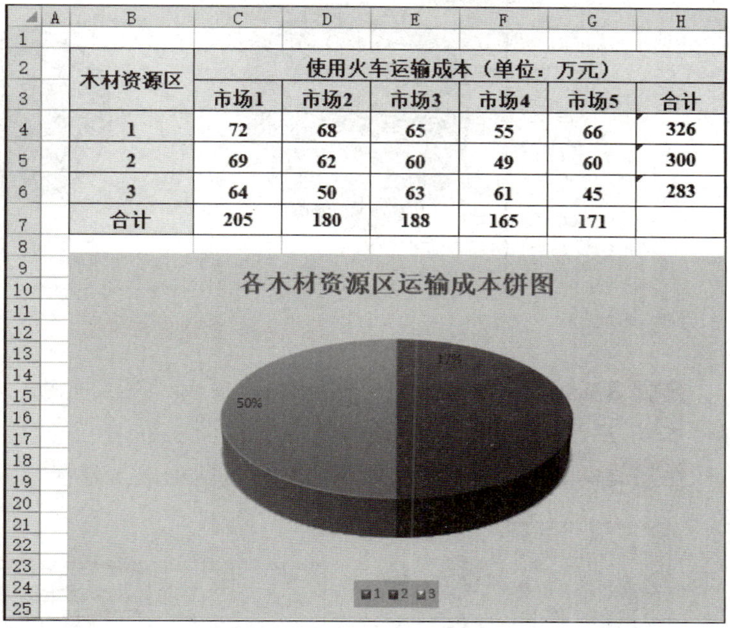

木材资源区	使用火车运输成本（单位：万元）					
	市场1	市场2	市场3	市场4	市场5	合计
1	72	68	65	55	66	326
2	69	62	60	49	60	300
3	64	50	63	61	45	283
合计	205	180	188	165	171	

图 9-61　移动图表到指定位置

二、制作各市场运输成本饼图

步骤 1▶　选中要创建图表的单元格区域 C3:G3、C7:G7，如图 9-62 所示。

木材资源区	使用火车运输成本（单位：万元）					
	市场1	市场2	市场3	市场4	市场5	合计
1	72	68	65	55	66	326
2	69	62	60	49	60	300
3	64	50	63	61	45	283
合计	205	180	188	165	171	

图 9-62　选中要创建图表的单元格区域

步骤 2▶　在“插入”选项卡“图表”组的“插入饼图或圆环图”列表中选择“二维饼图”/“复合饼图”选项，在工作表中自动创建一个复合饼图，如图 9-63 所示。

扫一扫

制作各市场运输成本饼图

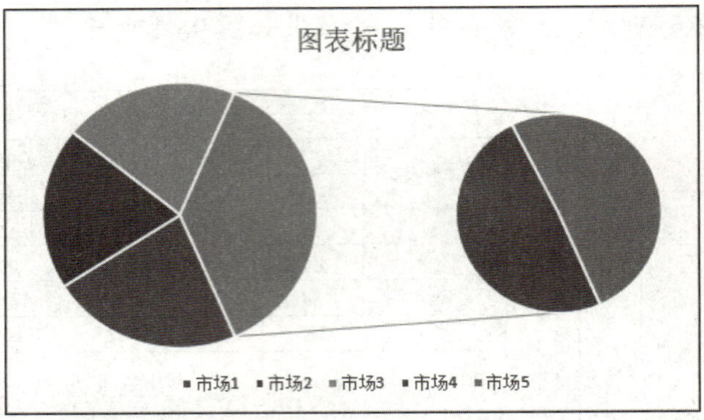

图 9-63　创建复合饼图

步骤 3▶　在“图表工具　设计”选项卡“图表布局”组的“快速布局”列表中选择“布局 2”选项，如图 9-64 所示。

步骤 4▶　将图表标题修改为“各市场运输成本饼图”，如图 9-65 所示。

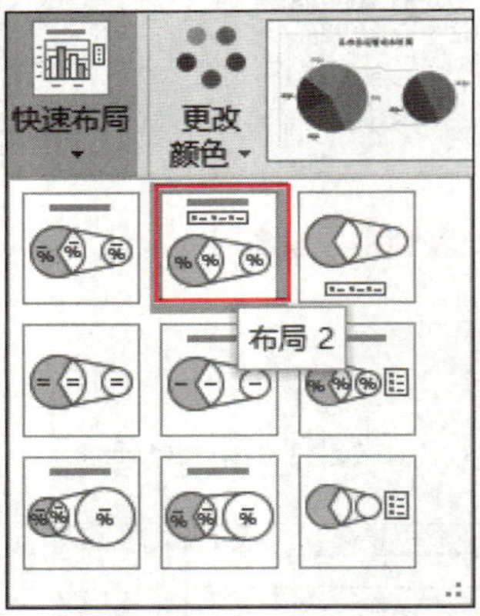

图 9-64　选择布局

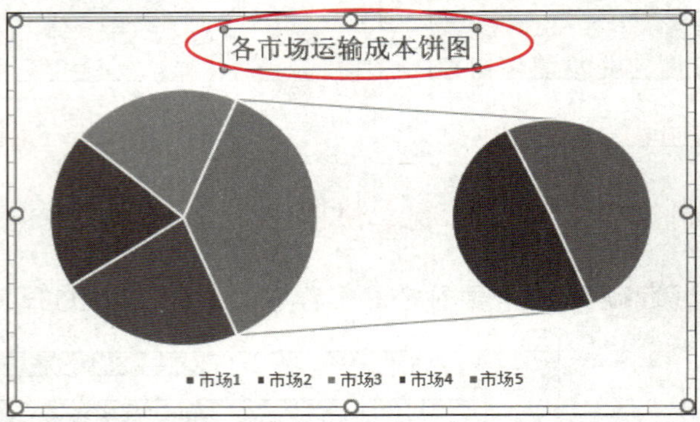

图 9-65　修改图表标题

步骤 5▶　选中图表，然后在“图表工具　设计”选项卡“图表样式”组的“图表样式”下拉列表中选择“样式 8”选项，如图 9-66 所示。

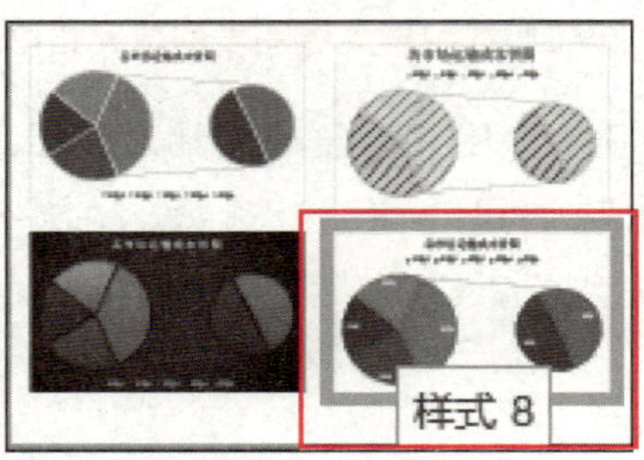

图 9-66　选择图表样式

步骤 6▶ 将图表移动到 I9:O25 单元格区域，此时的图表效果如图 9-53 所示。将工作簿另存为“运输成本表（图表）”。

Excel 高效办公技巧

一、重叠显示簇状柱形图或条形图中的数据系列

选中簇状柱形图或条形图中的任意数据系列，然后右击，在弹出的快捷菜单中选择“设置数据系列格式”选项，打开“设置数据系列格式”窗格，在“系列重叠”设置区向右拖动滑块或在编辑框中输入数值，使数值为正，正值的大小与数据系列的重叠幅度成正比，如图 9-67 所示。

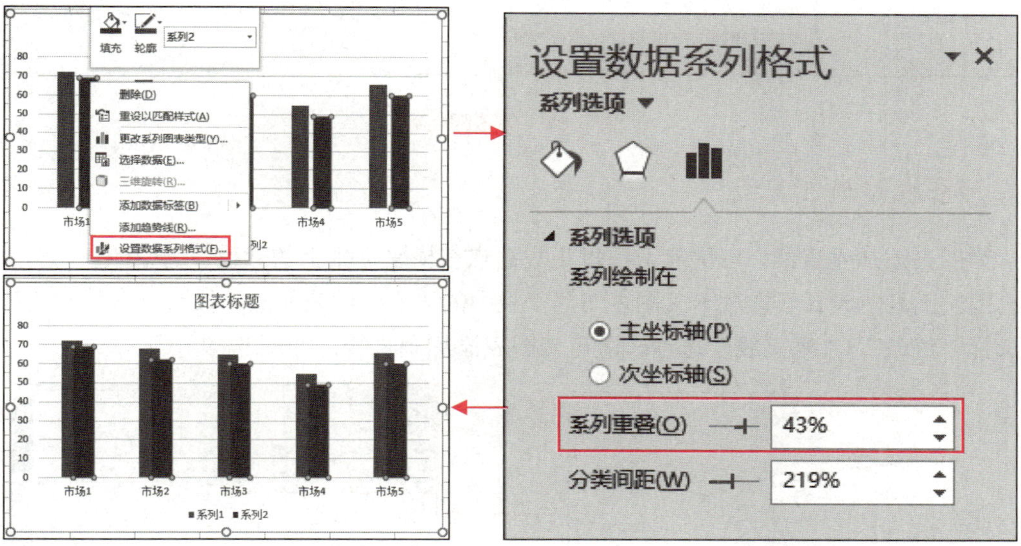

图 9-67　设置数据系列的重叠显示

二、隐藏图表网格线

图表网格线是在图表的水平和垂直方向上绘制的直线或虚线。要隐藏图表网格线，可选中图表，然后单击“图表工具　设计”选项卡“图表布局”组中的“添加图表元素”按钮，在展开的列表中选择“网格线”/“更多网格线选项”选项，打开“设置主要网格线格式”窗格，选中“无线条”单选钮，即可隐藏网格线，如图 9-68 所示。

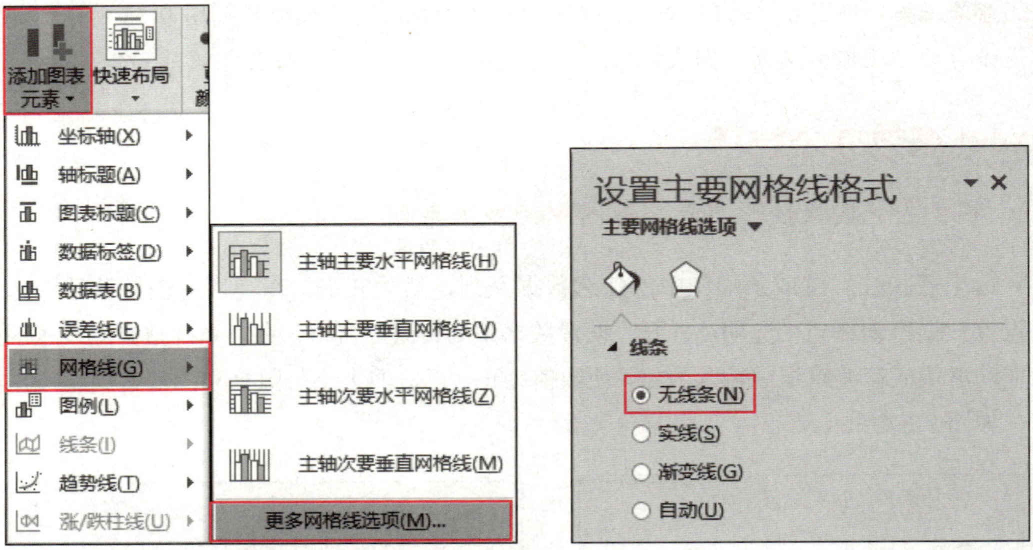

图 9-68　隐藏网格线

三、为图表添加垂直线

为图表添加垂直线，可快速识别每个数据点在横坐标轴上的数值。选中图表，然后单击“图表工具　设计”选项卡“图表布局”组中的“添加图表元素”按钮，在展开的列表中选择“线条”/“垂直线”选项，即可为图表添加垂直线，如图 9-69 所示。

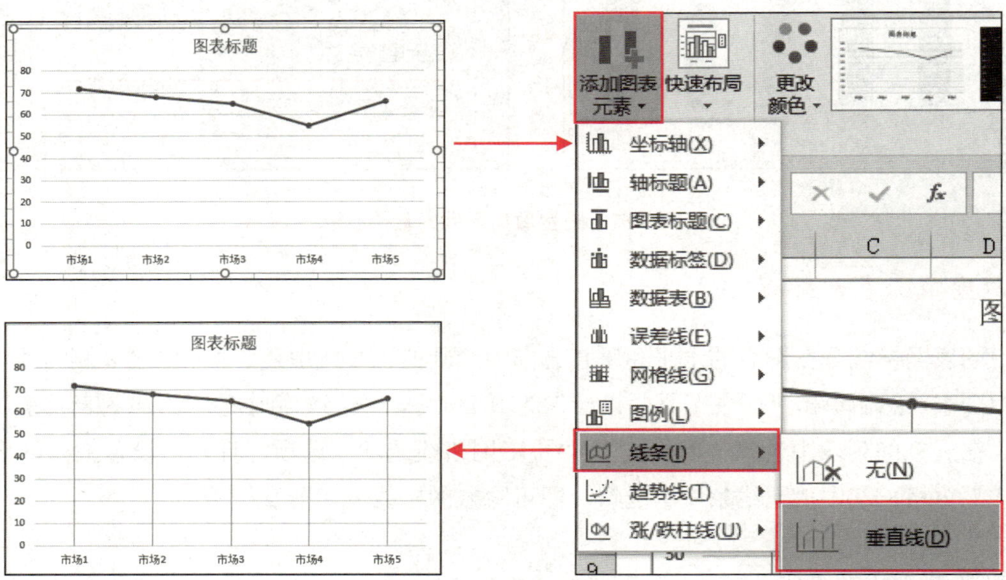

图 9-69　添加垂直线

项目总结

本项目主要介绍了使用排序、筛选、分类汇总、合并计算，以及数据透视表和图表管理和分析工作表数据的方法。学完本项目后，读者应重点掌握以下知识。

（1）对工作表中的数据进行自动筛选和高级筛选的方法。进行高级筛选操作时要注意输入条件的列标签与工作表的列标签完全一致。

（2）对工作表中的数据进行简单分类汇总、嵌套分类汇总和多重分类汇总的方法。

（3）使用合并计算将多个单元格区域中的数据合并计算到另一个区域中的方法。

（4）创建、编辑和美化图表的方法。

（5）创建数据透视表和数据透视图的方法。

课后实训

（1）使用数据透视表分析油品销售表数据，效果如图 9-70 所示。最终效果参见本书配套素材“素材与实例”/“项目九”/“课后实训”/“油品销售表（数据透视表）”工作簿。

	A	B	C	D	E	F
1	加油站	油品名称	数量	单价	金额	销售方式
2	中山路	92#汽油	48	￥ 9,500.00	￥ 456,000.00	零售
3	韶山路	92#汽油	56	￥ 9,500.00	￥ 532,000.00	零售
4	中山路	95#汽油	52	￥ 10,000.00	￥ 520,000.00	零售
5	韶山路	95#汽油	60	￥ 10,000.00	￥ 600,000.00	零售
6	中山路	92#汽油	105	￥ 9,100.00	￥ 955,500.00	批发
7	韶山路	92#汽油	100	￥ 9,100.00	￥ 910,000.00	批发
8	中山路	95#汽油	93	￥ 9,700.00	￥ 902,100.00	批发
9	韶山路	95#汽油	102	￥ 9,700.00	￥ 989,400.00	批发
10						
11	加油站	(全部)				
12						
13	求和项:数量	列标签				
14	行标签	零售	批发	总计		
15	92#汽油	104	205	309		
16	95#汽油	112	195	307		
17	总计	216	400	616		

图 9-70 数据透视表

【操作提示】

① 打开本书配套素材“素材与实例”/“项目九”/“课后实训”/“油品销售表”工作簿。

② 插入数据透视表。在“创建数据透视表”对话框的“表/区域”编辑框中保持默认的单元格引用，然后选中“现有工作表”单选钮，接着在“位置”编辑框单击，并在工作表中单击 A13 单元格，此时“创建数据透视表”对话框如图 9-71 所示。

③ 在“数据透视表字段”窗格布局字段，如图 9-72 所示。

④ 将工作簿另存为“油品销售表（数据透视表）”。

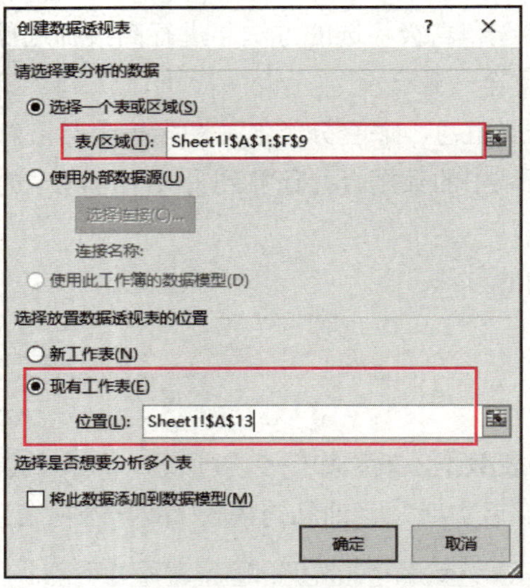

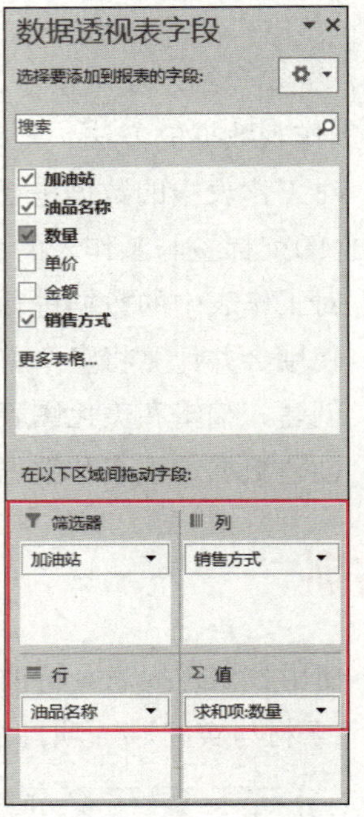

图 9-71　选择要分析的数据区域和放置数据透视表的位置　　　图 9-72　布局字段

（2）制作居民消费价格指数柱形图，效果如图 9-73 所示。最终效果参见本书配套素材“素材与实例”/“项目九”/“课后实训”/“居民消费价格指数表（图表）”工作簿，读者也可按自己的喜好设置。

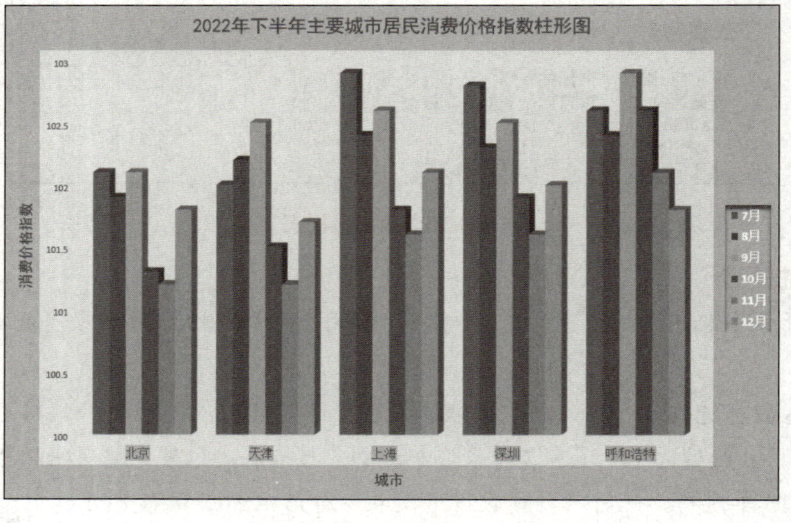

图 9-73　居民消费价格指数柱形图

【操作提示】

① 打开本书配套素材“素材与实例”/“项目九”/“课后实训”/“居民消费价格指数表”工作簿。

② 选中 A2:G7 单元格区域，为其创建一个三维簇状柱形图，然后将柱形图移动到新工作表中，并单击“图表工具　设计”选项卡“数据”组中的“切换行/列”按钮，将行列数据对换，如图 9-74 所示。

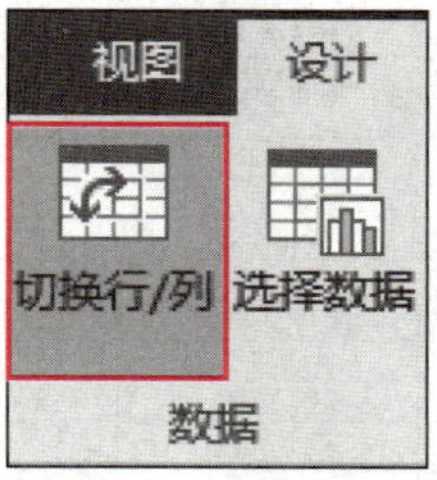

图 9-74　切换行列数据

③ 对图表区、绘图区进行填充，并设置横坐标轴格式。

④ 设置图例的位置、样式和字符格式。

⑤ 修改图表标题，添加主要横纵坐标轴标题。

⑥ 将工作簿另存为“居民消费价格指数表（图表）”。

（3）管理进货表数据。

【操作提示】

① 打开本书配套素材“素材与实例”/“项目九”/“课后实训”/“进货表”工作簿。

② 筛选出进货地点为乙批发部，且金额高于 20 000 元的记录，如图 9-75 所示。

	A	B	C	D	E	F	G	H	I
1	进货表								
2	编号	进货日期	进货地.	货物名称	单位	单价	数量	金额	经手人
9	7	2023/6/5	乙批发部	鄂尔多斯羊毛衫	件	300	150	45000	李先生
13	11	2023/6/5	乙批发部	红蜻蜓靴子	双	680	50	34000	吴小姐
20	18	2023/6/15	乙批发部	红袖坊外套	件	260	80	20800	吴小姐
21	19	2023/6/15	乙批发部	蒂爱纳外套	件	220	100	22000	李先生
25	23	2023/6/23	乙批发部	李宁运动鞋	双	240	120	28800	吴小姐

图 9-75　筛选结果

③ 利用嵌套分类汇总功能，汇总不同经手人在不同进货地点所进货物的数量和金额合计（先以“经手人”和“进货地点”作为关键字对工作表进行升序排序，然后分别利用这两个字段作为分类字段进行汇总），如图 9-76 所示。

	A	B	C	D	E	F	G	H	I
1				进货表					
2	编号	进货日期	进货地点	货物名称	单位	单价	数量	金额	经手人
3	12	2023/6/12	丙批发部	夏克露斯	件	200	50	10000	李先生
4	13	2023/6/12	丙批发部	Voca外套	件	450	50	22500	李先生
5	14	2023/6/12	丙批发部	木真了外套	件	350	50	17500	李先生
6			**丙批发部 汇总**				150	50000	
7	20	2023/6/23	甲批发部	达芙妮单鞋	双	150	100	15000	李先生
8	21	2023/6/23	甲批发部	曼可妮单鞋	双	160	80	12800	李先生
9			**甲批发部 汇总**				180	27800	
10	5	2023/6/5	乙批发部	秋鹿睡衣（男款）	件	80	100	8000	李先生
11	6	2023/6/5	乙批发部	秋鹿睡衣（女款）	件	100	90	9000	李先生
12	7	2023/6/5	乙批发部	鄂尔多斯羊毛衫	件	300	150	45000	李先生
13	8	2023/6/5	乙批发部	达芙妮单鞋	双	150	80	12000	李先生
14	19	2023/6/15	乙批发部	蒂爱纳外套	件	220	100	22000	李先生
15			**乙批发部 汇总**				520	96000	
16							850	173800	**李先生 汇总**
17	15	2023/6/12	丙批发部	圣诺兰外套	件	520	50	26000	吴小姐
18	16	2023/6/15	丙批发部	爱神外套	件	450	50	22500	吴小姐
19			**丙批发部 汇总**				100	48500	
20	1	2023/6/1	甲批发部	星期六靴子	双	560	100	56000	吴小姐
21	2	2023/6/1	甲批发部	百丽靴子	双	710	150	106500	吴小姐
22	3	2023/6/1	甲批发部	红蜻蜓靴子	双	680	80	54400	吴小姐
23	4	2023/6/1	甲批发部	森达靴子	双	450	200	90000	吴小姐
24	22	2023/6/23	甲批发部	361运动鞋	双	180	50	9000	吴小姐
25			**甲批发部 汇总**				580	315900	
26	9	2023/6/5	乙批发部	曼可妮单鞋	双	160	80	12800	吴小姐
27	10	2023/6/5	乙批发部	361°运动鞋	双	180	50	9000	吴小姐
28	11	2023/6/5	乙批发部	红蜻蜓靴子	双	680	50	34000	吴小姐
29	17	2023/6/15	乙批发部	秋水伊人外套	件	120	100	12000	吴小姐
30	18	2023/6/15	乙批发部	红袖坊外套	件	260	80	20800	吴小姐
31	23	2023/6/23	乙批发部	李宁运动鞋	双	240	120	28800	吴小姐
32	24	2023/6/23	乙批发部	运动外套	件	150	100	15000	吴小姐
33			**乙批发部 汇总**				580	132400	
34							1260	496800	**吴小姐 汇总**
35							2110	670600	**总计**

图 9-76　嵌套分类汇总结果

④ 分别将筛选和分类汇总后的工作簿另存为“进货表（筛选）”和“进货表（分类汇总）”。

项目十　使用 Excel 查看、保护和打印表格

项目描述

在对大型表格进行编辑时，可以使用 Excel 2016 的拆分和冻结功能对比数据或始终显示某些行和列。工作表制作完成后，可以保护单元格、工作簿或工作表，避免重要数据泄露或被其他人修改或删除，还可以对工作表进行相应设置后将其打印出来，方便阅读。在本项目中，读者可通过查看、保护和打印员工人事工资管理表，学习这些知识。

学习目标

【知识目标】

- 理解拆分和冻结窗格的作用。
- 熟悉保护单元格、工作簿和工作表，以及打印工作表的操作。

【能力目标】

- 能够按要求拆分或冻结数据行太长、数据列太宽的工作表。
- 能够对单元格内容进行隐藏。
- 能够通过设置密码对工作簿和工作表进行保护。
- 能够按要求打印工作表。

【素质目标】

- 不断提升法治意识，增强数据保护意识和能力。
- 求真务实，增强实干创新意识。

任务一　查看员工人事工资管理表

情景引入

小东制作了一张员工人事工资管理表，要想上下或左右对比数据，须反复拖动滚动条，有时查看下方数据时，又无法看到标题行，特别不方便，请你帮他解决这个问题吧。

作品展示

本任务拆分和冻结窗格后的工作表效果如图 10-1 所示。最终效果参见本书配套素材

“素材与实例”/“项目十”/“任务一”中的“员工人事工资管理表（拆分窗格）”和“员工人事工资管理表（冻结窗格）”工作簿。

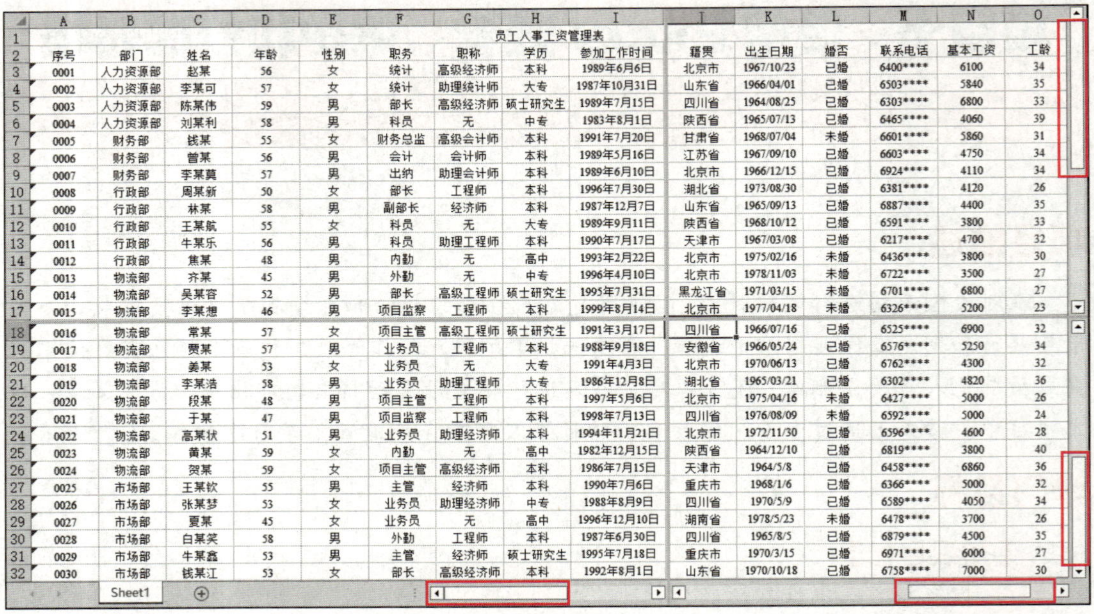

（a）

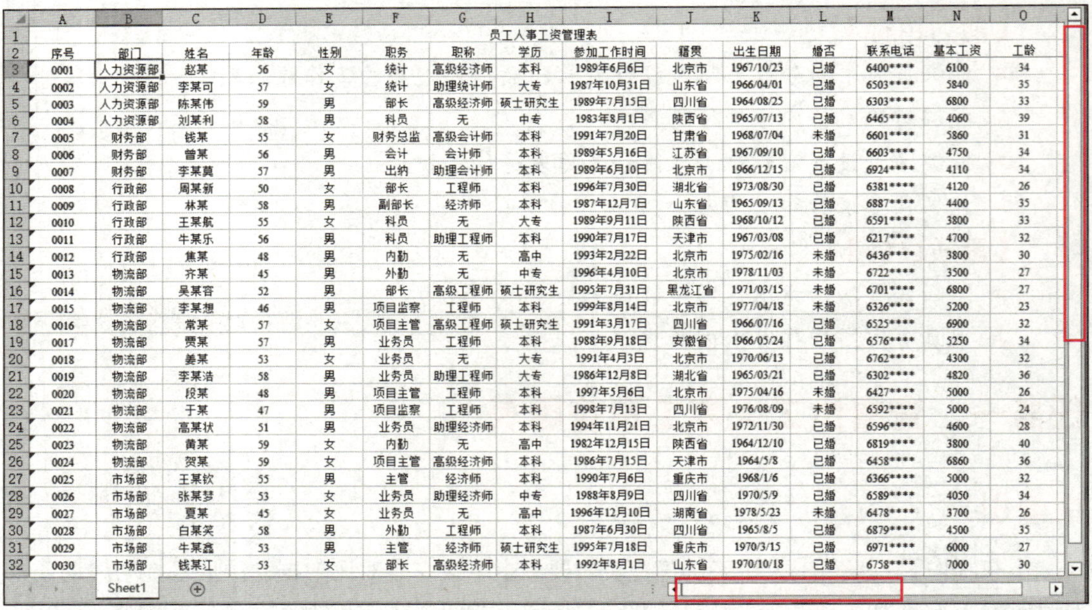

（b）

图 10-1　拆分、冻结窗格效果

制作思路

首先对工作表窗格进行拆分，方便上下或左右对比数据，然后冻结工作表，方便拖动滚动条时始终显示某些数据。

任务实施

一、拆分窗格

扫一扫

查看员工人事工资管理表

步骤 1▶ 打开本书配套素材“素材与实例”/“项目十”/“任务一”/“员工人事工资管理表”工作簿。

步骤 2▶ 选中需要拆分窗格的位置（如J18单元格），然后单击“视图”选项卡“窗口”组中的“拆分”按钮，即可将工作表拆分成4个窗格。

步骤 3▶ 此时的工作表效果如图10-1（a）所示。拖动水平或垂直滚动条，可方便上下或左右对比数据。最后将工作簿另存为“员工人事工资管理表（拆分窗格）”。

> **提示** 要取消工作表的拆分状态，可再次单击“视图”选项卡“窗口”组中的“拆分”按钮。

二、冻结窗格

步骤 1▶ 打开本书配套素材“素材与实例”/“项目十”/“任务一”/“员工人事工资管理表”工作簿。

步骤 2▶ 选中需要冻结窗格的位置（如B3单元格），然后单击“视图”选项卡“窗口”组中的“冻结窗格”按钮，在展开的列表中选择“冻结拆分窗格”选项，如图10-2所示。

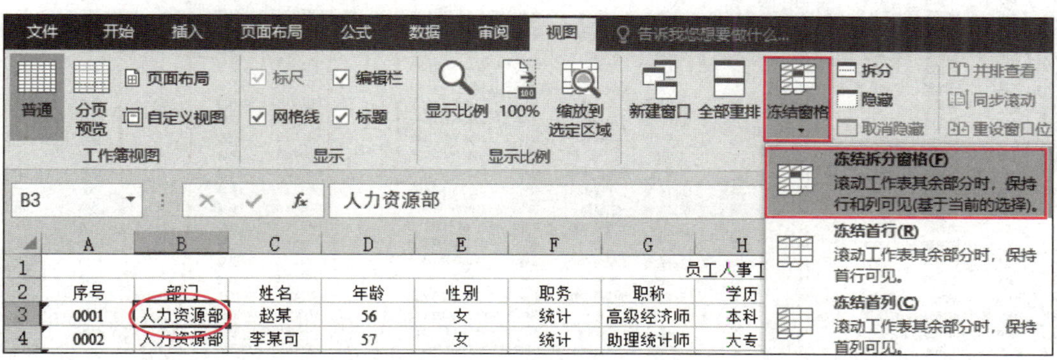

图10-2　选中单元格后在“冻结窗格”列表中选择“冻结拆分窗格”选项

步骤 3▶ 此时，在选中单元格的上方和左侧出现冻结窗格线［见图 10-1（b）］，上下或左右拖动滚动条，可看到所选单元格上方或左侧的数据始终可见。最后将工作簿另存为“员工人事工资管理表（冻结窗格）”。

> **提示** 若在“冻结窗格”列表中选择“冻结首行”或“冻结首列”选项，可始终保持工作表首行或首列可见。

任务二　保护员工人事工资管理表

情景引入

小东制作了一张员工人事工资管理表，他不希望其他人查看“籍贯”和“联系电话”列数据，也不希望其他人对工作簿的结构进行调整，更不希望其他人修改有重要数据的工作表，请你帮他解决这个问题吧。

作品展示

本任务隐藏单元格内容后的工作表效果如图 10-3 所示。最终效果参见本书配套素材“素材与实例”/“项目十”/“任务二”中的“员工人事工资管理表（隐藏内容）”“员工人事工资管理表（保护工作簿）”和“员工人事工资管理表（保护工作表）”工作簿。

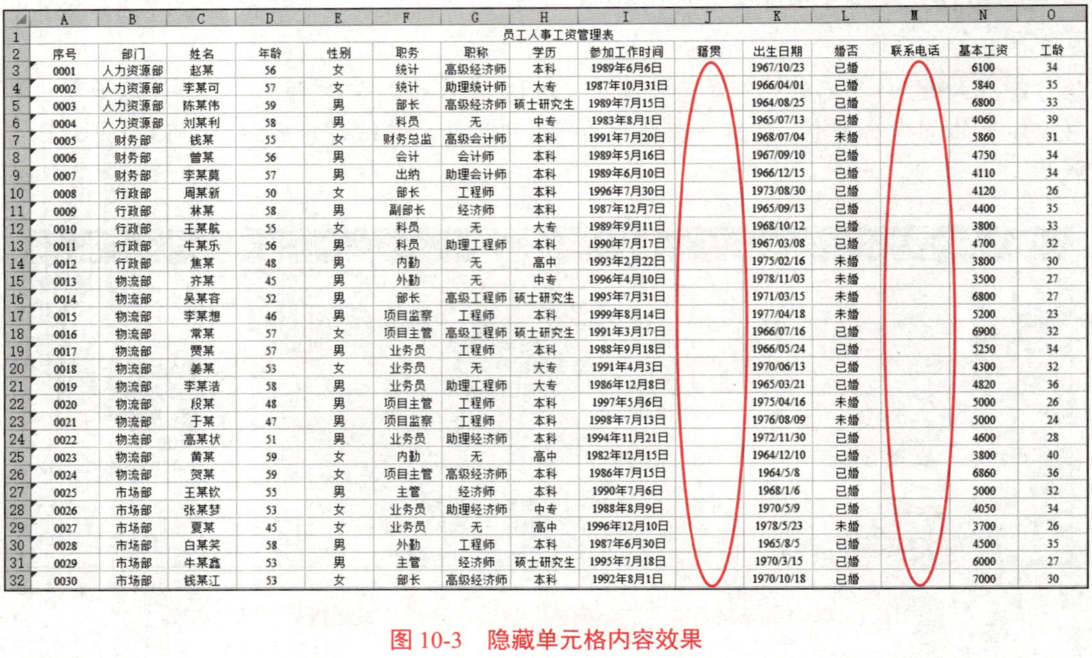

员工人事工资管理表

序号	部门	姓名	年龄	性别	职务	职称	学历	参加工作时间	籍贯	出生日期	婚否	联系电话	基本工资	工龄
0001	人力资源部	赵某	56	女	统计	高级经济师	本科	1989年6月6日		1967/10/23	已婚		6100	34
0002	人力资源部	李某可	57	女	统计	助理统计师	大专	1987年10月31日		1966/04/01	已婚		5840	35
0003	人力资源部	陈某伟	59	男	部长	高级经济师	硕士研究生	1989年7月15日		1964/08/25	已婚		6800	33
0004	人力资源部	刘某利	58	男	科员	无	中专	1983年8月1日		1965/07/13	已婚		4060	39
0005	财务部	钱某	55	女	财务总监	高级会计师	本科	1991年7月20日		1968/07/04	未婚		5860	31
0006	财务部	曾某	56	男	会计	会计师	本科	1989年5月16日		1967/09/10	已婚		4750	34
0007	财务部	李某莫	57	男	出纳	助理会计师	本科	1989年6月10日		1966/12/15	已婚		4110	34
0008	行政部	周某新	50	女	部长	工程师	本科	1996年7月30日		1973/08/30	已婚		4120	26
0009	行政部	林某	58	男	副部长	经济师	本科	1987年12月7日		1965/09/13	已婚		4400	35
0010	行政部	王某航	55	女	科员	无	大专	1989年9月11日		1968/10/12	已婚		3800	33
0011	行政部	牛某乐	56	男	科员	助理工程师	本科	1990年7月17日		1967/03/08	已婚		4700	32
0012	行政部	焦某	48	男	内勤	无	高中	1993年2月22日		1975/02/16	未婚		3800	30
0013	物流部	齐某	45	男	外勤	无	中专	1996年4月10日		1978/11/03	未婚		3500	27
0014	物流部	吴某容	52	男	部长	高级工程师	硕士研究生	1995年7月31日		1971/03/15	未婚		6800	27
0015	物流部	李某想	46	男	项目监察	工程师	本科	1999年8月14日		1977/04/18	未婚		5200	23
0016	物流部	常某	57	女	项目主管	高级工程师	硕士研究生	1991年3月17日		1966/07/16	已婚		6900	32
0017	物流部	贾某	57	男	业务员	工程师	本科	1988年9月18日		1966/05/24	已婚		5250	34
0018	物流部	姜某	53	女	业务员	无	大专	1991年4月3日		1970/06/13	已婚		4300	32
0019	物流部	李某浩	58	男	业务员	助理工程师	大专	1986年12月8日		1965/03/21	已婚		4820	36
0020	物流部	段某	48	男	项目主管	工程师	本科	1997年5月6日		1975/04/16	未婚		5000	26
0021	物流部	于某	47	男	项目监察	工程师	本科	1998年7月13日		1976/08/09	未婚		5000	24
0022	物流部	高某状	51	男	业务员	助理经济师	本科	1994年11月21日		1972/11/30	已婚		4600	28
0023	物流部	黄某	59	女	内勤	无	高中	1982年12月15日		1964/12/10	已婚		3800	40
0024	物流部	贺某	59	女	项目主管	高级经济师	本科	1986年7月15日		1964/5/8	已婚		6860	36
0025	市场部	王某钦	55	男	主管	经济师	本科	1990年7月6日		1968/1/6	已婚		5000	32
0026	市场部	张某梦	53	女	业务员	助理经济师	中专	1988年8月9日		1970/5/9	已婚		4050	34
0027	市场部	夏某	45	女	业务员	无	高中	1996年12月10日		1978/5/23	未婚		3700	26
0028	市场部	白某笑	58	男	外勤	工程师	本科	1987年6月30日		1965/8/5	已婚		4500	35
0029	市场部	牛某鑫	53	男	主管	经济师	硕士研究生	1995年7月18日		1970/3/15	已婚		6000	27
0030	市场部	钱某江	53	女	部长	高级经济师	本科	1992年8月1日		1970/10/18	已婚		7000	30

图 10-3　隐藏单元格内容效果

拓展阅读

加强数据保护，守护信息安全

在企业内部，数据表格经常需要在不同部门之间传递，在数据传递过程中应有选择性地隐藏敏感信息（如个人隐私信息、财务数据等）或对表格进行保护。例如，通过限制表格的访问权限和编辑权限，可以有效防止未经授权的人员查看或篡改数据。这样一来，企业的数据将更加安全，不易受到外部破坏或内部泄露的威胁。

同时，隐藏敏感信息或对表格进行保护也是一种合规性做法。《中华人民共和国数据安全法》第二十七条规定，开展数据处理活动应当依照法律、法规的规定，建立健全全流程数据安全管理制度，组织开展数据安全教育培训，采取相应的技术措施和其他必要措施，保障数据安全；《中华人民共和国个人信息保护法》第九条规定，个人信息处理者应当对其个人信息处理活动负责，并采取必要措施保障所处理的个人信息的安全。

（资料来源：新华网，有改动）

请思考：近年来，过度收集个人数据、侵害个人隐私的现象屡见不鲜，国家相继出台了一系列相关的法律法规、政策措施。那么，你将采取哪些措施来守护个人信息安全？

制作思路

首先隐藏不希望显示的单元格内容，然后保护工作簿的结构，最后保护有重要数据的工作表。

任务实施

一、隐藏单元格内容

扫一扫

保护员工人事工资管理表

步骤 1▶ 打开本书配套素材“素材与实例”/“项目十”/“任务二”/“员工人事工资管理表”工作簿。

步骤 2▶ 选中要隐藏内容的单元格区域 J3:J32 和 M3:M32，然后单击“开始”选项卡“数字”组右下角的对话框启动器按钮，打开“设置单元格格式”对话框，在“数字”选项卡“分类”列表框中选择“自定义”选项，接着在“类型”编辑框中输入 3 个英文分号“;;;”，最后单击“确定”按钮，如图 10-4 所示。

步骤 3▶ 此时，所选单元格的内容将不会显示在单元格中［见图 10-5（a）］，但当单击某个隐藏内容后的单元格时，单元格中的内容仍然会显示在编辑栏中，如图 10-5（b）所示。最后将工作簿另存为“员工人事工资管理表（隐藏内容）”。

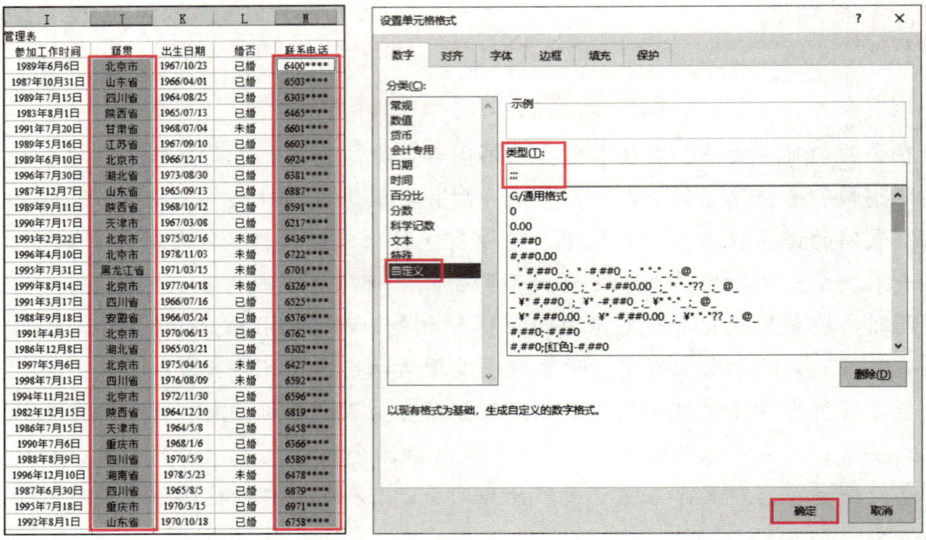

图 10-4　选中要隐藏内容的单元格区域后设置数字格式

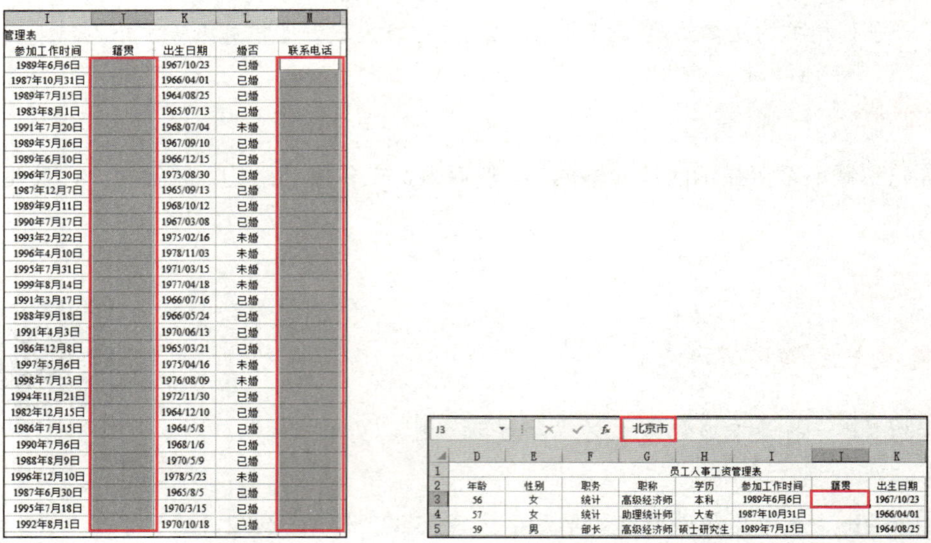

（a）　　　　　　　　（b）

图 10-5　隐藏单元格内容

提示

要显示隐藏的单元格内容，可选中要显示内容的单元格，然后单击“开始”选项卡“编辑”组中的“清除”按钮，在展开的列表中选择“清除格式”选项。

二、保护工作簿

为防止他人修改工作簿的结构，可对工作簿进行保护。

步骤 1▶ 打开本书配套素材“素材与实例”/“项目十”/“任务二”/“员工人事工资管理表”工作簿。

步骤 2▶ 单击“审阅”选项卡“更改”组中的“保护工作簿”按钮，打开“保护结构和窗口”对话框，保持“结构”复选框的选中状态，在“密码”编辑框中输入密码，如“123456”，然后单击“确定”按钮，如图 10-6 所示。

步骤 3▶ 在打开的“确认密码”对话框中重新输入相同的密码，然后单击“确定”按钮，如图 10-7 所示。

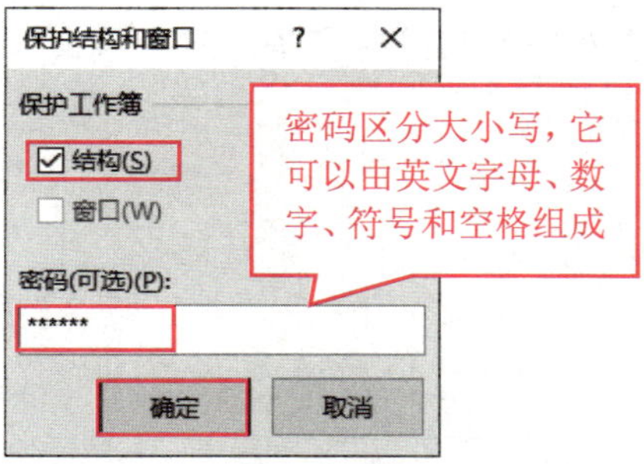

图 10-6　“保护结构和窗口”对话框

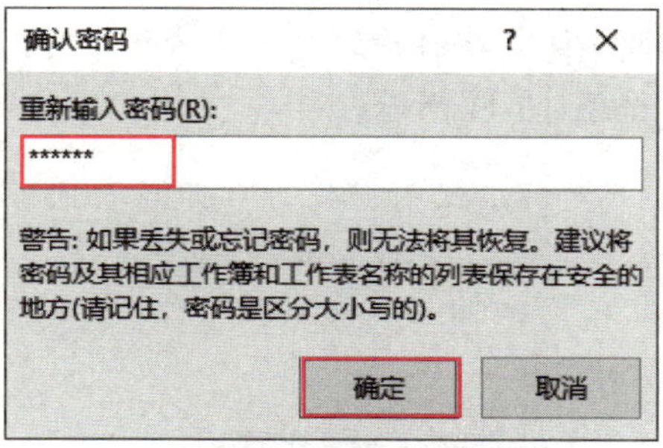

图 10-7　“确认密码”对话框

步骤 4▶ 此时无法对工作簿进行结构的调整，且对工作表的部分操作选项变为灰色，呈不可用状态，如图 10-8 所示。最后将工作簿另存为“员工人事工资管理表（保护工作簿）”。

> **提示** 要撤销对工作簿的保护，可再次单击“审阅”选项卡“更改”组中的“保护工作簿”按钮，此时会打开“撤销工作簿保护”对话框（见图 10-9），输入保护工作簿时设置的密码，然后单击“确定”按钮，即可撤销对工作簿的保护。

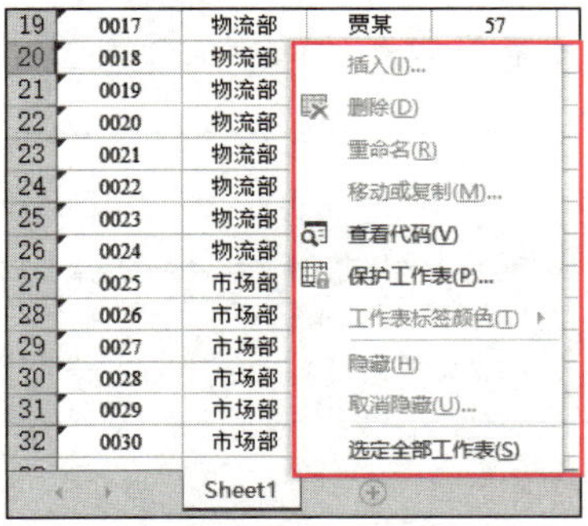

图 10-8　不可用的右键快捷菜单选项

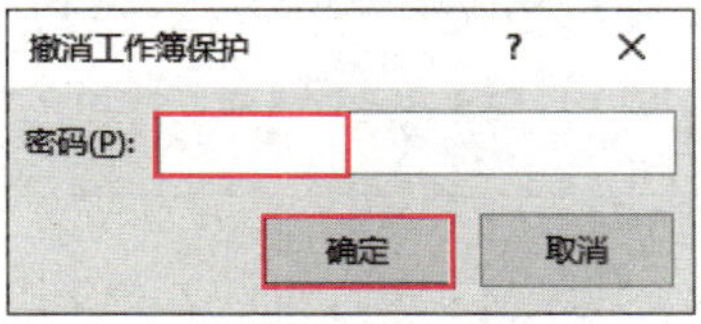

图 10-9　“撤销工作簿保护”对话框

三、保护工作表

为防止他人修改工作表中的数据，可对工作表进行保护。

步骤 1▶ 打开本书配套素材“素材与实例”/“项目十”/“任务二”/“员工人事工资管理表”工作簿。

步骤 2▶ 单击要进行保护的工作表“Sheet1”，然后单击“审阅”选项卡“更改”组中的“保护工作表”按钮，打开“保护工作表”对话框。

步骤 3▶ 在“取消工作表保护时使用的密码”编辑框中输入密码，如“123456”，在“允许此工作表的所有用户进行”列表框中选中相应的复选框，然后单击“确定”按钮，如图 10-10 所示。

步骤 4▶ 在打开的“确认密码”对话框中重新输入相同的密码，然后单击“确定”按钮，如图 10-11 所示。

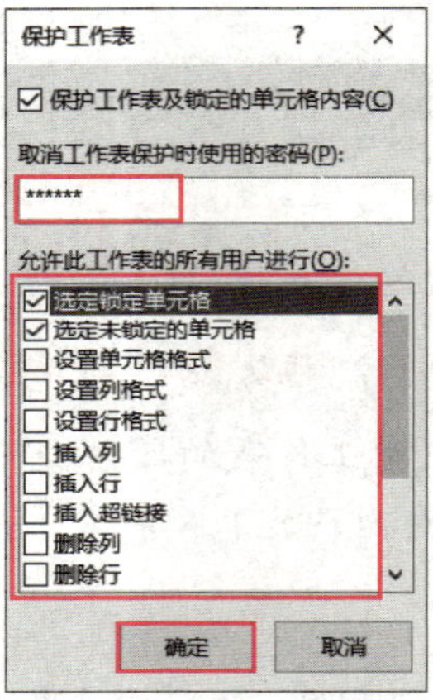

图 10-10 “保护工作表”对话框

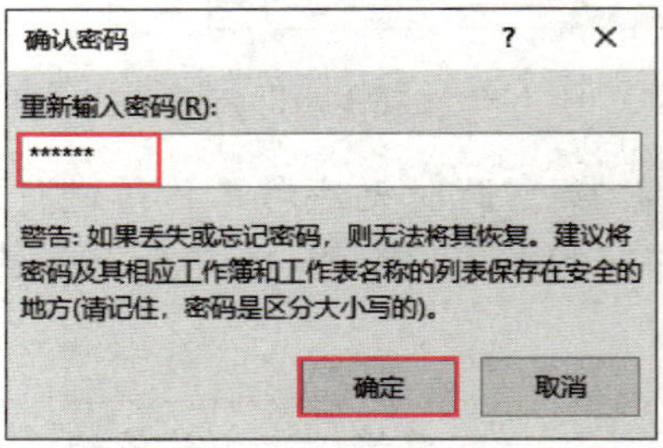

图 10-11 “确认密码”对话框

步骤 5▶ 此时，工作表中的所有单元格都被保护起来，无法执行除在“保护工作表”对话框中选择的操作以外的操作。如果试图执行这些操作，则会弹出提示对话框，如图 10-12 所示。最后将工作簿另存为“员工人事工资管理表（保护工作表）”。

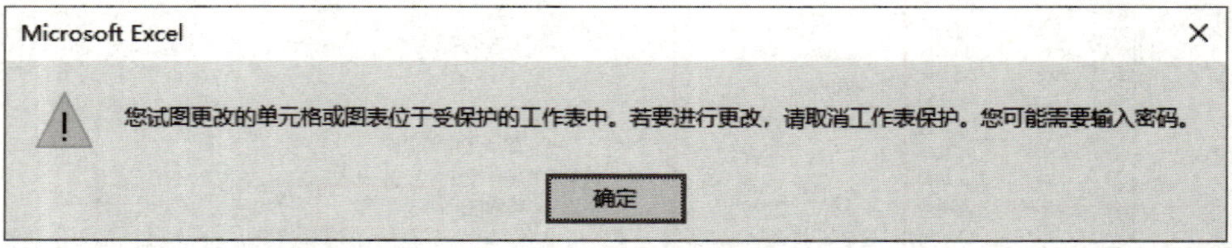

图 10-12 提示对话框

提示

撤销对工作表的保护方法与撤销对工作簿的保护类似，此处不再赘述。

任务三　打印员工人事工资管理表

情景引入

小东想把制作的员工人事工资管理表居中打印在一页 A4 纸上，并且希望打印稿上显示页眉、页码和时间等信息，请你帮他完成这些工作吧。

作品展示

本任务设置页面、打印区域和分页符后的打印预览效果如图 10-13 所示。最终效果参见本书配套素材“素材与实例”/“项目十”/“任务三”/“员工人事工资管理表（设置）”工作簿。

员工人事工资管理表

员工人事工资管理表

序号	部门	姓名	年龄	性别	职务	职称	学历	参加工作时间	籍贯	出生日期	婚否	联系电话	基本工资	工龄
0001	人力资源部	赵某	56	女	统计	高级经济师	本科	1989年6月6日	北京市	1967/10/23	已婚	6400****	6100	34
0002	人力资源部	李某可	57	女	统计	助理统计师	大专	1987年10月31日	山东省	1966/04/01	已婚	6503****	5840	35
0003	人力资源部	陈某伟	59	男	部长	高级经济师	硕士研究生	1989年7月15日	四川省	1964/08/25	已婚	6303****	6800	33
0004	人力资源部	刘某利	58	男	科员	无	中专	1983年8月1日	陕西省	1965/07/13	已婚	6465****	4060	39
0005	财务部	钱某	55	女	财务总监	高级会计师	本科	1991年7月20日	甘肃省	1968/07/04	未婚	6601****	5860	31
0006	财务部	曾某	56	男	会计	会计师	本科	1989年5月16日	江苏省	1967/09/10	已婚	6603****	4750	34
0007	财务部	李某英	57	男	出纳	助理会计师	本科	1989年6月10日	北京市	1966/12/15	已婚	6924****	4110	34
0008	行政部	周某新	50	女	部长	工程师	本科	1996年7月30日	湖北省	1973/08/30	已婚	6381****	4120	26
0009	行政部	林某	58	男	副部长	经济师	本科	1987年12月7日	山东省	1965/09/13	已婚	6887****	4400	35
0010	行政部	王某航	55	女	科员	无	大专	1989年9月11日	陕西省	1968/10/12	已婚	6591****	3800	33
0011	行政部	牛某乐	56	男	科员	助理工程师	本科	1990年7月17日	天津市	1967/03/08	已婚	6217****	4700	32
0012	行政部	焦某	48	男	内勤	无	高中	1993年2月22日	北京市	1975/02/16	未婚	6436****	3800	30
0013	物流部	齐某	45	男	外勤	无	中专	1996年4月10日	北京市	1978/11/03	未婚	6722****	3500	27
0014	物流部	吴某睿	52	男	部长	高级工程师	硕士研究生	1995年7月31日	黑龙江省	1971/03/15	未婚	6701****	6800	27
0015	物流部	李某想	46	男	项目监察	工程师	本科	1999年8月14日	北京市	1977/04/18	未婚	6326****	5200	23
0016	物流部	富某	57	女	项目主管	高级工程师	硕士研究生	1991年3月17日	四川省	1966/07/16	已婚	6525****	6900	32
0017	物流部	贾某	57	男	业务员	工程师	本科	1988年9月18日	安徽省	1966/05/24	已婚	6576****	5250	34
0018	物流部	娄某	53	女	业务员	无	大专	1991年4月3日	北京市	1970/06/13	已婚	6762****	4300	32
0019	物流部	李某浩	58	男	业务员	助理工程师	大专	1986年12月8日	湖北省	1965/03/21	已婚	6302****	4820	36
0020	物流部	段某	48	男	项目主管	工程师	本科	1997年5月6日	北京市	1975/04/16	未婚	6427****	5000	26
0021	物流部	于某	47	男	项目监察	工程师	本科	1998年7月13日	四川省	1976/08/09	未婚	6592****	5000	24
0022	物流部	高某状	51	男	业务员	助理经济师	本科	1994年11月21日	北京市	1972/11/30	已婚	6596****	4600	28
0023	物流部	黄某	59	女	内勤	无	高中	1982年12月15日	陕西省	1964/12/10	已婚	6819****	3800	40
0024	物流部	贺某	59	女	项目主管	高级经济师	本科	1986年7月15日	天津市	1964/5/8	已婚	6458****	6860	36
0025	市场部	王某钦	55	男	主管	经济师	本科	1990年7月6日	重庆市	1968/1/6	已婚	6366****	5000	32
0026	市场部	张某梦	53	女	业务员	助理经济师	中专	1988年8月9日	四川省	1970/5/9	已婚	6589****	4050	34
0027	市场部	夏某	45	女	业务员	无	高中	1996年12月10日	湖南省	1978/5/23	未婚	6478****	3700	26
0028	市场部	白某笑	58	男	外勤	工程师	本科	1987年6月30日	四川省	1965/8/5	已婚	6879****	4500	35
0029	市场部	牛某鑫	53	男	主管	经济师	硕士研究生	1995年7月18日	重庆市	1970/3/15	已婚	6971****	6000	27
0030	市场部	钱某江	53	女	部长	高级经济师	本科	1992年8月1日	山东省	1970/10/18	已婚	6758****	7000	30

2023/6/27　　1　　小东制作

图 10-13　设置页面、打印区域和分页符后的打印预览效果

制作思路

首先设置纸张方向、页边距、页眉和页脚等，然后设置打印区域，接着调整分页符位置，最后预览工作表打印效果，并将工作表打印 10 份。

任务实施

扫一扫

打印员工人事工资管理表

一、设置页面

步骤 1▶ 打开本书配套素材“素材与实例”/“项目十”/“任务三”/“员工人事工资管理表”工作簿。

步骤 2▶ 单击“页面布局”选项卡“页面设置”组右下角的对话框启动器按钮，打开“页面设置”对话框。

步骤 3▶ 在“页面”选项卡设置纸张方向，然后切换到“页边距”选项卡，设置页边距及居中方式，如图 10-14 所示。

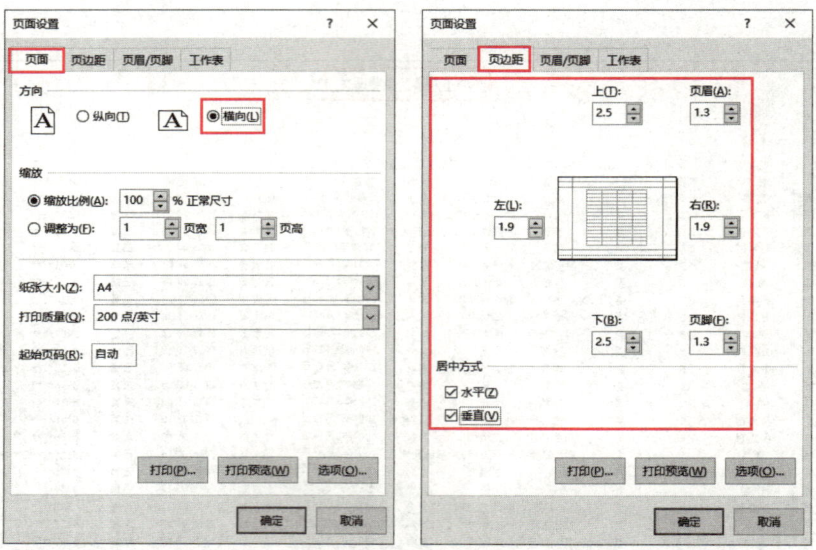

图 10-14 设置纸张方向、页边距和居中方式

> **提示** 在设置纸张方向时，若要打印的表格高度大于宽度，通常设置为纵向；若要打印的表格宽度大于高度，通常设置为横向。

步骤 4▶ 切换到“页眉/页脚”选项卡，单击“自定义页眉”按钮，打开“页眉”对话框，在“中”编辑框中输入页眉文本“员工人事工资管理表”，然后单击“确定”按钮（见图 10-15），返回“页面设置”对话框。

步骤 5▶ 单击“自定义页脚”按钮，打开“页脚”对话框，将光标置于“左”编辑框中，单击“插入日期”按钮；将光标置于“中”编辑框中，单击“插入页码”按钮；在“右”编辑框中输入制作者信息，然后单击“确定”按钮（见图 10-16），返回“页面设置”对话框，最后单击“确定”按钮，完成工作表的页面设置。

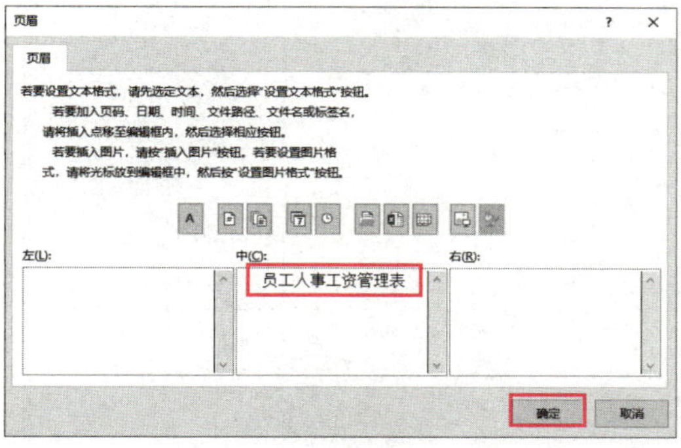

图 10-15　自定义页眉

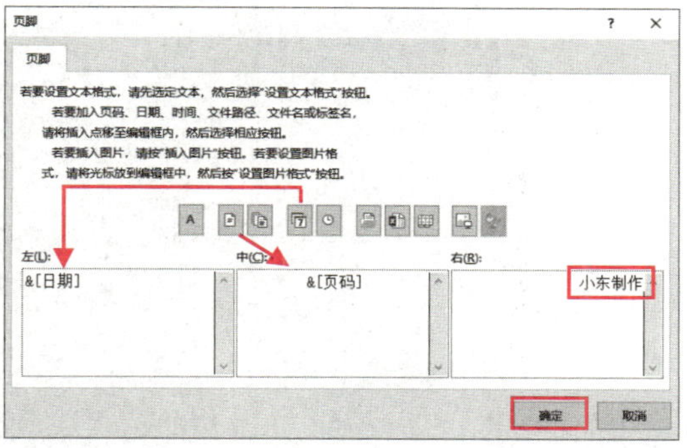

图 10-16　自定义页脚

二、设置打印区域

步骤 1▶ 单击 A1 单元格，然后按住“Shift”键的同时单击 O32 单元格，选中 A1:O32 单元格区域。

步骤 2▶ 单击“页面布局”选项卡“页面设置”组中的“打印区域”按钮，在展开的列表中选择“设置打印区域”选项，如图 10-17 所示。

三、分页预览和设置分页符

步骤 1▶ 单击“状态栏”的“分页预览”按钮或单击“视图”选项卡“工作簿视图”组中的“分页预览”按钮，如图 10-18 所示。

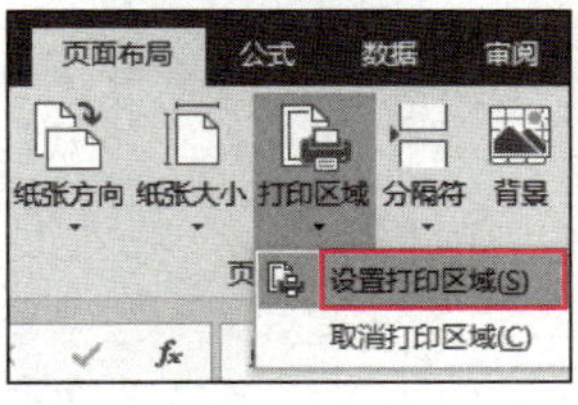

图 10-17　设置打印区域

图 10-18　单击“分页预览”按钮

步骤 2▶ 进入分页预览视图（见图 10-19），可以发现工作表分成 4 页，要打印的区域为灰色，自动分页符为蓝色虚线。

> **提示** 如果需要打印的工作表内容不止一页，Excel 2016 会自动插入分页符将工作表分成多页打印。这些分页符的位置取决于纸张大小、页边距和设定的打印比例等。

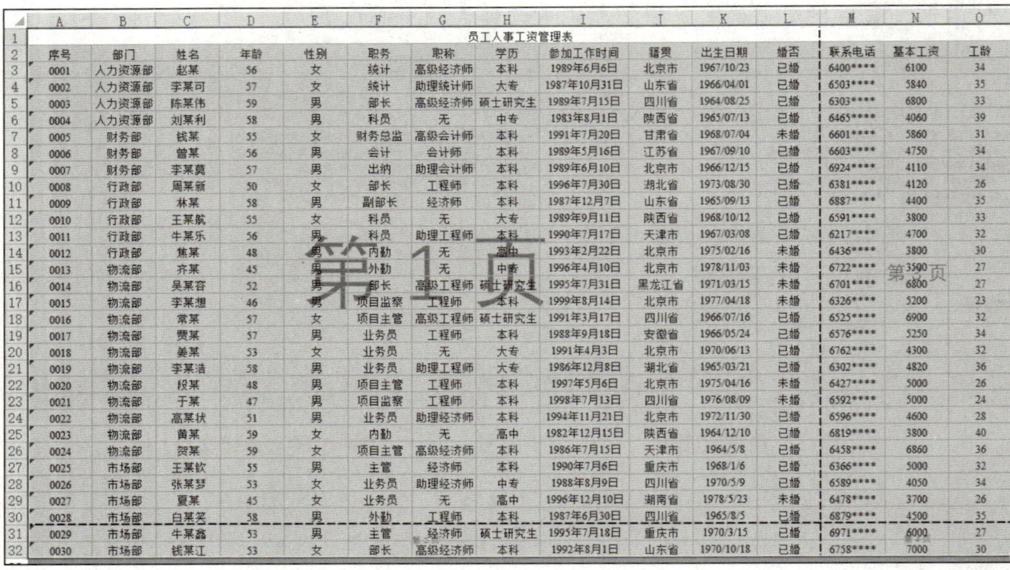

图 10-19　分页预览视图

步骤 3▶ 调整分页符的位置，使工作表可以打印在一页 A4 纸上。将鼠标指针移到水平分页符，待鼠标指针变成左右双向箭头形状时［见图 10-20（a）］向右拖动水平分页符至 O 列，即可将工作表调整为一页，效果如图 10-20（b）所示。最后将工作簿另存为“员工人事工资管理表（设置）”。

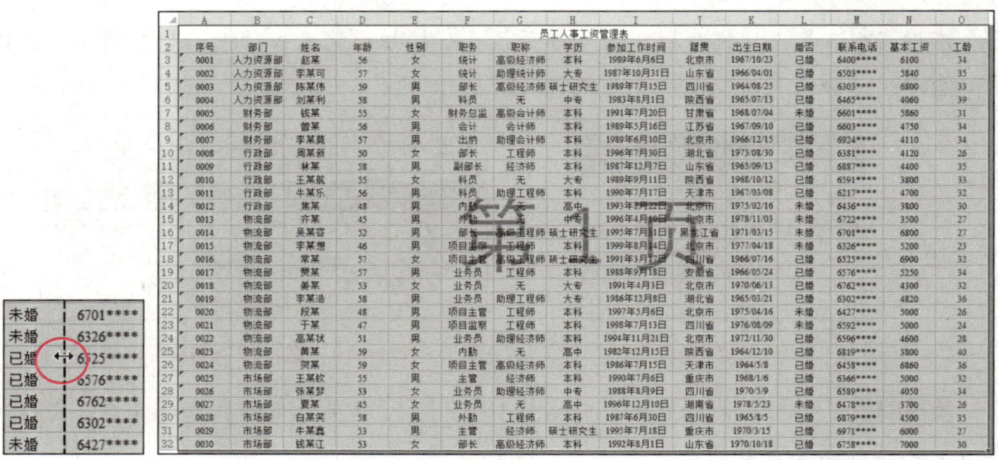

（a）　　　　（b）

图 10-20　调整水平分页符后的效果

四、预览工作表打印效果和打印工作表

预览工作表打印效果的作用是在打印之前检查工作表的各项设置是否满足需求，如果不满足需求可以及时修改，防止资源的浪费。

步骤 1▶　单击“文件”按钮，在打开的界面中选择“打印”选项，此时可以在界面右侧预览工作表打印效果，如图 10-21 所示。

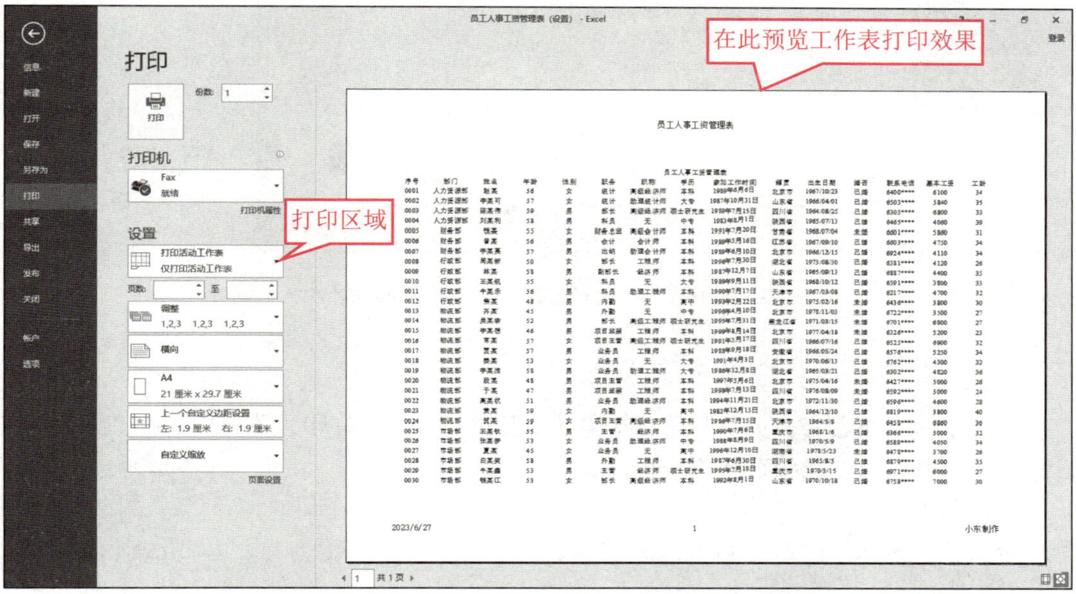

图 10-21　预览工作表打印效果

步骤 2▶　在“份数”编辑框中输入要打印的份数“10”；在“打印机”下拉列表中选择要使用的打印机；在打印区域下拉列表中选择要打印的内容；在“页数”编辑框中输入打印范围，此处均保持默认，然后单击“打印”按钮，即可按要求打印工作表。

Excel 高效办公技巧

一、隐藏编辑栏中的公式

选中要隐藏公式的单元格或单元格区域，然后打开“设置单元格格式”对话框，切换到“保护”选项卡，选中“隐藏”复选框，最后单击“确定”按钮，如图 10-22 所示。

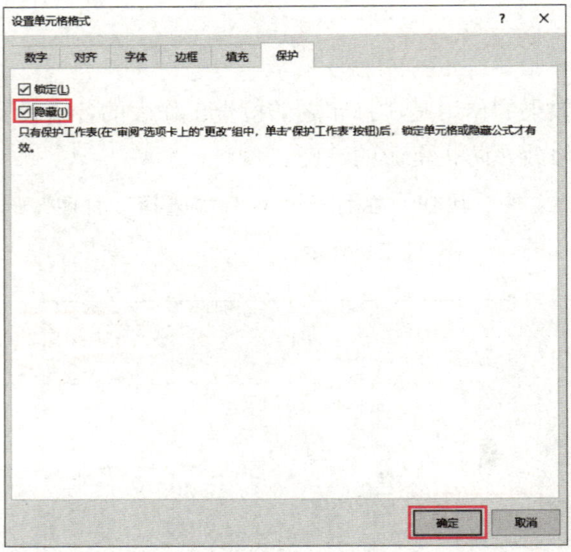

图 10-22 “设置单元格格式”对话框

二、打印指定页

若制作的工作表有多页，但只需打印其中几页，可进入打印预览界面后在“页数”编辑框中输入要打印的起始页和终止页，如图 10-23 所示。

三、首行重复打印

在制作的多页工作表中，如果要重复打印首行，即设置打印标题行，可在“页面设置”对话框“工作表”选项卡“打印标题”设置区“顶端标题行”编辑框中输入要作为标题的单元格的绝对引用，如“$1:$1”，如图 10-24 所示。

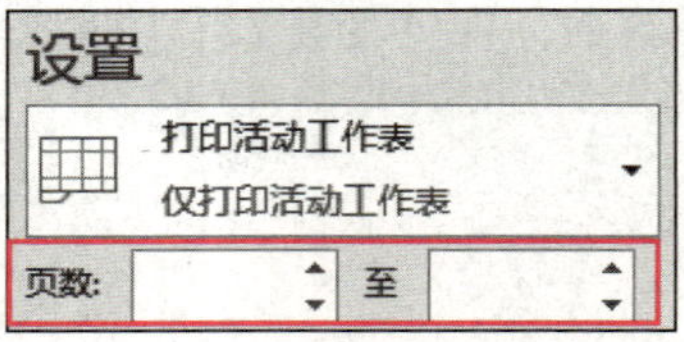

图 10-23 打印指定页

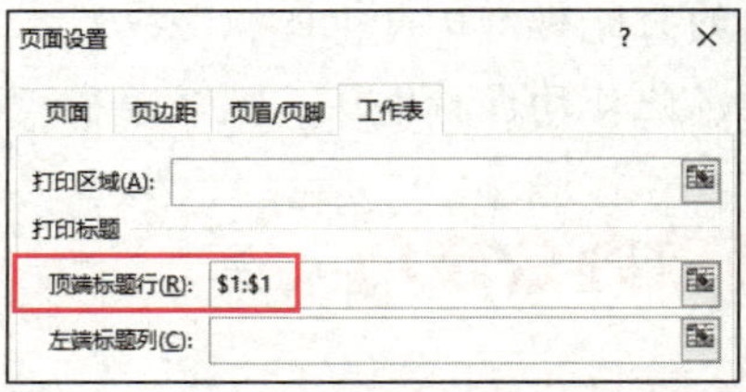

图 10-24 设置打印标题行

提示

设置打印标题行时，也可在“页面设置”对话框“工作表”选项卡“打印标题”设置区的“顶端标题行”编辑框中单击，然后在工作表中选择要作为标题的单元格。

四、打印选定区域

要打印工作表的选定区域，可首先选中要打印的单元格区域，然后进入打印预览界面，最后在打印区域下拉列表中选择“打印选定区域”选项，如图 10-25 所示。

五、打印公式

要打印工作表中的公式，可首先将工作表中的公式显示出来，然后执行打印操作。方法是首先在“公式”选项卡“公式审核”组中单击“显示公式”按钮（见图 10-26），此时工作表中含有公式的单元格中会显示具体公式，然后执行打印操作，即可将公式打印出来。

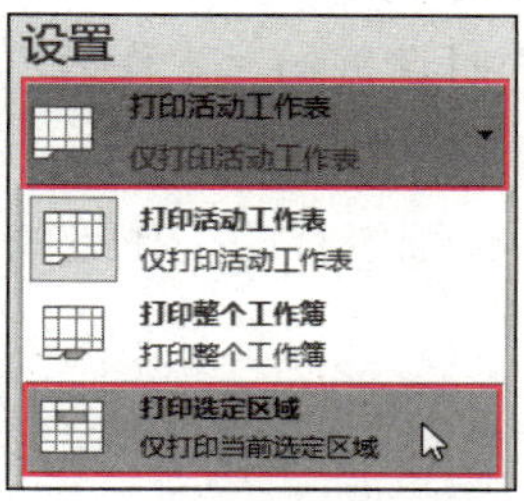

图 10-25　打印选定区域

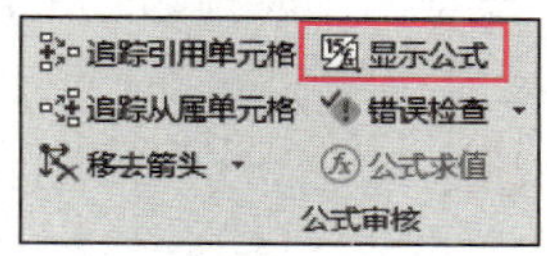

图 10-26　单击“显示公式”按钮

六、一次打印多个工作表

要一次打印多个工作表，可首先设置每个工作表的打印区域（也可省略该步骤），然后按住“Ctrl”键的同时依次单击要打印的工作表标签，将多个工作表组合，最后执行打印操作。

七、打印行号和列标

要打印工作表中的行号和列标，可在“页面设置”对话框“工作表”选项卡“打印”设置区中选中“行号列标”复选框，如图 10-27 所示。

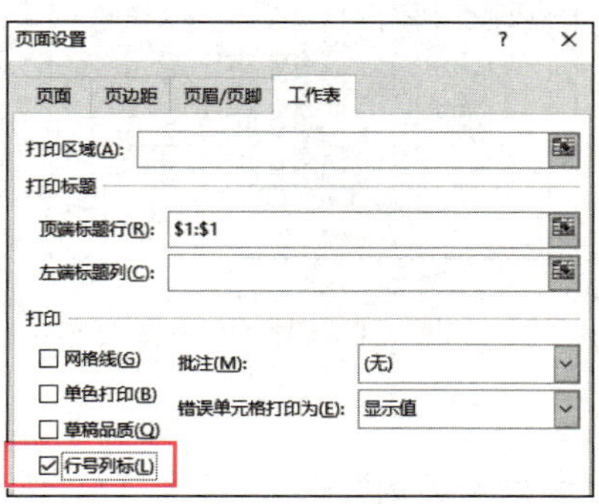

图 10-27　选中“行号列标”复选框

项目总结

本项目主要介绍了查看、保护和打印工作表的方法。学完本项目后，读者应重点掌握以下知识。

（1）拆分和冻结窗格的方法。

（2）隐藏单元格内容及保护工作簿和工作表的方法。

（3）设置工作表页面的方法，如利用“页面布局”选项卡“页面设置”组中的相应按钮或“页面设置”对话框。

（4）设置打印区域及打印标题行的方法，如利用“页面布局”选项卡“页面设置”组中的“打印区域”按钮设置打印区域，利用“页面设置”对话框的“工作表”选项卡设置打印标题行。

（5）预览工作表打印效果，以及设置打印份数、打印范围等打印工作表的方法。

课后实训

设置外语系学生两学培训成绩表页面，效果如图 10-28 所示。最终效果参见本书配套素材“素材与实例”/“项目十”/“课后实训”/“外语系学生两学培训成绩表（设置）”工作簿。

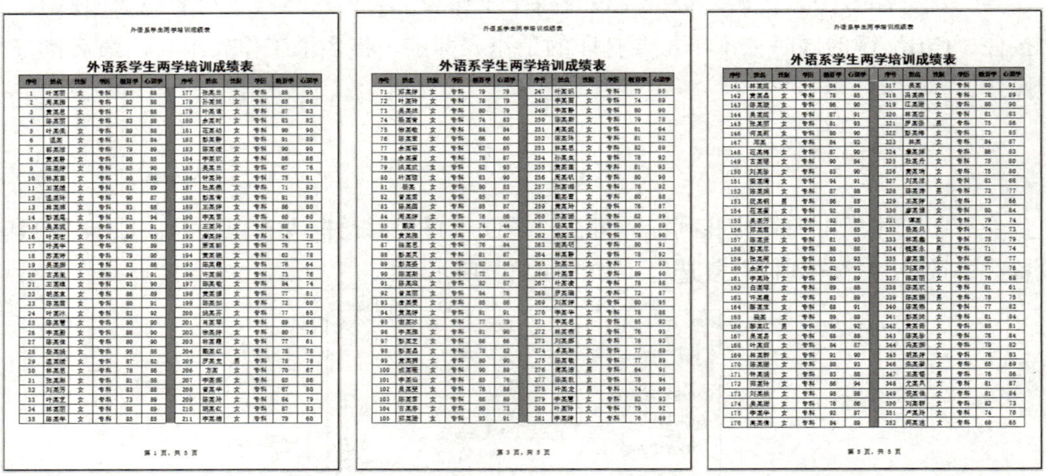

图 10-28　工作表页面设置效果

【操作提示】

① 打开本书配套素材“素材与实例”/“项目十”/“课后实训”/“外语系学生两学培训成绩表”工作簿。

② 首先设置纸张方向、纸张大小、页边距、居中方式、页眉、页脚、打印标题行（各参数设置见图 10-29），然后在分页预览视图中调整自动分页符的位置，尽可能将所有行平均分布在 5 页中显示。

③ 将工作簿另存为“外语系学生两学培训成绩表（设置）”。

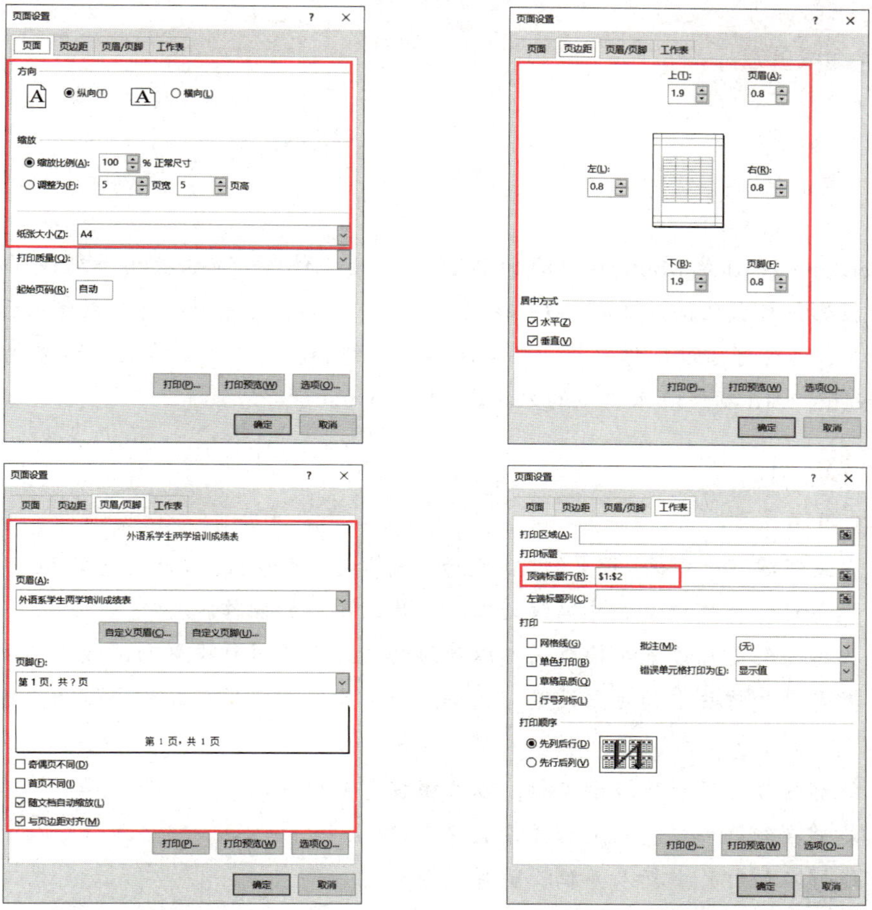

图 10-29　参数设置

项目十一　使用 PowerPoint 制作精美演示文稿

项目描述

PowerPoint 2016 是 Microsoft Office 2016 的重要组件之一，主要用于制作可以通过计算机或者投影仪播放的演示文稿，被广泛地应用于产品推广、公司宣传及教学演示等场景。在本项目中，读者可通过制作电子商务学院招生介绍和新员工培训方案演示文稿，学习使用 PowerPoint 2016 制作演示文稿的方法。

学习目标

【知识目标】

- 熟悉新建演示文稿，设置幻灯片背景，编辑幻灯片母版，以及打包演示文稿的操作。
- 熟悉在幻灯片中添加并编辑文本、图片、图形的操作。
- 熟悉为幻灯片设置切换效果，以及为幻灯片中的对象设置动画效果的操作。
- 熟悉为幻灯片中的对象设置超链接，以及为幻灯片添加动作按钮的操作。

【能力目标】

- 能够根据主题新建演示文稿，以及根据需要设置幻灯片背景。
- 能够在幻灯片中输入文本并设置格式。
- 能够在幻灯片中插入并编辑图片、图形。
- 能够为幻灯片设置切换效果，以及为幻灯片中的对象设置动画效果。
- 能够为幻灯片中的对象设置超链接，以及为幻灯片添加动作按钮。
- 能够根据需要编辑幻灯片母版。
- 能够将演示文稿打包到其他计算机中进行播放。

【素质目标】

- 增强分析及处理信息的能力，自觉培养创造力和想象力。
- 感受我国在电子商务领域取得的成就，增强民族自豪感和自信心。

任务一　制作电子商务学院招生介绍演示文稿

情景引入

学校的电子商务学院开始招生了，请你根据素材文档中的文本和图片做一个演示文稿，简要介绍招生专业的培养目标和就业方向。

作品展示

本任务制作的电子商务学院招生介绍演示文稿效果如图 11-1 所示。最终效果参见本书配套素材“素材与实例”/“项目十一”/“任务一”/“电子商务学院招生介绍”/“电子商务学院招生介绍”演示文稿。

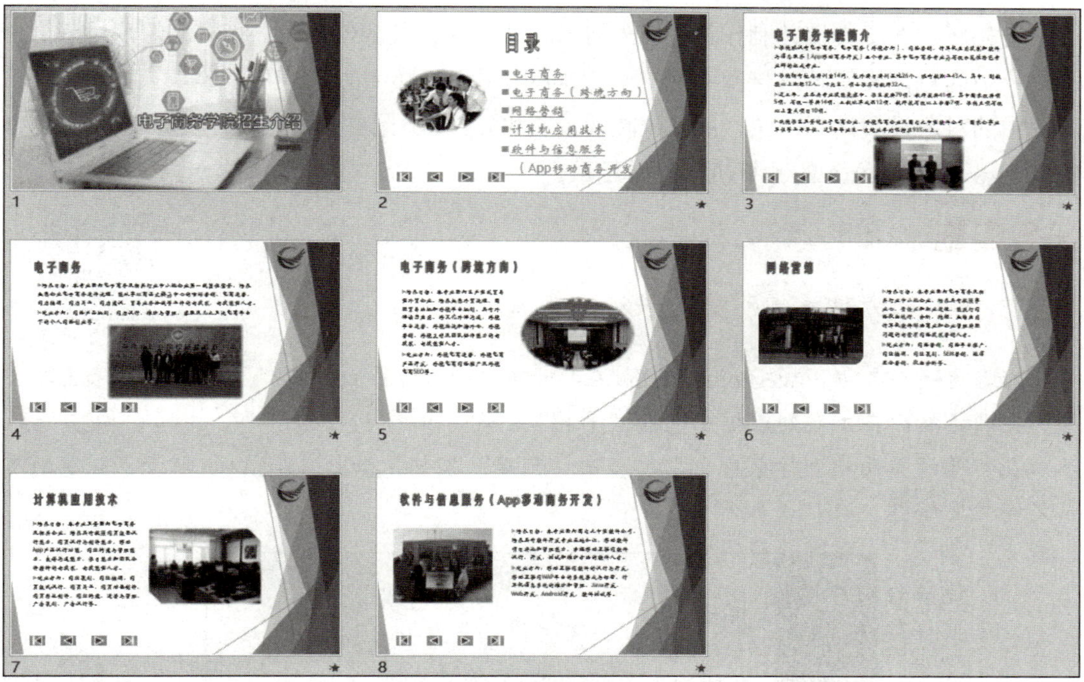

图 11-1　制作的电子商务学院招生介绍演示文稿

拓展阅读

我国电子商务人才缺口依然较大

我国已连续十多年保持全球规模最大的网络零售市场地位，在电子商务领域取得了显著成就。随着新一代信息技术的加速发展，直播电商、即时零售、社交电商等蓬勃发展，农村电商、跨境电商产业链日趋完善。电子商务的新业态、新模式催生了大量就业岗位，如“直播销售员”“直播选品员”“场控”“投流”等。

电子商务的高速发展，带来了大量人才需求。数据显示，当前我国电子商务从业人数已超 7 000 万人，人才需求规模不断增加。尤其是直播电商、农村电商、跨境电商等人才缺口依然较大。同时，电子商务行业内的专业化分工越来越细，专业技能要求越来越高，这对人才培养体系发展提出了新的要求。

（资料来源：中国青年网，有改动）

请思考：我国电子商务高速发展的原因是什么？我国电子商务人才面临哪些发展机遇和挑战？

制作思路

首先新建演示文稿并制作第 1 张幻灯片，然后制作其他幻灯片，编辑幻灯片母版，为幻灯片中的对象设置超链接并为幻灯片添加动作按钮，接着为幻灯片设置切换效果，为幻灯片中的对象设置动画效果，最后放映演示文稿，并将制作的演示文稿打包，以便在没有安装 PowerPoint 2016 的计算机上正常播放。

扫一扫

制作电子商务学院招生介绍演示文稿

任务实施

一、创建演示文稿并制作第 1 张幻灯片

步骤 1▶ 启动 PowerPoint 2016，在打开窗口的右边界面选择“主题”类别，然后在主题列表框中选择“平面”主题，如图 11-2（a）所示。在打开的界面中选择蓝色主题，单击“创建”按钮，如图 11-2（b）所示。创建的演示文稿效果如图 11-2（c）所示。

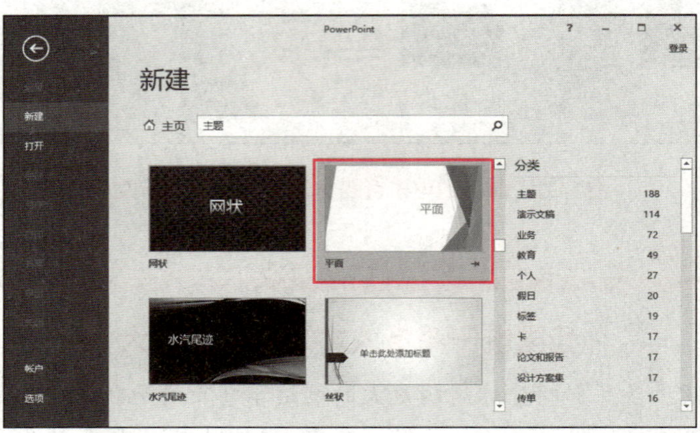

（a）

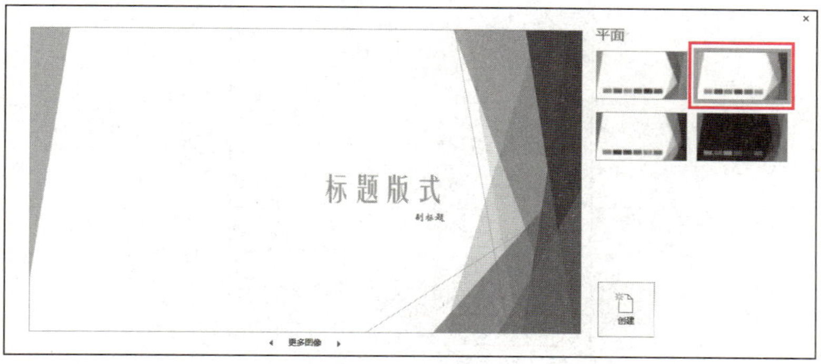

（b）

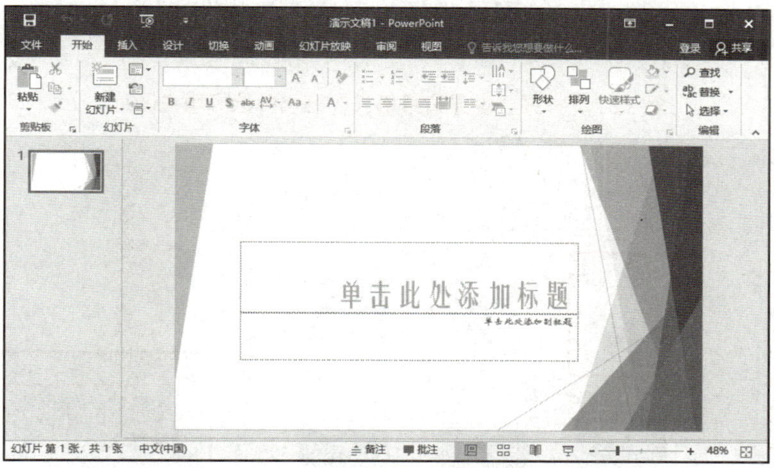

（c）

图 11-2　使用主题创建演示文稿

步骤 2▶　单击“快速访问工具栏”中的“保存”按钮，将演示文稿以“电子商务学院招生介绍”为名保存。

步骤 3▶　单击“设计”选项卡“自定义”组中的“设置背景格式”按钮，打开“设置背景格式”窗格，然后选中“图片或纹理填充”单选钮，单击“文件”按钮，如图 11-3 所示。

步骤 4▶　在打开的“插入图片”对话框中选择“项目十一”/“任务一”/“电子商务学院招生介绍”/“电子商务”图片，然后单击“插入”按钮，如图 11-4 所示。

步骤 5▶　在“设置背景”窗格中设置图片透明度为 28%，其他保持默认设置，如图 11-5 所示。将设置的背景应用于选中的幻灯片，效果如图 11-6 所示。

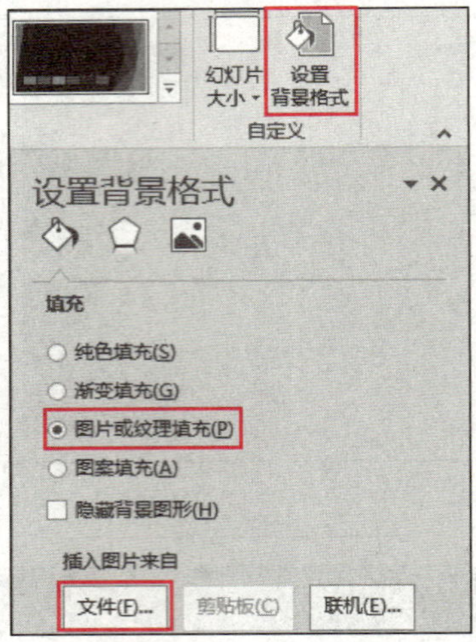

图 11-3　打开“设置背景格式”窗格并选择填充图片

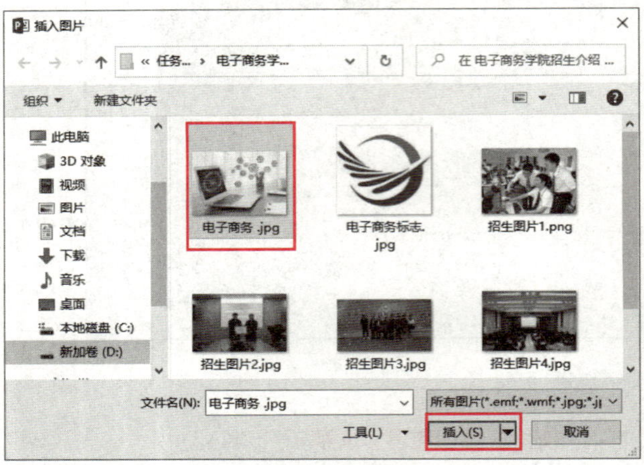

图 11-4　插入图片

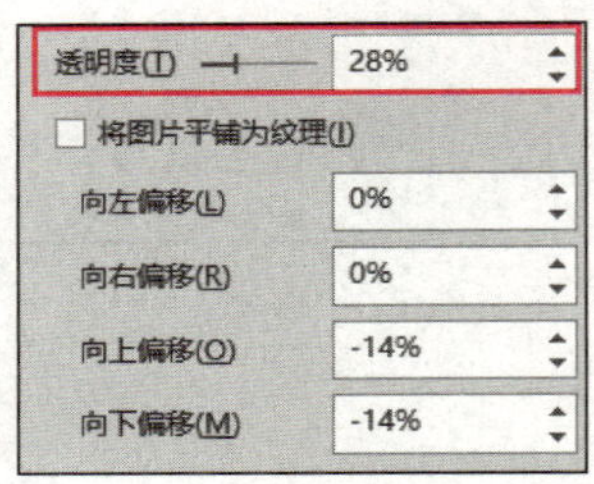

图 11-5　设置图片格式

图 11-6　设置背景图片效果

步骤 6▶ 在第 1 张幻灯片的标题和副标题占位符中输入文本，并设置其字体均为微软雅黑，标题的字号为 48 磅，副标题的字号为 24 磅，如图 11-7 所示。

图 11-7　输入标题和副标题文本并设置格式

步骤 7▶ 选中标题和副标题占位符，然后单击“绘图工具　格式”选项卡“艺术字样式”组中的“其他”按钮，在展开的列表中选择“填充-白色，轮廓-着色 2，清晰阴影-着色 2”样式，如图 11-8 所示。

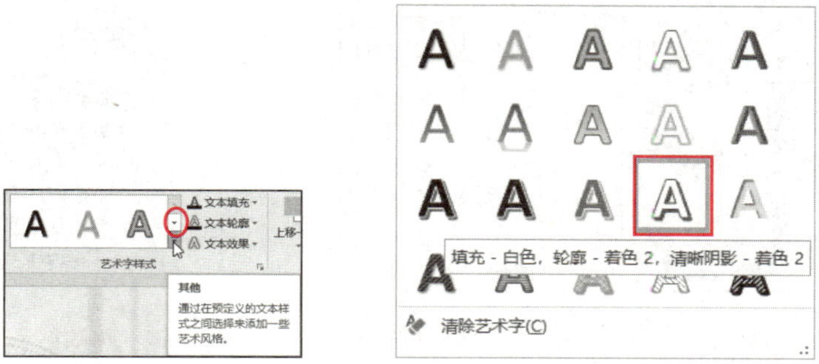

图 11-8　设置标题和副标题文本样式

步骤 8▶ 将标题和副标题占位符移到幻灯片的合适位置，完成第 1 张幻灯片的制作，效果如图 11-9 所示。

图 11-9　第 1 张幻灯片

二、制作演示文稿的其他幻灯片

步骤 1▶ 单击“开始”选项卡“幻灯片”组的中“新建幻灯片”下拉按钮，在展开的下拉列表中选择“标题和内容”版式，如图 11-10 所示。在新建幻灯片的标题和内容占位符中输入文本（可将素材文档中的文本复制到其中，制作后面的幻灯片时，可使用同样的方法）。

步骤 2▶ 选中内容占位符中的文本，单击“开始”选项卡“段落”组的中“项目符号”下拉按钮，在展开的列表中选择项目符号，如图 11-11 所示。

步骤 3▶ 设置标题文本的字号为 60 磅，内容文本的字号为 40 磅，然后将标题和内容占位符移到幻灯片的合适位置，效果如图 11-12 所示。

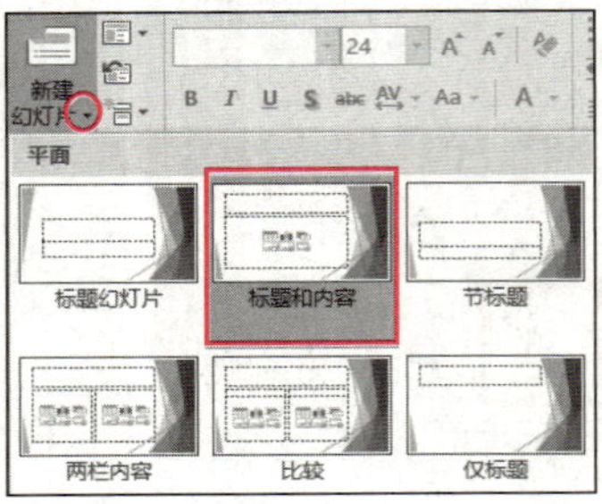

图 11-10　新建幻灯片

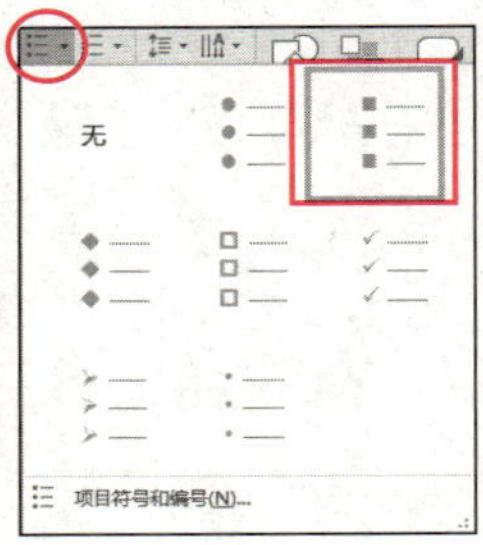

图 11-11　选择项目符号

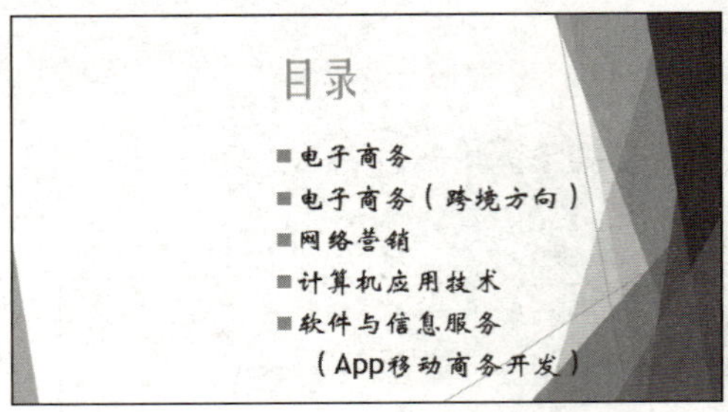

图 11-12　标题和内容文本效果

步骤 4▶ 单击“插入”选项卡“图像”组中的“图片”按钮，在打开的“插入图片”对话框中选择本书配套素材“素材与实例”/“项目十一”/“任务一”/“电子商务学院招生介绍”/“招生图片 1”图片，然后单击“插入”按钮，如图 11-13 所示。

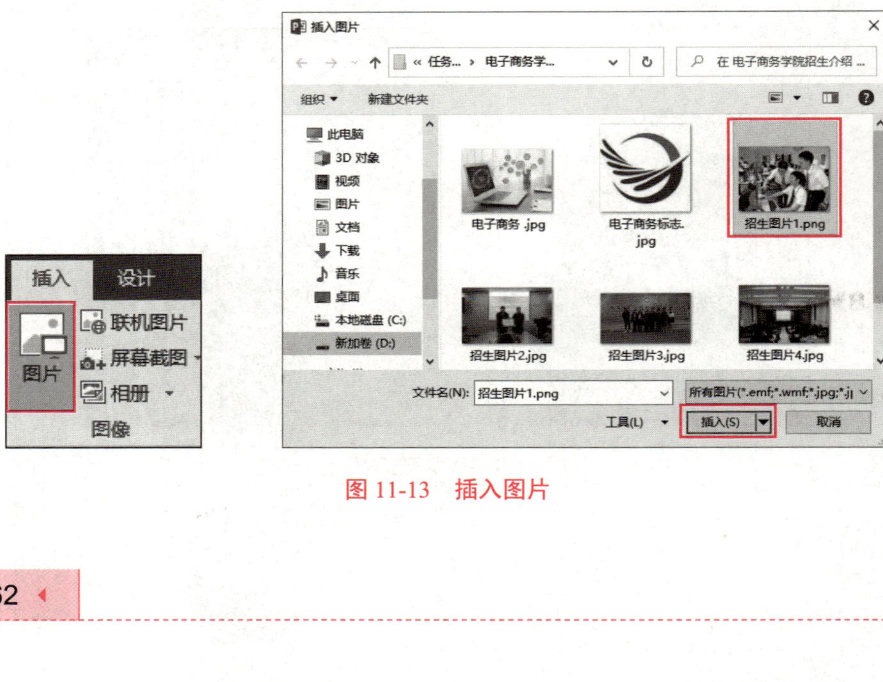

图 11-13　插入图片

步骤 5▶ 保持图片的选中状态，在“图片工具　格式”选项卡“大小”组中设置图片的高度为 7 厘米，然后单击“图片样式”组中的“其他”按钮，在展开的列表中选择“柔化边缘椭圆”样式，如图 11-14 所示。将图片移到幻灯片的合适位置，完成第 2 张幻灯片的制作，效果如图 11-15 所示。

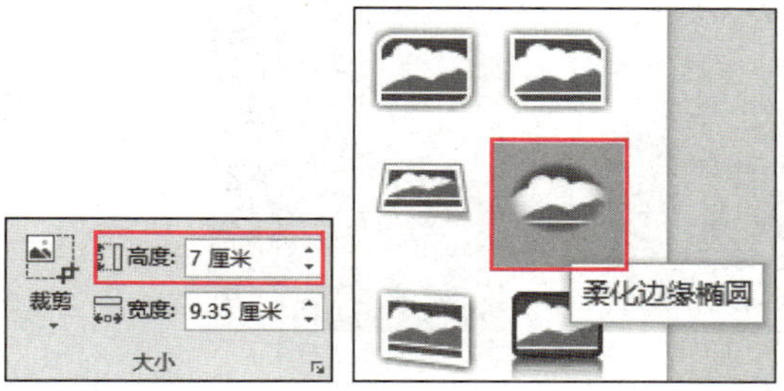

图 11-14　设置图片大小和样式

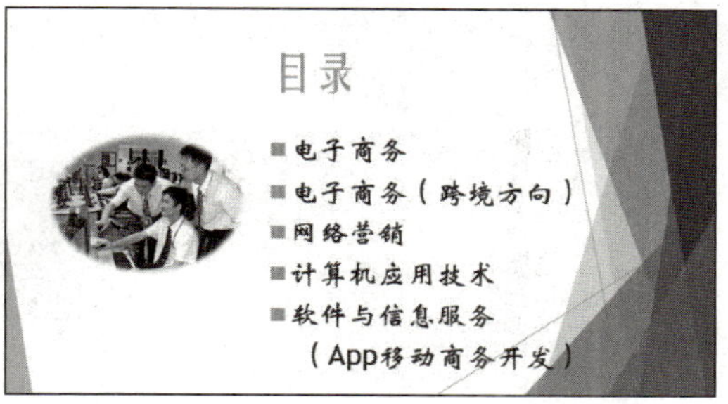

图 11-15　第 2 张幻灯片

步骤 6▶ 新建一张“标题和内容”版式的幻灯片，在幻灯片的标题和内容占位符中输入文本。

步骤 7▶ 选中内容占位符，单击“开始”选项卡“段落”组右下角的对话框启动器按钮，打开“段落”对话框，设置特殊格式为无，段前间距为 6 磅，多倍行距为 1.2，如图 11-16 所示。设置文本字号为 18 磅，并设置个别文本颜色为红色。

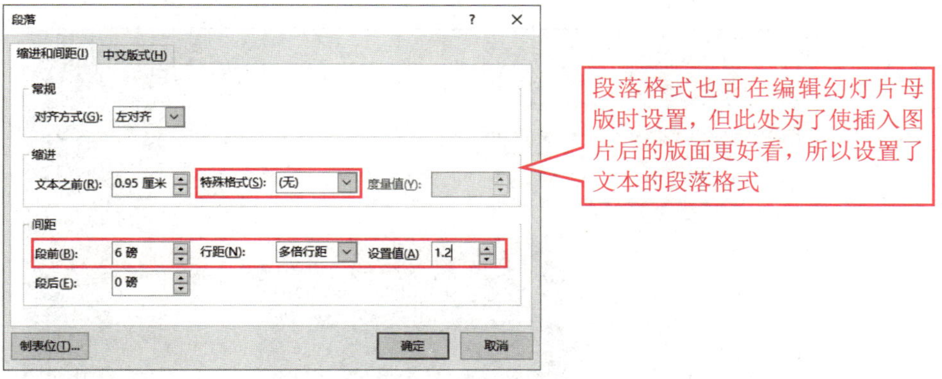

图 11-16　设置文本的段落格式

步骤 8▶ 在幻灯片中插入素材图片“招生图片 2”，设置图片的高度为 6 厘米，并为其设置“柔化边缘矩形”图片样式，然后将标题和内容占位符及图片移到幻灯片的合适位置，完成第 3 张幻灯片的制作，效果如图 11-17 所示。

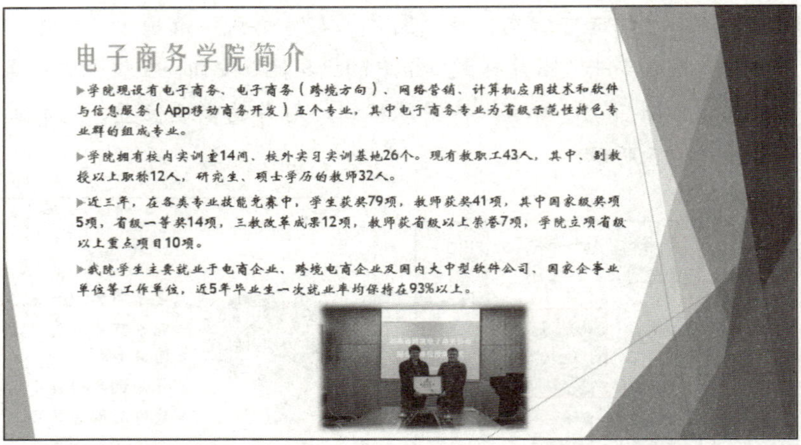

图 11-17　第 3 张幻灯片

步骤 9▶　新建一张“标题和内容”版式的幻灯片，在幻灯片的标题和内容占位符中输入文本，然后利用“段落”对话框设置文本的特殊格式为无，段前间距为 6 磅，多倍行距为 1.2，最后设置文本的字号为 20 磅，冒号及其左侧文本的颜色为红色。

步骤 10▶　在幻灯片中插入素材图片“招生图片 3”，设置图片的高度为 8 厘米并为其设置“柔化边缘矩形”图片样式，然后将标题和文本占位符及图片移到幻灯片的合适位置，完成第 4 张幻灯片的制作，效果如图 11-18 所示。

图 11-18　第 4 张幻灯片

步骤 11▶　利用复制第 4 张幻灯片并修改内容的方法制作其他幻灯片，用到的图片和相关文本均在素材文件夹中。第 5～8 张幻灯片效果如图 11-19 所示。

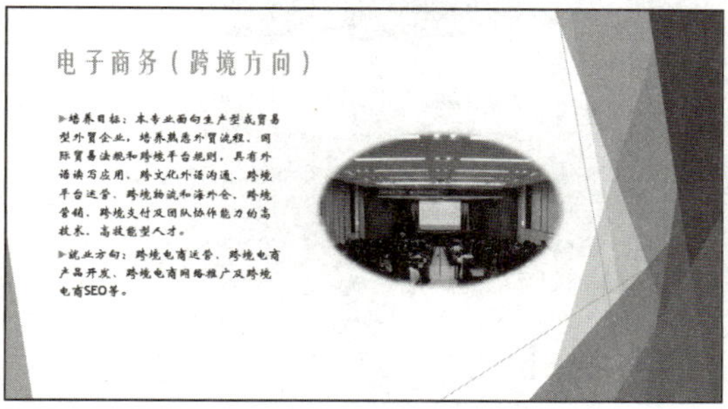

（第 5 张幻灯片）

（第 6 张幻灯片）

（第 7 张幻灯片）

（第 8 张幻灯片）

图 11-19　第 5～8 张幻灯片

三、编辑幻灯片母版

下面利用幻灯片母版对演示文稿第 2～8 张幻灯片中标题的格式进行修改，并在幻灯片的右上角插入标志图片。

步骤 1▶ 单击“视图”选项卡“母版视图”组中的“幻灯片母版”按钮，进入幻灯片母版视图，在左侧窗格中选择“标题和内容 版式”母版，如图 11-20 所示。

步骤 2▶ 设置标题的字号为 36 磅，并为标题设置“填充-白色，轮廓-着色 2，清晰阴影-着色 2”艺术字样式。

步骤 3▶ 在幻灯片中插入素材图片“电子商务标志”，如图 11-21（a）所示。

步骤 4▶ 单击“图片工具　格式”选项卡“调整”组中的“颜色”按钮，在展开的列表中选择“设置透明色”选项，如图 11-21（b）所示。在图片的白色区域单击，将图片设置为透明背景。

步骤 5▶ 设置图片的高度为 3 厘米，并将图片移到幻灯片的合适位置，然后单击“排列”组中的“旋转”按钮，在展开的列表中选择“水平翻转”选项，如图 11-22 所示。

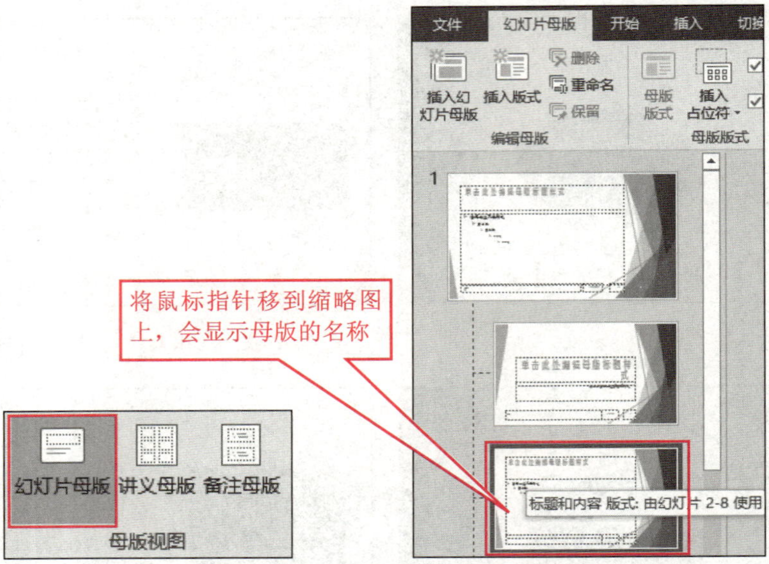

图 11-20　进入幻灯片母版视图并选择母版

（a）　　　　　　　　（b）

图 11-21　在“标题和内容 版式”母版中插入图片并设置透明色

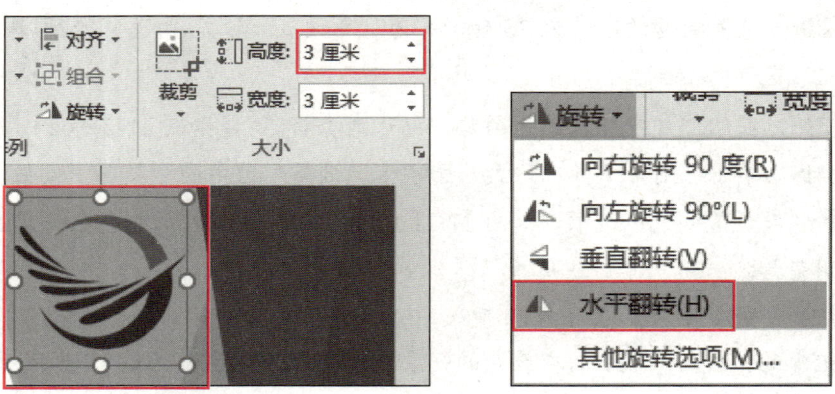

图 11-22　设置图片大小、位置和翻转

步骤 6▶ 返回普通视图，可看到第 2～8 张幻灯片标题的格式变了，并可看到插入的标志图片，如图 11-23 所示。

图 11-23　设置“标题和内容 版式”母版标题格式并插入标志图片的效果

四、设置超链接和添加动作按钮

步骤 1▶ 在“幻灯片”窗格中选择第 2 张幻灯片，选中“电子商务”文本，然后单击“插入”选项卡“链接”组中的“超链接”按钮，如图 11-24 所示。

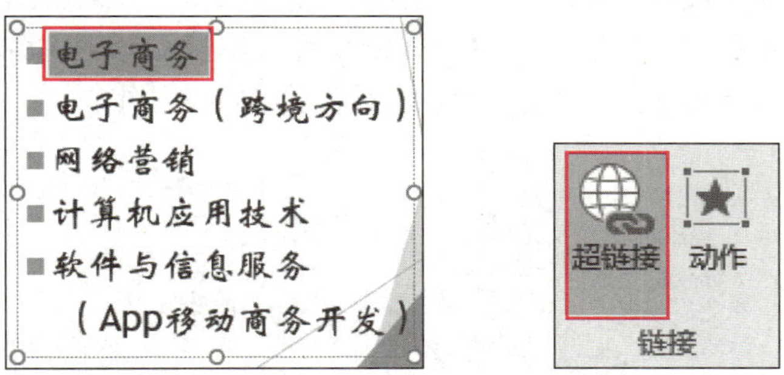

图 11-24　选中文本并单击“超链接”按钮

步骤 2▶ 打开“插入超链接”对话框，在“链接到”列表框中选择“本文档中的位置”选项，然后在“请选择文档中的位置”列表框中选择第 4 张幻灯片，最后单击“确定”按钮，如图 11-25 所示。设置超链接的文本效果如图 11-26 所示。

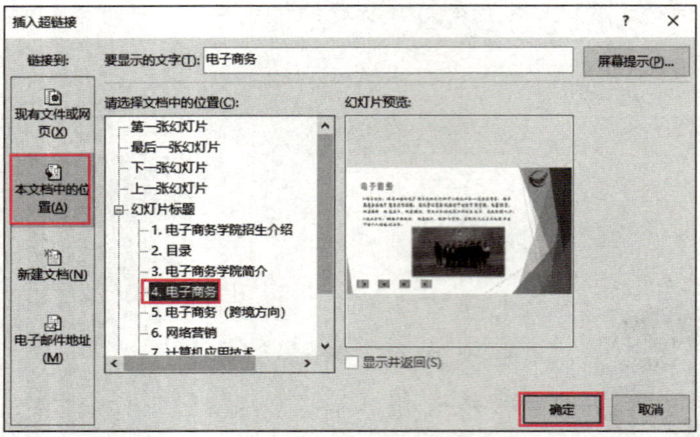

图 11-25　插入超链接

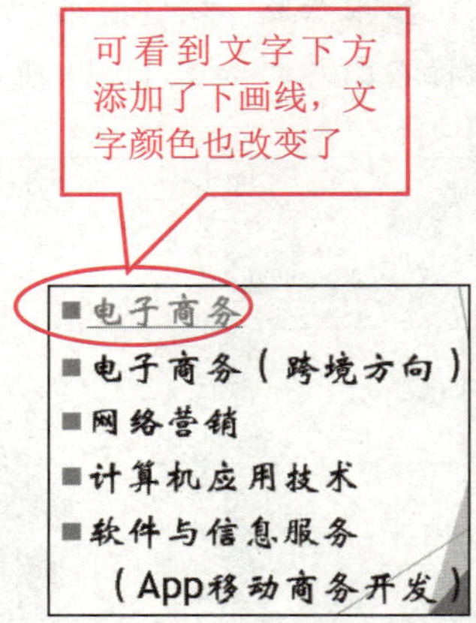

图 11-26　设置超链接的文本效果

提示

选择“现有文件或网页”选项，然后在“地址”编辑框中输入网址，可将所选对象链接到网页。

选择“新建文档”选项，可新建一个文档并将所选对象链接到该文档。

选择“电子邮件地址”选项，可将所选对象链接到一个电子邮件地址。

步骤 3▶ 参考步骤 1 和步骤 2 的操作，将“电子商务（跨境方向）”“网络营销”“计算机应用技术”和“软件与信息服务（App 移动商务开发）”文本分别链接到第 5～8 张幻灯片。

步骤 4▶ 在“幻灯片”窗格中选择第 2 张幻灯片，然后单击“插入”选项卡“插图”组中的“形状”按钮，在展开的列表中选择“动作按钮：开始”图形，如图 11-27（a）所示。在幻灯片的左下方按住鼠标左键拖动绘制一个开始按钮，释放鼠标弹出“操作设置”对话框并显示“单击鼠标”选项卡，选中“超链接到”单选钮，并在其下拉列表中选择“第一张幻灯片”选项，然后单击“确定”按钮，如图 11-27（b）所示。

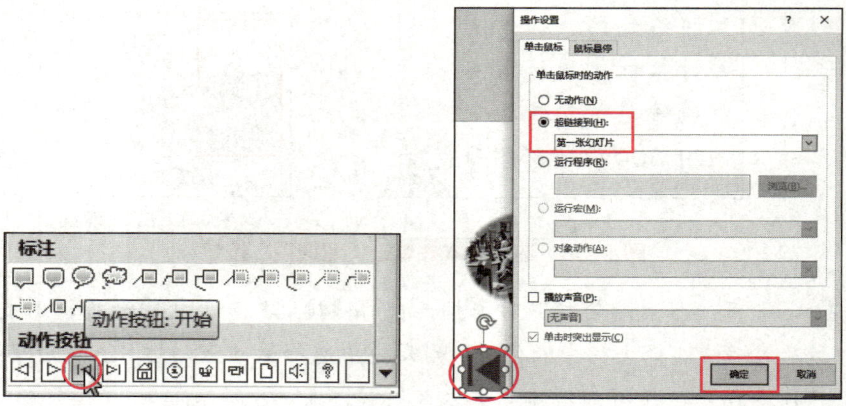

（a）　　　　　（b）

图 11-27　创建开始按钮

步骤 5▶ 在“形状”列表中选择“动作按钮：后退或前一项”图形，然后在开始按钮的右侧绘制后退按钮，在“操作设置”对话框中保持默认设置，最后单击“确定”按钮，如图 11-28 所示。

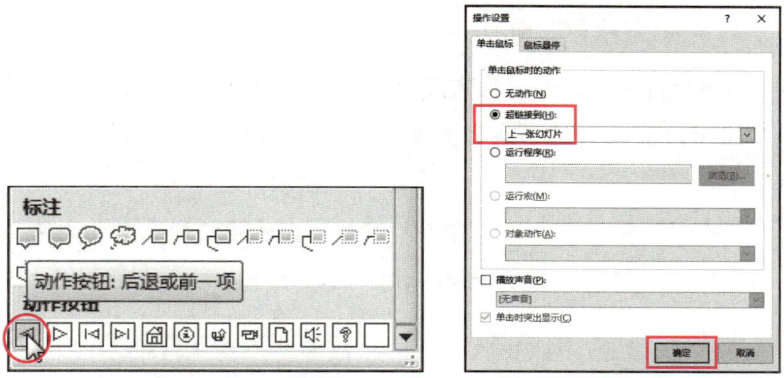

图 11-28　创建后退按钮

步骤 6▶ 使用同样的方法选择“动作按钮：前进或下一项”和“动作按钮：结束”图形，在后退按钮的右侧绘制前进和结束按钮，如图 11-29 所示。4 个按钮效果如图 11-30 所示。

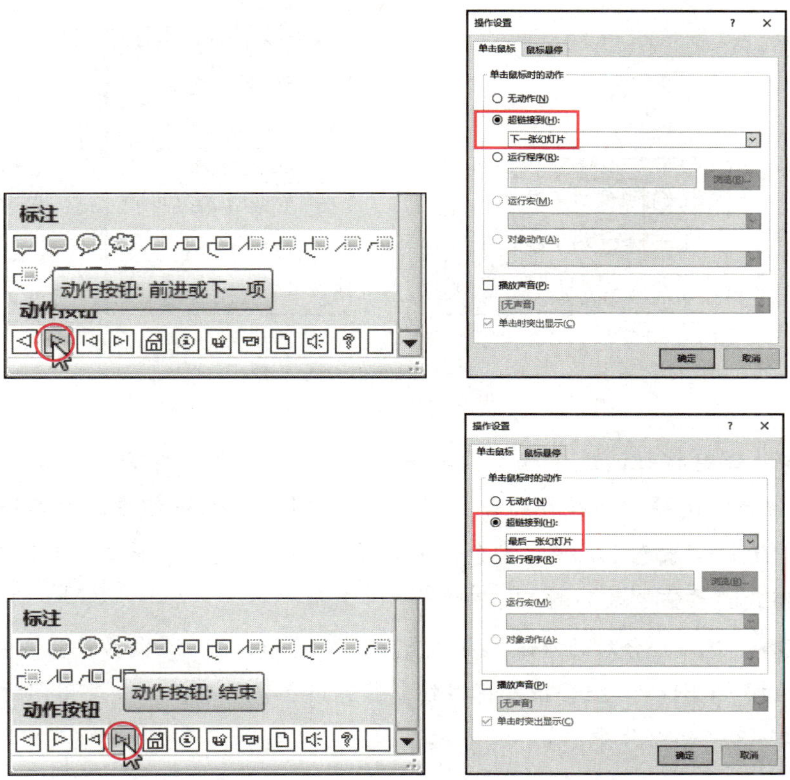

图 11-29　创建前进和结束按钮

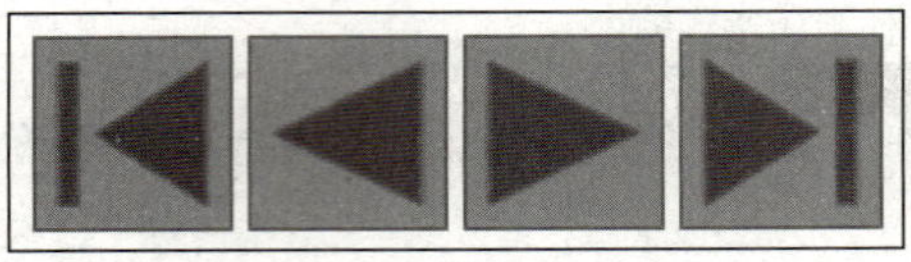

图 11-30　4 个按钮的效果

步骤 7▶ 按住“Shift”键的同时依次单击选中 4 个按钮，然后在“绘图工具　格式”选项卡“大小”组中设置按钮的高度和宽度分别为 1.2 厘米和 1.7 厘米，如图 11-31（a）所示。

步骤 8▶ 单击“排列”组中的“对齐”按钮，在展开的列表中分别选择“顶端对齐”和“横向分布”选项，使所选的多个按钮对齐并横向分布，如图 11-31（b）所示。

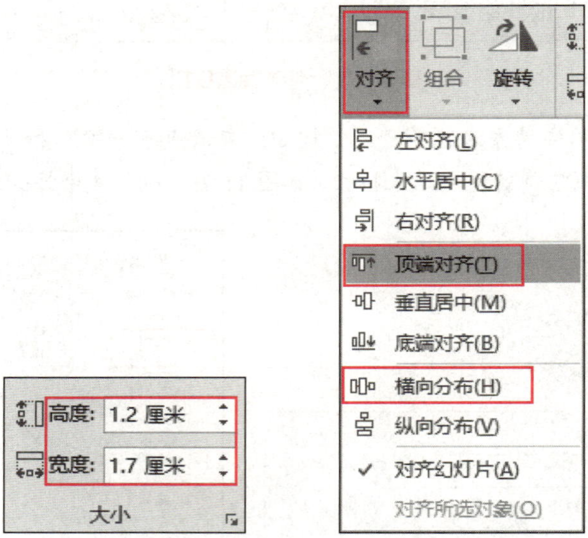

（a）　　　　　　　　（b）

图 11-31　设置按钮的大小、对齐和分布

步骤 9▶ 保持按钮的选中状态，单击“排列”组中的“组合”按钮，在展开的列表中选择“组合”选项，将按钮组合，然后单击“形状样式”组中的“其他”按钮，在展开的列表中选择“浅色 1 轮廓，彩色填充-青绿，强调颜色 1”样式，如图 11-32 所示。设置了形状样式的按钮效果如图 11-33 所示。

步骤 10▶ 选中组合后的按钮，按“Ctrl+C”组合键，在“幻灯片”窗格中单击第 3 张幻灯片，然后按“Ctrl+V”组合键，将按钮复制到第 3 张幻灯片中。使用同样的方法将按钮复制到第 4～8 张幻灯片中。

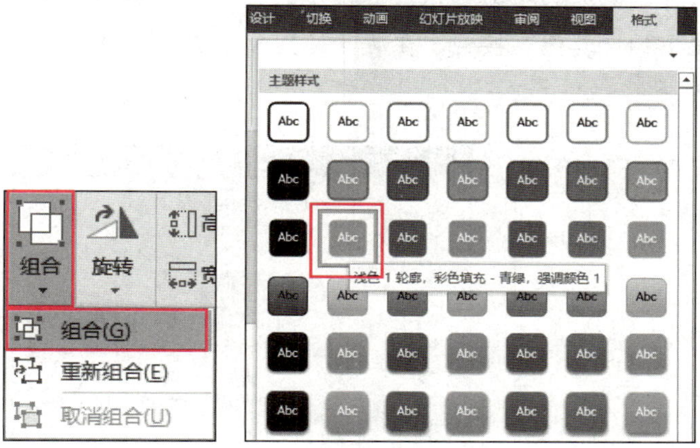

图 11-32　组合按钮并设置形状样式

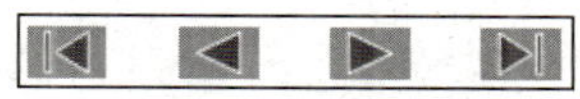

图 11-33　设置了形状样式的按钮效果

五、设置切换效果和动画效果

步骤 1▶ 在“幻灯片”窗格中选择第 2 张幻灯片，然后单击“切换”选项卡“切换到此幻灯片”组中的“其他”按钮，在展开的列表中选择“华丽型”类型中的“碎片”选项，接着单击“计时”组中的“全部应用”按钮，为演示文稿中的所有幻灯片设置该切换效果，如图 11-34 所示。

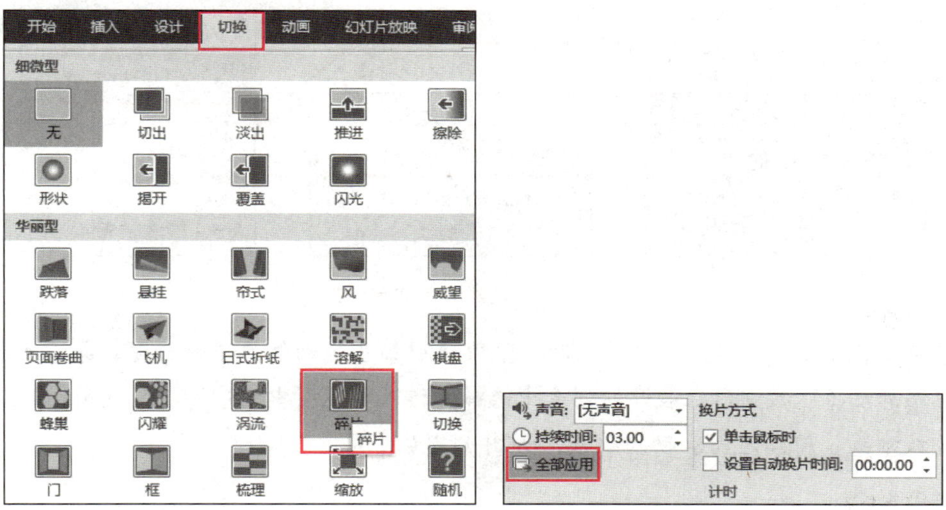

图 11-34　设置所有幻灯片的切换效果

步骤 2▶ 按住“Shift”键的同时，依次选中第 2 张幻灯片中的图片和内容占位符，然后单击“动画”选项卡“动画”组中的“其他”按钮，在展开的列表中选择“进入”类型中的“劈裂”选项，如图 11-35 所示。

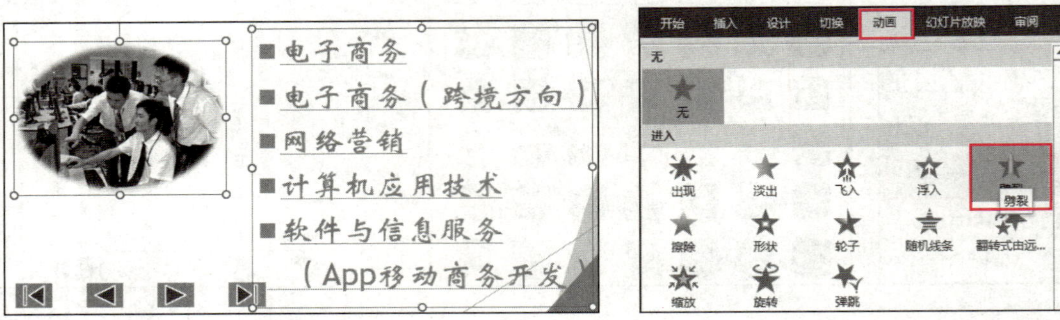

图 11-35 设置第 2 张幻灯片图片和内容文本的进入动画效果

步骤 3▶ 单击“计时”组中的“开始”下拉按钮，在展开的下拉列表中选择“上一动画之后”选项，将“持续时间”设置为“00.75”，然后单击“动画”组中的“效果选项”按钮，在展开的列表中选择“上下向中央收缩”选项，如图 11-36 所示。这样就设置好了动画的开始播放方式、持续时间和动画效果。

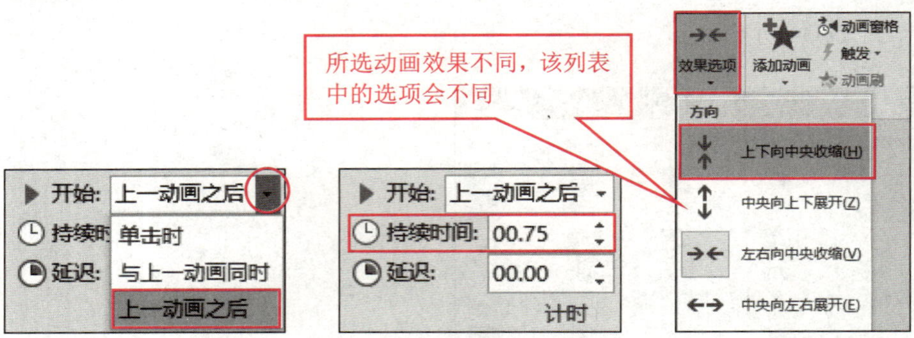

图 11-36 设置进入动画参数

步骤 4▶ 按住“Shift”键的同时，依次选中第 3 张幻灯片中的标题、文本和图片，单击“添加动画”按钮，在展开的列表中选择“进入”类型中的“形状”选项，然后设置开始播放方式、持续时间和动画效果，如图 11-37 所示。

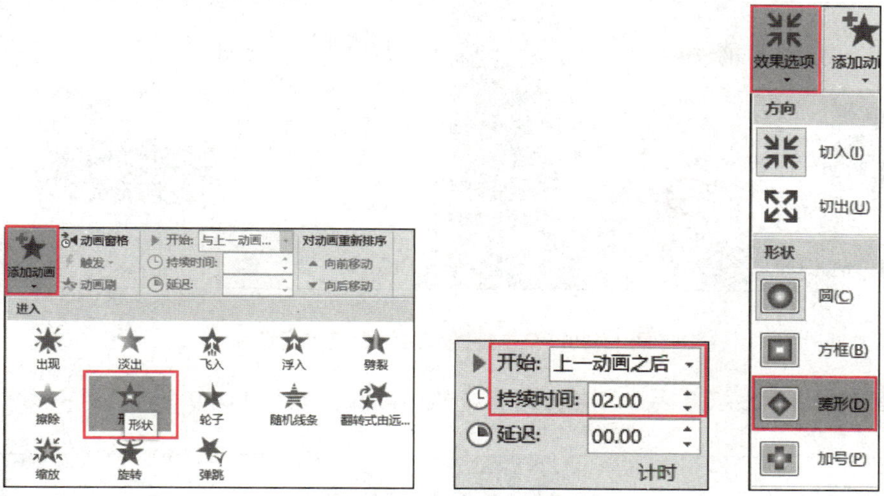

图 11-37　设置第 3 张幻灯片中对象的进入动画效果

> **提示**　利用“添加动画”列表可以为同一对象设置多个动画效果；而利用“动画”列表只能为同一对象设置一个动画效果，后设置的效果将替换前面设置的效果。

步骤 5▶　参考以上方法，根据需要为其他幻灯片中的对象设置进入动画效果，此处不再赘述。

> **提示**　选中设置了动画效果的对象，单击“动画刷”按钮，然后单击另一对象，即可将初选对象的动画效果复制到另一对象上。若双击“动画刷”按钮，则可将复制的动画效果连续应用于多个对象。

六、放映幻灯片

步骤 1▶　按“F5”键，或单击“幻灯片放映”选项卡“开始放映幻灯片”组中的“从头开始”按钮，演示文稿将从第 1 张幻灯片开始播放，单击进入下一张幻灯片或播放下一个动画，可看到设置的动画效果。

步骤 2▶　将鼠标指针移到设置了超链接的文本上，鼠标指针变成手形，单击将跳转到指定的幻灯片，如图 11-38 所示。

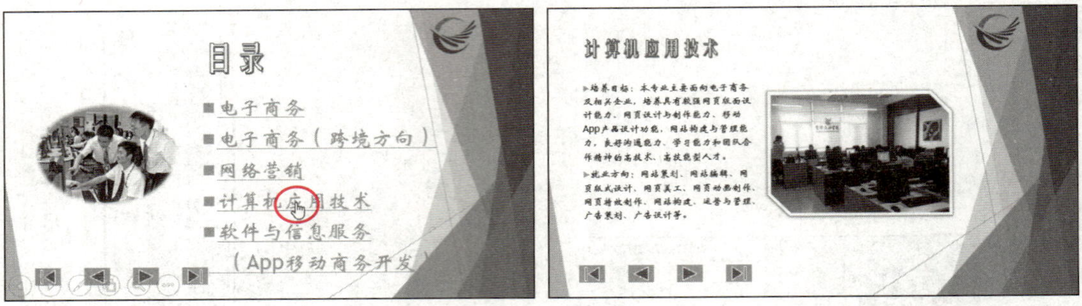

图 11-38　单击超链接跳转到指定幻灯片

步骤 3▶ 单击后退按钮，跳转到指定的幻灯片，如图 11-39 所示。

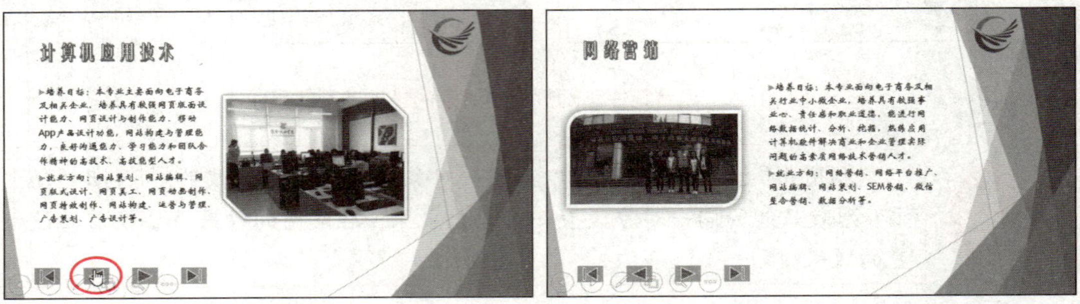

图 11-39　单击动作按钮跳转到指定幻灯片

步骤 4▶ 右击放映的幻灯片，在弹出的快捷菜单中选择“结束放映”选项，可结束幻灯片的放映，如图 11-40 所示。

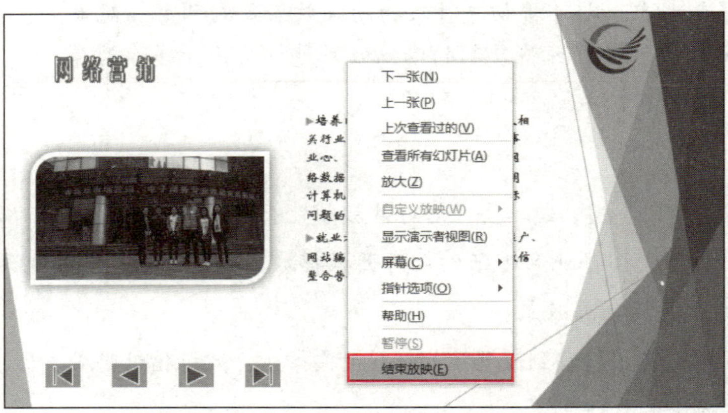

图 11-40　结束放映幻灯片

七、打包演示文稿

下面将制作的演示文稿打包复制到文件夹，以便在没有安装 PowerPoint 2016 的计算机上正常播放。

步骤 1▶ 单击“文件”选项卡，在打开的界面中依次选择“导出”/“将演示文稿打包成 CD”/“打包成 CD”选项，如图 11-41 所示。

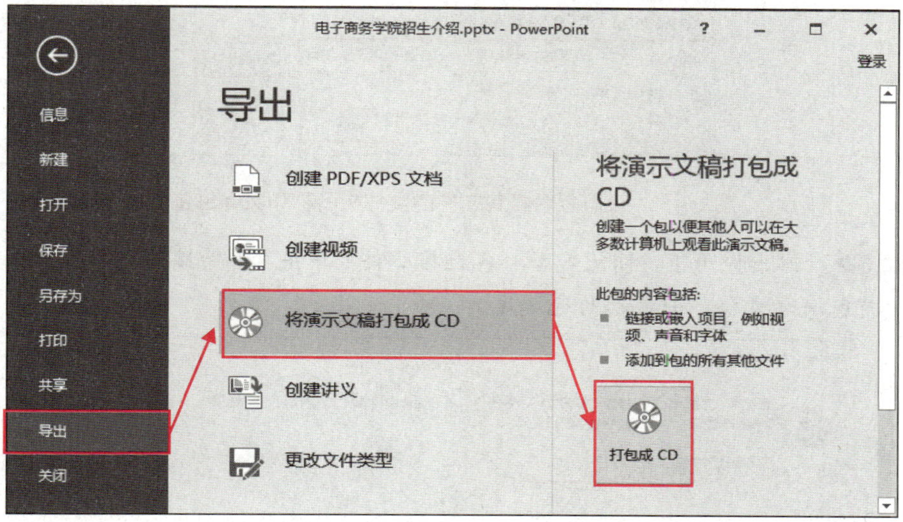

图 11-41　单击“打包成 CD”按钮

步骤 2▶ 打开“打包成 CD”对话框，单击“选项”按钮，如图 11-42 所示。

步骤 3▶ 打开“选项”对话框，在其中设置打包项。其中，在“包含这些文件”设置区可选择打包文件中包含的内容，此处将两个复选框都选中；在“增强安全性和隐私保护”设置区可设置打开或修改包中演示文稿时是否需要密码，此处不输入密码，单击“确定”按钮，如图 11-43 所示。

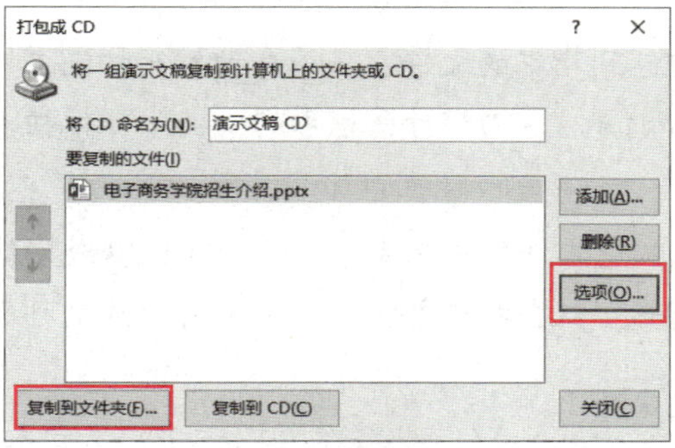

图 11-42　单击“选项”按钮

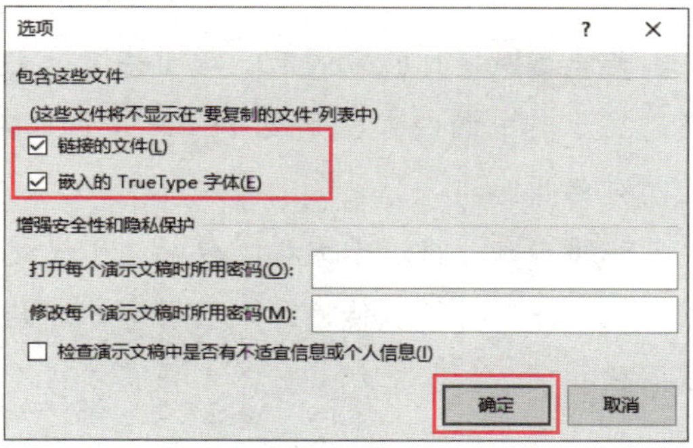

图 11-43　设置打包选项

步骤 4▶ 回到“打包成 CD”对话框，单击其中的“复制到文件夹”按钮，打开“复制到文件夹”对话框，在“文件夹名称”编辑框中输入包含打包文件的文件夹名称，然后单击“浏览”按钮，设置文件夹的保存位置，最后单击“确定”按钮，如图 11-44 所示。

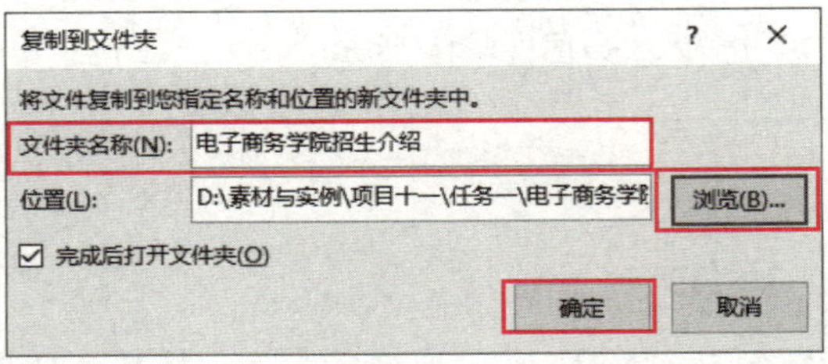

图 11-44　设置包含打包文件的文件夹名称和保存位置

步骤 5▶ 弹出提示框，询问是否打包链接文件，单击“是”按钮，如图 11-45 所示。系统开始打包演示文稿，并显示打包进度。

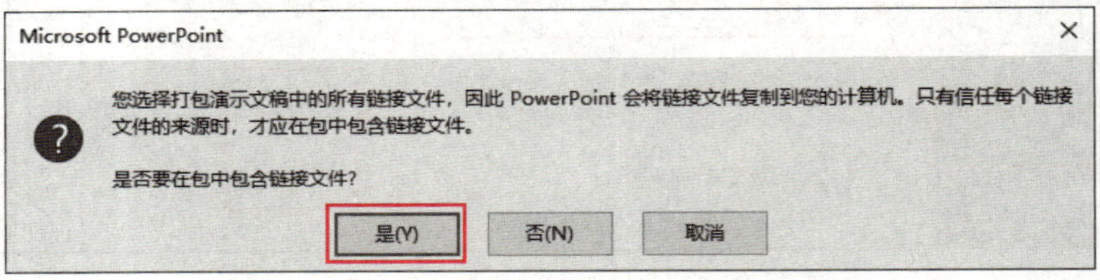

图 11-45　是否打包链接文件提示框

> **提示**
>
> 若将演示文稿复制到 CD，需在“打包成 CD”对话框的“将 CD 命名为”编辑框中输入包含打包文件的 CD 名称，然后单击“复制到 CD”按钮，会提示用户插入一张空白光盘，插入后即可开始刻录选中的演示文稿，完成后单击“完成”按钮即可将演示文稿打包到 CD 中（执行此操作的前提是计算机上必须安装刻录机）。

步骤 6▶ 打包完成后，即可将演示文稿打包到指定的文件夹，并自动打开打包文件夹，显示其中的内容，如图 11-46 所示。单击“打包成 CD”对话框中的“关闭”按钮，关闭对话框。

步骤 7▶ 将演示文稿打包后，可找到存放打包文件的文件夹，然后利用 U 盘或网络等方式，将其拷贝或传输到别的计算机中进行播放。双击打包文件夹中的.pptx 格式文档即可播放。

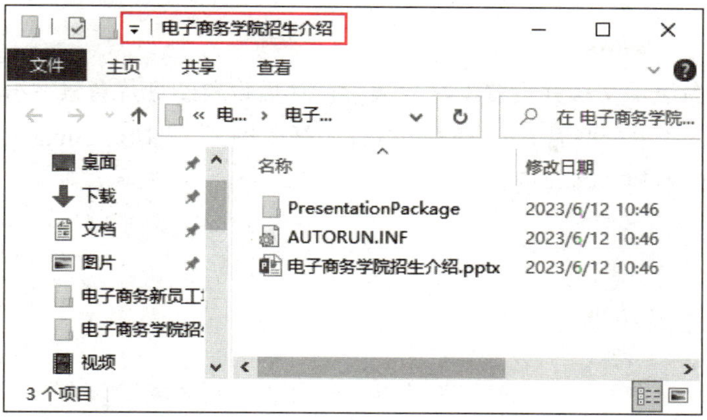

图 11-46　打包文件夹中的文件

任务二　制作新员工培训方案演示文稿

情景引入

公司新招进一批员工，在上岗之前需要对他们进行培训，培训内容由公司确定，请你制作一个演示文稿，简要说明培训方案。

作品展示

本任务制作的新员工培训方案演示文稿效果如图 11-47 所示。最终效果参见本书配套素材“素材与实例”/“项目十一”/“任务二”/“新员工培训方案”/“新员工培训方案”演示文稿。

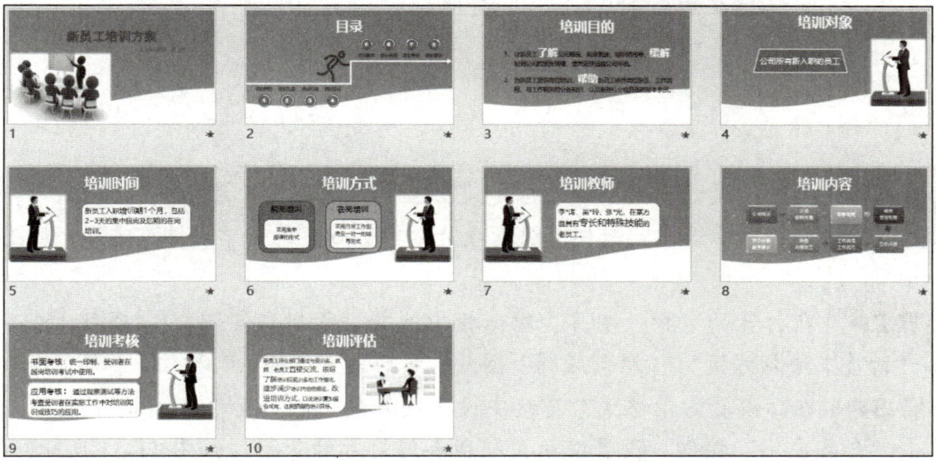

图 11-47　制作的新员工培训方案演示文稿

制作思路

首先新建空白演示文稿并设置幻灯片大小，然后设置幻灯片背景并编辑幻灯片母版，接着制作演示文稿中的幻灯片，在相关幻灯片中插入图片、图形、SmartArt 图形，最后为幻灯片设置切换效果及动画效果。

任务实施

扫一扫

制作新员工培训方案演示文稿

一、新建演示文稿并设置幻灯片大小

步骤 1▶ 新建空白演示文稿，将其以“新员工培训方案”为名保存。

步骤 2▶ 单击“设计”选项卡“自定义”组中的“幻灯片大小”按钮，在展开的列表中选择“自定义幻灯片大小”选项，打开“幻灯片大小”对话框，在“幻灯片大小”下拉列表中选择“全屏显示（16:9）”选项，然后单击“确定”按钮，即可完成幻灯片大小的设置，如图 11-48 所示。

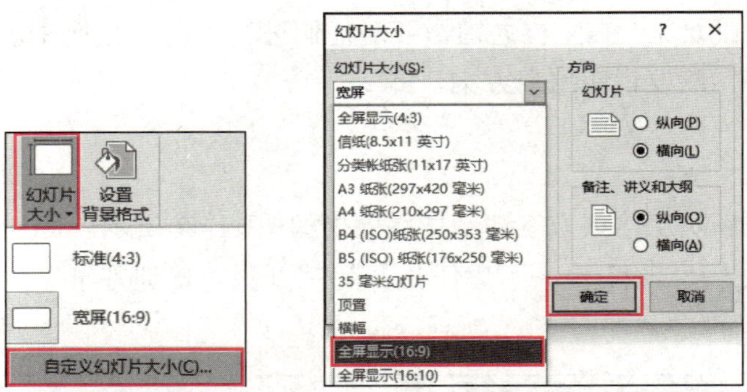

图 11-48　设置幻灯片大小

二、设置幻灯片背景

步骤 1▶ 单击“设计”选项卡“自定义”组中的“设置背景格式”按钮，打开“设置背景格式”窗格，然后选中“图片或纹理填充”单选钮，单击“文件”按钮，如图 11-49 所示。

步骤 2▶ 在打开的“插入图片”对话框中选择“素材与实例”/“项目十一”/“任务二”/“新员工培训方案”/“培训底图”图片，然后单击“插入”按钮，如图 11-50 所示。

步骤 3▶ 在“设置背景格式”窗格中设置图片的透明度为 30%，向下偏移为 15%，然后单击“全部应用”按钮，设置演示文稿所有幻灯片的背景，如图 11-51 所示。

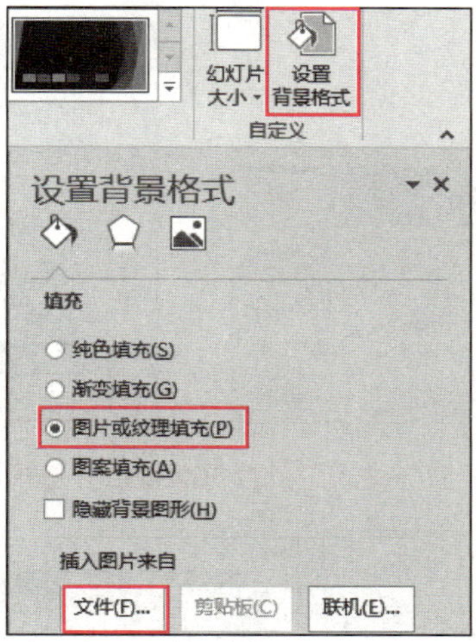

图 11-49　打开“设置背景格式”窗格并选择填充图片

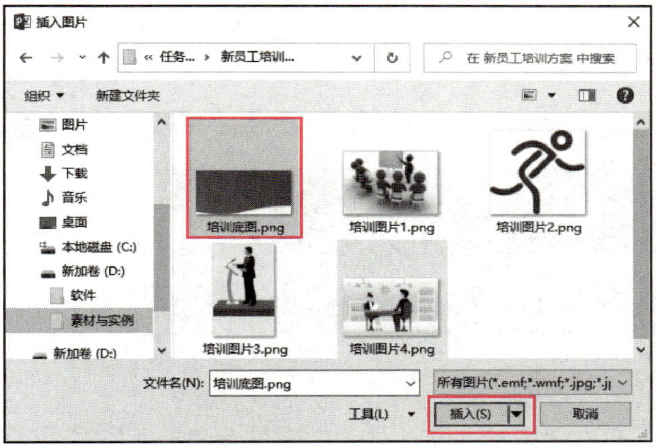

图 11-50　插入图片

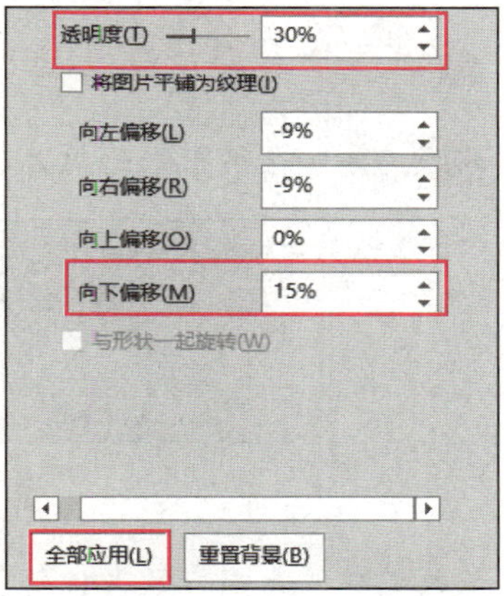

图 11-51　设置图片格式

三、编辑幻灯片母版

步骤 1▶ 单击“视图”选项卡“母版视图”组中的“幻灯片母版”按钮，进入幻灯片母版视图，然后在左侧的窗格中选择“仅标题 版式”母版，如图 11-52 所示。

步骤 2▶ 选中母版中标题占位符，然后在“开始”选项卡“字体”组中设置其字符格式为微软雅黑、48 磅、加粗、白色、段落居中，如图 11-53 所示。母版标题文字效果如图 11-54 所示。最后退出幻灯片母版视图。

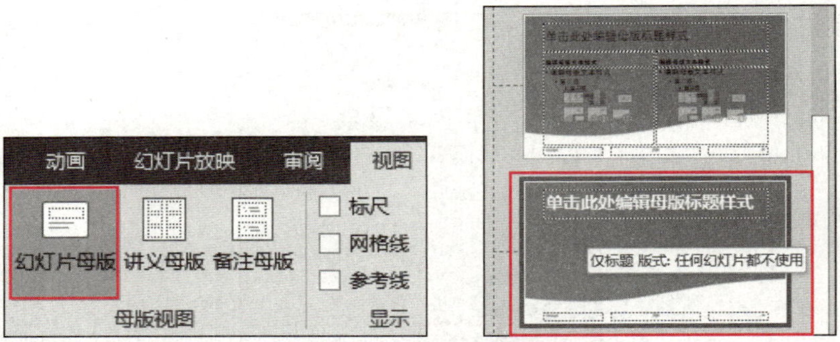

图 11-52　进入幻灯片母版视图并选择母版

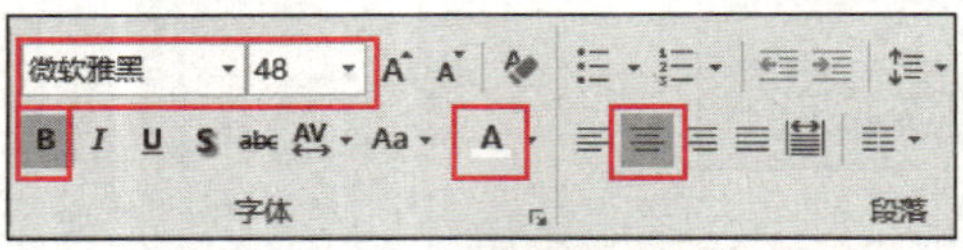

图 11-53　设置母版标题文字的字符格式

图 11-54　母版标题文字效果

四、制作演示文稿的第 1 张幻灯片

步骤 1▶ 在第 1 张幻灯片的标题和副标题占位符中输入文本，如图 11-55 所示。

图 11-55　输入标题和副标题文本

步骤 2▶ 选中标题占位符，然后在“绘图工具　格式”选项卡“艺术字样式”组的“其他”列表中选择艺术字样式，如图 11-56（a）所示。使用同样的方法为副标题文本设置艺术字样式，如图 11-56（b）所示。

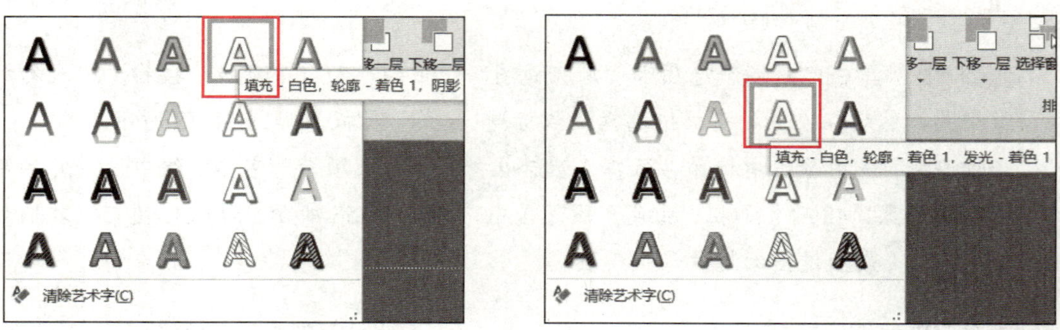

（a）　　　　（b）

图 11-56　设置标题和副标题的艺术字样式

步骤 3▶ 将副标题文本右对齐，选中标题和副标题占位符，单击“绘图工具　格式”选项卡“排列”组中的“对齐”按钮，在展开的列表中选择“右对齐”选项，将副标题占位符与标题占位符右对齐，如图 11-57 所示。将标题和副标题占位符移到幻灯片的合适位置，效果如图 11-58 所示。

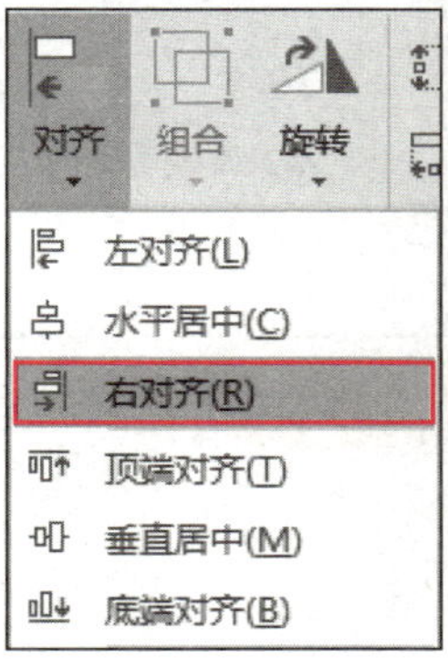

图 11-57　设置文本对齐

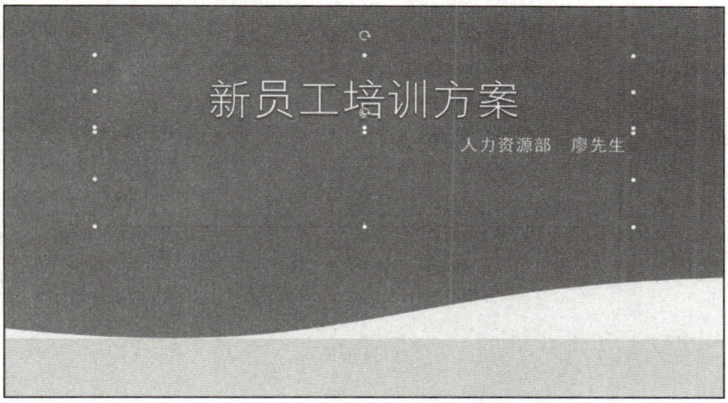

图 11-58　标题和副标题效果

步骤 4▶ 在幻灯片中插入素材图片“培训图片 1”，然后选择“图片工具　格式”选项卡“图片样式”列表中的“柔化边缘矩形”样式，如图 11-59 所示。

图 11-59　设置图片样式

步骤 5▶ 在“图片工具　格式”选项卡“大小”组中设置图片的高度为 9 厘米，然后在“排列”组的“对齐”列表中分别选择“左对齐”和“底端对齐”选项，使图片相对于幻灯片左侧底端对齐，如图 11-60 所示。第 1 张幻灯片效果如图 11-61 所示。

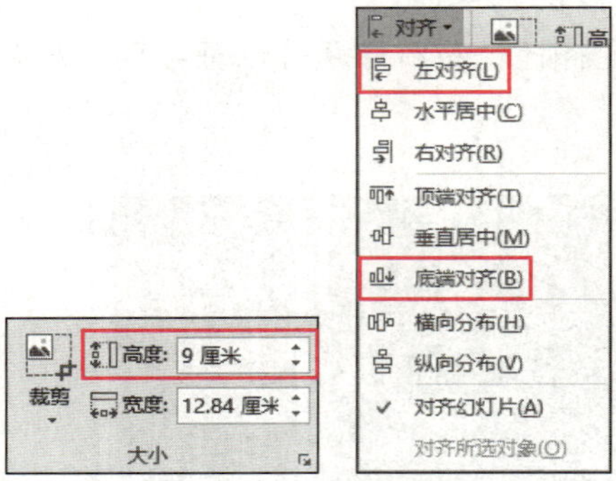

图 11-60 设置图片大小和对齐

图 11-61 第 1 张幻灯片

五、制作演示文稿的其他幻灯片

步骤 1▶ 新建一张“仅标题”版式的幻灯片（此后所有幻灯片的版式都为“仅标题”版式），输入标题文本“目录”，如图 11-62 所示。

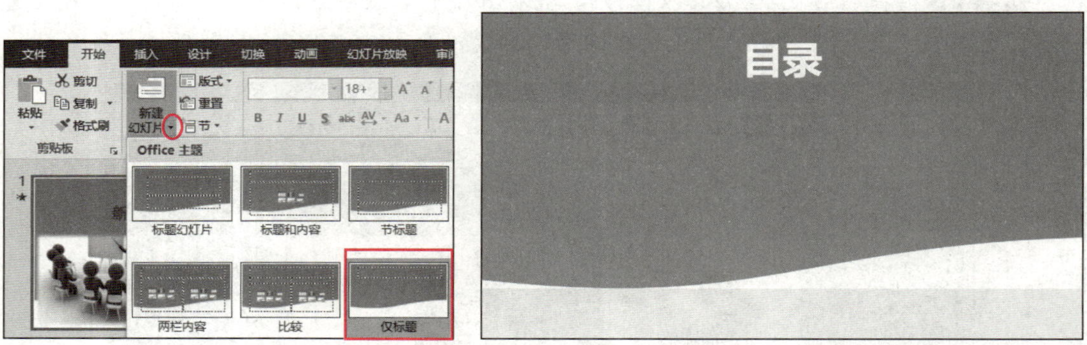

图 11-62 新建“仅标题”版式的幻灯片并输入标题文本

步骤 2▶ 在幻灯片中绘制 2 个重叠在一起的正圆，大圆填充白色，小圆填充橙色，在小圆中添加编号并设置其格式（Arial Black、18 磅、白色）；然后利用文本框在圆形上方输入文本并设置其格式（微软雅黑、15 磅、黑色）；接着将圆形和文本框组合，如图 11-63 所示。

步骤 3▶ 利用拖动复制的方法复制 7 份组合后的图形，并分别修改其中的文本（右侧 4 个组合图形的文本在下方，图形在上方）。

步骤 4▶ 在“插入”选项卡“插图”组的“形状”列表中选择“肘形箭头连接符”图形└→，在幻灯片中绘制一个连接符，然后设置连接符与幻灯片同等宽度（25.4 厘米）、

6 磅粗、白色、垂直翻转，并将其置于底层显示，然后插入素材图片“培训图片 2”，并将其移到幻灯片的合适位置。第 2 张幻灯片效果如图 11-64 所示。

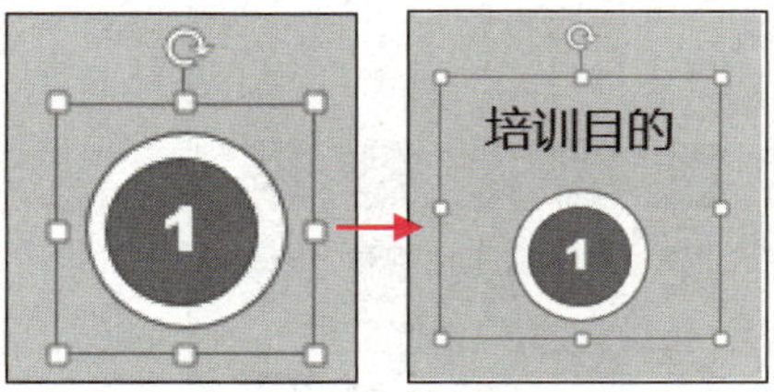

图 11-63　绘制圆形和文本框并组合

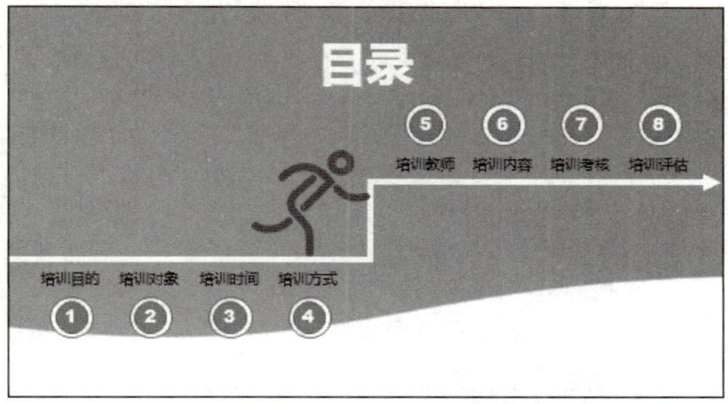

图 11-64　第 2 张幻灯片

步骤 5▶　新建一张“仅标题”版式的幻灯片，输入标题文本后利用文本框在幻灯片中输入内容文本（可将素材文档中的文本复制到其中，制作后面的幻灯片时，可使用同样的方法），并设置内容文本的字符格式、数字编号和段落格式，如图 11-65 所示。设置个别文本突出显示（白色、加粗、36 磅），完成第 3 张幻灯片的制作，效果如图 11-66 所示。

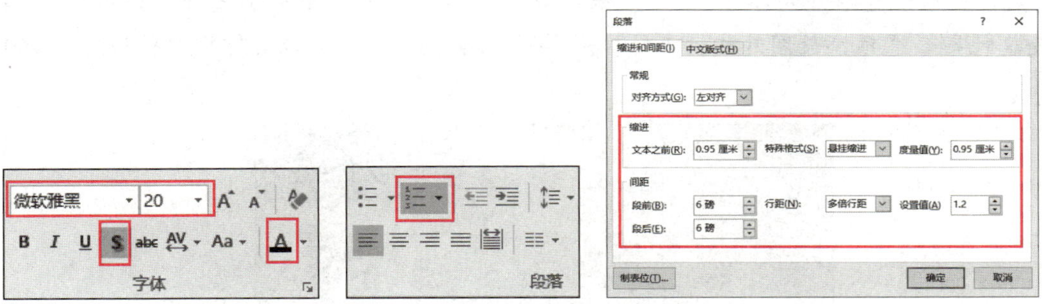

图 11-65　设置内容文本的字符格式、数字编号和段落格式

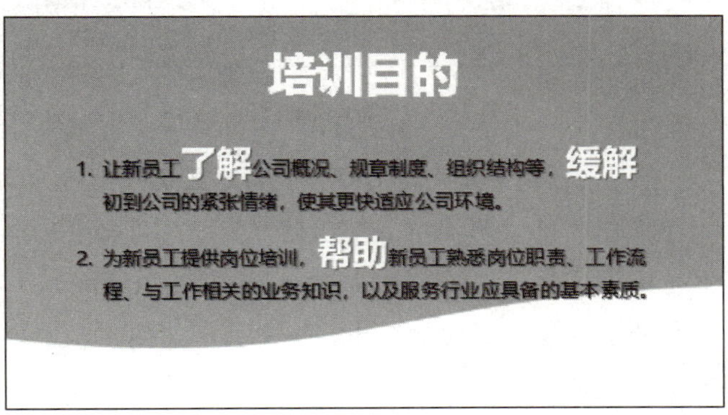

图 11-66　第 3 张幻灯片

步骤 6▶ 新建一张“仅标题”版式的幻灯片，输入标题文本后选择“形状”列表中的“梯形”图形，如图 11-67 所示。在幻灯片中绘制梯形，然后在其中输入“公司所有新入职的员工”文本，并设置其字符格式为微软雅黑、28 磅、白色、阴影，然后在“绘图工具 格式”选项卡“形状样式”组的列表中选择形状样式，如图 11-68 所示。

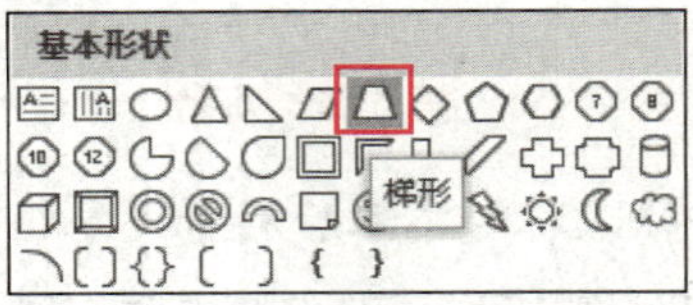

图 11-67 选择“梯形”图形

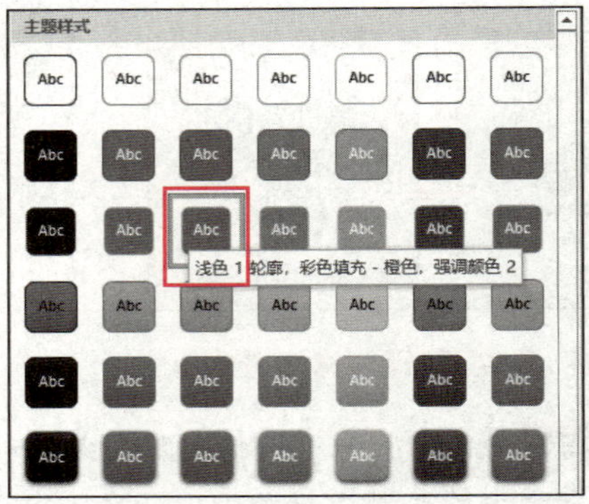

图 11-68 设置图形的形状样式

步骤 7▶ 在幻灯片中插入素材图片“培训图片 3”，并为其设置“柔化边缘矩形”图片样式，然后设置图片的高度为 11 厘米，并在“对齐”列表中分别选择“右对齐”和“底端对齐”选项，使图片相对于幻灯片右侧底端对齐。第 4 张幻灯片效果如图 11-69 所示。

图 11-69 第 4 张幻灯片

步骤 8▶ 新建一张“仅标题”版式的幻灯片，利用圆角矩形输入文本并设置其格式。然后在“绘图工具 格式”选项卡“形状样式”组的“其他”列表中选择形状样式，在“形状效果”下拉列表中选择“棱台”/“斜面”选项，如图 11-70 所示。

将第 4 张幻灯片中的图片复制到幻灯片中，并设置水平翻转和左对齐。第 5 张幻灯片效果如图 11-71 所示。

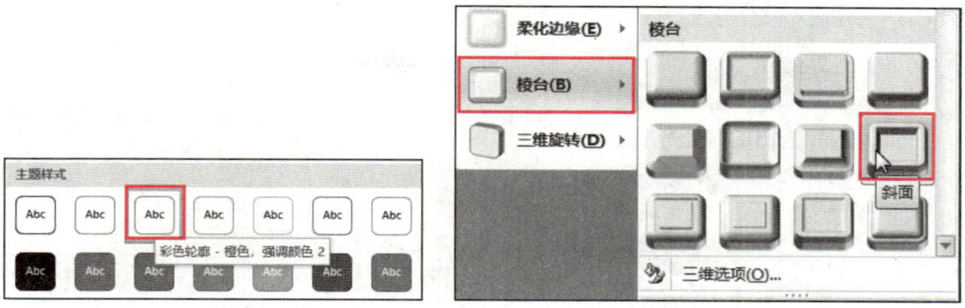

图 11-70　设置图形的形状样式和效果

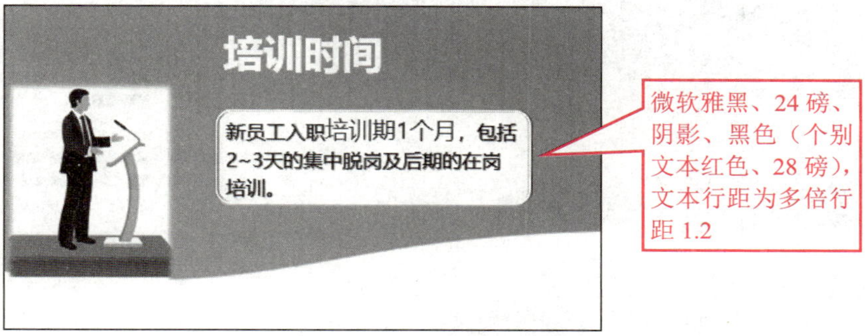

图 11-71　第 5 张幻灯片

步骤 9▶　利用类似的方法制作其他幻灯片。其中，在第 6 张幻灯片中利用圆角矩形输入文本，并将第 4 张幻灯片中的图片复制到其中；利用复制第 5 张幻灯片并修改内容的方法制作第 7 张幻灯片；在第 8 张幻灯片中插入 SmartArt 图形中的“基本蛇形流程图”，输入文本后更改其颜色和样式（在“SmartArt 工具　设计”选项卡的“SmartArt 样式”组中设置）；利用复制第 7 张幻灯片的方法制作第 9 张幻灯片；利用复制第 9 张幻灯片的方法制作第 10 张幻灯片，将图片替换为素材图片“培训图片 4”，并设置“简单框架，白色”图片样式。第 6～10 张幻灯片效果如图 11-72 所示。

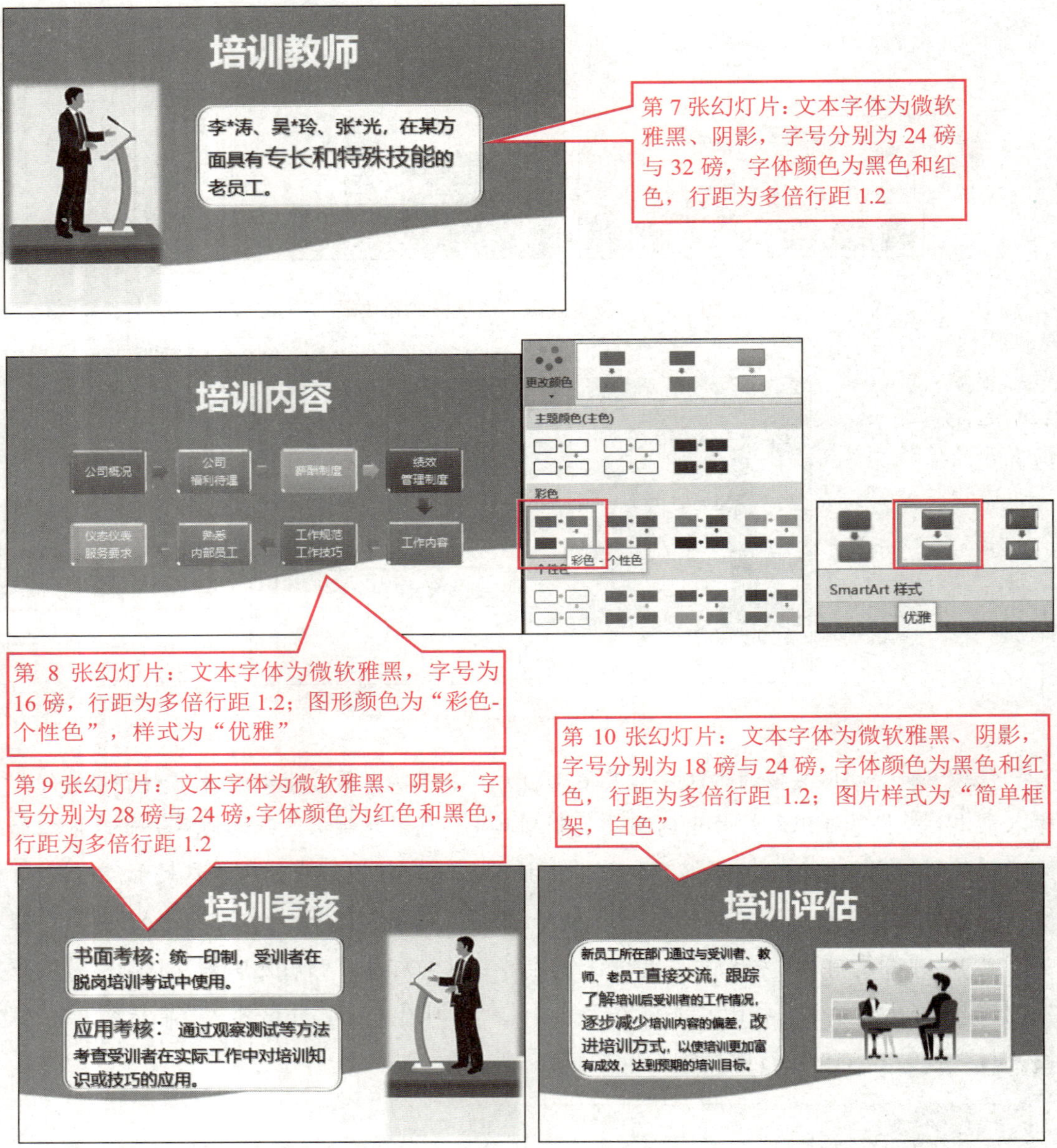

图 11-72　第 6～10 张幻灯片

六、设置切换效果和动画效果

步骤 1▶ 选择要设置切换效果的幻灯片，如第 1 张幻灯片，在“切换”选项卡的“切换到此幻灯片”列表中选择“立方体”选项，然后在“效果选项”列表中选择“自底部”选项，接着单击“全部应用”按钮，为演示文稿中的所有幻灯片设置该切换效果，如图 11-73 所示。

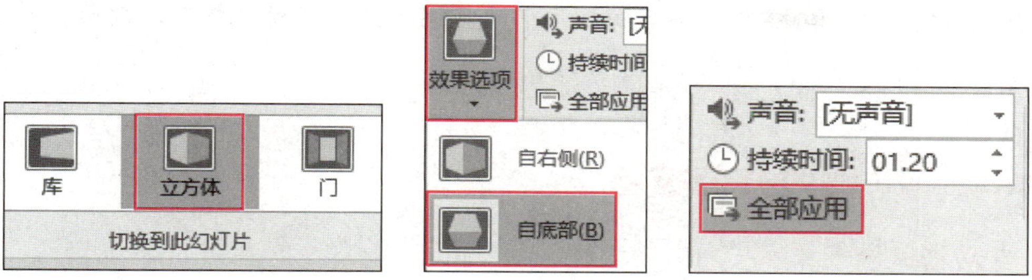

图 11-73　设置所有幻灯片的切换效果

步骤 2▶ 选中第 1 张幻灯片中的两个文本框，然后在“动画”选项卡的“动画”列表中选择“进入”类型中的“飞入”选项，在“效果选项”列表中选择“自左侧”选项，设置开始播放方式为“上一动画之后”，如图 11-74 所示。

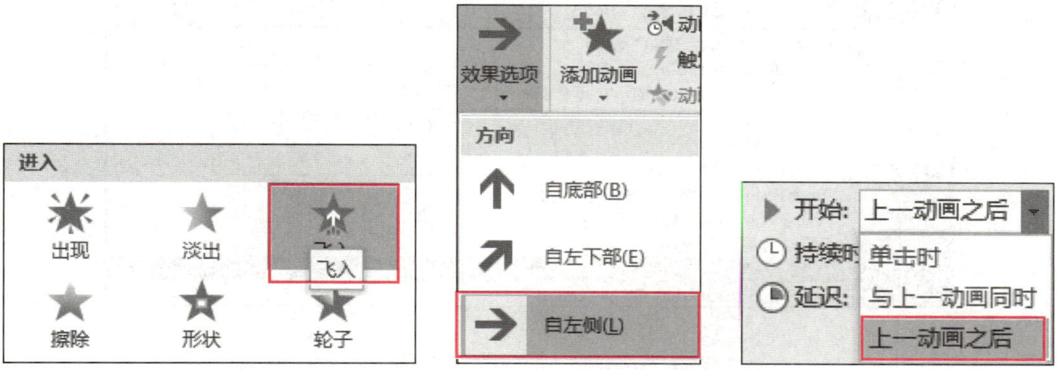

图 11-74　设置第 1 张幻灯片文本的进入动画效果

步骤 3▶ 保持文本框的选中状态，然后在“添加动画”列表中选择“强调”类型中的“波浪形”选项，接着设置开始播放方式、持续时间和延迟时间，为对象添加强调动画效果，如图 11-75 所示。

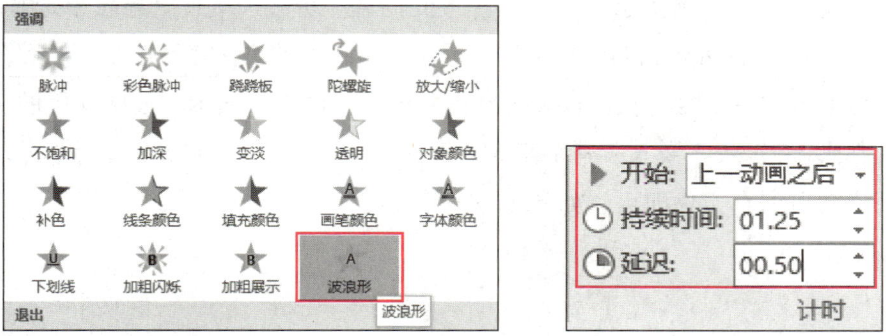

图 11-75　设置第 1 张幻灯片文本的强调动画效果

步骤 4▶ 使用同样的方法为幻灯片中的其他对象设置动画效果，最后保存演示文稿。

PowerPoint 高效办公技巧

一、自动播放演示文稿

要使制作的演示文稿自动播放，可将演示文稿另存，然后在“保存类型”下拉列表中选择“PowerPoint 放映（*.ppsx）”选项，如图 11-76 所示。双击另存的文件，打开的演示文稿会自动播放。

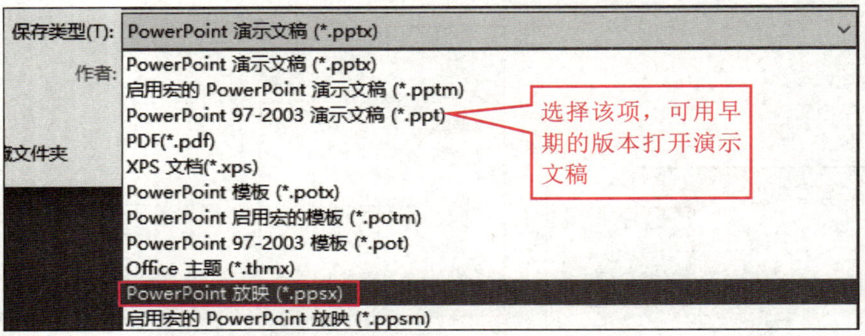

图 11-76 选择保存类型

二、保存特殊字体

为了获得更好的效果，人们通常会在幻灯片中使用一些非常漂亮的字体，但是将演示文稿拷贝到演示现场播放时，可能会出现有些字体变成普通字体，甚至因字体导致格式混乱的情况，严重影响演示效果。为解决此问题，可在“文件”列表中选择“选项”选项，打开“PowerPoint 选项”对话框，首先选择左侧的“保存”选项，然后在右侧选中“将字体嵌入文件”复选框，接着根据需要选中“仅嵌入演示文稿中使用的字符（适于减小文件大小）”或“嵌入所有字符（适于其他人编辑）”单选钮，最后单击“确定”按钮应用设置再保存文件即可，如图 11-77 所示。

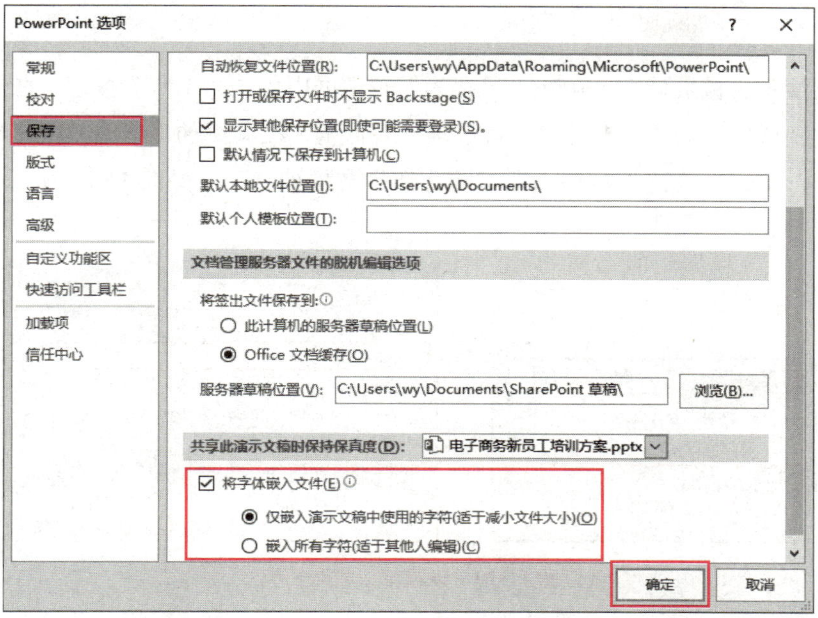

图 11-77　保存特殊字体

三、自动更新演示文稿中的图片

如果想使演示文稿中插入的图片可以自动更新，可在插入图片时在“插入图片”对话框中单击“插入”下拉按钮，然后在展开的下拉列表中选择“链接到文件”选项，如图 11-78 所示。这样在系统中对插入的图片进行修改时，演示文稿中的图片也会自动更新，避免重复修改。

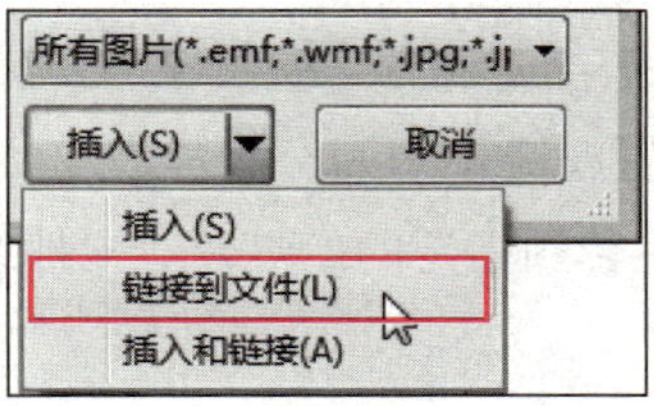

图 11-78　选择“链接到文件”选项

四、快速调节文字大小

在演示文稿中，更改文字的大小通常是通过设置文字的字号。实际上，还可以选中文字后按“Ctrl+]”组合键放大文字，或者按“Ctrl+[”组合键缩小文字。

五、防止演示文稿被修改

要防止演示文稿被修改，可在“另存为”对话框中单击“工具”按钮，在展开的列表中选择“常规选项”选项，打开“常规选项”对话框，在其中的“修改权限密码”编辑框中输入密码，单击“确定”按钮，即可防止演示文稿被修改，如图 11-79 所示。

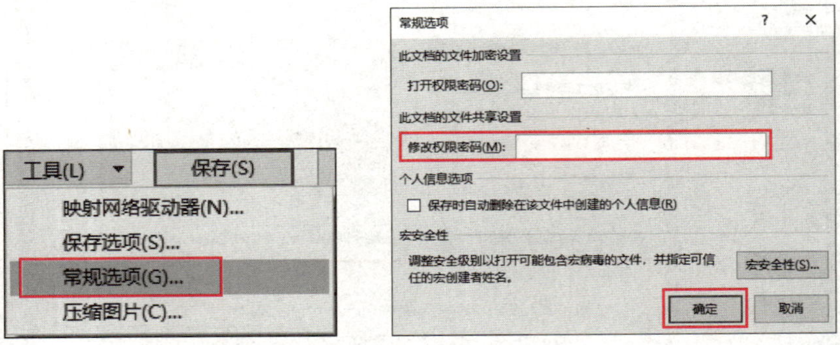

图 11-79 设置修改权限密码

项目总结

本项目主要介绍了使用 PowerPoint 2016 创建、编辑和播放演示文稿的方法。学完本项目后，读者应重点掌握以下知识。

（1）新建演示文稿的方法，如根据主题创建演示文稿。

（2）更改幻灯片背景的方法，以使演示文稿中的幻灯片具有统一的风格和漂亮的外观。

（3）添加、复制和选择幻灯片的方法，以及通过复制幻灯片快速制作内容和版式相似的幻灯片的方法。

（4）制作幻灯片内容的方法，如输入与编辑文本，插入图片、图形及艺术字等。

（5）为幻灯片中的对象设置超链接和为幻灯片添加动作按钮的方法。放映幻灯片时，单击设置了超链接的对象，可跳转到指定的幻灯片、文件或网页，或者单击动作按钮，跳转到指定的幻灯片。

（6）为幻灯片中的对象设置动画效果，以及为幻灯片设置切换效果的方法。

（7）放映及打包演示文稿的方法。

课后实训

（1）制作桂林市区美景一览演示文稿，效果如图 11-80 所示。最终效果参见本书配套素材“素材与实例”/“项目十一”/“课后实训”/“桂林市区美景一览”/“桂林市区美景一览”演示文稿。其中用到的素材图片均位于“桂林市区美景一览”文件夹中。

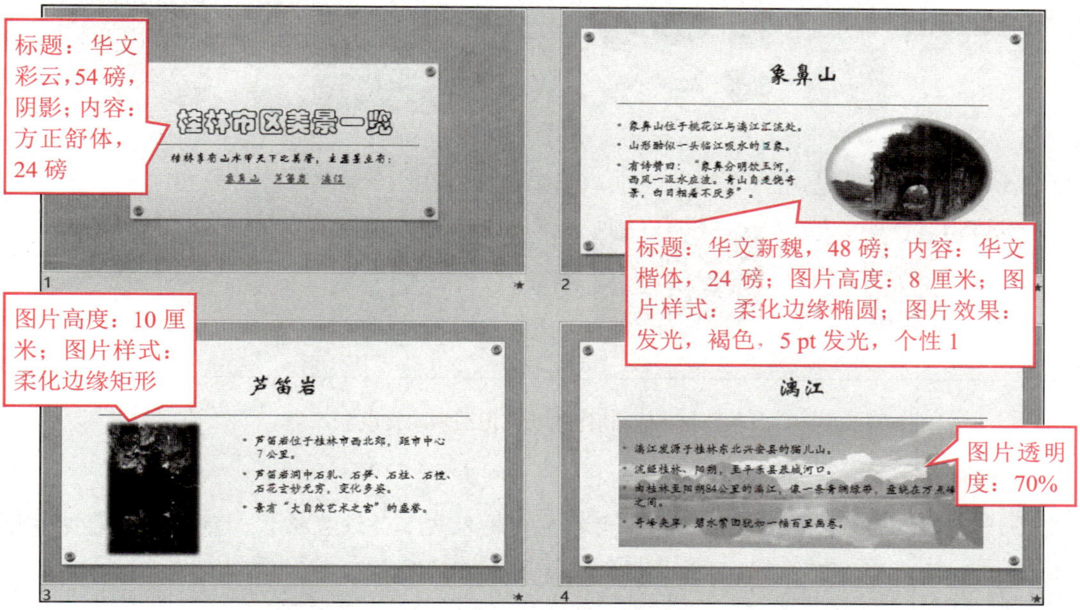

图 11-80　制作的桂林市区美景一览演示文稿

【操作提示】

① 根据“环保”主题新建桂林市区美景一览演示文稿。

② 在第 1 张幻灯片中输入标题和副标题文本并设置格式。

③ 选择“标题和内容”母版新建 3 张幻灯片，在第 2～3 张幻灯片中分别插入素材图片“象鼻山”和“芦笛岩”，在第 4 张幻灯片的内容文本框中插入图片“漓江”，然后编辑各幻灯片中的图片，并在各幻灯片中输入文本并设置格式。

④ 为第 1 张幻灯片中的 3 个景点名称设置超链接。

⑤ 为所有幻灯片设置“旋转”切换效果。

⑥ 为幻灯片中的对象设置动画效果。

（2）制作幼儿识图演示文稿，效果如图 11-81 所示。最终效果参见本书配套素材“素材与实例”/“项目十一”/“课后实训”/“幼儿识图”/“幼儿识图”演示文稿。其中用到的素材图片均位于“幼儿识图”文件夹中，读者可根据自己的喜好进行设置。

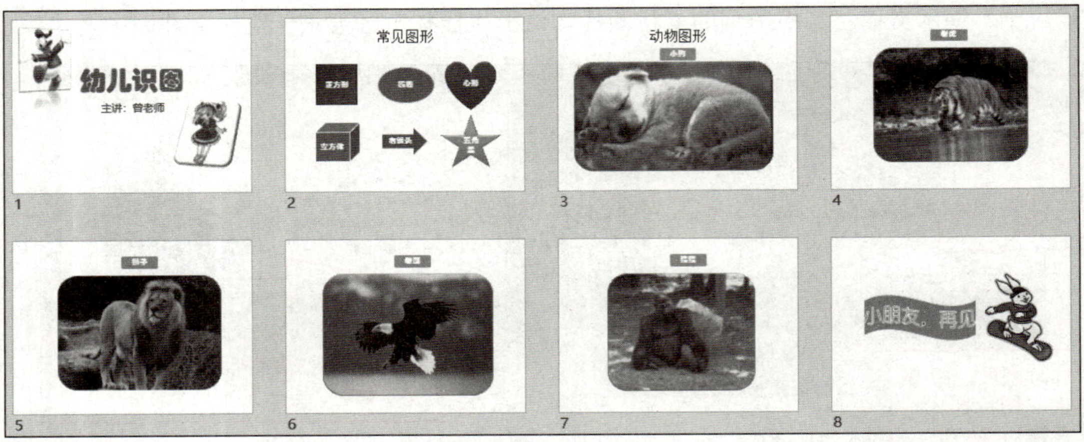

图 11-81　制作的幼儿识图演示文稿

【操作提示】

① 新建空白演示文稿后在第 1 张幻灯片中输入文本并设置格式，然后插入素材图片“卡通 1”和“卡通 2”并设置图片样式，如图 11-82 所示。

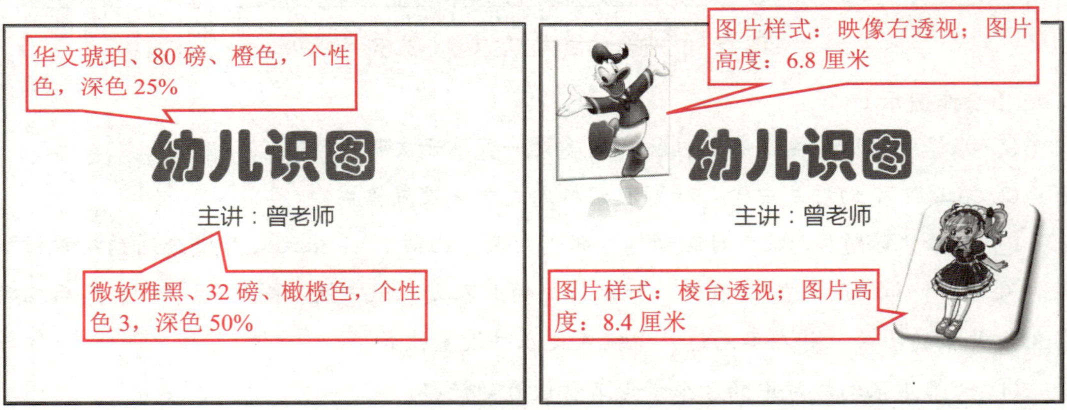

图 11-82　制作第 1 张幻灯片

② 制作第 2 张幻灯片。新建一张“仅标题”版式的幻灯片，输入标题，然后在幻灯片中插入不同的形状，为它们设置形状样式，添加文字并设置格式，如图 11-83 所示。

③ 制作第 3 张幻灯片。新建一张“仅标题”版式的幻灯片，输入标题文本，然后插入图片并缩小到合适大小，再将其裁切为“圆角矩形”形状，如图 11-84（a）所示。设置图片的边框和效果，再利用形状输入文本并设置形状和文本的格式，效果如图 11-84（b）所示。

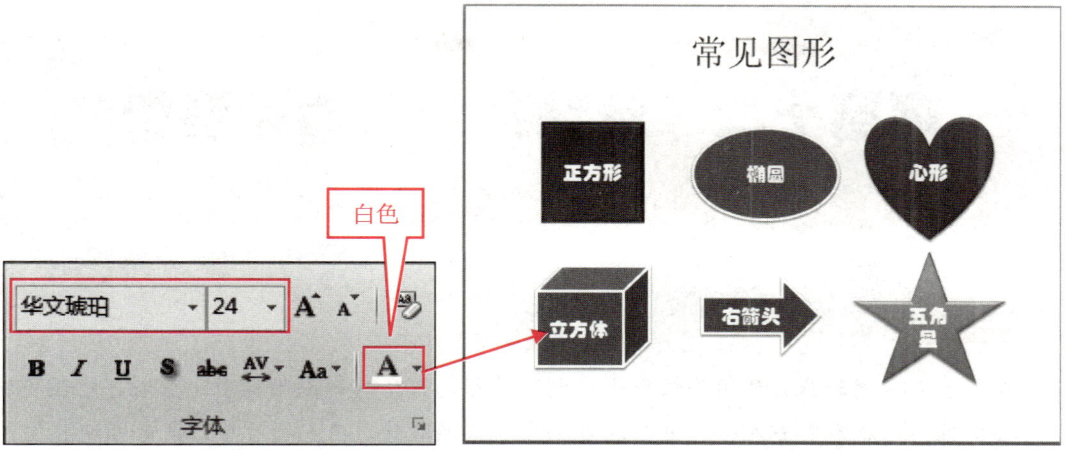

图 11-83　制作第 2 张幻灯片

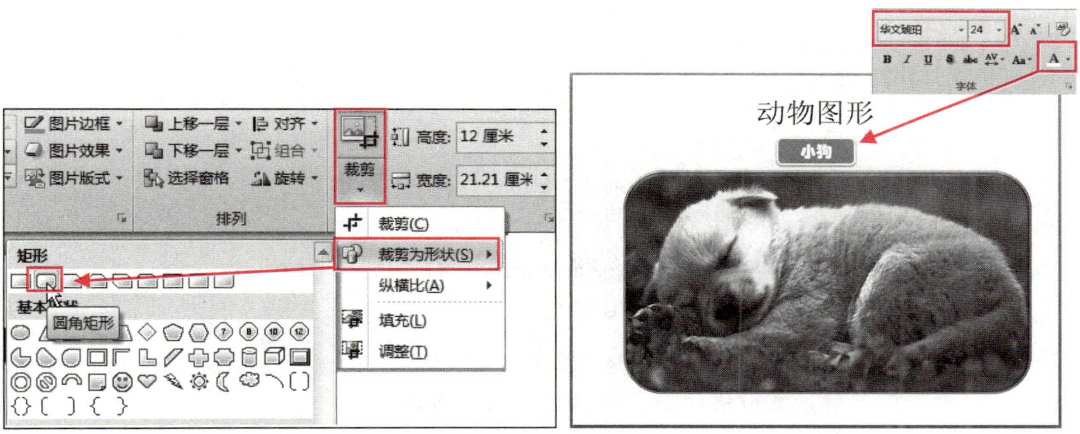

（a）　　　　　　（b）

图 11-84　制作第 3 张幻灯片

④ 利用复制第 3 张幻灯片的方法制作第 4～7 张幻灯片，在其中修改文字和重新插入图片并设置格式。

⑤ 在演示文稿的最后添加一张“空白”版式的幻灯片，然后插入素材图片“卡通 3”，最后利用“波形”形状输入文本并设置形状和文本样式。

项目十二　移动办公与 OA 系统

项目描述

在移动互联网时代，利用手机和平板电脑等移动设备随时随地接收、查看、处理和发送办公文件，已成为商务人士和办公人员必须掌握的技能。在本项目中，读者可通过使用智能手机办公，学习移动办公与 OA 系统的相关知识。

学习目标

【知识目标】

- 了解移动办公的常用工具。
- 了解 OA 系统的特点和作用。

【能力目标】

- 能够在手机上创建、查看和编辑 Word 文档。
- 能够在手机上使用钉钉进行日常办公。

【素质目标】

- 学会用多种方式解决问题，提高思维的灵活性。
- 增强积极思考，寻求解决方法的意识。

任务一　在手机上制作 Word 文档

情景引入

在你出外勤的时候，突然有紧急的工作需要处理，但是身边没有电脑，请你使用手机制作和处理 Word 文档。

成果展示

本任务使用智能手机创建、查看和编辑 Word 文档，如图 12-1 所示。

图 12-1　在手机上制作 Word 文档

实施思路

首先在手机上下载并安装办公软件，然后注册账号并登录，最后使用办公软件制作 Word 文档。

扫一扫

在手机上制作 Word 文档

任务实施

下面使用 Office Mobile for Office 365 创建、查看和编辑 Word 文档，Excel 和 PowerPoint 文件的制作方法与其类似。

> 提示
>
> Office Mobile for Office 365 是 Microsoft 公司开发的一款移动端 Office 办公套件。用户几乎可以随时随地创建、查看和编辑 Word、Excel 和 PowerPoint 文件，并且它还支持图表、动画、SmartArt 图形和形状，文档外观精美、规范。当用户在手机上快速编辑文档或添加批注时，格式和内容都能保持完好。

一、在手机上安装并打开办公软件

步骤 1▶ 在手机上下载并安装 Office Mobile for Office 365 办公套件。

步骤 2▶ 点击手机桌面上的“Office Mobile”图标，登录并进入 Office Mobile 主界面，如图 12-2 所示。

二、在手机上创建、查看和编辑 Word 文档

步骤 1▶ 点击 Office Mobile 主界面下方的“+”按钮，在打开的界面中点击“Word”按钮，然后继续在打开的界面中点击“空白文档”按钮，如图 12-3 所示。

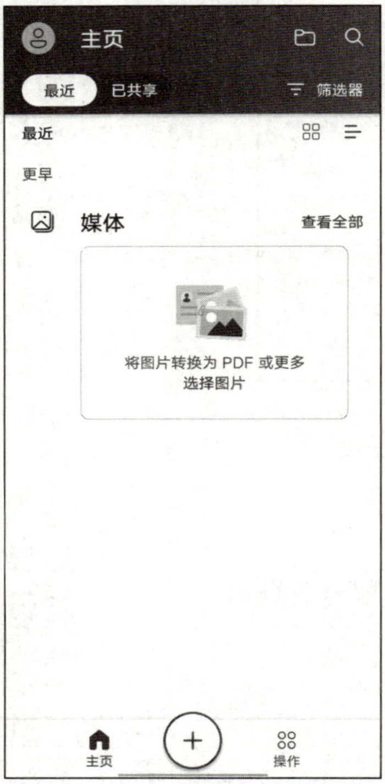

图 12-2　Office Mobile 主界面

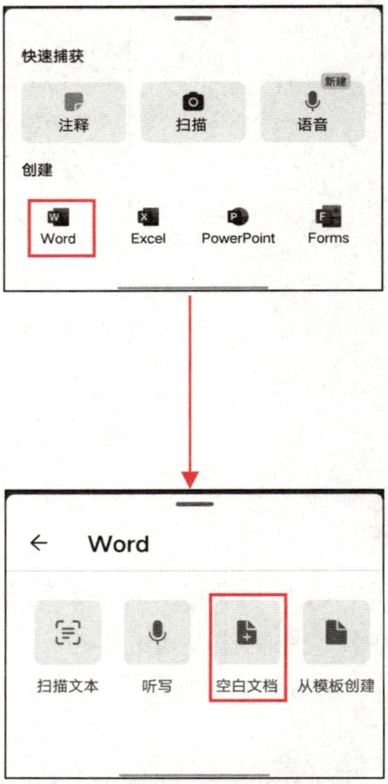

图 12-3　创建 Word 文档

步骤 2▶ 打开空白的 Word 文档，在其中输入文档内容，如图 12-4 所示。

步骤 3▶ 点击右上角的“更多”按钮⁝，在打开的界面中选择“另存为”选项，在“另存为”界面的编辑框中输入文件名，然后选择一个存储位置，点击“保存”按钮，如图 12-5 所示。

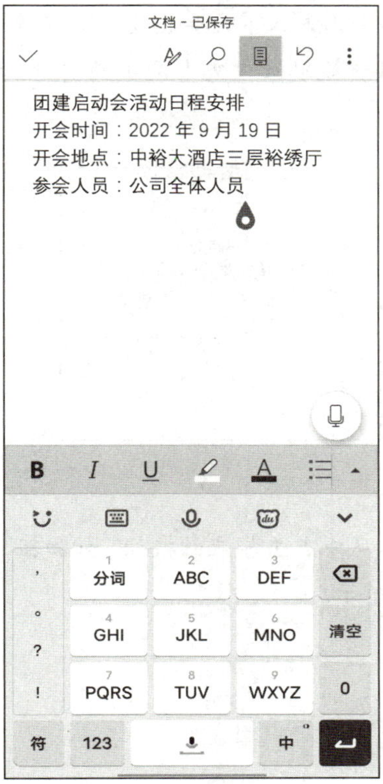

图 12-4　输入文档内容

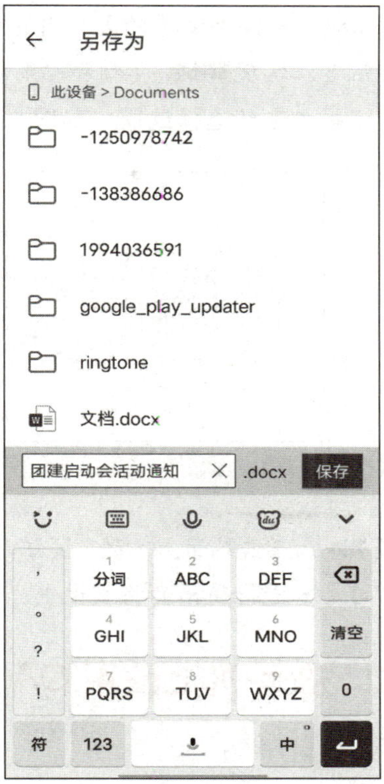

图 12-5　保存文档

步骤 4▶ 要查看保存的 Word 文档，可进入 Office Mobile 主界面，在“最近”选项卡中能够直接看到最近编辑过的文档（若要查看的文档最近未编辑过，可点击主界面右上角的“文档”按钮，在存储位置中查找），点击文档项即可进入查看模式，如图 12-6 所示。

步骤 5▶ 要编辑 Word 文档，可点击查看界面右上角的按钮，此时在文档中出现插入点，可对文档进行编辑，如图 12-7 所示。

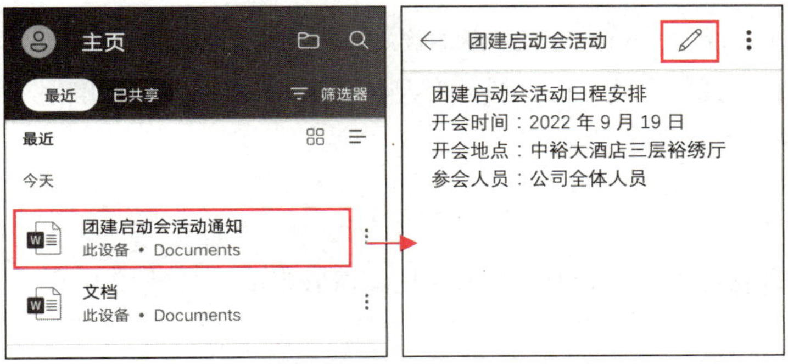

图 12-6　查看 Word 文档

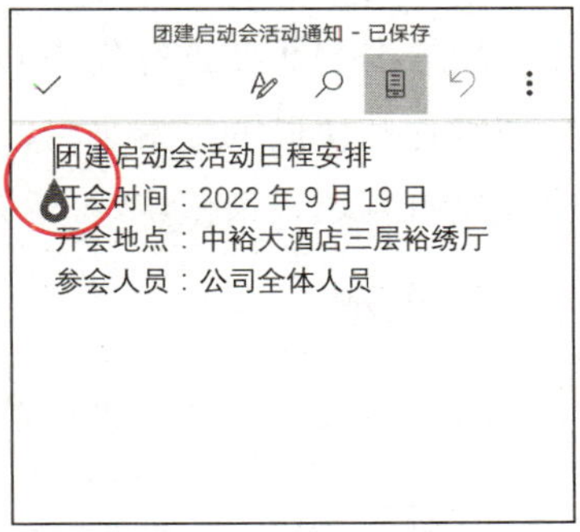

图 12-7　编辑 Word 文档

步骤 6▶ 长按要编辑的文本内容，可将其选中（文本下方会出现浮动工具栏，点击相应的按钮可以实现剪切、复制和粘贴操作等），通过拖动选中文本两侧的图标（控制柄），能够精确调整文本的选择范围，如图 12-8 所示。

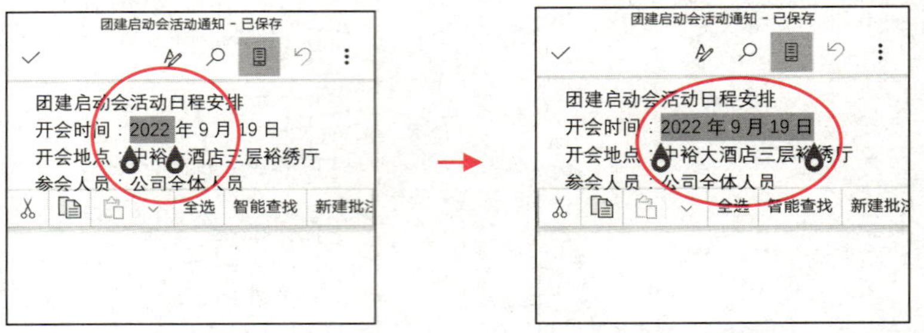

图 12-8 选择文本

步骤 7▶ 点击界面上方的按钮，展开列表，从中点击相应的按钮，如加粗、倾斜等，可对选中的文本进行简单的格式设置，如图 12-1 所示。

任务二 在手机上使用 OA 系统

情景引入

OA 系统是一整套的办公软件集合，具有高效、有序、可控、全程共享等特点。使用 OA 系统可以通过网络将整个公司连接起来，组织、部门和个人之间可以及时沟通并处理组织管理中的业务活动、管理活动，同时还可以共享活动产生的信息，从而实现整体协作办公。

与传统 OA 系统相比，移动 OA 系统更轻盈，更实用，沟通更方便，任务协同更到位。如今，OA 办公系统种类繁多，每款系统都有自己的特点和侧重方向，用户可根据自身需要选择适合自己的产品。

现在公司想要推行使用 OA 系统进行日常办公，你了解到钉钉是专为中国企业打造的免费沟通和协同的多端平台，包括视频会议、群直播、聊天、日程、考勤打卡等功能。请你使用钉钉填写请假申请。

成果展示

本任务使用智能手机在钉钉软件中加入企业、编写并提交请假申请，如图 12-9 所示。

图 12-9　请假申请

实施思路

首先在手机上下载钉钉软件，然后登录，创建或加入自己的企业，最后使用其编写请假申请并提交。

任务实施

扫一扫

在手机上使用 OA 系统

一、登录钉钉并加入企业

步骤 1▶ 下载钉钉软件，然后点击手机桌面上的钉钉图标，显示登录界面（见图 12-10），在登录界面中输入手机号码与密码，选中“我已阅读并同意服务协议、隐私权政策”单选钮，然后点击“登录”按钮，即可登录到钉钉。

步骤 2▶ 如果没有钉钉账号，可以点击登录界面下方的“注册账号”按钮，在注册界面（见图 12-11）中注册账号，然后登录到钉钉。

步骤 3▶ 登录之后点击界面下方的“通讯录”按钮，打开通讯录界面，点击右上角的按钮，打开“添加”界面，选择“加入团队”选项（可根据实际情况选择创建团队或加入团队），打开“选择加入的类型”界面，在界面上方点击“企业”按钮，然后在下方选择“搜索名称加入”选项，如图 12-12 所示。

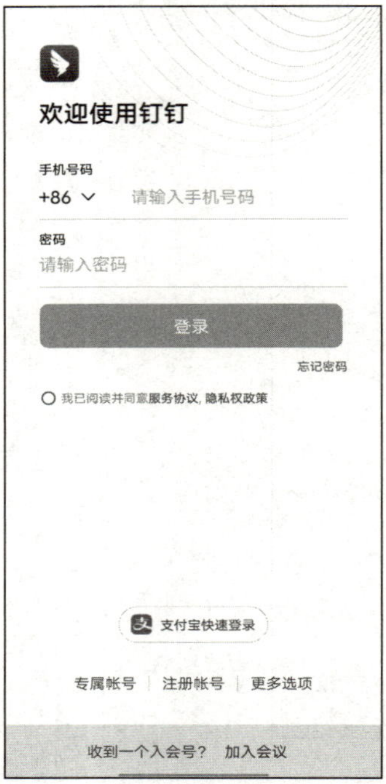

图 12-10　钉钉的登录界面

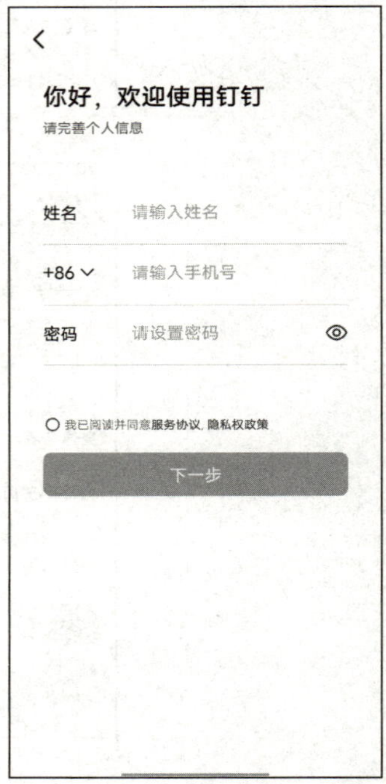

图 12-11　钉钉的注册界面

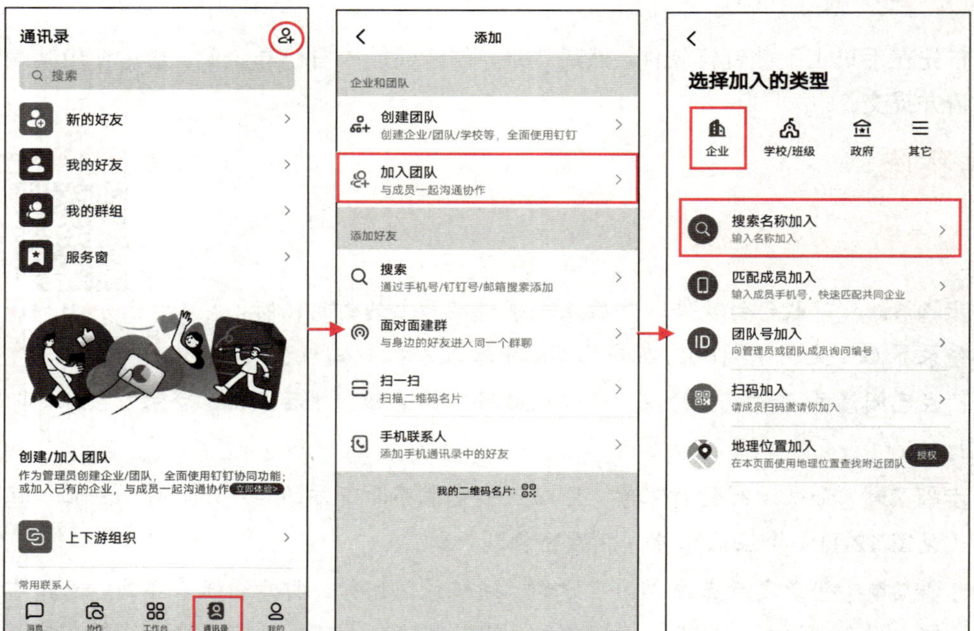

图 12-12　搜索企业

步骤 4▶ 打开“加入团队”界面，搜索并选择想要加入的企业，点击其右侧的“加入”按钮，进入“邀请你加入”界面，输入自己的真实姓名和申请理由之后，点击“提交申请”按钮，向企业发送加入申请，等待管理员审批后，即可加入该企业，如图 12-13 所示。

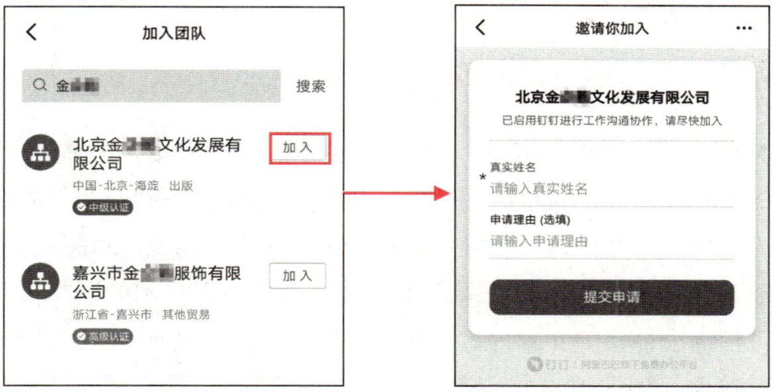

图 12-13　申请加入企业

二、使用钉钉编写并提交请假申请

步骤 1▶ 在钉钉界面下方点击“工作台”按钮，进入工作台界面，在下方点击“请假”按钮，打开“请假”界面，选择想要请假的类型（如病假），进入新的“请假”界面，在其中按照提示输入请假的详细内容，如图 12-14 所示。

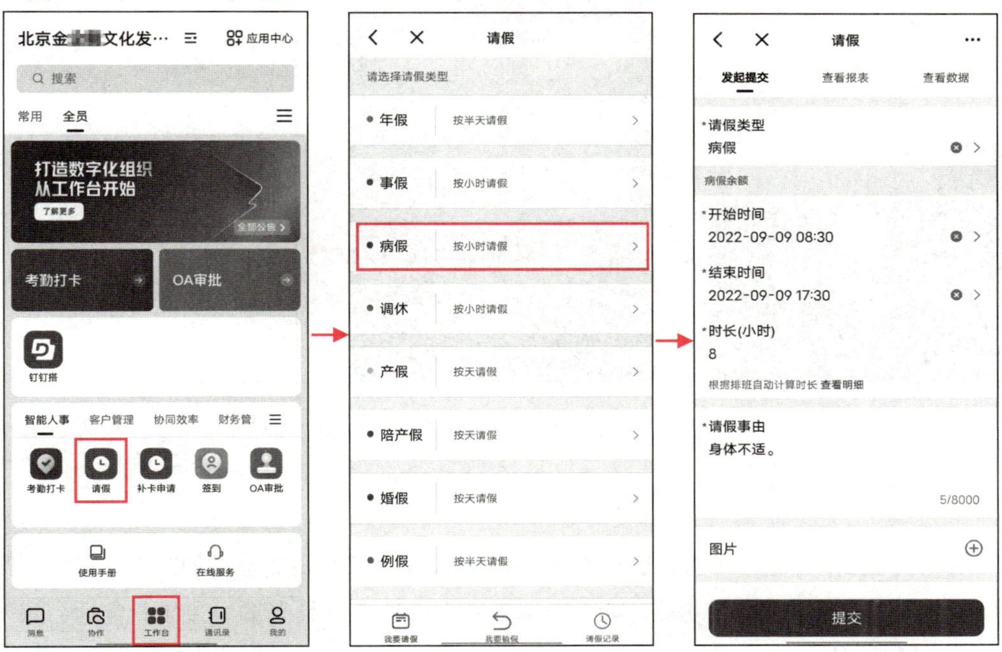

图 12-14　编写请假申请

步骤 2▶ 填写完毕后点击“提交”按钮，将请假申请提交给管理人员，自动打开“详情”界面，显示此次请假的详细内容，如图 12-9 所示。

移动端高效办公技巧

一、使用 Office Mobile for Office 365 扫描文本

在 Office Mobile for Office 365 中能够使用拍照的形式直接扫描书本上的文本。打开 Office Mobile for Office 365，在主界面下方点击“+”按钮，在打开的界面中点击“扫描”按钮，打开拍摄界面，在其中选择“操作”功能及“文本”模式，对想要扫描的文本进行拍摄，然后调整识别框的控制点（在界面上方可以选择识别文本的语言类型），点击“继续”按钮，即可扫描出拍摄的文本内容，在界面下方点击“复制”或“共享”按钮可继续对文本内容进行操作，如图 12-15 所示。

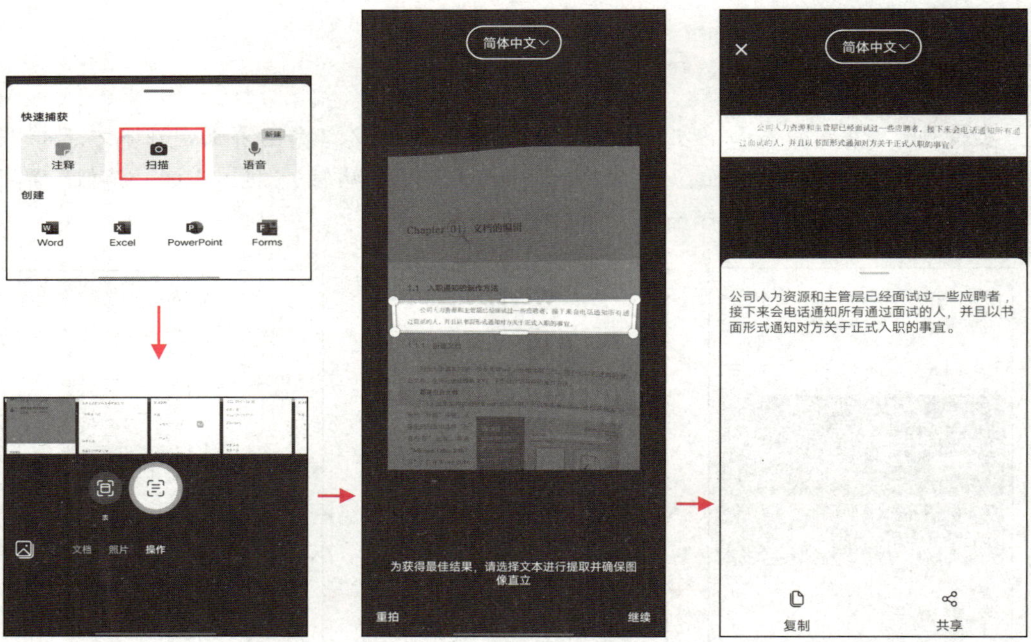

图 12-15　扫描文本

二、使用钉钉高效办公

在钉钉的工作台界面下方，还有许多其他能够帮助我们高效办公的功能，切换不同的选项卡能够看到不同类型的功能，如“协同效率”选项卡下具有编写日志、电话会议等功能，如图 12-16 所示。

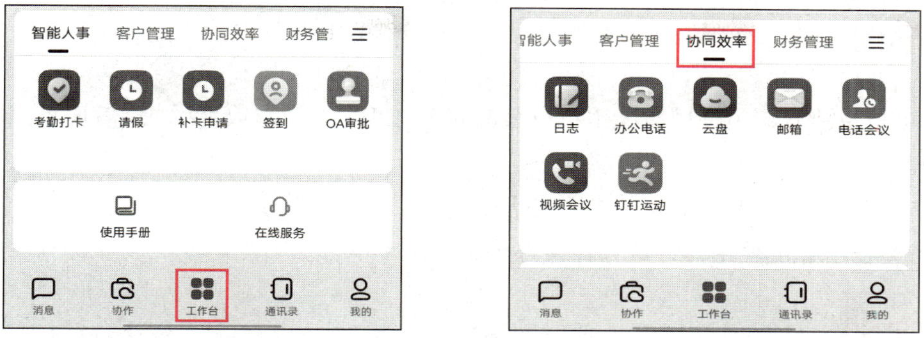

图 12-16　钉钉的其他功能

三、使用手机 QQ 收发 Office 文件

使用手机 QQ 接收他人发来的文件时，可在聊天窗口中点击要接收的文件进行下载，如图 12-17 所示。下载完成后将自动打开该文件，此时即可查看该文件，如图 12-18 所示。

使用手机 QQ 发送文件时，可在选择收件人后点击聊天窗口下方的⊕按钮，展开列表，从中点击“文件”按钮（见图 12-19），然后在选择界面中选择要发送的文件，最后点击“发送”按钮即可。

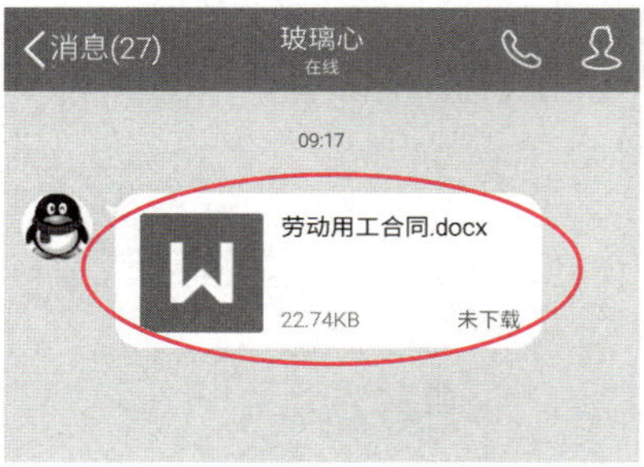

图 12-17　接收到文件

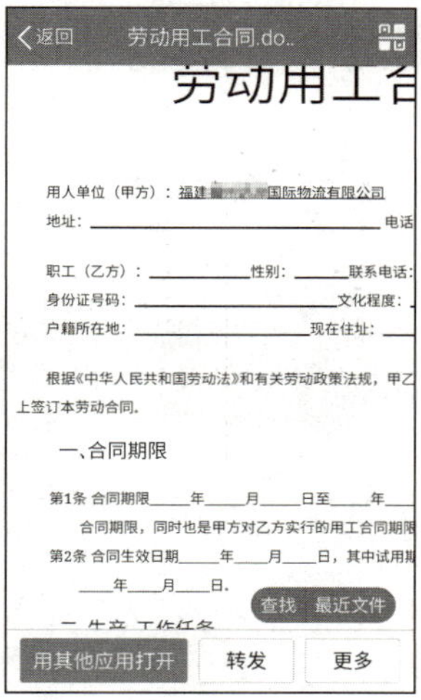

图 12-18　查看接收到的文件

图 12-19　选择发送文件

项目总结

本项目主要介绍了使用智能手机办公的相关知识。学完本项目后，读者应重点掌握以下知识。

（1）在手机上制作 Word 文档的方法。

（2）在手机上使用钉钉进行日常办公的方法。

课后实训

（1）练习使用 Office Mobile for Office 365 编辑 Excel、PowerPoint 文件。

（2）练习使用微信收发 Office 文件。

参考文献

[1] 韩森，刘敏．办公自动化应用案例教程［M］．北京：人民邮电出版社，2022．

[2] 汪玉兰，伍延斌．办公自动化实用教程［M］．北京：人民邮电出版社，2021．

[3] 侯德林，徐鉴．Office 2016 办公软件应用［M］．北京：人民邮电出版社，2021．

[4] 李明锐，孙承平．Office 办公软件应用案例教程［M］．北京：中国人民大学出版社，2020．

[5] 夏魁良，于莉莉．Office 2016 办公应用案例教程［M］．北京：清华大学出版社，2019．

[6] 石蔚云，邢美丽．最新电脑办公自动化实用教程［M］．北京：北京日报出版社，2018．